脊椎动物比较解剖学（第2版）

杨安峰 程 红 姚锦仙 编著

图书在版编目(CIP)数据

脊椎动物比较解剖学/杨安峰,程红,姚锦仙编著.—2版.—北京:北京大学出版社,2008.9
(高等院校生命科学系列教材)
ISBN 978-7-301-14241-7

Ⅰ.脊… Ⅱ.①杨…②程…③姚… Ⅲ.脊椎动物门－比较解剖学－高等学校－教材
Ⅳ.Q959.304

中国版本图书馆 CIP 数据核字(2008)第 142304 号

书　　　名:	脊椎动物比较解剖学(第2版)
著作责任者:	杨安峰　程　红　姚锦仙　编著
责 任 编 辑:	黄　炜
标 准 书 号:	ISBN 978-7-301-14241-7
出 版 发 行:	北京大学出版社
地　　　址:	北京市海淀区成府路 205 号　100871
网　　　址:	http://www.pup.cn　电子信箱：zpup@pup.pku.edu.cn
电　　　话:	邮购部 62752015　发行部 62750672　编辑部 62764976　出版部 62754962
印　刷　者:	北京宏伟双华印刷有限公司
经　销　者:	新华书店
	787 毫米×1092 毫米　16 开本　20.5 印张　500 千字
	1999 年 7 月第 1 版
	2008 年 9 月第 2 版　2024 年11月第11次印刷
定　　价:	59.00 元

未经许可,不得以任何方式复制或抄袭本书之部分或全部内容
版权所有,侵权必究
举报电话：(010)62752024　电子信箱：fd@pup.pku.edu.cn

第二版　前言

《脊椎动物比较解剖学》第一版(1999年)出版距今已9年，随着学科的发展，教学中的积累，同学反馈的建议以及兄弟院校和有关单位的需要，有必要进行修订再版。

北京大学开设的这门课程已有半个多世纪的历史，如果追溯到院系调整前，燕京大学由博爱理教授(Miss A. M. Boring)为协和医学院医学预科班开设的比较解剖课，则历史更为悠久了。20世纪30年代至50年代，由我国著名的动物形态学家崔之兰教授先后在北京大学、清华大学、云南大学及西南地区多所高等院校开设此课，正是她奠定了这门课程的框架。她留给我的印象是讲课内容系统性和逻辑性很强，简明扼要、重点突出。当时没有合适的教科书，她编写的简明讲义作为校内教材多年使用。可惜的是由于历史原因，崔先生一直未能正式出版教科书。

笔者自50年代中期在北大主讲脊椎动物学课，先后编著了《脊椎动物学》第一版(上册1983年、下册1985年)和修订本(1992年)。该修订本于1996年获国家教委高等学校优秀教材一等奖和1998年国家教委科技进步三等奖。这本书多年来也同时作为《脊椎动物比较解剖学》课的教材使用。其后，笔者和程红在此书的基础上编著了《脊椎动物比较解剖学》第一版。程红曾是我的研究生，毕业后长期在动物形态学领域从事教学和科研工作，并到国外研修。本书第二版是在她的倡议并作了大量前期工作才得以启动的。另外，她接替我讲授本课的多年经验和收集的同学反馈意见，都为本书的修订作了铺垫。本版新增加了第三作者姚锦仙，她对第三章脊椎动物的胚胎发生和发育以及第十五章内分泌系统的内容进行了修改和补充，并为骨骼系统和肌肉系统增加了人类骨骼肌肉的特点以及与生物力学相关的内容。全书统稿工作由姚锦仙负责。此外，她在为第二版的立项申请、与责任编辑的联系、补充文献资料等方面作了大量工作。

第二版的指导思想和掌握要点仍然遵循第一版的原则，各章的修订大体仍按第一版所列作者分工分别进行。在章节的编排上有所调整：第一版的第三章删除，其中组织学内容并入新版的第三章内，第一版的第五章改为新版的第四章，其他各章编号作相应变动。修订中我们尽可能对国内外这一学科的新观点和新知识加以补充，适当地加入了一些功能和进化形态学内容，但这方面做的还远远不够，也是以后我们努力的方向。插图作了一些变动，每幅图增加了原出处。每章后面增加了思考题并在书后新加上中英文名词索引。

本书第二版的完成是与同行专家们的关怀、广大读者和同学们的支持和反馈建议分不开的，在此表示感谢。此外，还要感谢北京大学出版社和黄炜编辑为本书出版所作的大量工作。

限于编著者的水平，书中难免有错误和不足之处，还望读者给予指正。

杨安峰执笔
2008年3月于北京大学生命科学学院

第一版　编者的话

本书是在杨安峰编著的《脊椎动物学》(修订本)中的第十章"脊椎动物的比较解剖"的基础上进行扩展而编写的。我们在长期的脊椎动物比较解剖学教学中,日益感到需要一本把形态和功能的比较综合到进化生物学主题上,并且简明扼要的教科书。在编写过程中,我们注意掌握以下几个要点:

(1) 教材内容符合教学基本要求,前后系统性较强,符合学科内在规律;基本理论和基础知识阐述清楚,观点和材料统一,符合学生的认识规律。

(2) 贯彻生物进化发展的历史观点,不是孤立地,而是结合动物的进化历史,用比较的方法描述动物形态结构及其功能,使一直被认为是枯燥乏味的形态学内容,变得生动且富有启发性。

(3) 比较全面地反映出当前动物学科的新进展,能促使学生从更宽广的角度思考动物学的有关理论问题。

(4) 注意图文水平,做到图文并茂,配合紧密,语言流畅,文字规范。

全书共 16 章,在细胞、组织、器官、系统的不同层次上进行阐述,重点在于器官的比较解剖。每章之后附有小结,比较重要且内容较多的部分,如第六章的第二节、第三节和第四节等,还附有各部分的小结。全书图文并茂,共有插图 318 幅。写作的分工是:杨安峰编写第一、二、六、七、八、九、十、十一、十二、十四章,程红编写第三、四、五、十三、十五、十六章。本书可作为高等院校生物学系以及医学院校的教材或教学参考书,也可供专业人员参考。

限于编著者水平,错误、不当之处在所难免,尚希读者指正。

目 录

第一章　绪论 (1)
　　第一节　脊椎动物比较解剖学的任务与方法 (1)
　　第二节　比较解剖学的发展简史 (2)
　　第三节　比较解剖学的现状与展望 (6)
　　思考题 (8)

第二章　脊索动物门的特征、分类和进化 (9)
　　第一节　脊索动物门的特征 (9)
　　第二节　脊索动物门的分类 (10)
　　第三节　脊索动物的起源和进化 (12)
　　第四节　原索动物 (14)
　　第五节　有脊椎骨的动物——脊椎动物亚门 (20)
　　思考题 (42)

第三章　脊椎动物的胚胎发生和发育 (43)
　　第一节　生殖细胞、受精、卵裂及囊胚的形成 (43)
　　第二节　原肠胚的形成 (48)
　　第三节　神经胚的形成 (50)
　　第四节　胚层的分化 (53)
　　第五节　胎膜和胎盘 (54)
　　第六节　脊椎动物的组织 (57)
　　小结 (63)
　　思考题 (63)

第四章　皮肤及其衍生物 (65)
　　第一节　皮肤的功能 (65)
　　第二节　皮肤的结构 (66)
　　第三节　皮肤的衍生物 (67)
　　第四节　各类脊椎动物皮肤的比较 (80)
　　小结 (83)
　　思考题 (83)

第五章　骨骼系统 (84)
　　第一节　概述 (84)
　　第二节　脊柱、肋骨及胸骨 (88)
　　小结 (103)
　　第三节　头骨 (104)
　　小结 (123)
　　第四节　附肢骨 (124)

小结 （135）
　　思考题 （136）
第六章　肌肉系统 （137）
　　第一节　概述 （137）
　　第二节　体节肌 （141）
　　第三节　鳃节肌 （150）
　　第四节　皮肤肌 （152）
　　第五节　发电器官 （153）
　　第六节　运动力学——三种杠杆 （154）
　　小结 （154）
　　思考题 （155）
第七章　体腔、系膜和内脏 （156）
　　小结 （158）
　　思考题 （158）
第八章　消化系统 （159）
　　第一节　概述 （159）
　　第二节　消化道 （159）
　　第三节　原肠衍生物 （168）
　　小结 （170）
　　思考题 （170）
第九章　呼吸系统 （171）
　　第一节　概述 （171）
　　第二节　鳃 （171）
　　第三节　鳔与肺的起源 （174）
　　第四节　肺与呼吸道 （177）
　　小结 （185）
　　思考题 （185）
第十章　排泄系统 （186）
　　第一节　概述 （186）
　　第二节　肾脏 （186）
　　第三节　输尿管、膀胱与排泄产物 （192）
　　第四节　各类脊椎动物排泄系统的比较 （194）
　　第五节　脊椎动物的肾外排盐结构 （197）
　　小结 （197）
　　思考题 （198）
第十一章　生殖系统 （199）
　　第一节　概述 （199）
　　第二节　生殖腺 （199）
　　第三节　雄性生殖管 （204）

第四节　副性腺及交接器 ··· (206)
　　第五节　雌性生殖管 ··· (210)
　　第六节　泄殖腔 ·· (213)
　　小结 ·· (215)
　　思考题 ··· (215)
第十二章　循环系统 ·· (216)
　　第一节　心脏 ··· (216)
　　第二节　动脉系统 ··· (221)
　　第三节　静脉系统 ··· (224)
　　第五节　淋巴系统 ··· (229)
　　小结 ·· (231)
　　思考题 ··· (232)
第十三章　神经系统 ·· (233)
　　第一节　概述 ··· (233)
　　第二节　中枢神经系统 ·· (235)
　　第三节　周围神经系统 ·· (246)
　　第四节　植物性神经系统 ··· (254)
　　小结 ·· (257)
　　思考题 ··· (258)
第十四章　感觉器官 ·· (260)
　　第一节　皮肤感觉器官 ·· (260)
　　第二节　侧线系统 ··· (262)
　　第三节　位觉听觉器官(耳) ·· (263)
　　第四节　视觉器官 ··· (269)
　　第五节　血管囊 ·· (275)
　　第六节　化学感受器——嗅觉和味觉感受器 ·· (276)
　　小结 ·· (280)
　　思考题 ··· (280)
第十五章　内分泌系统 ··· (281)
　　第一节　概述 ··· (282)
　　第二节　神经分泌腺 ·· (282)
　　第三节　非神经分泌腺 ·· (287)
　　第四节　其他具有内分泌功能的器官和激素 ·· (296)
　　小结 ·· (297)
　　思考题 ··· (298)
参考文献 ··· (299)
中英名词索引 ·· (302)

第一章 绪 论

第一节 脊椎动物比较解剖学的任务与方法

脊椎动物比较解剖学(简称比较解剖学)(comparative vertebrate anatomy)是动物学的一门分支学科,它是以解剖学为基础进而比较脊椎动物的形态结构和生理功能,找出它们在系统发生上的关系,从而阐明进化的途径与规律。比较解剖学的任务不是研究一种动物的器官结构,而是以一系列动物为对象,用比较和实验分析的方法,结合动物的个体发生和系统发生来研究动物形态和功能的进化,认识生物的多样性以及起源和进化的历史和动因。比较解剖学的研究也为分类学、生理学、医学以及仿生学等应用生物学提供了重要的基础资料。把解剖学、生理学、发育生物学、古生物学、生态学、进化生物学等学科结合起来对动物体的综合研究是当代动物学发展的趋势。

亲缘关系的确定是比较解剖学中一个复杂的问题,首先要确定同源与同功的问题。同源(homology)是内在的或者说是实质上的相似,表明在进化上的共同起源。同源器官(homologous organ)有时在表面上并不相似,功能上也并不尽同,但是在基本结构上、各部分的相互关系上、胚胎发生的来源上却彼此相同或相似。例如,鸟翅、海豹的前鳍足和猫的前肢就属于同源器官,它们表面看上去彼此并不相似,但是仔细观察,可发现它们有相似的骨块与肌肉,对于身体有相同的位置关系,在胚胎发育时以相同的过程从相似的原基发育出来。由于它们在进化途径上向不同环境发展(鸟向空中、海豹向海水中、猫留陆地上),为了适应这些不同环境,它们的功能趋异。同功(analogy)则是一般的功能相似,或者说只是表面形式的相似,不是在基本结构上,更不是在胚胎发育上的相似,而是由于执行相同的功能形成的次生共同性。例如鱼的鳃和陆生动物的肺是同功器官(analogous organ),两者同样执行呼吸的功能,但它们的基本结构不同,胚胎发生的来源也不相同。

在比较解剖学上,特别着重于同源器官的探讨。在现存的成体动物中要彻底解决同源问题是困难的,因为在悠久的进化过程中,由于适应不同的环境,动物的结构往往经历了很大的改变,以致失去本来面目而难以辨认,结果不能一目了然地找出动物的亲缘关系,于是不得不求旁证来补充缺失的环节。历史的证据(系统发生——古生物学)和胚胎发生的证据(个体发生——胚胎学)是解决同源问题的有力帮助。在动物进化的历史中,许多动物种类由于各种原因不能继续生存而绝灭,它们的遗骸有时保存在地层之中成为化石。这些化石常常成为同源器官直接而可靠的证据。一系列马化石的发现证明马的四肢与哺乳类以及四足动物四肢的同源;始祖鸟的发现证明鸟类与爬行类的密切关系;北京猿人的发现补充了从猿到人进化过程中的缺环。

在胚胎发育的早期阶段,不同的脊椎动物往往显露较大程度的相似,因此器官的演变、改造及更替的过程可以清楚地看到。咽囊及鳃在陆生脊椎动物胚胎中的发生、改造或退化;肺的发生;主动脉弓的出现和它们的变化都是强有力的事实,证明了陆生脊椎动物是由水栖脊椎动物的祖先进化而来。

第二节 比较解剖学的发展简史

比较解剖学的建立可以分为以下3个时期:启蒙时期、创立时期和发展时期。

一、启蒙时期(公元前4世纪至18世纪下半叶)

我国古代人民在长期的生产实践中积累了丰富的动物解剖学知识。早在公元前290年的《庄子·秋水篇》中就曾描述了蛇靠脊柱与肋骨进行运动。在《黄帝内经》中包含了人体解剖的记述。周末秦越人在公元前4世纪所著的《扁鹊难经》是中国医学的经典著作,其中包括了解剖、生理等方面的丰富知识。当时对血液循环已有认识,并估计出每一循环所需的时间。可见我国发现血液循环较欧洲哈维的"血液循环学说"要早一千九百多年。8世纪《本草拾遗》中记载了鱼的侧线。

贾思勰所著《齐民要术》(成书于公元533～544年间)是我国也是世界上被完整地保存下来的最早的一部杰出农书,其中"相畜法"(即今日的家畜外形鉴定法)根据家畜的外部形态以及口色、眼结膜的色彩等,推断其健康状况、生产性能和遗传性等,从而确定其生产价值和育种价值。还有相马五藏法,由表及里,注意到外部形态和内部脏器之间、结构和功能之间的相关性,具有很高的科学价值。

李时珍(1518—1593)的《本草纲目》是一本举世闻名的本草著作,书中列出动物400多种,分隶于虫、鳞、介、禽、兽等类,详细描述了各种动物的外部形态、生活习性及内部解剖等,早于林奈的《自然系统》160年。

我国古代医学成就中有不少涉及人体解剖、生理等方面。宋有《铜人针灸经》,把人体的穴位在铜质模型中标示出来。清朝王清任(1768—1831)亲自去坟地与刑场解剖尸体,察看人体内脏,写成《医林改错》两卷。

我国古人对化石早有认识。公元6世纪郦道元的《水经注》中有关于鱼化石的记载;其后,8世纪的颜真卿,11世纪的沈括、朱熹均认识到化石是古代生物的遗体,提出所谓昔日沧海,今日桑田的说法。

总之,我国古人的许多生物学方面的著作对自然科学的形成与发展起到了重要作用,其中包括对动物解剖学方面的贡献。

在西方,从公元前4世纪古希腊开始,一直到18世纪末期是比较解剖学的启蒙时期。欧洲在冲破了黑暗的中世纪时代后,进入资本主义形成和发展时期,生物科学有了很大的发展,积累了大量自然界的实际资料,进行了初步的整理和分类,并逐渐产生了对动物解剖的比较研究的要求。到了18世纪,随着生产力的发展,对于新市场的要求,促使人们进行探险旅行,采集了世界各地的标本,经过林奈等人在系统分类学方面的贡献,进一步研究各种动物的内部构造,并更多地用比较方法来研究它们之间的异同。除了动物的记载以外,由于医学上的需要,人们对人体解剖学发生了强烈的兴趣,并且开始用人的尸体来研究解剖学。

这一时期主要有以下的学者：

亚里士多德(Aristotle,公元前384—前322) 古希腊著名的思想家。他将动物分为有红血动物(enaimata)与无红血动物(anaimata)。所谓有红血动物,就是目前的脊椎动物,再把有红血动物分为胎生四足类(即今哺乳类)、鸟类、卵生四足类和肺呼吸的无足类(即今两栖类和爬行类)、肺呼吸的胎生无足类(即今鲸类)和鳃呼吸的有鳞无足类(即今鱼类)。亚里士多德解剖过鱼、两栖、爬行、鸟、兽等各纲动物,在动物的结构与功能方面作了大量工作。他指出某些软骨鱼是胎生的,某些软骨鱼卵黄囊壁的一端和母体子宫壁相联系(即卵黄囊胎盘),牛、羊等反刍动物具有多室胃等。

盖伦(Galen,129—199) 古希腊解剖学家、医生。他收集了早期古希腊有关解剖学的著作,并补充了他自己在猿类、反刍类、马和狗的解剖工作(当时教会反对解剖人尸体,社会上迷信舆论也阻止对人体的研究),写出上百篇医学和人体解剖学方面的文章(他把对动物解剖所得到的结论推论到人体上去)。

维萨里(Vesalius,1514—1564) 比利时解剖学家。由于医学上的需要,人们对人体解剖学发生了强烈的兴趣,并且开始用人类尸体作解剖对象。维萨里被誉为现代解剖学奠基人,他在1543年发表了《人体的结构》一书,他首次引入了寰椎、大脑胼胝体、砧骨、锤骨等解剖学名词。

毕隆(Pierre Belon,1517—1564) 法国解剖学家。他在1555年发表了比较解剖学的最早期著作,书中有插图(图1-1)将鸟全身骨骼和人骨骼并排对比,各骨块皆有注字。这一研究被认为是早期最细致的对比工作,使解剖学由单纯描述性工作进入比较解剖阶段。毕隆还对鲸进行了细致的解剖和描述。

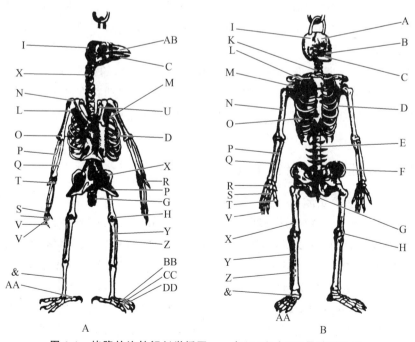

图1-1 毕隆的比较解剖学插图——鸟(A)和人(B)骨骼对比图

哈维(William Harvey,1578—1657) 英国生理学家,以其对血液循环的发现而闻名。他通过发现血液循环把实验方法引入生物学。因此,后人把1628年哈维发现血液循环作为生理学成为一门实验科学的里程碑。

赛佛瑞诺(Marco Aurelio Severino,1580—1656) 意大利解剖学家和医生。他在1645年出版的《动物解剖学》是比较解剖学历史上著名的早期著作,书中着重说明了不同动物间形态结构上的近似性,并指出需要在显微镜下的观察才能进行深入比较。在这一时期已能将放大镜加以简单的组合制作成简单的显微镜。

林奈(Linnaeus,1707—1778) 瑞典博物学家。他所著的《自然系统》(Systema Naturae)一书于1735年出版,为动物分类学奠定了基础。他将动物划分为哺乳纲、鸟纲、两栖纲、鱼纲、昆虫纲和蠕虫纲6个纲。又将动植物分为纲、目、属、种及变种5个分类阶元。林奈创立的双名制命名法为全世界所通用,即每一物种的学名是由其属名和种名合成,从而结束了由于不同国籍的科学家对同一种动物在命名上的不同而造成的混乱。

巴拉斯(Pallas,1741—1811) 德国古生物学家。在俄国东部和西伯利亚进行过广泛的动植物调查,研究过多种新发现的动物,如白熊、貂、中亚野驴、狐狸和野牛等。对于这些动物的结构、习性和分布都有研究。他对西伯利亚发现的猛犸、犀、象的化石进行了研究,奠定了科学的古生物学基础。

维克达齐(Vicq-d'Azyr,1748—1794) 法国解剖学家。他作过鸟与四足动物的解剖,比较它们的构造;比较人与各种哺乳类及猿猴的附肢肌肉,指出展肌与伸肌在手与脚是相当的;比较脑的结构,并作了切面。此外,他对脊椎动物各纲的牙齿作了观察,指出不同习性的哺乳类在牙齿数目与结构上也有不同。重要的是他提到在动物的不同器官之间有相关现象,一定牙齿的形状常与一定类型的四肢和消化管相关,因为身体的所有部分都适应动物的生活方式。他的工作已经进入比较解剖学的范围,在系统地比较观察中提出了动物体各部分的相互关系以及与环境的关系。

综上所述,在这段时期中,比较解剖学的工作主要是在材料的积累阶段,并不全面,也不够系统化,而且初期的进化论思想还处于萌芽状态。关于化石和动物在胚胎期结构的研究少而分散,还不能结合到解剖学的问题上去。因此,比较解剖学还只是处于酝酿阶段而不能成为独立的学科。

二、创立时期(18世纪下半叶至19世纪中叶)

这一时期中作出重要贡献的主要有以下几位学者:

拉马克(Jean Lamarck,1744—1829) 法国生物学家。他反对林奈的物种不变的观点,认为在生活条件影响下,动物可以变化,提出"用进废退"及"获得性遗传"来解释进化的原因。

居维叶(Georges Cuvier,1769—1832) 法国自然科学家。著有《比较解剖讲义》、《动物界》、《骨化石》等书。他提出"器官相关原则",即动物机体的各部分并不是孤立无关的,而是有规律的相互依赖关系,并且与动物的生活条件一致,这样就可以根据动物的一部分来推断其他部分或全部,如肉食兽和草食兽在齿型、齿式和它们的四肢、胃的形态之间具有必然的联系。居维叶还提出器官主次隶属性原则,认为动物的各项结构特征对于动物生活并不是具有同等重要性,有的主要,有的次要,这样,表现在不同类型的动物结构上,主要器官的形态比较整齐统一，而次要器官就比较变化多样。经过他对比较解剖材料及骨化石的研究和整理，以古证今，从而产生了一双孪生科学——比较解剖学和古脊椎动物学。虽然居维叶在具体的研究工作上，对比较解剖学和古生物学方面作出了巨大贡献，然而，他是物种不变观点的拥护者，宣扬灾变论，成为反进化论的代表人物。

圣提雷尔(Etienne Geoffroy Saint-Hilaire, 1772—1844)　法国解剖学家，著有《解剖学的哲学》。他在大量解剖工作的基础上，注意理论的总结。他也提出相关原则，认为各种器官是处于平衡状态之中，一个器官发生变化，其他也随之改变，从动的观点看问题，指出器官的相互变异。他还提出动物具有统一图案的概念，用胚胎作比较发现鸟胚有牙齿，幼鲸也有牙齿，这一重要的发现使他得出了结论，即动物在统一的基础上发展，但发生形形色色的适应性变异。

麦克尔(Meckel, 1781—1833)　德国比较解剖学派的创始人。他对鸭嘴兽及平胸鸟的解剖有特殊的研究，著有《比较解剖学的系统》。他在当时享有盛名，为同时代的学者所推崇，称之为"德国的居维叶"。

欧文(Owen, 1804—1892)　英国人。解剖过很多稀有的动物标本，如肺鱼、大猩猩；还研究过化石始祖鸟及新西兰绝种的巨鸟，提出同源与同功的原则。著有《脊椎动物比较解剖学与生理学》三卷，内容丰富，很有影响。

路里耶(Рулъде, 1814—1858)　俄国人。作过从鱼到人心脏构造的比较，提出退化器官的存在、中间类型动物的存在等观点。他以进化的观点看地层中的化石。他的著作对于古生物学、比较解剖学、动物的驯化等都有很大贡献，尤其重要的是他把动物与生存的环境联系起来，建立了生态学的基础，也给比较解剖学开辟了一个新的方向。

综上所述，这一时期中比较解剖学已经稳定地建立，成为一门独立的学科，积累了大量的动物解剖学资料，解剖学的知识不断深入和扩大，比较研究的范围也就由零散、粗放而转入完整、细致及系统化的层次。此外，化石及胚胎发育的研究也逐步深入，联系这两方面来理解动物的结构及寻求它们彼此间的关系显然就比上一时期达到更为成熟及完善的地步。

这一时期的缺陷是学术思想在很大程度上受唯心主义和形而上学观点的束缚，当时"物种永远不变"的观点居于统治地位，居维叶的反进化论观点占了上峰。此外，当时学者的研究多重视实验室中的陈列标本而忽视生活环境对动物的功能与结构的密切关系。

三、发展时期(19世纪中叶至今)

这一时期的比较解剖学主要由于达尔文(Charles Darwin, 1809—1882)进化论的创立而得到了飞跃的发展。19世纪三大发现之一的进化论在自然科学领域中开创了一个新的时代。1859年《物种起源》问世，达尔文总结了前人的进步思想，开辟了生物进化方面研究的广阔道路。从此，比较解剖学依循进化发展的理论基础得到了迅速发展，进入了一个崭新阶段。在这一时期，人才辈出，大量比较解剖学的系统著作问世。

在俄国有柯伐列夫斯基(А. О. Ковалевский, 1840—1901)、梅契尼科夫(И. И. Мечников, 1845—1915)、萨林斯基(В. В. Заленский, 1846—1900)等根据胚胎学和形态学的研究确立了文昌鱼等低等脊索动物在动物界的地位，证明了脊椎动物和无脊椎动物之间存在着血缘关系，以及动物界起源的统一性观念。谢维尔佐夫(Северцов)的系统胚胎发生的学说，把胚胎发育与系统发生联系起来阐明进化的原因。В. О. 柯伐列夫斯基用马的化石研究证明进化的过程。

继沃尔夫(Wolff)之后,贝尔(Von Baer,1792—1876)提出了胚层学说,奠定了普通胚胎学的基础。

在德国有盖根保尔(Gegenbaur,1826—1903),他根据进化的观点,深入对头骨、脊椎骨、脑和心脏等器官系统进行了对比研究,充实了这门学科。赫克尔(Haeckel,1834—1919)提出了"生物发生律"(biogenetic law),也叫重演论(theory of recapitulation),认为动物个体发育(ontogeny)的过程是系统发育(phylogeny)过程的加速、扼要的重演。赫克尔还根据 A.O.柯伐列夫斯基的研究,把海鞘、文昌鱼等低等脊索动物和脊椎动物合并在一起而成立了一个新门——脊索动物门。

第三节 比较解剖学的现状与展望

以宏观比较解剖学为主的动物形态学,经历了 200 多年的发展,已达到相当系统深入的境地,它推动了动物学各方面的发展。但是,直到 20 世纪 50 年代左右,比较解剖学的现状似乎只是停留在资料的增加而未得到进一步的发展。这种情形可能与当时所用的方法有关,很长一段时期比较解剖学都是用分析与比较的方法。自 20 世纪中期,近代动物学发展了实验方法(提出问题→设计实验→寻求问题的解答),这种方法可用于检验由分析与比较方法所得的结论是否正确。例如,在七鳃鳗幼体变态时看到内柱变为甲状腺的前身。以后有人用同位素碘注入文昌鱼体内,结果显示标记的碘全集中在内柱细胞,这有力地证实了内柱与甲状腺的关系。又如,有人用 X 射线不透物质注入蛙体血液中,以检查在单一心室中来自左、右心房的血液是否相混,从而提出了与传统看法不同的新见解。

在 20 世纪 50 年代,解剖学一度在不少国家成为"濒危"学科。在一些新兴学科如分子生物学、细胞学的迅猛发展下,不少原来侧重形态学的学者转移到细胞生物学和分子生物学等领域中去,比较解剖学仅在医学院校的教学上还保留着一块"阵地",而在科研领域中已不被重视,解剖学家被认为是"古老的"(old-fashioned)。法国解剖学家凯内西(Kenesi)曾以"光辉的昨日,不稳定的今天和危险的明天"来形容解剖学日益衰落的处境。形态学向何处去,已经成为动物学界普遍关心的问题。

70 年代中期,美国解剖学会在组织专家进行长期、深入的调研之后,提出了解剖学科的远景展望。认为解剖学不仅是阐述形态结构的学科,而且是分析生物结构与功能的学科,它研究遗传和周围环境影响下的生物体的结构原理,发现各个不同部位的形态结构基础,有助于人们理解在发育过程中这些结构的演变。

认识上的深化连同学科间的广泛渗透,新技术和方法的普及,给一度被认为是"古老的"形态学带来一派生机。到了 80 年代,在美国和西方许多国家,形态解剖学又呈现出蓬勃生机,有人称之为"形态学的复兴"(a renaissance of morphology)。

总结这种发展趋势,可归结为:

(1) 把形态和功能的研究综合到进化生物学的主题上,学科间的广泛交叉渗透是大势所趋;

(2) 要深化对动物体的认识,就要将宏观与微观结合,定性与定量结合,静态与动态结合,正常与异常结合;

(3) 在研究方法上，除保留沿用的描述、比较分析外，更多地采用了实验方法，使用的仪器已日新月异，现代生物学的新技术在形态学科中得到广泛的应用。

传统的脊椎动物比较解剖学在有些学校已改名为脊椎动物进化和功能解剖学，加强了从进化角度和功能角度来研究动物的结构，使比较解剖学这一门古老的学科重新焕发了青春。

对 1994 年在美国芝加哥召开的第四届"国际脊椎动物形态学学术会议"上所提交的 338 篇论文进行分析，可以看出动物功能形态学的研究所占的比例更为加大，各研究领域所占比例为：功能形态与比较功能形态 45%，比较解剖 15%，形态发生 14%，微观形态 10%，进化形态 10%，系统解剖 4%，生理 2%。

编者之一杨安峰在美国加州大学伯克利分校研修期间，曾亲自聆听 Wake M. H. 教授主讲的"Evolutional and Functional Vertebrate Anatomy"全课程，使用的教材正是她主编的"Hyman's Comparative Vertebrate Anatomy, 3rd ed."，该课程正好反映出比较解剖学由经典向近代的演变。

1990—1994 年我国由国家自然科学基金委员会组织各方面的专家编著了《自然科学学科发展战略调研报告》。其中《动物科学》分册中有关动物形态学部分，笔者参与了编写。书中纵观动物形态学的发展趋势，归结了以下的前沿课题：

(1) 阐明形态和功能的多样性。"生物多样性"是当前生物学中的热门课题。形态学家感兴趣的则是生物界形态和功能多样性的发生、发展动因及其限制因素，阐明形态与功能多样性在物种生存和进化中的意义。

(2) 应用形态学。包括实验形态学、生物力学和仿生学等方面的研究，它涉及工业、医学以及国防等领域的形态学基础研究。例如运用力学知识加深对运动装置的研究，了解动物各种动作（疾跑、跳跃、飞翔、挖掘、攀爬、游泳）的形态与功能基础，模拟其最优模式，应用于体育、建筑、工艺、医学保健等领域，如改进地铁工程中的挖掘、汽车、飞机、轮船、机械轴承的设计等。1989 年第五届国际兽类学学术会议上，有关鲸类传感能力的论文多达 48 篇，涉及鲸的回声定位、感受器的形态以及神经中枢等，在军事和信息系统的应用前景十分广阔。在该次会议上，有关地下穴居兽类的形态、生理研究也受到重视，并专设分会讨论。

(3) 发育与进化形态学。应用形态学和发育生物学的原理和技术来研究一些重大生物学问题并提出一些崭新的概念。例如，甘斯和诺斯科特（Gans & Northcutt，1983）运用形态学和发育资料提出了脊椎动物起源的新观点。阿伯奇（Alberch，1979）通过对爪蟾和钝口螈的形态发育研究指出，在发育中时间和速率的微小变化，均可在形态上引起巨大变化，亦即"发育基础参数上量的变化，将导致形态上产生质的改变"。

(4) 生态形态学。结合生态类型看动物体形态的适应性变化和进化趋势，例如亲缘关系较远、生态环境相同的动物的比较解剖，或者亲缘关系较近、生态环境不同的动物的比较解剖，从而阐明适应与进化的关系。

(5) 神经生物学中的形态学。神经生物学将是生物学发展的一个高峰。从整体、细胞和分子水平对脑和神经进行综合研究，形态学研究是其基础。

(6) 结构形态学。应用物理学原理解释动物结构形成的过程、结构与功能、行为及进化的关系。

思 考 题

1. 通过对脊椎动物比较解剖学发展简史的了解,你对这门学科的历史和发展趋势有何看法?
2. 什么叫同源器官,什么叫同功器官?各举两例说明。

第二章 脊索动物门的特征、分类和进化

第一节 脊索动物门的特征

脊索动物门是动物界中最高级的一门动物,它包括比较低级的原索动物(海鞘、文昌鱼等)和脊椎动物。脊椎动物只是脊索动物门中的一个亚门,但由于除脊椎动物以外的原索动物只占很少数,因此往往以脊椎动物来统称脊索动物,如"脊椎动物比较解剖学"实际上也涉及原索动物。

脊索动物门现存的种类约有 4 万多种,在形态结构和生活方式上虽千差万别,但还是可以找出本门动物所具有的共同特征:具脊索、背神经管和鳃裂(图 2-1)。

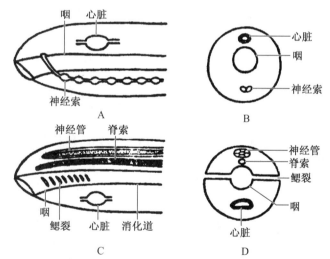

图 2-1 脊索动物与无脊椎动物主要特征的比较(仿王所安,1960)
A. 无脊椎动物体的纵断面;B. 无脊椎动物体的横断面;
C. 脊索动物体的纵断面;D. 脊索动物体的横断面

(1) 脊索(notochord)。这是一根纵贯身体背部、具有弹性的棒状支持结构,位于消化道的背面,神经管的腹面。脊索是由内部富有液泡的细胞组成,外面包以坚韧的结缔组织鞘——脊索鞘。脊索之所以有一定硬度,就是由于液泡的膨压所致。低等脊索动物终生具脊索(头索动物),或仅见于幼体(尾索动物);高等脊索动物只在胚胎时期有脊索,后来被脊柱所代替,脊索本身则完全退化或仅留残余。脊索这一结构是无脊椎动物所没有的。

(2) 背神经管(dorsal neural tube)。脊索动物的中枢神经是一条中空的背神经管,位于脊

索的背方。在发生上，神经管是由胚胎背中部的外胚层下陷卷拢而形成。脊椎动物的神经管前部膨大形成脑，神经管的其余部分发育成为脊髓。神经管的内腔在成体仍保留，脑部的内腔成为脑室，脊髓部的内腔成为中央管。某些无脊椎动物也有中枢神经，但它们是在身体的腹侧，而且是实心的，呈索状。

（3）咽囊（pharyngeal pouches）和鳃裂（gill slits）。鳃裂是消化道前段（咽部）两侧一系列直接或间接与外界相通的裂缝。水栖脊索动物的鳃裂终生存在。陆栖脊索动物也普遍具有咽囊，但仅在胚胎期和某些种类的幼体期（如蝌蚪）咽囊打穿形成鳃裂；成体的这些咽囊或消失或演变为其他结构。多数哺乳类胚胎的咽囊并未开口于体外，或仅最前面的一或两个咽囊打穿，到成体完全消失或仅留痕迹。人的返祖现象之一就是极个别人在颈部有颈裂存在，这代表未关闭的鳃裂的痕迹。某些无脊椎动物虽然有鳃，但是没有上述的咽囊和鳃裂结构。

以上是脊索动物三大主要特征，此外还有一些次要的特征：

（4）心脏。如存在，总是位于消化道的腹面，通过密闭式循环系统（尾索动物例外）将血液压向全身。

（5）肛后尾（postanal tail），即位于肛门后方的尾，存在于生活史的某一阶段或终生存在。

（6）具中胚层形成的内骨骼，即由中胚层体节的生骨节形成内骨骼，并在其表面附着肌肉。

（7）具咽下腺（subpharyngeal gland），位于咽之腹部，具有和碘相结合的能力，在低等脊索动物中称内柱或咽下腺，在脊椎动物中称甲状腺（甲状腺和内柱为同源结构）。

至于后口、两侧对称、三胚层、真体腔、分节性和头化（cephalization）等特征，则是某些无脊椎动物也具有的。这些共同特征也正说明脊索动物是由无脊椎动物进化而来。

第二节 脊索动物门的分类

1874年赫格尔（Ernst Haeckel）根据俄国胚胎学家A. O. 柯伐列夫斯基的研究，把海鞘、文昌鱼等和脊椎动物合并在一起成立了一个新门——脊索动物门（Phylum Chordata），下分3个亚门：尾索动物亚门（Urochordata）、头索动物亚门（Cephalochordata）和脊椎动物亚门（Vertebrata）。

1884年，即在脊索动物门成立十周年纪念时，William Bateson 将柱头虫（*Balanoglossus*）（图2-2，2-3）这一类动物列入脊索动物门中，作为其中一个亚门，即半索动物亚门（Hemichordata）。

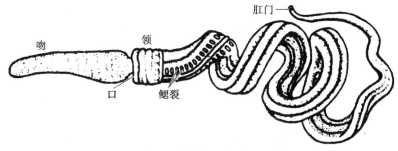

图2-2 柱头虫的外形（仿 Kent,1997）

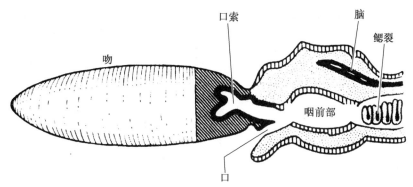

图 2-3 柱头虫头端纵切面（仿 Kent,1997）

但目前多数动物学家持反对意见，认为柱头虫的口索并不是脊索的同源结构，有人认为它很可能是一种内分泌器官；另外，半索动物具有许多非脊索动物的特点，例如：半索动物具有腹神经索、开放式的循环系统、肛门位于身体末端(不是肛后尾)等。通过个体发生的研究，说明半索动物和棘皮动物有密切关系，在早期胚胎发育中，卵裂、体腔形成及其幼体都类似于棘皮动物；柱头虫的幼体，称柱头幼虫(Tornaria)，和某些棘皮动物的幼体（如短腕幼虫 Auricularia)极为近似。就以上研究资料来看，目前更多的人认为半索动物应单独列为无脊椎动物的一门，这门动物和棘皮动物的亲缘关系最为接近，可能是由共同的祖先进化而来。下面以表格的形式列出各亚门及纲的分类体系和主要特征（表 2-1）。

表 2-1 脊索动物门的分类主要特征

亚门	纲及其主要特征
尾索动物亚门 大多数种类脊索和背神经管仅存于幼体；成体有被囊包被体外	尾海鞘纲(Appendiculariae) 体小，形似蝌蚪，自由游泳生活，鳃裂一对，构造似海鞘的幼体，又名幼态纲(Larvacea)
	海鞘纲(Ascidiacea) 成体无尾，被囊厚，鳃裂甚多；营固着生活
	樽海鞘纲(Thaliacea) 被囊薄而透明，其上有环状肌肉带；有世代交替
头索动物亚门 脊索和背神经管纵贯全身，和鳃裂一样终生存在	头索纲(Cephalochordata) 脊索纵贯全身，向前延伸越过神经管；体呈鱼形，无头，故又名无头类(Acrania)；有特殊的围鳃腔，鳃裂开口于围鳃腔中
脊椎动物亚门 脊索或多或少地被脊柱所代替，有头、有脑、有附肢	甲胄鱼纲(Ostracodermi) 化石无颌类，最原始的脊椎动物，体表覆盖大片甲胄。已全部灭绝
	圆口纲(Cyclostomata) 无颌，无成对附肢，雏形脊椎骨开始出现，皮肤裸露
	盾皮鱼纲(Placodermi) 早期有颌鱼类，体表被甲胄，已全部灭绝
	软骨鱼纲(Chondrichthyes) 骨骼为软骨，体被盾鳞，鳃间隔发达，鳃裂直接开口体表
	硬骨鱼纲(Osteichthyes) 骨骼一般为硬骨，体被硬鳞或骨鳞，具鳃盖骨，鳃裂不直接开口体表

续表

亚门	纲及其主要特征
	两栖纲(Amphibia) 皮肤裸露湿润,幼体用鳃呼吸,成体用肺呼吸,五趾型附肢出现
	爬行纲(Reptilia) 皮肤干燥,具角质鳞或角质盾片,胚胎中羊膜出现
	爬行纲(Reptilia) 恒温出现,两心房两心室,血液循环为完全的双循环,体表被羽,前肢变为翼,卵生
	哺乳纲(Mammalia) 胎生(单孔类除外)、哺乳,体表被毛,恒温

脊椎动物亚门现存的7个纲,各具明显的特点:

(1) 根据上下颌的有无,可分为无颌类(Agnatha)及有颌类(或称颌口类)(Gnathostomata);

(2) 根据附肢是鳍还是四肢,可分为鱼形类(Pisces)和四足类(Tetrapoda);

(3) 根据在胚胎发育过程中有无羊膜的发生,可分为无羊膜类(Anamniotes)和羊膜类(Amniotes);

(4) 根据体温是否恒定,可分为变温动物(ectothermal)和恒温动物(endothermal),参见表2-2。

表 2-2 脊椎动物的主要类群

	上下颌	附肢	胚膜	体温
圆口纲	无颌类	鱼形类	无羊膜类	变温动物
软骨鱼纲	有颌类 (颌口类)			
硬骨鱼纲				
两栖纲		四足类	羊膜类	恒温动物
爬行纲				
鸟纲				
哺乳纲				

第三节 脊索动物的起源和进化

现存的低等脊索动物,如海鞘、文昌鱼等体内还没有坚硬的骨骼,所以至今还没有发现它们的化石祖先,这就给探索脊索动物起源问题带来了困难。因此,关于脊索动物的起源,只能用比较解剖学和胚胎学的材料来进行推断。

在形形色色的无脊椎动物中,由哪一门类进化出脊索动物来呢?近百年来,许多动物学工作者提出了种种的假说,这里介绍比较重要的几个假说:

(1) 环节动物说(annelid theory),该假说认为脊索动物起源于环节动物,理由是:这两类动物都是两侧对称和分节的,都有分节的排泄器官和发达的体腔,都是密闭式的循环系统。如果把一个环节动物的背腹倒置,则腹神经索就变得和脊索动物的背神经管位置一样了;心脏的位置和血流的方向也就同于脊索动物。但是,这种背腹倒置的论点是不能自圆其说的。例如,这样口就变得位于背侧,脑就在腹侧,和脊索动物也并不一样,而且脊索、鳃裂以及胚胎发育等方面的差异也无法解释。因此,这一假说目前已被摒弃。

(2) 由加斯坦和贝里尔(Garstang,1928;Berrill,1955)提出,该假说认为脊索动物和棘皮动物的共同祖先类似于现代半索动物的羽鳃类,营固着或半固着生活,藉腕的触手摄食。其后,脊索动物的祖先发展为类似于尾索动物,以鳃裂滤食,成体营固着生活,幼体的尾部有脊索支撑,可以自由游泳。这类原始尾索动物的幼体通过幼态成熟(neoteny)发展为头索动物和脊椎动物(图2-4)。

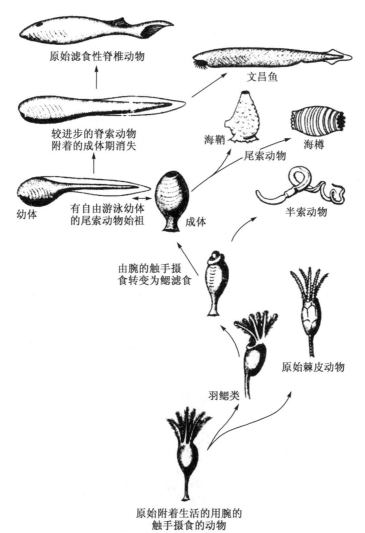

图 2-4 加斯坦和贝里尔提出的脊索动物起源假说(仿 Romer,1977)

(3) 棘皮动物说(echinoderm theory),认为脊索动物和棘皮动物来自共同的祖先。这是基于胚胎发育的研究。棘皮动物在发育过程中属于后口动物(deuterostomia),同时以体腔囊法形成体腔。和一般无脊椎动物不同,但却和脊索动物近似。从幼体来看,棘皮动物的幼体(如短腕幼虫)和半索动物的幼体(柱头幼虫)极为近似。从生化的研究材料也证明棘皮动物和半索动物有较近的亲缘关系,这两类动物的肌肉中都含有肌酸和精氨酸,一方面表明这两类动物亲缘关系较近,另一方面也表明这两类动物是处于无脊椎动物(仅有精氨酸)和脊索动物(仅有肌酸)之间的过渡地位。

以上假说中,以棘皮动物说论点较充分,赞同者较多。据推测,脊索动物的祖先可能是一种蠕虫状的后口动物,它们具有脊索、背神经管和鳃裂。这种假想的祖先可以称为原始无头类。原始无头类有两个特化的分支,即尾索动物和头索动物。由原始无头类的主干演化出原始有头类,即脊椎动物的祖先。

脊索动物进化的几个里程碑可以归纳为:脊椎骨的出现、上下颌的出现、从水生到陆生、羊膜卵的出现、恒温动物的出现(表 2-2)。

脊椎动物的进化史可分为三个大阶段:第一阶段是在水中的进化,由上述原始有头类向两个方向发展,一支进化出较原始的、没有上下颌的无颌类,化石中发现的甲胄鱼(Ostracodermi)是目前发现最早的化石无颌类,代表着最早的脊椎动物。现存的圆口纲动物是这一支的仅存种类;另一支进化成具有上下颌的有颌类,即鱼类的祖先。第二阶段是从水中到陆地上的进化,即两栖类和爬行类的进化;从水到陆是脊椎动物进化史上很重要的一步,开辟了进化的新历程。第三阶段是由爬行类进化出两支高等脊椎动物,即鸟类和兽类的进化。

第四节 原索动物

一、具被囊的动物——尾索动物亚门

尾索动物亚门中包括约 2000 多种单体或群体生活的海栖动物,少数种类终生营自由游泳生活,如尾海鞘(*Appendicularia*),多数种类只在幼体期营自由游泳生活,尾部有脊索的结构(故称尾索动物),经过变态发育为成体后,即营固着的生活方式,尾部连同其中的脊索随即消失。

尾索动物又称被囊动物(Tunicata),这是由于这类动物体外被有一层特殊的被囊(tunic)。被囊是由一种化学性质近似于植物纤维素的被囊素(tunicin)所构成,这在动物界是罕见的。

海鞘(*Ascidia*,图 2-5)可以作为尾索动物的代表动物。成体海鞘的外形像一个椭圆形的

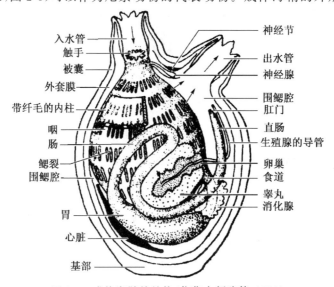

图 2-5 成体海鞘的结构(仿华中师院等,1983)

囊袋，顶端的一孔是入水管孔，稍侧面较低处另有一孔名出水管孔。水流带着食物和氧由入水管孔通往体内一个大形囊状的咽部，咽囊壁为大量的鳃裂所贯穿，包着咽部的围鳃腔，汇集穿过鳃裂流出的水流，水流经出水管孔排出体外。水中微小的食物被咽腹侧的内柱（endostyle）所分泌的黏液黏成食物团，依靠鳃裂周围纤毛的摆动使水流作定向流动，食物团随水流向后输送，进入肠道。

海鞘成体内部虽有鳃裂，但无脊索，也没有管状神经。因此，这类动物虽远在2000多年前即被发现，但直至19世纪，俄国胚胎学家柯伐列夫斯基研究了海鞘的胚胎发育，并发现海鞘的幼体是一种外形似蝌蚪，在水中自由游泳的动物，在尾内有典型的脊索，有中空的背神经管，咽壁上有鳃裂，具备了脊索动物门的特点，这样，才正确地阐明了它的分类地位：海鞘不是无脊椎动物，而是和文昌鱼相近的低等脊索动物。

幼体的这种自由生活状态只能持续几小时乃至一天，即沉到水底并以身体前部的附着突起固着在水中物体上，开始逆行变态（retrogressive metamorphosis）（图2-6）：尾部连同其内的脊索逐渐被吸收而消失；神经管逐渐缩小，仅残留成为一个神经节，感觉器官消失；反之，咽部扩大，鳃裂数目大大增加，围绕咽部的围鳃腔形成；消化管成U形管道，口孔与泄殖孔的位置由背侧转向和吸附端相对的顶端（这是由于口孔和附着突起之间增长特别快，而背侧其他部位生长滞缓，其结果使身体各部位的相对位置起了变化）。随后，在体外分泌出了一层具有保护身体作用的厚被囊。于是，营固着生活的海鞘成体便这样成长起来。

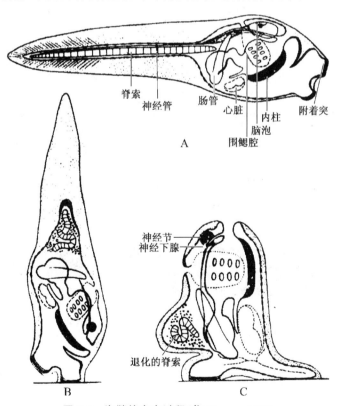

图2-6　海鞘的变态过程（仿 Torrey，1979）
A. 自由游泳的幼体；B. 开始变态；C. 变态后期

二、脊索动物简化的缩影——头索动物亚门

原索动物中比较进步的是头索动物,这个亚门中包括约 30 种海栖的鱼形小动物,分布在全世界热带和亚热带的浅海里。代表动物就是在比较解剖学中占有重要地位的文昌鱼(Branchiostoma belcheri)。在我国,文昌鱼产于沿海地区,如厦门、青岛、烟台等地。

文昌鱼的构造虽然简单原始,但是脊索动物的三大特征(脊索、背神经管、鳃裂)在它们身上都以简单的形式终生保留着,通过对它的研究,可以看出最早的脊索动物是个什么模样。

(一) 生活习性

文昌鱼生活在浅海,平时很少游泳,大部时间将身体埋在浅海泥沙中,只露出身体前端,借水流将食物带入口中,以矽藻为主要食物。当它钻出沙面后,游泳动作是靠身体的左右摆动而进行的。这种钻泥沙、少活动的生活方式,是和它们一直保持着原始的体制结构分不开的。

(二) 外形

文昌鱼(图 2-7)是一种只有 4~5 cm 长的半透明鱼形动物,形似鱼而非鱼,因它没有头的分化,故名无头类(Acrania)。体左右侧扁,前端稍钝,后端较尖。无偶鳍,只有奇鳍,即背鳍、尾鳍和臀鳍。身体腹前部两侧有纵褶,称腹褶(metapleural folds)。腹褶和臀鳍交界处有围鳃腔孔(atriopore),或称腹孔。在腹孔后面,即尾鳍与臀鳍交界处偏左侧有肛门。身体前端为一漏斗形的口笠(oral hood),口笠的边缘有触须数十条,形成筛状器官,防止大型沙粒进入口中。口笠内的空腔称前庭(vestibule),其深处引向口孔。皮肤很薄,故可透见皮下的肌节和肌隔。在性成熟个体,可见身体两侧腹部各有一列方形小块,即生殖腺。

(三) 皮肤

文昌鱼的皮肤有表皮和真皮的分化(图 4-20)。表皮是由单层柱状上皮构成,间有感觉细胞,但无腺体和色素细胞。幼体的表皮外面生有纤毛,成体时纤毛消失,表面有一薄的带孔的角皮层(cuticle)。真皮不明显,仅为一薄层胶状结缔组织,纤维和细胞都很少,与脊椎动物胚胎初期的间充质相似。

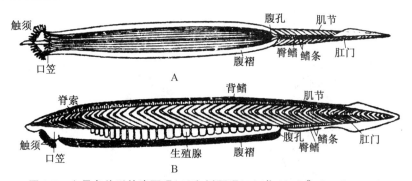

图 2-7 文昌鱼外形的腹面观(A)和侧面观(B)(仿 Neal & Rand, 1936)

(四) 脊索和其他支持结构

文昌鱼尚没有骨质的骨骼,只有一条纵贯全身的脊索作为支柱,由于脊索向前越过神经管一直达到身体最前端,故称头索动物,这可能是文昌鱼用前端掘泥沙的一种适应。脊索外面包有一层坚韧的结缔组织鞘,称脊索鞘(notochordal sheath),该鞘向上包围神经管,和肌隔相连接。

近年来的研究表明：文昌鱼的脊索结构是很独特的,它是由成层排列的扁盘状肌细胞组成(图 5-3),它的超微结构和双壳软体动物的肌细胞相似。这些肌细胞的收缩增加脊索的坚硬程度。

除脊索外,背鳍和臀鳍内的鳍条、支持鳃间隔的鳃棒、口笠及触手内的类似软骨的支持物等皆是由结缔组织构成的支持结构。

(五) 肌肉

全身肌肉保持着原始的肌节(myomere)形态,从前到后排列整齐,没有任何分化。肌节呈＜形,角顶朝前,肌节间以结缔组织的间隔——肌隔(myocomma)分开。每一肌节的肌纤维前后纵行,并被肌隔所间隔。此外,在围鳃腔的腹部还有横肌,属于平滑肌,收缩时可使围鳃腔缩小,压水排出。

(六) 消化和呼吸系统

文昌鱼(图 2-8、2-9)的取食方式是被动的,即依靠纤毛摆动所形成的水流,将食物和氧带进体内。口笠周围边缘的口笠触须和口附近的缘膜触手等结构都起着筛选食物的作用,阻止沙粒随水进入口中。水流带着食物由口进入咽。沿咽的腹侧底部有一条纵沟,称内柱(endostyle),沟壁衬有腺细胞和纤毛细胞。内柱是被动索取食物的结构。和水流一同进入咽的食物颗粒,被内柱腺细胞所分泌的黏液黏结成小食物团,再借内柱纤毛的摆动将食物推入肠道进行消化。在肠起始处有一中空的盲突,称为肝盲囊,能分泌消化液。

在系统发生上,内柱是脊椎动物甲状腺的前驱。有人用同位素碘注入文昌鱼体内,结果标记的碘全集中在内柱的一定部位,有力地证实了内柱与甲状腺的关系。

咽壁被大量的鳃裂所洞穿,鳃裂并不直接通向体外,而是开口于围鳃腔内,围鳃腔以腹孔与外界相通。在鳃裂旁鳃间隔上有丰富的毛细血管,水由咽流经鳃裂时,水中的氧即进入毛细血管的血液内,而血液中的二氧化碳即排出到水中。文昌鱼皮肤以及靠近皮肤表面的淋巴窦也可以直接进行气体交换。

(七) 循环系统

文昌鱼的循环系统(图 2-10)虽然还较原始,但已经是和水生脊椎动物相近似了。血液沿着有真正管壁的血管循环各处,属于闭管式循环。文昌鱼还没有心脏的分化,相当于心脏的血管不是背部的(无脊椎动物的情形),而是腹血管(脊椎动物的心脏全是在腹部)。血液的流动是靠腹大动脉和每一入鳃动脉基部稍膨大的"鳃心"的收缩,此外,肝静脉也有收缩的能力。血液流动的方向在腹面为由后向前,在背面为由前向后,这也是脊椎动物的类型。

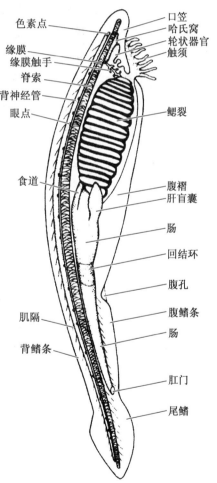

图 2-8　文昌鱼内部结构图(仿 Kluge,1977)

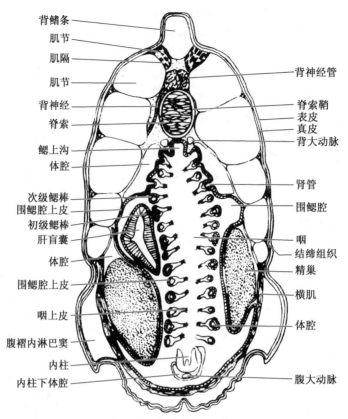

图 2-9　文昌鱼通过咽部的横切面（仿 Kluge,1977）

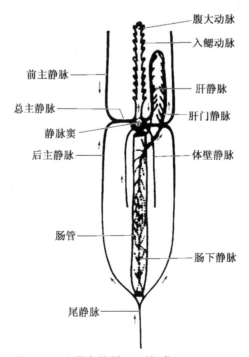

图 2-10　文昌鱼的循环系统（仿 Kent,1997）

静脉系统和脊椎动物胚胎时期的静脉近似。身体前部返回的血液集中于一对前主静脉,身体后部回来的血液汇入一对后主静脉。左、右前主静脉和左、右后主静脉汇入一对总主静脉,又称居维叶氏管(ductus Cuvier)。左右总主静脉汇合处称静脉窦。由肠壁返回的血液汇集成为肠下静脉,向前流到肝盲囊处又形成另一毛细血管网。由于这条血管两端都是毛细血管,可以称为肝门静脉。自肝盲囊毛细血管再汇合成肝静脉,最后汇入静脉窦。

文昌鱼的血液无色,无血细胞,不具呼吸色素。文昌鱼所需要的氧有相当一部分是通过靠近体表的淋巴窦中的血液直接吸取水中的氧而来的。

(八) 排泄器官

文昌鱼是由约 90~100 对肾管来执行排泄功能的。肾管位于咽壁背方的两侧,每一肾管的一端有具纤毛的肾孔开口于围鳃腔,另一端以一组特殊的有管细胞(solenocyte)收集体腔液中的代谢废物。每一个有管细胞的盲端膨大,其中有一长的鞭毛,由鞭毛的摆动驱使代谢废物经肾孔通入围鳃腔,再靠水流排出体外。这种分节排列的肾管,显然与脊椎动物所具有的集中肾脏有所不同。

(九) 生殖器官

文昌鱼雌雄异体,生殖腺约有 26 对,排列在围鳃腔壁的两侧并向围鳃腔内突入;不具生殖管道,生殖细胞成熟后穿过生殖腺壁和体壁出来,进入围鳃腔,随水流由腹孔排出,在海水中行受精作用。应指出,文昌鱼的生殖器官与排泄器官没有任何联系,这一点是与大多数脊椎动物不同的。

(十) 神经系统和感觉器官

文昌鱼的中枢神经是一条神经管,没有分化出明显的脑,仅前端略膨大,称脑泡,腔壁的神经元比较大,代表脑的萌芽,相当于脊椎动物胚胎时期神经管前端刚形成膨大的阶段。由神经管发出的神经称周围神经(图 2-11)。由前面脑泡发出两对"脑"神经,分布在体前端;由神经管其余部分发出按体节分布的"脊"神经。每一体节都有一对背神经根和数条腹神经根。背神经根起源于神经管的背面,只有单一的神经根,无神经节,兼有感觉和运动神经纤维。腹神经根从神经管腹面发出,有分离的数条神经根,专管运动,分布于肌节上。近年的研究证明:文昌鱼的腹根极为特殊,在腹根内实际上并不包含神经纤维,而是包含一束极细的肌丝,这些肌丝是由体壁横纹肌肌纤维延伸而来,它们通过腹根进入脊髓,直接感受刺激。由于左右肌节是交错排列的,所以左右脊神经也不相对称。背神经根和腹神经根之间没有联系,未合并为一混合脊神经。

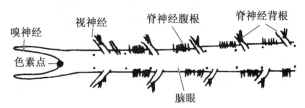

图 2-11　文昌鱼的神经管和周围神经(仿王所安,1960)

综上所述,文昌鱼的周围神经有以下特点区别于脊椎动物:① 背神经根和腹神经根不合并为一混合脊神经;② 背根上无神经节;③ 背根兼有感觉和运动神经纤维;④ 左右脊神经不相对称。

文昌鱼还没有形成集中的嗅、视、听等感官，只是在神经管上有一系列具有感光作用的脑眼。此外，全身表皮内散布有零星的感觉细胞，特别在口笠、触须和缘膜触手上的一些感觉细胞多为化学感受器，能感知水的化学性质，用以监测进入口笠的水流。

应特别提出的是，文昌鱼的哈氏窝（Hatschek's pit），它是位于口笠里面靠近背中央脊索右侧的一个沟状结构。最初被认为是感觉器官，与嗅觉有关。也有人认为哈氏窝与脊椎动物脑下垂体同源。近20余年，我国张致一和方永强等分别用免疫细胞化学方法和透射电镜技术在哈氏窝的研究上取得了重大进展。除证实该结构与脊椎动物脑下垂体同源外，还发现它是文昌鱼调控生殖活动的内分泌中枢（方永强，1999）。

综上所述，可以看出文昌鱼一方面终生具脊索、背神经管、鳃裂这些脊索动物的特征，可以说是一个脊索动物简化的缩影；另一方面，它又区别于脊椎动物，体制结构具有一系列原始性特征，表现在：不具脊椎骨、无头无脑、无成对的附肢、无心脏、表皮仅由单层细胞构成、终生保持原始分节排列的肌节、还没有出现集中的肾脏，而且排泄与生殖器官彼此无联系。所以从比较解剖学上来看，文昌鱼是介于无脊椎动物与脊椎动物之间的过渡类型。

此外，从胚胎发育上来看，文昌鱼一方面是以简单的形式近似于脊椎动物的发育，另一方面，其早期发育又与棘皮动物很相似。A. O. 柯伐列夫斯基正是基于对文昌鱼的发育的研究才确定了它在动物界的真正地位。

但是，现存的文昌鱼，从其特化结构来看，是走上适应钻泥沙、少活动的特化道路的一支，而不可能是脊椎动物的直接祖先。

第五节　有脊椎骨的动物——脊椎动物亚门

脊椎动物（图2-12）是脊索动物门中最高级的一个亚门。脊椎动物之所以得名就是因为出现了脊椎骨。在低等脊椎动物，脊索仍是主要的支持结构；而在多数脊椎动物中，则只在胚胎时期有脊索，以后就被新的支持结构——脊椎骨所代替，脊索本身仅留残余或完全退化。

脊椎动物出现了嗅、视、听等集中的感觉器官。背神经管分化成脑和脊髓；脑又分化成大脑、间脑、中脑、小脑和延脑5部分。有了脑和感官，再加上保护它们的头骨，就构成了头部，因此本亚门又称有头类（Craniata）。

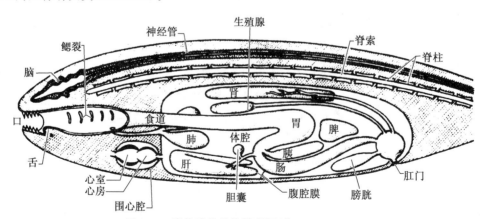

图 2-12　脊椎动物结构模式图（仿 Storer，1979）

循环系统出现了心脏,作为强有力的泵,推动血液循环。排泄系统出现了集中的肾脏,代替了分节排列的肾管,更有效地排出代谢废物。出现了成对的附肢作为专门的运动器官(圆口纲例外),这就大大提高了摄食、求偶和避敌的能力。

一、现存最原始的脊椎动物——圆口纲

圆口纲是现存脊椎动物中最原始的一纲,包括海七鳃鳗、河七鳃鳗、盲鳗(图 2-13)等约 70 余种低等的水栖动物,它们栖居于海水或淡水中,营寄生或半寄生生活。这类动物的外形虽然像鱼,但不是鱼,它们比鱼类低级得多,还没有出现上、下颌,因而称为无颌类(Agnatha);又因它们有一个圆形的口吸盘,故又称圆口类(Cyclostomata)。

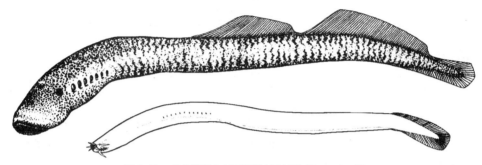

图 2-13 七鳃鳗(上)和盲鳗(下)(仿 Kent,1997)

圆口类是一类营寄生生活而引起显著特化的动物,然而它们的一般结构甚为原始,给我们提供了某些有关最古老的原始脊椎动物的概念。它们是脊椎动物进化史中第一个阶段的代表。

七鳃鳗(*Petromyzon*,图 2-14)是营半寄生生活的种类,其头部前端腹侧,有一个圆形的口漏斗,用以吸附在其他鱼体上,用口漏斗内面的角质齿锉破鱼体,吸食其血肉。体呈鳗形,没有偶鳍,只有背鳍和尾鳍。尾鳍在外形和骨骼上都是对称的,这种类型的尾鳍称原尾型(homocercal)。头的两侧在眼后方各有 7 个圆形的鳃裂,过去有人误认鳃裂为眼,7 个鳃裂加上眼睛共 8 个孔,因而也有八目鳗之称。单一的鼻孔开在头顶两眼之间。鼻孔后方为松果眼(pineal eye)所在位置。皮肤裸露无鳞片。和文昌鱼不同,七鳃鳗表皮是由多层上皮细胞组成。

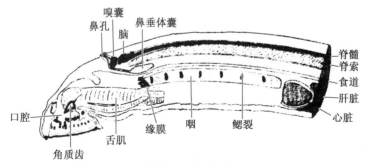

图 2-14 七鳃鳗的内部构造(仿 Kent,1987)

七鳃鳗的骨骼为软骨和结缔组织,并无硬骨,脊索终生保留作为支持结构。在脊索背面出现了一系列软骨弧片,代表着雏形脊椎骨的开始。圆口类出现了保护脑和感觉器官的头骨,进

入了有头类的行列,但是头骨的结构还很原始,完整的软骨性脑颅尚未形成,脑顶无软骨,仅以纤维膜覆盖。鼻软骨囊及听软骨囊并未和颅骨完全愈合,仅以结缔组织相连。这样的结构相当于其他脊椎动物颅骨胚胎发育的早期阶段。肌肉分化少,保持原始的肌节排列。

七鳃鳗的消化系统原始而且特殊,这是和它们吸食血肉的寄生营养方式相联系的。舌富有肌肉,其尖端有角质齿,当七鳃鳗吸附在鱼体上时,锉舌像唧筒中的活塞一样。消化道尚无胃的分化,由食道直接通入肠。沿整个肠管有螺旋状的黏膜褶,称盲沟(typhlosole),伸入肠腔,以增加肠的吸收面积并延缓食物通过肠管的时间。肠管末端有肛门。已有独立的肝脏,但还没有独立的胰脏,仅有些胰细胞聚集成群,散布于肠壁。

七鳃鳗的咽分背腹两管,靠背面的为食道,靠腹面的为呼吸管。呼吸管左右各通 7 个鳃囊,囊壁为由内胚层演变而来的褶皱状鳃丝,其上有丰富的毛细血管,在此处进行气体交换。每一鳃囊各经外鳃孔与外界相通。

七鳃鳗的血液循环途径和文昌鱼基本一致,但圆口类已具有心脏。心脏由一心房、一心室、一静脉窦组成(无动脉圆锥)。血液红色,已具有红细胞。红细胞中具有呼吸色素,即血红蛋白,加强了血液携带氧的能力。

七鳃鳗已有头有脑,脑已分化为大脑、间脑、中脑、小脑和延脑 5 部分,但在脊椎动物中还是最原始的,脑的 5 个部分依次排列在一个平面上,尚未形成其他纲脊椎动物所具有的脑弯曲。大脑两半球很小,脑的顶部全是上皮细胞,没有神经细胞构成的灰质。小脑也不发达,与延脑还未分离,实际上只是延脑前端背面由神经物质组成的唇形突起。七鳃鳗有脑神经 10 对。脊神经的背根和腹根并不联合成一混合的神经干,这一点和文昌鱼相同,而和其他脊椎动物不同。感觉器官也是很原始的,听器官仅具内耳,且仅有二个(七鳃鳗)或一个(盲鳗)半规管。圆口类只有一个外鼻孔,开口于头部背面中央(圆口类因此又名单鼻类 Monorhina)。位于头部两侧的一对眼已具有脊椎动物眼的基本结构。但盲鳗的眼退化,隐于皮下,不具晶体,也缺少眼肌。七鳃鳗在鼻孔后的皮肤下有松果眼(pineal eye),其构造和眼有相似之处,也有晶体和视网膜,具感光作用。

七鳃鳗已有集中的肾脏和集中的生殖腺(单个),但不具特别的生殖管道。成熟的生殖细胞突破生殖腺壁落入体腔内,其后经泄殖窦上一对腹孔而入泄殖窦,再经泄殖孔排出体外。卵在水中行体外受精。

受精卵经一个月左右的发育,孵出的幼体称沙隐虫(Ammocoete,图 2-15)。幼体要经过 3~7 年之久才变态为成体。幼体有许多原始性特征近似文昌鱼,如口前部具似文昌鱼的口笠,咽部腹面有内柱,幼体阶段的内柱,在变态后变为成体的甲状腺,其生活方式也和文昌鱼近似,白天大部时间钻在水底泥沙中,借助于水流滤取食物。沙隐虫和文昌鱼的近似支持了脊椎动物和原索动物具有共同祖先的论点。

沙隐虫又有许多进步性的特征区别于文昌鱼,如已有心脏,有耳、眼,有脑和脊髓的分化,有甲状腺和脑垂体,有集中的肾脏(前肾)等,代表着脊索动物的原始型。许多动物学家以七鳃鳗幼体代替文昌鱼作为脊索动物的原始祖先型。

表 2-3 对比了七鳃鳗(低等脊椎动物水平)和文昌鱼(低等脊索动物水平)的异同。

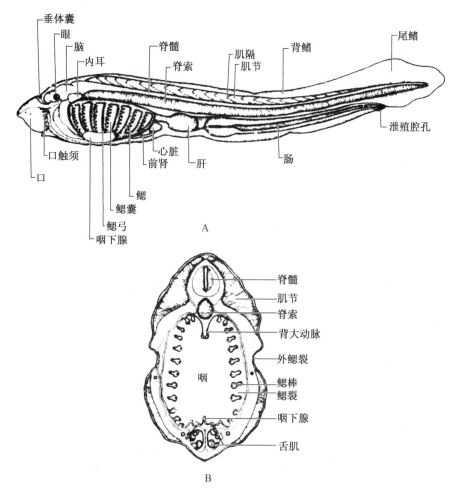

图 2-15 沙隐虫解剖图(仿 Torrey,1979)
A. 沙隐虫的纵剖图;B. 沙隐虫的横剖图

表 2-3 七鳃鳗和文昌鱼的比较

	文昌鱼	七鳃鳗
生活方式	栖于海水,营钻泥沙、少活动的生活	栖于海水或淡水,营半寄生生活
外 形	无头,无成对附肢	有头,无上下颌,无成对附肢
皮 肤	表皮:单层细胞 真皮:不明显,为胶状结缔组织	表皮:多层细胞 真皮:为有规则排列的结缔组织
骨 骼	脊索终生存在,不具脊椎骨	脊索终生存在,雏形脊椎骨出现,不完整的头骨出现
肌 肉	原始肌节,<形	保持原始肌节,≤形
消化呼吸	具鳃裂 特化构造:口笠、内柱、围鳃腔	具鳃裂 特化构造:口漏斗、角质齿、内胚层的鳃囊 无真正的齿,无胃的分化
循 环	无心脏 血液中无血细胞	有心脏的分化,一心房一心室 血液中已有血细胞

	文昌鱼	七鳃鳗
神经感官	背神经管 无明显的脑 无集中的感官	有脑和脊髓的分化，脑已分化为5部分 有集中的感官
排泄生殖	分节排列的肾管 分节排列的生殖腺 不具生殖管道 排泄、生殖无联系	有集中的肾脏 有集中的生殖腺 不具生殖管道 排泄、生殖无联系

现存的圆口纲动物分为两个目：

(1) 七鳃鳗目(Petromyzoniformes)：成体营半寄生生活，体制结构向寄生方向发展，但还不像盲鳗特化程度那样深。分布广泛，淡水和海洋均产。代表动物有海七鳃鳗(*Petromyzon marinus*)和我国东北七鳃鳗(*Lampetra morii*)。

(2) 盲鳗目(Myxiniformes)：成体营寄生生活，是脊椎动物中唯一的体内寄生动物。均为海产，以鱼为食，常由鱼的鳃部钻入鱼体内，吸食血肉及内脏，最后将鱼体吃成只剩下皮肤和骨骼的空壳。常见的种类有黏盲鳗(*Eptatretus burgeri*)，分布于黄海、东海、日本海，偶见于福建、浙江沿海。盲鳗(*Myxine glutinosa*)，分布于大西洋。

二、化石记录中最早的无颌类——甲胄鱼纲

现代生存的圆口纲动物迄今尚未找到化石，但是在奥陶纪、志留纪与泥盆纪地层中，却找到了与圆口类近似的化石种类，由于它们大多被由真皮形成的骨质甲胄，故统称为甲胄鱼(Ostracoderms)，在分类上另立为一纲，即甲胄鱼纲(Ostracodermi)。这类动物都没有上下颌，因此也属无颌类。甲胄鱼和现存的圆口类相隔有4～5亿年之久，但是它们之间存在着共同特征：缺上下颌，早期的类型不具偶鳍，而在头甲鱼(*Cephalaspis*，图2-16)和后期的类群，在头甲后缘具一对肉质胸鳍作为平衡之用。具单鼻孔，两眼间有小的松果孔。这些足以说明它们之间有一定的联系。一般认为，这两类不一定有直接的亲缘关系，而是来自共同的无颌类祖先。圆口类是向着半寄生生活发展的一支，而甲胄鱼则是向着底栖生活发展的一支。

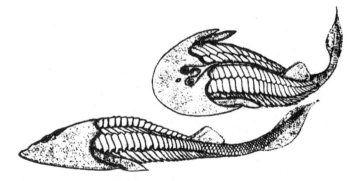

图 2-16　头甲鱼(仿 Neal & Rand，1936)

甲胄鱼类出现于5亿年前的奥陶纪，在地球上延续了约1亿年，到泥盆纪结束时，它们全部绝灭。甲胄鱼类的绝灭可能是与有颌类(最早的鱼类)的兴起有直接关系。

三、鲨类的繁盛——软骨鱼纲

从鱼类开始,有了能活动的上颌和下颌。和无颌类相对,鱼类以上总称有颌类(Gnathostomes)。在脊椎动物进化史上,上下颌的出现标志着一次重大的变革。因为自从有了能自动开关咬嚼的颌装置后,动物就能积极主动地去捕获食物,并且通过撕切、研磨,更好地加工食物,大大提高了获取和利用食物的能力,在生存竞争中带来了深远的影响。

鱼类分成两个独立的类群:软骨鱼类和硬骨鱼类。在分类学上,以前把这两类作为两个亚纲,隶属于鱼纲,但这两个类群早在泥盆纪有化石记录开始,就是两个独立的支系,目前多已把这两类升为两个独立的纲,即软骨鱼纲(Chondrichthyes)和硬骨鱼纲(Osteichthyes)。

软骨鱼纲里,鲨类占主要地位。在比较解剖学上,星鲨(*Mustelus manazo*)是重要的实验动物。它的许多器官结构代表着脊椎动物少特化的模式结构,例如,头骨终生保持软颅,它的咽弓、动脉弓、主要的静脉以及泄殖系统的某些方面都和高等脊椎动物的胚胎有类似之处。正因此,常以鲨作为各纲脊椎动物比较解剖的基点。

星鲨从外形上看,头的前端具吻突,口位于腹面,横裂(故软骨鱼类又名横口类Plagiostomi)。头部后方每侧有 5 个鳃裂,鳃裂直接开口于体表。偶鳍呈水平位。雄鲨腹鳍的内侧有一对棒状突起,称鳍脚(claspers),为鲨的交配器。尾鳍上下两叶不对称,上叶较大,尾椎骨末端上翘,伸入上叶,这种尾型属歪尾型(heterocercal)。

星鲨体表被盾鳞(placoid scale)。盾鳞是软骨鱼特有的鳞片,由棘突和基板两部分组成。基板埋在皮肤内,棘突露在皮肤外,尖端指向后方。在发生上,盾鳞和牙齿同样是由外胚层的釉质和中胚层的齿质形成,内部皆有髓腔,故两者是同源器官。

星鲨全身骨骼都为软骨,有些部位由于含有钙盐,也有一定的坚硬度,称为钙化,它在本质上区别于经过骨化而形成的硬骨。鲨鱼的脊柱已取代了脊索的地位成为支持身体的中轴和保护脊髓的结构。脊柱的分化程度低,仅分为躯椎和尾椎两部分。头骨终生保持软颅。鲨咽颅代表典型的原始型结构。

软骨鱼已有胃的分化。肠分十二指肠、螺旋瓣肠和直肠三部分。螺旋瓣肠甚膨大,肠内生有螺旋瓣,可以增加肠的吸收面积,并延缓食物通过的时间,使食物得到更彻底的消化。在脊椎动物中,小肠以各种方式增加消化吸收面积,以螺旋瓣来增加肠的吸收面积是一种较古老的方式。消化腺发达,肝脏很大(占整个鱼体重的 20%~25%),已有独立的胰脏。软骨鱼全不具鳔,近年来的研究指出鲨的肝在调节鱼体的比重上还起着重要作用。

鲨的鳃裂直接开口于体表,鳃间隔发达,由鳃弓延伸至体表与皮肤相连。此外,鳃瓣不是丝状,而由上皮折叠成栅板状(如暖气片),因而鲨类又称板鳃类。星鲨具 5 对鳃裂,另外,在两眼后各有一个与咽相通的小孔,为喷水孔。从发生上看,喷水孔乃是退化的第一对鳃裂。

鲨的循环系统具有典型的鱼类单循环的特点。心脏分化为静脉窦、心房、心室和动脉圆锥(conus arteriosus)四部分。

软骨鱼的血液中含有大量尿素,其含量达血液的 2.0%~2.5%(大多数脊椎动物为 0.01%~0.03%),致使其血液和体液的渗透压比海水的还要高一些。这样,体内的水分不会渗透出体外;相反的,海水反而要渗透体内,再通过肾脏排出多余的水分。鲨的直肠腺过去一直被认为功用不明,现已察明它是一个肾外排盐的结构,通过它排出体内多余的盐分。

软骨鱼行体内受精,交配时,雄鲨以鳍脚插入雌体泄殖腔内,精液沿鳍脚内侧的沟流入雌体。生殖方式有卵生和卵胎生之别。卵胎生种类,卵壳很薄,受精卵在母体子宫内发育,成幼体后始产出体外。此等种类的胚胎多不与子宫发生联系,营养靠胚胎自身卵黄供给;也有少数种类(如星鲨),胚胎发育的前期靠卵黄的营养,发育的后期,卵黄囊壁发出许多突起嵌入子宫壁,这样,胎儿可由母体吸取营养。卵生种类具有厚而坚固的卵壳,胚胎在卵壳内完全靠自身卵黄囊的营养进行发育,孵化期约 6~10 月,成长的幼体破卵壳而出。

体内受精,体内发育(卵胎生),或体外发育(卵生)而卵有坚固的卵壳保护,是软骨鱼生殖的一个特点。受精率高、仔鱼成活率高而产卵量少,这是保存种族延续的一种适应方式。

鲨鱼的脑较大,不仅比七鳃鳗的脑发达,甚至在某些方面比硬骨鱼还要高级。大脑半球比较大,不仅在底部和两侧有神经物质,而且在大脑顶部也出现了神经物质。小脑很发达,这是和鲨类迅速游泳的能力相关的。

鲨鱼的感觉器官远比七鳃鳗发达,这是和鲨的快速游泳和捕捉活的食物的生活方式相联系的。内耳包括 3 个半规管。鲨类除具有一般的侧线感觉水流外,还有特殊形式的陷窝,称罗伦氏壶腹(ampulla of Lorenzini),它是电感受器,能接受微弱的电刺激。一般情况下,动物肌肉收缩时所产生的电位差,就足以被近距离内的鲨的电感受器接收到,从而制导鲨向猎食对象发动袭击。

在化石证据中,最早的软骨鱼是裂口鲨(*Cladoselache*),发现于上泥盆纪。裂口鲨的形状很像现代鲨类,具盾鳞,歪形尾,但胸、腹鳍有很宽的基部,这种基部宽、末端窄的鳍代表原始类型的鳍,活动性较差,没有发现鳍脚构造。裂口鲨被认为是现代鲨类的始祖。

由裂口鲨的出现一直到现在,大约经历了 4 亿年,鲨类还是成功地生活在世界的海洋中。尽管有硬骨鱼、海生爬行类和海生哺乳类这些在进化上更高级的类群与之相抗衡,但是,鲨类还是继续维持着它们的繁盛地位。

现存的软骨鱼大部分属于板鳃亚纲(Elasmobranchii)。它们沿着两个方向发展:一支保存了迅速游泳的流线形体型,即鲨目;另一支发展为扁平体型,适于底栖、少活动的生活方式,即鳐目(图 2-17)。

鲨目中包括各种鲨鱼,身体梭形,鳃裂侧位(位于头部侧面)。它们大多是游泳迅速、富于侵略性的肉食鱼类,以凶猛而闻名,栖居于海洋的中上层,主要以其他鱼类和甲壳类为食,如星鲨、棘鲨、虎头鲨、双髻鲨等。

鳐目包括一些适应于海底生活而高度特化的种类。身体扁平,胸鳍与头部愈合形成了圆形体盘。鳃裂腹位(位于头部腹面),尾巴一般呈细鞭状,以海底贝类等软体动物为食。例如孔鳐、刺鳐、电鳐等。

除了鲨类和鳐类所代表的板鳃亚纲外,还有另外一类从未繁盛过的软骨鱼,隶属于全头亚纲(Holocephali)。它们是由原始软骨鱼类很早就分化出来的一个侧支。鳃裂 4 对,外被一皮膜状鳃盖,仅一对鳃孔通体外。由于它的上颌完全与头颅骨相愈合成一整体,故有全头类之称。例如,银鲛(*Chimaera phantasma*),栖居于深海底,以软体动物等为食。

四、具硬骨的鱼类——硬骨鱼纲

现代 90% 以上鱼类属于硬骨鱼,它们是水域中生活得最成功、最繁盛的脊椎动物。现有种类约 2 万 4 千种,是脊椎动物亚门中种类最多的一个纲。硬骨鱼纲的共同特征为:

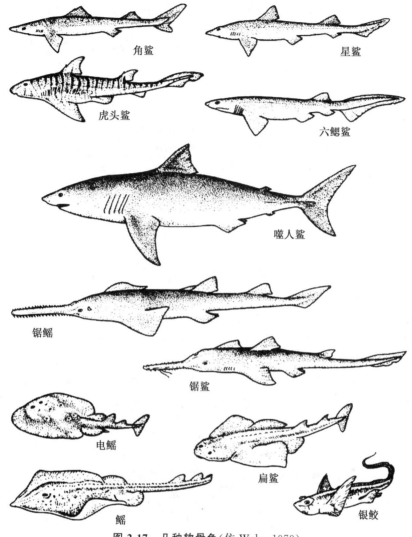

图 2-17　几种软骨鱼(仿 Wake,1979)

(1) 成体的骨骼大多是硬骨的(低等种类还在不同程度上保留着软骨)。硬骨较软骨更为坚硬,它对压力的耐受力要比软骨大 7 倍。

(2) 大多数硬骨鱼体表被圆鳞(cycloid scale)或栉鳞(ctenoid scale),二者皆是中胚层形成的骨质鳞,前者游离的一端圆滑,后者游离缘成齿状。硬鳞鱼类具硬鳞(ganoid scale),硬鳞也是中胚层形成,通常呈菱形,表面有一层闪光质。

(3) 尾鳍大多为正尾型(homocercal,图 5-60),即尾鳍的外形上下两叶对称,内部尾椎的末端向上翘,但仅达尾鳍基部。

(4) 胃的分化不明显,无独立的胰脏,肝和胰合在一起,称肝胰脏。肠内无螺旋瓣,有些种类在胃与肠交界处有指状突起,称幽门盲囊(pyloric caeca)

(5) 大多数种类具有鳔(swim bladder)。从发生上来看,鳔是由原肠管的突出形成。较低等种类,鳔终生以鳔管与肠管相通,称开鳔类(physostomi);较高等种类,鳔与肠管失去联系,称闭鳔类(physoclisti)。鳔的功能是作为身体的比重调节器。

(6) 鳃间隔退化,鳃瓣直接着生在鳃弓上;具鳃盖骨(operculum),因而鳃裂并不直接开口于体表。

(7) 不具动脉圆锥,而有动脉球(bulbus arteriosus)。动脉球是心室前端腹大动脉基部膨大形成,有弹性,但本身没有搏动能力,内壁上也无瓣膜。

(8) 生殖管道不用中肾管,而是生殖腺壁本身延续成管,这在脊椎动物中是仅有的情况。泄殖孔与肛门分别开口于体表。

(9) 雄鱼一般无交接器。卵生,卵一般在体外受精和体外发育。卵的成活率低,但产卵量大,卵的体积小,卵黄的含量也少。这是保存种族延续的另一种适应方式。

(10) 硬骨鱼的脑比软骨鱼还原始,大脑体积小,大脑两半球尚未完全分开,大脑顶部只是上皮组织,还没有神经物质。

硬骨鱼纲分为3个亚纲:肺鱼亚纲、总鳍鱼亚纲和辐鳍鱼亚纲。

1. 肺鱼亚纲(Dipnoi)

本亚纲为硬骨鱼中古老而形态特殊的一支淡水鱼,最早出现在下泥盆纪,曾经相当广泛地分布于全球,其后大多数灭绝,留存至今的仅有3属,即非洲肺鱼(*Protopterus*)、美洲肺鱼(*Lepidosiren*)和澳洲肺鱼(*Neoceratodus*,图2-18)。肺鱼亚纲的特点是一方面具有近似软骨鱼类的许多原始特征,另一方面具有高度特化、适应于生活在缺氧和经常发生干涸的热带水域的特点。大部分骨骼终生是软骨,仅顶部具少数膜原骨,没有次生颌。脊索完整,终生保留,无椎体。具内鼻孔,鳔可直接呼吸空气,每当水中缺氧或水域干涸时,肺鱼可以钻进淤泥,以鳔进行呼吸。偶鳍叶状或鞭状,鳍骨为双列型(基鳍骨形成多节的中轴,两侧有成对排列的辐鳍骨),这样的偶鳍并不坚强,在离开水源时,它们不可能支持和移动身体。肺鱼在动物学上占有一定的地位,研究现代肺鱼的结构和生活方式,有助于了解脊椎动物由水上陆中肺呼吸的发展过程。

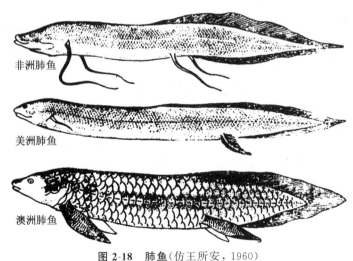

图2-18 肺鱼(仿王所安,1960)

2. 总鳍鱼亚纲(Crossopterygii)

本亚纲鱼类在古生代和中生代时期种类繁多,分布广泛,人们一直认为总鳍鱼在白垩纪已经完全灭绝。但是,1938年在印度洋南非沿岸70 m水深处,竟捕捉到一条现存的总鳍鱼,命名为矛尾鱼(*Latimeria chalumnae*)(图2-19),当时曾轰动一时,被称为活化石。直到1952年才捕到第二条。至今已陆续捕到 80 多条,均在科摩罗岛附近捕捉到。矛尾鱼的全长约 0.75～2 m,体重 13～80 kg。生活在水深 200～400 m 的海洋中。美国自然历史博物馆曾解剖了一条全长 1.6 m,捕捞时出水重量为 65 kg 的雌性矛尾鱼,发现在它的右输卵管内有 5 条平均 30 cm 长的带卵黄囊的幼鱼,证明了它是卵胎生的。据 1998 年报道,有人在印度尼西亚附近海域发现了这种活化石。

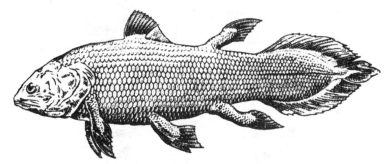

图 2-19　矛尾鱼(仿王所安,1960)

总鳍鱼和肺鱼一样,不仅有鳃,且有鳔(肺),化石种类如骨鳞鱼(*Osteolepis*),尚有内鼻孔(现存的矛尾鱼无内鼻孔,是次生现象),证明它们能进行鳔(肺)呼吸。和肺鱼不同的是总鳍鱼的偶鳍构造较特殊,偶鳍基部有发达的肌肉,外覆有鳞片。鳍内的骨骼构造和陆栖脊椎动物的四肢骨骼构造相似。这种结构的偶鳍,反映出在陆地上可以慢慢地爬行。最初,总鳍鱼生活在淡水中,到了泥盆纪后期,由于水中周期性地缺氧,便发展了肺呼吸,水池经常地干涸迫使总鳍鱼发展了用鳍沿地面爬行的能力,从干涸了的水池爬到另外有水的地方去生活。这样,在长期的演变过程中,鳍变成了足,鳃让位于肺,原来适应于水中生活的鱼就起了质的变化,逐渐演化成最早登陆的两栖类。

最早的两栖类化石,出现在泥盆纪晚期,称鱼石螈(*Ichthyostega*)。它们已经长出了五趾型的四肢,它们的头骨骨块数目和排列方式,都与古总鳍鱼非常近似,它们的迷路齿(牙齿从横切面上看,珐琅质深入到齿质中形成复杂的迷路样式)也和古总鳍鱼近似。所有这些,都可以证明两栖类的祖先是由古代总鳍鱼演化而来的。

3. 辐鳍鱼亚纲(Actinopterygii)

本纲是现代鱼类中种类最多的一个亚纲,占现代鱼总数的 90% 以上,分布极为广泛。本亚纲的主要特征为体被圆鳞或栉鳞,少数种类具硬鳞。偶鳍的基鳍骨消失,辐鳍骨退化或不存在,支持鳍的真皮性辐射鳍条直接连在肩带或腰带上。除少数低等种类外,大多数骨化程度高。

本亚纲分为 3 个总目,即硬鳞总目、全骨总目和真骨总目。

(1) 硬鳞总目(Chondrostei):包括一些原始而古老的硬骨鱼。骨骼大部为软骨,仅头部覆有膜原骨的硬骨。心脏具动脉圆锥,肠内有螺旋瓣。脊索终生存在,脊椎骨无椎体,仅有椎弓与脉弓。鳃间隔开始退化,有骨质鳃盖。尾鳍为歪型尾。从结构上看,本类鱼介于软骨鱼和硬骨鱼之间。虽然硬鳞鱼的化石是在侏罗纪才发现,但其结构水平和古生代极盛的古鳕鱼相接近。硬鳞总目的代表(图 2-20)包括中华鲟(*Acipenser sinensis*)、白鲟(*Psephurus gladius*)、多鳍鱼(*Polypterus*)和芦鳗鱼(*Calamoichthys*)。

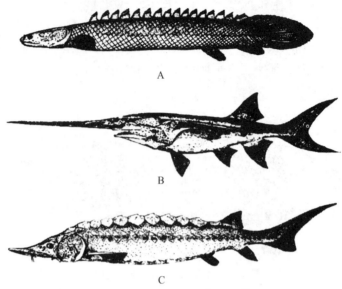

图 2-20　多鳍鱼(A)、白鲟(B)和鲟鱼(C)(仿 Torrey,1979)

关于多鳍鱼和芦鳗鱼所属的多鳍目,其分类地位尚有不同见解:有人将多鳍目列为硬鳞总目中的一个目;有人列为多鳍总目,和硬鳞总目并列;也有人主张单列为多鳍亚纲。

多鳍鱼现生的共有 13 种,均生活在非洲河流中。未发现化石种类。

(2) 全骨总目(Holostei):结构上处于硬鳞总目和真骨总目的中间地位。硬骨较发达,具硬鳞或圆鳞,鳃间隔退化,螺旋瓣和动脉圆锥也已退化。化石种类最初在二叠纪发现,中生代进入极盛期,占据当时鱼类的优势地位。从白垩纪开始衰退,到现在只残留两种代表,即鲅鱼(弓鳍鱼,*Amia calva*)和雀鳝(*Lepidosteus osseus*,图 2-21),均产于北美洲。

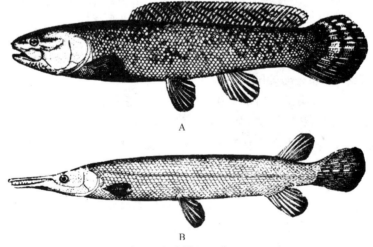

图 2-21　鲅鱼(A)和雀鳝(B)(仿 Torrey,1979)

(3) 真骨总目(Teleostei):包括 90% 的现代鱼类,全世界发现有 2 万 3 千多种,结构较高等。鳞片为圆鳞或栉鳞,骨化程度高,鳃间隔消失,心脏不具动脉圆锥,有动脉球,肠内无螺旋瓣,正型尾。化石在侏罗纪发现,以后大量发展,逐渐取代了全骨类,成为新生代的优势种类。

以上这3个总目实际上代表了3个进化阶段：硬鳞总目代表原始类型，在古生代曾占主要地位，少数种类残存到现代；全骨总目代表中间类型，在中生代占据优势地位，少数种类残留到现代；真骨总目则是最高等的，在新生代到现在一直占据优势地位。硬骨鱼类进化中一个醒目的特点，就是在进化历史中，进行了主要角色的承替，一大类被另一大类所代替。

五、从水生到陆生的过渡类型——两栖纲

最早登陆的先驱是古总鳍鱼，两栖类的祖先是由古代总鳍鱼进化而来的。在脊椎动物进化史上，从水栖转变到陆栖是一个巨大的飞跃。陆上的生活条件远比水里要多样化，这使动物有了向更高级和更多方面发展的可能。

水温的变动范围较小，而陆地上的温度则存在着剧烈的周期性变化。陆地上的湿度变化也很大，对于陆栖动物来说，存在着体内水分蒸发的问题。在陆地，空气中所含的氧至少是水中所含氧的20倍。水的密度是空气密度的1000倍，动物飘浮在水面上附肢不必承受体重，而陆生动物的附肢则需承受体重。陆上的机械性刺激增多，另外，如声、光等在空气中的传播规律和在水中的也不同。环境条件的转变深刻地影响了两栖动物体制结构的改造，下面从几个方面来分析：

(1) 呼吸介质改变，上陆后的动物需直接从空气中获得氧。两栖类继承并发展了从总鳍鱼传下来的肺呼吸，但由于肺的发展还不完善，因此，还以皮肤作为辅助呼吸器官。

(2) 随着呼吸系统的改变，循环系统发生相应的改变，由单循环改变为不完全的双循环。心脏由一心房一心室改变为两心房一心室。

(3) 五趾型附肢出现：由鱼鳍改变成能沿着陆地表面移动的四肢。但是，和高等陆栖脊椎动物相比，两栖类的附肢还处于比较原始的地位，四肢还不能将躯干抬高离开地面，也不能很快地运动。

(4) 脊柱进一步分化，两栖类的脊柱已经分化为颈、躯、荐、尾等4部分，比鱼类多了颈椎和荐椎的分化。颈椎的分化是和上陆后保证头部的灵活转动相关，荐椎的分化为上陆后后肢对身体载重适应的直接结果。

(5) 表皮开始发生角化，但角化程度不深，因此体内水分蒸发的问题还未完全解决。

(6) 感觉器官的改造，其中听觉器官的改造尤为深刻。两栖类出现了中耳（鼓膜和听小骨等），用以接收空气中的声波并传导到内耳。环境条件的复杂化也引起脑的进步性变化，大脑两半球已完全分开。

两栖类一方面开始获得了一系列适应陆生的特征，但还不完善，另外，也还保留着水栖祖先的原始性状。如：卵是在体外受精，幼体在水中发育，胚胎没有羊膜，因此，与鱼类、圆口类合称为无羊膜类。

最早的两栖类化石发现于格陵兰和北美的泥盆纪晚期地层里，即鱼石螈。到石炭纪两栖类得到了大量的发展。石炭纪中蕨类植物极为繁盛，加上潮湿炎热的气候，这就为两栖类的发展创造了良好的条件。石炭纪和以后的二叠纪是两栖类最为繁盛的时代，因此这两个纪被称为两栖类时代。

从鱼石螈分化出来的古生代的两栖类，因头骨皆具有膜原骨形成的完整的骨板覆盖，可以总称为坚头类(Stegocephalia)。在石炭纪和二叠纪，坚头类曾大量辐射发展，形成各种各样的类群。可分为两大类：迷齿类和壳椎类。由于缺乏足够的化石证据，现代各类两栖动物和古

代两栖类的亲缘关系,至今还不十分确定。目前比较新的看法认为现存的3目属于一个亚纲,称为无甲亚纲。化石两栖类和现存两栖类的分类如下(*表示已灭绝类群):

两栖纲(Amphibia)
  *迷齿亚纲(Labyrinthodontia)
  *壳椎亚纲(Lepospondyli)
  无甲亚纲(Lissamphibia)
    无足目(Apoda)
    有尾目(Urodela or Caudata)
    无尾目(Anura or Salientia)

世界上现存的两栖类有2800余种,我国约有200种。

1. 无足目

无足目或称蚓螈目(Gymnophiona),为原始的,同时又是极其特化的一类。特化的构造是和它们营地下穴居的生活方式相联系的。体形似蚯蚓或蛇,体长由10余厘米到1 m以上,无四肢及带骨。皮肤裸露,有环状缢纹,富于黏液腺。眼退化,隐于皮下;无鼓膜,听神经退化;有发达的嗅觉器官;在眼和鼻孔之间有一能收缩的触角,很敏感,有助于钻穴活动。体内受精,雄性的泄殖腔能向外翻出,起着交配器的作用。

无足类还具有一系列原始性特征,如蚓螈(*Caecilia*)有陷在真皮之内的退化的骨质鳞,代表古代坚头类体表鳞甲的遗迹。椎骨为双凹型,无胸骨,心房间隔仍不完整,头骨膜原骨也和坚头类相类似,非常发达。

无足类全世界约有160余种,分布于南美、非洲和亚洲南部。双带鱼螈(*Ichthyophis glutinosa*,图2-22)为本目代表,体长约40 cm。繁殖期间,雌体在地下洞穴中以其湿润的身体盘绕着卵,以保护卵,使其免于干燥。卵在孵出以前经历一个带有3对羽状外鳃阶段,待卵孵出后,外鳃已消失,幼体转移入水中完成发育。近年在我国云南省西双版纳曾捕获到版纳鱼螈(*Ichthyophis bannanica*),这是我国仅有的一种无足类。

图2-22 双带鱼螈(仿Kluge,1977)

2. 有尾目

有尾目(图2-23)是更适应于水中生活的较低等的一目。多数种类终生栖于水中,也有些种类变态后离水而栖于湿地。体长形,具四肢或仅具前肢,尾终生存在。幼体用鳃呼吸,成体用肺呼吸,也有些种类终生具鳃,肺很不发达或无肺。有尾目约有350余种。隐鳃鲵科的代表:大鲵(*Megalobatrachus davidianus*),又名娃娃鱼,产于我国华中及华南的山涧溪流中。体长可达180 cm,为现存有尾两栖类中最大的种类。蝾螈科为有尾目中主要的一科,种类多。在我国仅分布于华南。洞螈科的泥螈(或称泥狗)(*Necturus maculatus*),在国外广泛用作实验动物,其英文名称是mud puppy,产于北美。鳗螈科的鳗螈(*Siren lacertina*)仅分布于北美。

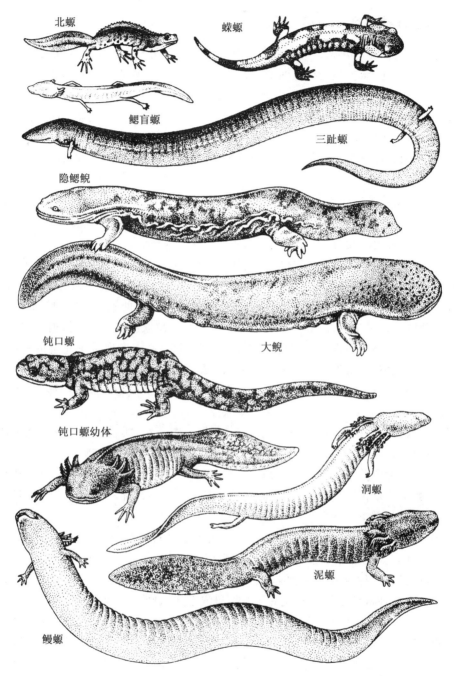

图 2-23 几种有尾两栖类（仿 Young,1981）

3. 无尾目

无尾目为现存两栖类中结构最高级、种类最多且分布最广的一类。成体无尾,具发达的四肢,后肢特别强大,适于跳跃。通常营水陆两栖生活,但生殖时必在水中。除南极之外,各大陆都有它们的分布,全世界约有 3500 余种,我国约有 250 余种。代表种有：青蛙（*Rana nigromaculata*,又名黑斑蛙）和蟾蜍（*Bufo bufo*,俗名癞蛤蟆）。

六、真正陆生脊椎动物——爬行纲

爬行类是在两栖类的基础上进一步适应陆地生活而成为真正的陆生脊椎动物。它们不仅成体能适应陆地生活，而且胚胎也在陆地上发育。爬行类在胚胎发育过程中产生羊膜、尿囊和绒毛膜等胚膜，使胚胎有可能脱离水域而在陆地的干燥环境进行发育。这是和高等的鸟类和哺乳类所共有的特点，因而爬行纲、鸟纲、哺乳纲三纲动物总称为羊膜动物（Amniota）。

爬行类在中生代曾经盛极一时，种类繁多，留存至现代者仅为少数。现存爬行类按体形可分为蜥蜴型、蛇型和龟鳖型。较少特化的蜥蜴型的中国石龙子（*Eumeces chinensis*）经常作为比较解剖学中的实验材料。

爬行动物的皮肤角质化程度加深，外被角质鳞（蜥蜴、蛇）或角质盾片（龟），能防止体内水分的蒸发。与角质化相联系，蜕皮现象特别明显。皮肤内缺乏腺体，因而皮肤表面干燥。指、趾端有爪，适于在陆地上爬行。

爬行类骨骼骨化程度较高。脊柱除加固外，分化更加完全，颈椎有寰椎、枢椎的分化，保证头部能仰俯和左右转动，躯椎有胸椎和腰椎的分化，荐椎的数目加多。爬行动物开始有了胸廓，它是由肋骨连接胸椎和胸骨而成。头骨具单一的枕髁，头骨两侧有颞窝的形成。

爬行类肺呼吸进一步完善，成体既没有鳃呼吸也没有皮肤呼吸，囊状肺的内壁有复杂的间隔，以扩大与空气接触的面积。心脏具两心房一心室，但心室内出现了不完全的隔膜，鳄类心室的间隔已接近完整，仅留潘氏孔相通。血液循环虽然仍是不完全的双循环，但多氧血和缺氧血区别则更加分明。爬行类和两栖类一样，仍属于变温动物。和其他羊膜类一样，成体以后肾执行泌尿功能。

爬行类出现了在陆地上繁殖的适应性——全是体内受精，雄性一般具交配器（楔齿蜥例外）。卵大且含大量卵黄，不经变态，直接完成发育。大多数爬行类为卵生，少数种类（多数毒蛇和少数蜥蜴类）为卵胎生（ovoviviparous），即受精卵不在体外发育，而是在母体输卵管内发育，至完成发育成为幼体时始产出，发育时的营养是依靠卵内贮存的卵黄。在胚胎发育中有羊膜等胚膜出现，即所谓羊膜卵。

羊膜卵（amniotic egg）的出现在脊椎动物进化史上是一个大跃进。这类卵在胚胎发育过程中产生3种胚膜：外层的绒毛膜（chorion），内层的羊膜（amnion），另有尿囊膜（allantois）。羊膜腔中充满着液体，称为羊水，胚胎浸在羊水中，实际上相当于处在一个专用的小水池中，使胚胎免于干燥和各种机械损伤。尿囊位于羊膜和绒毛膜之间的空腔中，它是从胚胎原肠的后部突出一个囊，胚胎代谢所产生的尿酸即排到此囊中。此外，尿囊还充当胚胎的呼吸器官，由于尿囊膜上有丰富的毛细血管，可以通过多孔的卵膜或卵壳，与外界进行气体交换。

爬行类是从石炭纪末期古代两栖类的迷齿螈类进化而来。石炭纪末期，地球上发生了造山运动，地壳有很大的变动，在很多地区温暖而潮湿的气候转变为干燥的大陆性气候，适应干旱的裸子植物（松柏类和苏铁类等）逐渐代替了沼泽生的蕨类植物。在这种条件下，很多古代两栖类灭绝，代之而起的是具有适应陆生结构及羊膜卵的爬行动物。

已知最原始的爬行类是杯龙类（Cotylosauria），发现于石炭纪末期。西蒙龙（*Seymouria*）是杯龙类中的代表，被认为是研究爬行动物起源的最重要的化石（图2-24），其头骨与早期两栖类坚头类的头骨极为近似，可以作为爬行类起源于坚头类的一个证据。杯龙类是爬行动物的基干，后期各类爬行动物都是由杯龙类辐射进化出来的。

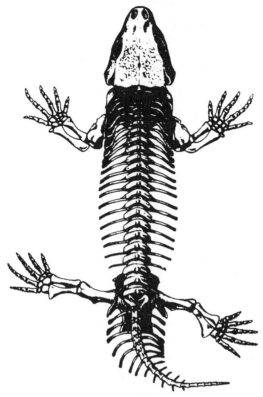

图 2-24　西蒙龙的骨骼（仿 Young,1981）

全部爬行类,包括化石种类和现代生存种类,可分为 6 个亚纲,分类的依据是根据头骨上颞窝的有无和颞窝的位置(已绝灭的种类加 * 号)。

(1) 无孔亚纲(Anapsida)：头骨上无颞窝,包括最古老的爬行动物。

* 杯龙目(Cotylosauria)：爬行动物的基干。

* 中龙目(Mesosauria)：古老的水生爬行类。

龟鳖目(Chelonia)：现存的龟鳖类。

(2) 调孔亚纲(Euryapsida)：头骨侧上方有一个颞窝,以后眶骨和鳞状骨为下界,包括海生爬行类,无现存代表。

* 鳍龙目(Sauropterygia)：蛇颈龙。

(3) 上孔亚纲(Parapsida)或称鱼龙亚纲(Ichthyopterygia)：头骨侧上方有一个颞窝,以后额骨和上颞骨为下界。

* 鱼龙目(Ichthyosauria)：鱼龙。

(4) 有鳞亚纲(鳞龙亚纲)(Lepidosauria)：原始的双颞窝类,头骨每侧有两个颞窝,以后眶骨和鳞状骨为分界。

* 始鳄目(Eosuchia)：鳞龙类祖先。

喙头目(Rhynchocephalia)：现存的仅楔齿蜥一种。

有鳞目(Squamata)：包括现存的蜥蜴类和蛇类。

(5) 初龙亚纲(Archosauria)：进步的双颞窝类(Diapsida)。

＊槽齿目(Thecodontia)：恐龙类和鸟类的祖先。
　　＊翼龙目(Pterosauria)：飞翔的翼龙。
　　＊蜥龙目(Saurischia)：蜥臀型腰带的恐龙。
　　＊鸟龙目(Ornithischia)：鸟臀型腰带的恐龙。
　　鳄目(Crocodilia)：包括现存的鳄类。

（6）下孔亚纲(Synapsida)：头骨侧下方有一个颞窝，以后眶骨和鳞状骨为上界。似哺乳类爬行动物属于这一亚纲。无现存代表。

　　＊盘龙目(Pelycosauria)：较原始的类型。
　　＊兽孔目(Therapsida)：较进步的类型，由这一支发展出哺乳动物。

中生代是爬行类的极盛期，种类多，分布广，有的下到海中过着游泳生活，蛇颈龙和鱼龙就是当时海洋中的霸主；有的侵入空中，如飞翔的翼龙；在种类和数量上更多的还是陆地上的爬行类，其中恐龙类——蜥龙目和鸟龙目是陆地爬行类的主要成员。蜥龙目的腰带为蜥臀型，即三放型的腰带，髂骨前后平伸，耻骨向前下方伸展，坐骨向后下方伸展；鸟龙目的腰带为鸟臀型，即四放型的腰带，髂骨平伸，坐骨和耻骨平行，均向后下方伸展，而另有一耻骨突伸向前方。

随着中生代的结束，爬行类的黄金时代也一去不复返了，绝大多数爬行类都未能跨过新生代的门槛，到距今7千万年前的白垩纪末期，最后灭绝。遗留下来的只是楔齿蜥(喙头蜥)、龟鳖类、鳄类、蜥蜴类和蛇类等几大种类。

全世界现存的爬行类约有6550余种，分为5个目，即喙头目、龟鳖目、蜥蜴目、蛇目和鳄目。

七、有羽能飞翔的恒温动物——鸟纲

鸟类是在爬行类的基础上进一步适应飞翔生活的一支特化的高级脊椎动物。鸟类起源于爬行类，两者都是卵生的羊膜动物，在形态结构上有许多近似之处，如皮肤都缺乏腺体，鸟羽和爬行类的鳞片都是表皮角质层的产物，仅有一个枕髁，后肢的踝关节位于两列跗骨之间，形成跗间关节等。因此，有人说鸟类是"美化了的爬行动物"，也有人把鸟类和爬行类合并为蜥形纲(Sauropsida)。

但是，鸟类具有一系列比爬行类高级的进步性特征，最突出的表现在它已经是恒温的动物，在进化史上和哺乳类一起进入了高级脊椎动物的范畴。恒温的出现是和动物体具有较高的代谢水平相联系的：从鸟类开始，心脏分为两心房两心室，血液循环为完全的双循环，这样，多氧血和缺氧血完全分开，再加上呼吸系统的完善化，保证了血液中含有充足的氧。恒温动物减少了对外界温度条件的依赖性，扩大了在地球上的分布地区，从而在生存竞争中占据了优势地位。鸟类具有复杂而完善的营巢、孵卵和育雏等生殖行为和迁徙的习性，这些是和它们具有发达的神经系统和感官分不开的。

此外，鸟体结构和功能的最醒目的特点是对飞翔生活的适应：体表被羽，流线型的体形；前肢变为翼；骨骼轻而多愈合，为气质骨；发达的胸肌和高耸的龙骨突；鸟类特有的气囊等。

包括化石鸟类在内，鸟纲可分为两个亚纲：古鸟亚纲和今鸟亚纲。

1. 古鸟亚纲

古鸟亚纲(Archaeornithes)为中生代侏罗纪(距今约1.45亿年)的化石种类，仅包括一目，即始祖鸟目，至今在全世界只获得7件标本，即闻名的始祖鸟(*Archaeopteryx lithographica*)。始祖鸟的第一件化石标本只是一单根羽毛,第二件标本是在德国巴伐利亚的印板石石灰岩中挖到的,其种名就是印板石的意思。其后(1877年),在同一地点附近又采到了第三件标本,当时被命名为原鸟(*Archaeornis siemensi*),但经后人的研究,认为应和始祖鸟统一归为同一属同一种。其后,分别在1956、1970、1973和1987年又陆续发现了4件标本。

始祖鸟化石的身体大小像乌鸦,不但骨骼齐全,而且还有清楚的羽毛印痕。始祖鸟化石正好代表着由爬行类过渡到鸟类的中间类型。它一方面像爬行类:有一根由多节尾椎组成的长尾,有牙齿,前肢三指的掌骨彼此分离,未形成鸟类特有的腕掌骨,而且都有爪;另一方面,从它全身长着羽毛,前肢已变为翼,腰带与后肢和现代鸟类相似,有"V"字形的锁骨等特征来看,显然它已跨入了鸟类的门槛,成为已知鸟类的最早期代表(图2-25)。

图2-25 始祖鸟(A)与现代鸽(B)的骨骼比较(仿 Colbert,1980)
对比部位(脑颅、腕掌部、胸骨、肋骨、腰带和尾椎)涂成黑色

近些年来,在我国不断发现早期鸟类化石标本,如甘肃玉门发现的甘肃鸟(*Gansus yumanensis*),辽宁省朝阳发现的三塔中国鸟(*Sinornis santensis*)以及1996年在辽宁西部义县发现的中华龙鸟。辽西的鸟类是陆相沉积埋藏(始祖鸟是海相沉积地层)。这种原始鸟类代表了由小型恐龙向鸟类演化的过渡类型。辽西早期鸟类化石之丰富以及分化的多样性,可称为世界之最,特别是中华龙鸟等重要化石的发现更引起了国际古生物学界的高度重视。对辽西化石鸟进一步的发掘和研究将对解决鸟类的起源和进化问题具有极其重要的意义。

2. 今鸟亚纲

今鸟亚纲（Neornithes）包括白垩纪的化石鸟类和现存的全部鸟类。3块掌骨愈合成一块，且远端与腕骨愈合成腕掌骨；尾椎骨不超过13块，通常具尾综骨，胸骨较发达，少数为平胸，多数为突胸（具龙骨突起）。可分4个总目：齿颌总目、平胸总目、企鹅总目和突胸总目。

（1）齿颌总目（Odontognathae）：现均已灭绝，为白垩纪的化石鸟类，口内尚有牙齿，体制结构已基本上达到了现代鸟的水平，如骨骼为气质骨、胸骨发达、有愈合的腕掌骨、有综合荐骨等。著名代表是北美白垩纪地层中发现的黄昏鸟（*Hesperornis regalis*）。

（2）平胸总目（Ratitae）又称古颌总目（Palaeognathae）：为适于在地面上行走的走禽，除无翼目（新西兰产的几维）外，全为大型的鸟类，在古代曾广泛分布，现有种类仅分布于南半球，即非洲鸵鸟、美洲鸵鸟、澳洲鸵鸟（鸸鹋）和食火鸡（图2-26）。

图2-26 平胸鸟的代表（仿郝天和，1964）
A. 非洲鸵鸟；B. 食火鸡；C. 几维鸟；D. 澳洲鸵鸟（鸸鹋）

（3）企鹅总目（Impennes）：包括一些善于游泳和潜水的海鸟，分布主要在南极大陆沿岸，如王企鹅（*Aptenodytes forsteri*）。

（4）突胸总目（Carinatae）又名今颌总目（Neognathae）：包括现代绝大部分鸟类，大多善于飞翔，翼发达，胸骨有发达的龙骨突，骨骼多为气质骨，锁骨呈"V"字形，肋骨上有钩状突起，有尾综骨(后面几块尾椎愈合而成的垂直骨板),雄鸟不具交配器(少数例外,如天鹅、鸭、鹅等有交配器)。全世界产的约有 9800 种,属于 33 目;我国产 1290 余种,属于我国特产的鸟类有 69 种。

在此介绍部分目类:

平胸鸟类:鸵鸟目(Struthioniformes),美洲鸵鸟目(Rheiformes),鹤鸵目(Casuariiformes),无翼目(几维目)(Apterygiformes),鴩形目(Tinamiformes)。

突胸鸟类:企鹅目(Sphenisciformes),潜鸟目(Gaviiformes),䴙䴘目(Podicipediformes),鹱形目(Procellariiformes),鹈形目(Pelecaniformes),鹳形目(Ciconiiformes),雁形目(Anseriformes),隼形目(Falconiformes),鸡形目(Galliformes),鹤形目(Gruiformes),鸻形目或鹬形目(Charadriiformes),沙鸡目(Pterocliformes),鸽形目(Columbiformes),鹦形目(Psittaciformes),鹃形目(Cuculiformes),鸮形目(Strigiformes),夜鹰目(Caprimulgiformes),雨燕目(Apodiformes),蜂鸟目(Trochiliformes),佛法僧目(Coraciiformes),戴胜目(Upupiformes),犀鸟目(Bucerotiformes),鴷形目(Piciformes),雀形目(Passeriformes)。

根据鸟类的生活环境和相适应的生活方式以及外部形态的差异还可将鸟类分为 7 个生态类型,即走禽类、游禽类、涉禽类、陆禽类、攀禽类、猛禽类、鸣禽类。

八、胎生和哺乳的高等脊椎动物——哺乳纲

哺乳纲是脊索动物门中发展最高级的一纲。它们起源于中生代的爬行类,在长期历史发展过程中,全面进化,逐渐发展形成了一系列高级进步性的特征。

在营养代谢方面,哺乳类的牙齿,已分化为门齿、犬齿、前白齿和白齿(异型齿,heterodont),而且全部生在齿槽中(槽生齿,thecodont),一生中仅换一次齿(再生齿,diphyodont)。口腔内有发达的唾液腺,分泌的唾液中含有消化酶,因此,食物在口腔内即开始了物理性消化(咀嚼)和化学性消化(酶的作用)。消化道和消化腺的分化更为完善。肺泡和肌肉质的横膈都是哺乳动物所特有的,大大地增强了气体交换的能力。和鸟类一样,心脏分为两心房两心室,为完全的双循环。血液内含氧量丰富,新陈代谢旺盛,产生更多热量。高而恒定的体温,标志着动物体较高的代谢水平。

在运动性装置方面,作为恒温动物,哺乳动物减少了对外界温度的依赖性,活动范围大大扩展,运动能力大大加强。在进一步适应陆地、空中、水中、地下等复杂的环境条件中,运动性装置大为加强并呈现多样的分化。哺乳类头骨全部骨化,骨片数目减少并且多愈合,以增加坚固性。由于脑发达,脑颅在比例上较大。出现了颧弓,供发达的咀嚼肌附着。有两个枕髁。下颌由单一的齿骨构成,直接与脑颅相接(颅接型,craniostyly),这种连接方式是哺乳类所特有的。哺乳类的颈椎恒为 7 块,以长颈而闻名的长颈鹿也不例外。与以前各纲对比,可以看出哺乳动物的四肢在进化中曾经历过扭转过程,即四肢由身体侧面扭转到腹面,能高举身体使之抬离地面,支持身体和奔走都极稳固而灵活。

在神经系统和感官方面,哺乳类的中枢神经系统高度发达,尤其是大脑新皮层(neocortex),形成高级神经活动中枢。大脑表面沟回的产生大大增加了皮层的表面积;随着皮层的发达,两大脑半球之间出现了新的连接——胼胝体(corpus callosum);中脑出现了四叠体(copora quadrigemina),而以前各纲中脑背面仅为一对视叶(相当于二叠体);小脑分化为中央蚓部、一对小脑卷和一对小脑半球,在系统发生上,只有到哺乳类才出现小脑半球。感觉器

官中,以听觉器官变化较大,内耳作为感受声波的耳蜗管是在低等陆生四足类的瓶状体的基础上发展起来的,中耳腔内 3 块听小骨所组成的弹性杠杆系统是传导声波和放大声波的极为精巧的装置,只有哺乳类才具有耳廓(和外耳道共同组成外耳),能够收集来自不同方向的声波。这样,感音的内耳、传音的中耳、集音的外耳只有到了哺乳类才发展完全。

在生殖方面,哺乳类的特点是胎生和哺乳。胎盘(placenta)是哺乳动物特有的构造,由胎儿的绒毛膜、尿囊膜和母体子宫壁的一部分共同形成。胚胎在发育过程中,通过胎盘吸取母体血液中的营养物质和氧,同时把代谢废物送入母体。幼仔产下后,吸吮母体乳腺所分泌的乳汁生活。胎生和哺乳这些特征,大大提高了幼仔的成活率,使哺乳类能在多样的环境条件下生育后代,这是脊椎动物进化史上的又一个跃进。

由于哺乳类在进化过程中逐渐获得了这些进步特点,所以在中生代末期环境发生变化时,它们显示了极高的适应性,逐渐取代了爬行动物而占领了一切主要的生活环境。因此,在生物学史上称新生代为"哺乳动物时代"。

哺乳类的起源比鸟类早,在中生代三叠纪的末期,从一些比较进步的兽形爬行动物发展出最早的哺乳动物。朝着哺乳类方向发展的这一支爬行类是下孔亚纲兽孔目中的兽齿类(Theriodonts)。兽齿类的典型代表是犬颌兽(*Cynognathus*,图2-27)。犬颌兽体长 2 m,头骨为合颞窝型,一对枕髁,具有发育很好的次生腭,使鼻腔和口腔分隔开来;牙齿为槽生齿,异型齿,已有门齿、犬齿和臼齿的分化,锐利的犬齿反映出犬颌兽是一种食肉兽类;下颌的齿骨特别发达,下颌其他骨片则很小,被挤在后面;四肢位于身体腹面,膝关节向前,肘关节向后,已能像狗一样迈步行走而不是贴地爬行了。从上述特征来看,犬颌兽在许多方面已接近哺乳类。

图 2-27　犬颌兽(仿 Colbert,1980)

我国云南禄丰地区晚三叠纪地层中发现的闻名世界的卞氏兽(*Bienotherium*),在构造特征上更加接近哺乳类,甚至最初曾被列为兽类,只是由于它的下颌骨不像哺乳类那样由单块齿骨组成,还有退化的关节骨和上隅骨等残余成分,因此后来仍被推回爬行类,被认为是最接近哺乳类的爬行动物。

中生代的哺乳动物化石最早发现于三叠纪晚期的地层中,在侏罗纪和白垩纪地层中发现的就更多了,大致归为以下几类:三齿兽类(Triconodonta)、对齿兽类(Symmetrodonta)、多结节齿类(Multituberculata)和古兽类(Pantotheria)。其中古兽类这一支最为重要,被认为是以后出现的有袋类和有胎盘类的直接祖先。

现存的哺乳动物在全世界约有 4600 余种,分属于 3 个亚纲:原兽亚纲、后兽亚纲和真兽亚纲。另一种见解认为,哺乳纲分为两个亚纲,即原兽亚纲和兽亚纲(Theria),兽亚纲下分两个附纲(infraclass),即后兽附纲和真兽附纲。

1. 原兽亚纲

原兽亚纲(Prototheria)又名单孔亚纲。它们是现存哺乳类中最低等的类群,仍保留着许多近似爬行类的原始特征,例如:卵生,有泄殖腔,肩带上有独立的乌喙骨和发达的间锁骨,大脑新皮层不发达,两大脑半球之间无胼胝体。另外,单孔类也具备了哺乳动物的特征,如体表有毛,有乳腺(但还不具乳头,乳腺管直接开口在腹壁的乳腺区),具肌肉质横膈,下颌由单一的齿骨组成,体温波动在 26～34 ℃之间。

本亚纲只有一个目,即单孔目(Monotremata),下分两科,即鸭嘴兽科和针鼹科。鸭嘴兽科全世界仅一属一种,即世界上闻名的鸭嘴兽(*Ornithorhynchus anatinus*,图 2-28),仅分布于澳大利亚及其附近岛屿上。

图 2-28　原兽亚纲的代表(仿 Kent,1997)

A. 鸭嘴兽;B. 针鼹

2. 后兽亚纲

后兽亚纲(Metatheria)又名有袋亚纲。主要特征为:胎生,但大多无真正的胎盘,胎儿与母体的联系是通过卵黄囊与母体略为加厚的子宫壁相接触。雌兽腹部有育儿袋,幼仔在发育很不完全的情况下即产出,用带爪的比较粗壮的前肢可自行爬入育儿袋中,衔住乳头继续完成发育。大脑体积小,无沟回也无胼胝体。体温接近于恒温,在 33～35 ℃之间波动。雌性具双子宫、双阴道,与此相适应,雄性的阴茎末端也分两个叉。肩带中乌喙骨、前乌喙骨、间锁骨均已退化,腰带骨具向前伸出的一对上耻骨,用以支持育儿袋。

本亚纲主要分布于澳大利亚及附近岛屿上，少数种类分布在南美和中美，仅一种分布在北美。现存的种类只有一个目，即有袋目(Marsupialia)，下分3个亚目：多门齿亚目、双门齿亚目和新袋鼠亚目。著名代表为大袋鼠(*Macropus giganteus*)，属于双门齿亚目，体长达2 m以上，为袋鼠类中体形最大者，但刚生下来的胎儿只有2.5～3 cm长，大小像一个核桃。

3. 真兽亚纲

真兽亚纲(Eutheria)又名有胎盘亚纲(Placentalia)。这一亚纲的种类约占现存哺乳类种数的95%，在进化水平上最为高级。主要特征是：胎生，且具有真胎盘(胎儿的尿囊膜、绒毛膜和母体子宫壁的一部分结合而成)，胎儿完全在母体子宫内发育，通过胎盘从母体获得营养，产出的幼仔发育完全，出生后即能自行吸吮乳汁。大脑新皮层发达，有胼胝体。体温高而恒定，一般维持在37℃左右。齿式固定在3.1.4.3/3.1.4.3；再出齿，乳齿更换后成为恒齿，不再脱换。无育儿袋，上耻骨也已退化。雌性具单个阴道。

上述将哺乳类分为3个亚纲的分类系统是传统的说法，本书仍按此作了介绍。但近年新的分类法把哺乳纲分为26个目，把原兽亚纲和后兽亚纲皆归入此26个目中。这26个目是：单孔目(Monotremata)、有袋目(Didelphimorphia)、鼩负鼠目(Paucituberculata)、智鲁负鼠目(Microbiotheria)、袋鼬目(Dasyuromorphia)、袋狸目(Peramelemorphia)、袋鼹目(Notoryctemorphia)、袋鼠目(Diprotodontia)。有胎盘类包括其他18个目：贫齿目(Xenarthra)、食虫目(Insectivora)、树鼩目(Scandentia)、皮翼目(Dermoptera)、翼手目(Chiroptera)、灵长目(Primates)、食肉目(Carnivora)、鲸目(Cetacea)、海牛目(Sirenia)、长鼻目(Proboscidea)、奇蹄目(Perissodactyla)、蹄兔目(Hyracoidea)、管齿目(Tubulidentata)、偶蹄目(Artiodactyla)、鳞甲目(Pholidota)、啮齿目(Rodentia)、兔形目(Lagomorpha)、象鼩目(Macroscelidea)。

思 考 题

1. 脊索动物门都有哪些共同特征？指出与无脊椎动物的区别和联系。
2. 脊索动物门分为几个亚门，几个纲？列出各亚门的简要特征。
3. 通过对文昌鱼器官结构特点的分析，论述文昌鱼在动物进化上所占的重要地位。
4. 七鳃鳗的结构有哪些特点可以说明它是最低等的脊椎动物。
5. 比较软骨鱼(以鲨鱼为例)和硬骨鱼(以鲤鱼为例)的外形、皮肤、骨骼、呼吸系统、循环系统、泄殖系统、生殖方式、神经系统的主要不同点。
6. 结合由水生到陆生环境条件的变化，分析两栖动物在各器官系统上的演变。
7. 列举5项首次出现于爬行纲动物的结构，它们的出现各有何生物学意义？
8. 羊膜卵的结构特点及其在动物进化史上的意义。
9. 鸟类在哪些方面比爬行类更为高级？
10. 试述鸟类的骨骼系统对飞翔生活的适应。
11. 试述鸟类的呼吸系统在结构上以及呼吸方式上都有哪些独特之处？
12. 哺乳类是脊椎动物中发展最高级的一类，其主要进步性特征是什么？
13. 列举脊索动物进化史上5项重大的进步事件(例如：上下颌的出现)，每一进步事件的出现在生物学上有何意义？

第三章 脊椎动物的胚胎发生和发育

动物胚胎发生和发育从受精开始,来自父本的精子与来自母本的卵子相遇并融合为受精卵,紧接着卵裂开始,细胞进行快速的倍增性分裂,随着细胞的持续分裂,胚体中央出现空隙,并不断扩大形成具有中空的囊胚腔的囊胚(图3-3),然后囊胚的一端开始内陷并不断向囊胚腔内延伸,出现未来发育为消化管道的原肠,成为原肠胚(图3-5)。原肠的出现使得动物的胚胎出现了外胚层和内胚层的分化。同时,通过细胞的迁移在内外胚层之间出现了中胚层,为未来的动物器官发生奠定了基础。接着,外胚层特定区域的细胞内陷形成神经系统,成为神经胚。之后胚胎进入器官、系统发生的阶段,直至幼体发育完成。因此,动物胚胎的发生和发育大致可划分为受精、卵裂、囊胚、原肠胚、神经胚以及器官系统发生等阶段。

但在实际过程中,不同物种之间的胚胎发生和发育有很大的差异。比如,鱼类、两栖类的发育过程与上述模式发育过程能较好吻合,而鸟类和哺乳类动物则因胚外器官的出现,胚体中原肠和三胚层的形成发生较大调整,从而与上述模式过程存在差异。

比较胚胎学之父冯·贝尔在比较了不同脊椎动物的胚胎发育之后,发现属于所有脊椎动物共有的结构总是优先发生于用以区别不同类别动物的特征结构,这就是冯·贝尔法则。即所有脊椎动物具有的共同结构,如脑、脊髓、脊索、体节及主动脉弓等结构都优先发生;而不同纲的结构特征(如四足类的肢、鸟类的羽毛和哺乳类的毛发)则后发生。因而,鱼类、两栖类、爬行类、鸟类和哺乳类的原肠胚及神经胚之后的早期胚胎都很相似,随着胚胎的进一步发育,它们走向各自不同的发育途径,胚胎开始依次具有纲、目、科的特征,最终具有属、种的特征。

但要注意,在胚胎发育刚开始,如卵裂和原肠胚形成时,不同脊椎动物的早期发育也都不相同,即使在同一纲动物(如哺乳类)中也不相同,只有将早期胚胎发育的共同阶段作为发育的起始点时,冯·贝尔法则才有效。也就是说,各纲脊椎动物发育初始阶段虽有不同,但后来都形成由神经管、脊索、体节、侧板、前肠(含鳃囊和鳃弓)及心脏构成的基本结构模式。最终,脊柱将围绕脊索形成。

达尔文很重视贝尔的发现,并把它看作是生物进化的胚胎学证据。

因此也可以说,动物胚胎发生发育过程中所体现的形态结构和发育构建的多样性,在较大程度上反映了不同动物之间的进化关系。

第一节 生殖细胞、受精、卵裂及囊胚的形成

脊椎动物的精子和卵子只形成于成熟个体的性腺中。事实上,在父本和母本的早期胚胎发育过程中原始的生殖细胞即已存在,只是被搁置储存起来了。因此,动物的个体发育应该说是从亲代的生殖干细胞的决定和分化开始的。

一、生殖细胞的发生和构造

（一）精子

父本的原始的生殖细胞在精巢中分化为精原细胞，之后分裂为 1 个干细胞和 1 个精母细胞。精母细胞进行减数分裂，每个精母细胞最终产生 4 个相同的精细胞，经过进一步的分化形成 4 个可游动的精子（sperm）。每个成熟的精子细胞都是带有运动装置的父本基因组。

动物精子的形态十分多样（图 3-1），但通常都由三部分组成：即头部、颈部和尾部。头部含有细胞核和顶体（acrosome），便于穿入卵子授精；颈部很短；尾部的近端为中段，含有大量的提供能量的线粒体和轴丝（9+2 结构），中段后的主段和末段主要是由轴丝组成，具有使精子运动的功能。这时的精子具有短时间快速运动到达卵子和使其受精的能力，但必须在有液体介质的环境中运动。

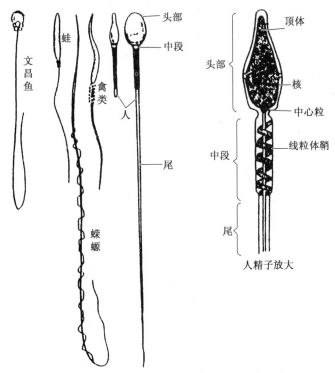

图 3-1　脊索动物的精子类型和结构（仿 Hildebrand，1985）

（二）卵子

母本的原始生殖细胞在胚胎期的卵巢中即发育成卵原细胞，经过一系列有丝分裂增殖成卵母细胞，1 个卵母细胞经过减数分裂通常只形成 1 个卵细胞，即卵子（ovum or egg）。卵细胞具有细胞核和各种细胞器，同时具有卵黄。卵黄是蛋白质、磷脂和中性脂肪的复合体。卵子提供母本基因组。

绝大多数动物的卵都是圆形，但内部分为动物极和植物极：卵黄颗粒和糖原颗粒集中于植物极，巨大的卵母细胞则位于动物极。卵母细胞被一层卵黄磷脂蛋白和包被所包围。在哺乳动物中这些包被层被称为透明带和辐射区。在爬行类和鸟类中，蛋清和蛋壳在卵受精后由输卵管包裹加工形成（图 3-2）。

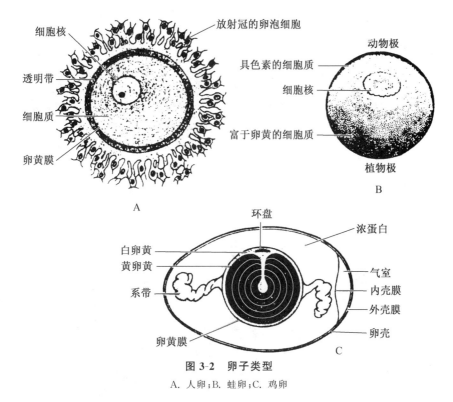

图 3-2 卵子类型
A. 人卵；B. 蛙卵；C. 鸡卵

动物的卵细胞像精子一样具有多样性。例如，由于繁殖方式不同造成卵细胞中卵黄物质的储存量不同，卵黄的量及其分布又影响着卵裂类型和卵裂模式（表 3-1）。因此根据卵黄的量和分布，将卵子分为下列类型：

(1) 少黄卵（isolecithal egg）：卵黄少，在胞质内分布较均匀。见于文昌鱼和哺乳类。少黄卵进行完全均等卵裂。

(2) 中黄卵（mesolecithal egg）：也称均黄卵，具有中等量的卵黄，集中在卵的一极，能延迟卵的发育。卵黄集中的一极为植物极（vegetal hemisphere），另一极细胞质较多，为动物极（animal hemisphere）。见于圆口类、软骨硬鳞鱼类和两栖类。中黄卵进行完全不等卵裂。

(3) 多黄卵（polylecithal egg）：也称端黄卵，所含卵黄非常丰富，细胞质集中在一个很小的区域，形成胚盘（germinal disk），浮在卵黄的表面。见于硬骨鱼、爬行类和鸟类。多黄卵进行不完全卵裂。

表 3-1 脊椎动物卵黄的含量和分布影响着卵裂类型

卵子类型	卵裂方式	卵裂的对称性	代表动物
少黄卵	完全卵裂	均等卵裂	文昌鱼和哺乳类
中（均）黄卵	完全卵裂	不均等卵裂	圆口类、软骨硬鳞鱼类和两栖动物
多（端）黄卵	不完全卵裂	盘状卵裂	硬骨鱼、爬行类、鸟类

二、受精

当一个精子穿入卵子时，受精开始。精子穿过卵膜，发生质膜的融合，精子的头部和中段进入卵内，最终精子和卵子的细胞核融合，由各自的单倍体基因组形成双倍体合子，此时受精

(fertilization)完成,形成受精卵,生命即由此开始。

三、卵裂和囊胚

精卵融合之后,受精卵将从单个细胞发育成具有数百万个细胞的有机体,因此,受精卵激活后必须迅速进行高速分裂,但在分裂过程中总的体积和物质并不增加,细胞的数目则越来越多,而个头也越来越小,这一时期即为卵裂(cleavage),其表现是卵子表面出现沟。

卵裂的方式是多种多样的,脊椎动物常见卵裂类型可以概括为两大类:完全卵裂和不完全卵裂(见表 3-1)。

1. 完全卵裂

完全卵裂指受精卵彻底分裂为单个细胞。发生完全卵裂时,第一代子细胞称为卵裂球(较大)。按照卵裂球大小是否相同,完全卵裂又可以分为均等卵裂和不均等卵裂。

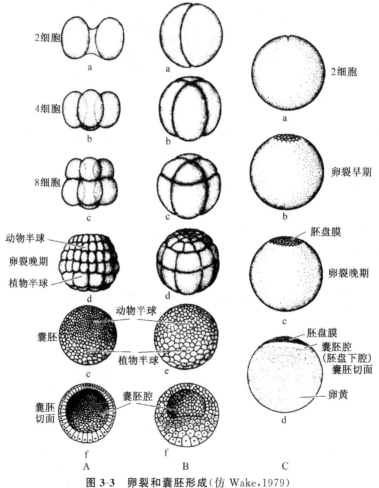

图 3-3 卵裂和囊胚形成(仿 Wake,1979)
A. 完全均等卵裂;B. 完全不等卵裂;C. 不完全卵裂

(1) 完全均等卵裂(holoblastic equal cleavage)(图 3-3A),少黄卵的卵裂属此类型。受精卵完全分裂,形成大小相等的卵裂球。卵裂球逐渐从中央向表面转移,在表面形成一层,形成了一个中间充满胶状液体的球,称囊胚(blastula),中央腔为囊胚腔(blastocoel)。这一过程见于文昌鱼。哺乳类则与此不同。在从受精卵分裂到 8 细胞的过程中,细胞排列疏松,到 8 细胞阶段时胚胎骤然紧缩,成为一个密实的桑葚胚球体,到 16 细胞期时,胚胎细胞分为两组:大多数外层细胞为扁平的滋养层细胞,将来发育为绒毛膜和胎盘等胚外器官;少数内层的内细胞团被外层滋养细胞包围,将来发育为胚体以及卵黄囊、尿囊和羊膜。到 64 细胞器,大约 13 个细胞的内层组织已经与滋养细胞明确划分开,在后续的发育中分道扬镳。在这个过程中,滋养层细胞不断向内部分泌液体,逐渐形成中央的囊胚腔(图 3-7)。

(2) 完全不等卵裂(holoblastic unequal cleavage)(图 3-3B)。中黄卵进行完全不等卵裂。细胞的分裂在动物极进行较快,植物极因卵黄而分裂较慢,结果动物极细胞较小、数量多,而植物极细胞大、数量少。在细胞从中部向周边转移形成囊胚时,囊胚腔较小,偏在动物极,囊胚壁有多层细胞,细胞从动物极向植物极逐渐增大。两栖类胚胎的发育具有此特点。

2. 不完全卵裂

不完全卵裂(meroblastic cleavage)指受精卵不彻底分裂,至少发育初期不完全分裂。多黄卵的卵裂属此类型。由于大量卵黄的存在,卵裂仅在很小的区域进行,产生的细胞形成盘状,覆在卵黄上表面,称为胚盘膜(blastoderm)。随着细胞的持续分裂,胚盘向周边扩展,在胚盘与下方的卵黄之间出现一个胚下腔(subgerminal space)或囊胚腔,此时形成盘状囊胚。腔的细胞化的顶部称为上胚层(epiblast),其后部边缘的细胞脱离并迁移至胚下腔底部,形成下胚层(hypoblast)。对鸟类发育的研究发现,未来胚体的三个胚层仅来自于上胚层,而下胚层将发育为胚外组织,如卵黄膜和卵黄与胚胎消化道连接的结构(图 3-4)。不完全卵裂的例子有硬骨鱼、爬行类及鸟类的盘状卵裂(图 3-3C)。

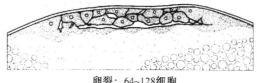

卵裂:64~128 细胞

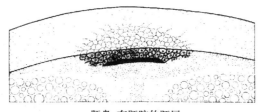

胚盘-有胚腔的胚层

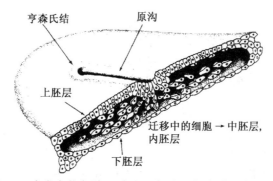

图 3-4 鸟卵盘状卵裂,胚盘和原条的形成(仿黄秀英,2000)

第二节 原肠胚的形成

原肠期是胚胎发生中一个极为重要的阶段,它标志着胚胎决定已无法回复,从此细胞将沿着各自的发育途径义无反顾地走下去。细胞经过一系列内褶、外包、剥离和迁移等运动,重新排列,形成三个胚层,即外、中、内胚层,原来结构和生理功能很简单的细胞此时已初步特化,为以后复杂的组织和器官的形成打下基础。脊椎动物的早期胚胎都要经过种系特征性发育阶段,即脊椎动物共同具有的结构,如背神经管、脊索、咽囊、体节等都优先发生,而不同纲的特征结构在以后发生。因而脊椎动物早期胚胎较为相似,随着进一步发育依次出现各纲、各目等不同结构。

一、文昌鱼

文昌鱼原肠胚的形成见图3-5A。文昌鱼囊胚的植物极细胞向囊胚腔内陷,逐渐挤压囊胚腔向动物极靠拢,最后囊胚腔消失,形成一个有两层细胞及一个新的称为原肠腔(archenteron)的原肠胚(gastrula)。原肠胚以原口(blastopore)与外界相通,又称胚孔。此处将成为胚胎的后端,与它相反的一端将成为前端。外层细胞为外胚层(ectoderm),内层细胞为内胚层(endoderm),或称内中胚层(endo-mesoderm),它可分为三个预定区:

原肠背部中央区为脊索中胚层,脊索两侧翼为中胚层,其余两侧和腹壁为内胚层。

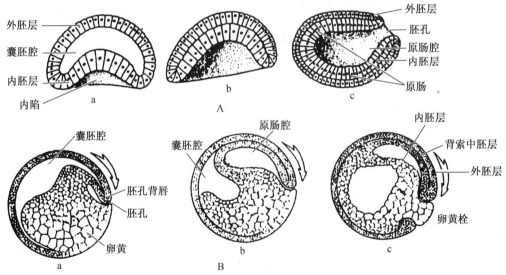

图3-5 脊椎动物完全卵裂的原肠形成(正中矢状切面)(仿 Wake,1979)
A. 文昌鱼:完全均等卵裂;B. 两栖类:完全不均等卵裂
A(a)和B(a):上方为背,下方为腹,左为前,胚孔处为后端

二、两栖类

两栖类由于有较多卵黄的出现,原肠胚的形成有所不同。在囊胚的边缘带即赤道下方,出现一个横的浅沟,浅沟后来加深,为原肠腔的开始。浅沟上方为背唇,以后背唇以上

部分为胚胎背部。从背唇处细胞不断内陷卷入,脊索中胚层、中胚层和内胚层按一定的空间和时间顺序卷入,原来的动物极细胞向下移动,覆盖卵黄细胞,称为外包运动,形成外胚层,背唇处形成胚孔。胚孔内是乳白色内胚层细胞,称卵黄栓(yolk plug)。囊胚腔最终消失(图 3-5B,3-6)。

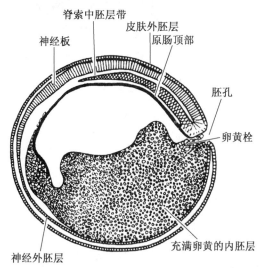

图 3-6 两栖类脊索中胚层条带的形成(蛙胚正中矢状切面)(仿 Wake,1979)
脊索中胚层带从原肠顶部脱离,外胚层分为两层,
即外层的皮肤外胚层和内层的神经外胚层

爪蟾的卵直径大约 1~2 mm。受精卵经过大约 12 次的连续分裂,数目达到上千个,细胞体积迅速变小,成为植物极略大于动物极、内部中空充满液体的囊胚。之后经过一个类似鱼类的原肠、神经胚的形成过程和体节分化、器官原基出现的过程。

三、爬行类和鸟类

爬行类和鸟类为不完全卵裂,胚胎发育主要在胚盘进行。胚盘细胞或以横列方式或由胚盘边缘细胞卷入方式形成内、中、外胚层。靠近卵黄的一层为内胚层。它们覆盖在卵黄上并逐渐向边缘、两侧增殖伸展,最后将卵黄包住。大部分爬行类和鸟类中未见原肠腔和胚孔。

鸡的发育中早期的卵裂形成了一个盘状结构,它的外周细胞将发育为胚外器官,如卵黄膜、尿囊膜等,胚体由盘中心的细胞发育而来,它们的交界区域对于形成生殖干细胞、血细胞、胚体的体轴决定起着重要作用。与鱼类和两栖类从球形囊胚开始发育不同,鸡则体现出平面层次的发生特征,随后通过两侧向腹面回拢的方式完成个体立体背腹的构建,而胚外器官羊膜则从外围包被起来将胚体保护在羊膜腔中。

四、哺乳类

哺乳类的囊胚形成时一部分细胞仍聚集成团,称为内胚团(inner cell mass)。以后内胚团变为扁盘状,形成胚盘。内胚团下方细胞形成内胚层,在胚盘上出现原条,从原条卷入脊索和中胚层。滋养层侵蚀母体子宫壁并与之建立联系(图 3-7)。

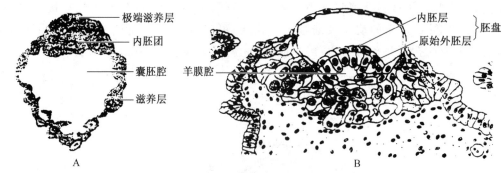

图 3-7　哺乳类原肠胚的形成（仿 Kent，1997）
A. 囊胚；B. 向子宫内膜植入并形成原肠胚

小鼠是羊膜胎生哺乳动物，胚胎发育的营养物质均由母体获得，因此已经不能从形态上看出一个独立的卵黄结构了，发育中的卵黄囊也基本处于高度退化状态，取而代之的为胚外器官——绒毛膜、胎盘和脐带。

第三节　神经胚的形成

一、脊索和神经管的形成

1. 文昌鱼

胚胎的外胚层在背中线加厚，下陷，形成神经板（neural plate）。神经板两侧向上卷起，形成纵褶，为神经褶（neural folds），并最终汇合形成神经管（neural tube），为脑和脊髓的原基。这一时期的胚胎为神经胚（neurula）（图 3-8）。

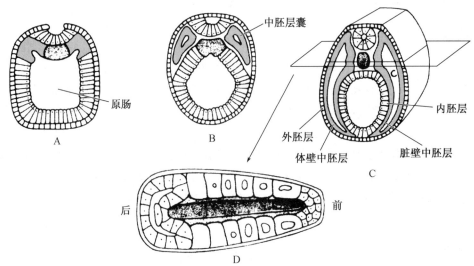

图 3-8　文昌鱼中胚层和体腔的形成（仿 Kent，1997）
A、B、C. 为横切面；D. 冠状面示分节体腔

原肠腔背壁中部出现一条纵形隆起，此为脊索中胚层，最终与原肠分离形成脊索。

2. 脊椎动物

神经管和脊索的形成与文昌鱼相似。脊椎动物在神经管背部两侧各附有一条细胞带,由部分神经褶细胞形成,以后与神经管断开,此为神经嵴(neural crest)。神经嵴细胞具有潜在的广泛的发育能力,将来形成脊神经节等多种类型的细胞、组织和器官(图3-9、3-11、3-12)。

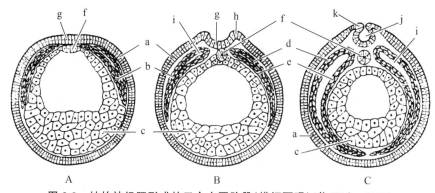

图 3-9 蛙的神经胚形成的三个主要阶段(横切面观)(仿 Wake,1979)
a. 外胚层;b. 中胚层;c. 内胚层或原肠;d. 体壁中胚层;e. 脏壁中胚层;
f. 脊索;g. 神经板;h. 神经褶;i. 体腔;j. 神经管;k. 神经嵴

二、中胚层的形成

1. 文昌鱼

在形成神经管时,原肠背中线两侧的中胚层带与脊索带和内胚层分离,向背外侧隆起,并按体节分节,形成纵列的囊,最终与原肠脱离,称为中胚层囊或肠体腔囊(enterocoelic pouch or mesodermal pouch),位于外胚层、脊索、内胚层之间。前2～3个体节的中胚层囊中保留有原来是原肠腔的一部分空腔,以后即成为体腔(coelom),又称肠体腔。但后面的中胚层带未保留这种空腔,而是以实心细胞团或中间仅留一条缝的形式从原肠分出,以后在细胞团内产生新的体腔。与原肠分离后的中胚层从两侧向腹面生长,在消化管腹面汇合。文昌鱼前面2～3对体节以肠体腔囊的方式形成中胚层且具有肠体腔,这是与棘皮动物、半索动物一致的,反映了文昌鱼与这些低等类群动物之间的系统发生上的亲源关系及其中间过渡的进化地位(图3-8)。

2. 两栖类(以蛙为代表)

由于在胚孔处细胞内陷卷入,在原肠的背壁和侧壁形成连续的脊索和中胚层,后与原肠分离,在内、外胚层之间形成脊索中胚层,此层中间部分形成脊索,与两侧的中胚层分离。中胚层向两侧和下方伸展,最后在消化管腹面中线左右中胚层汇合(图3-9)。

三、中胚层的分化

1. 文昌鱼

中胚层体腔囊扩大,位于外胚层、脊索和原肠之间。每一体腔囊分为上下两部分,上部称体节(somite),下部称侧板(lateral plate),体节保持分节现象,又进一步分化为生皮节(dermatome)、生肌节(myotome)、生骨节(sclerotome)。生皮节在体节外侧,将来形成表皮下方的真皮;生肌节在体节中间部分,将来形成成体肌节;生骨节在体节内侧,将来形成脊索和神经管周围的结缔组织鞘膜、肌膈、脊椎及其他支持组织。体节中有一小腔,后消失。侧板分裂为两层,外层在体壁内面,为体壁中胚层(somatic mesoderm),内层在原肠外面,为脏壁中胚层(splanchnic mesoderm),两层中间为体腔(文昌鱼前2~3对体节中体腔和体节腔来自肠体腔,文昌鱼后部体节及脊椎动物中的体腔是中胚层带中间裂开形成的)。体壁中胚层将来形成腹腔内壁的腹膜(peritoneum),脏壁中胚层将来形成肠管外围组织。

2. 脊椎动物

所有脊椎动物的中胚层由背向腹分化为三个部分,并伸展于整个躯干全长,即上节、中节、下节。上节(epimere)在背部,位于脊索和神经管侧面,又称体节,体节中有一小腔很快消失。体节进一步分化为生皮节、生肌节和生骨节。中节(mesomere)位于上节的侧腹面,有短暂的分节现象。在中节发生一些小管开口在体腔,以后发育为成体的排泄系统和一部分生殖系统。下节(hypomere)位于原肠两侧,无分节现象产生。下节开始是实心细胞团,后在内部裂开形成体腔,在成体包围大部分内脏,分内外两层壁:体壁中胚层和脏壁中胚层。两侧体腔向原肠背腹中线靠拢,在背中线和腹中线处形成双层膜的背肠系膜和腹肠系膜。体腔在大部分腹中线处打通,形成成体体腔,此处腹肠系膜消失。体壁中胚层在体腔外壁内面形成腹膜壁层,即腹膜(peritoneum);脏壁中胚层在原肠外形成腹膜脏层和肠管外围组织。腹膜脏层覆在脏器表面为浆膜(serosa)(图3-10、3-11)。

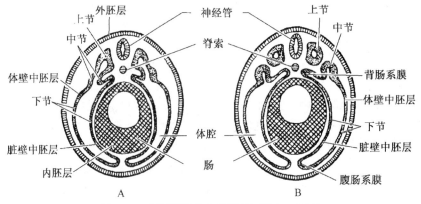

图 3-10 中胚层的分化早期(仿 Wake,1979)

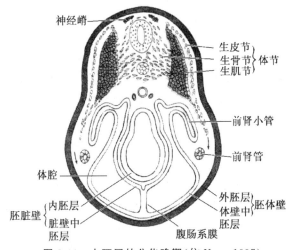

图 3-11 中胚层的分化晚期(仿 Kent,1997)

第四节 胚层的分化

各胚层经过进一步发育和分化,形成一系列器官和系统,构成了复杂的自主的有机体。在脊椎动物中,各胚层形成的器官如下(图3-12):

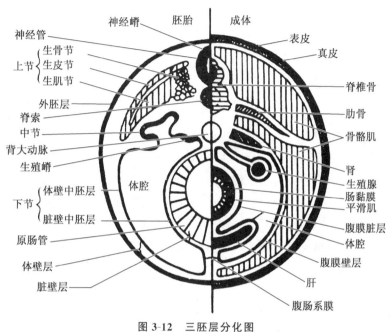

图 3-12 三胚层分化图

一、外胚层

(1) 体壁外胚层,形成皮肤的最外层,即表皮,并延伸进消化管的两端;表皮衍生物,如毛、蹄、羽毛、皮肤腺等;鼻腔和内耳的感觉上皮,感觉器官的感觉部分;眼的晶体;垂体前叶;牙齿的釉质;除圆口类外的脊椎动物的鳃。

(2) 神经外胚层,包括神经管和神经嵴部分。神经管发育形成脑和脊髓、脑神经和脊神经的运动神经、视网膜和视神经和垂体后叶;神经嵴发育形成脊神经节和感觉神经、植物性神经系统、肾上腺髓质、鳃部骨骼及衍生物、色素细胞和头部真皮。

二、中胚层

中胚层各部分形成的器官如下:

(1) 脊索中胚层,形成脊索(其后被脊椎骨所代替)。

(2) 上节,分化为生皮节、生肌节和生骨节,分别分化为真皮、骨骼肌和脊柱。

(3) 中节,形成排泄系统(肾脏和它们的管道)以及大部分生殖系统。

(4) 下节,包括体壁中胚层(形成腹膜和一部分骨骼肌),脏壁中胚层(形成脏膜(浆膜)、肠系膜、循环系统、血液、生殖腺和平滑肌和一部分骨骼肌)和体腔。

(5) 间充质，主要来自中胚层的体节和侧板，在某些情况下，外胚层神经嵴和内胚层也能产生间充质。间充质具有潜在的很大的分化能力，形成成体全部的结缔组织，包括软骨、硬骨、全部循环系统（血液和血管、淋巴管和淋巴腺）、全部平滑肌、心肌和附肢肌。

三、内胚层

内胚层分化为原肠及其衍生物，包括消化道内层上皮和消化腺（肝脏、胆囊和胆管、胰脏）、气管和肺脏的内层、膀胱和尿道内层、大部分内分泌腺（甲状腺、甲状旁腺、胸腺）、扁桃体、咽囊、圆口类的鳃。

第五节　胎膜和胎盘

动物的后代能否得到母体的保护以及被保护的程度是动物进化的标志之一。低等脊椎动物（圆口类、鱼类、两栖类）将卵产在水中，进行体外受精和体外发育（少数种类有卵胎生、假胎生，如部分软骨鱼类），所产的卵有足够的营养供给体外胚胎发育，但无任何保护胚胎的结构。

爬行类、鸟类和哺乳类的卵外包有坚韧的卵壳和卵膜，避免干燥和损伤，同时内部出现了保证胚胎能在陆地上完成发育的胎膜。哺乳类（除卵生哺乳类）的胚胎在母体内发育，母体不仅为胚胎提供保护，而且提供发育所需的全部营养。母体与胎儿形成胎盘（placenta）。

一、胎膜

根据结构、分布和功能可将胎膜（embryonic membrane）分为四种：即卵黄囊、尿囊、羊膜和绒毛膜（图3-13）。后三种胎膜仅见于爬行类以上动物，以羊膜的出现将爬行类以上动物称为羊膜类，圆口类、鱼类和两栖类称为无羊膜类。

(1) 卵黄囊（yolk sac）。所有脊椎动物的卵中具有卵黄囊。卵黄囊是原肠腹面的一个突起，其中充满用于胚胎发育的营养物质。随着发育的进行，卵黄囊逐渐缩小。在部分假胎生无羊膜动物（软骨鱼）中，发育后期的卵黄囊与母体子宫壁产生联系，将母体营养输送到胚胎，形成卵黄囊胎盘（yolk sac placenta）。在有袋类哺乳动物中卵黄囊较大且血管化，形成绒毛膜卵黄囊胎盘（choriovitelline placenta）。

(2) 尿囊（allantois），是后肠后端腹面的一个盲囊状突起，不断扩大，其囊壁大部分衬在绒毛膜内面。尿囊作为胚胎的膀胱，储存胚胎发育中的排泄废物；更重要的功能是作为呼吸器官，通过渗透从外界得到氧气供给胚胎，并排出二氧化碳。羊膜类成体的膀胱是从尿囊柄产生出来的。

(3) 羊膜（amnion）和绒毛膜（chorion）。这两层膜在羊膜类胚胎中是同步产生的。体壁围绕胚胎产生向上突起的成对的褶，它们在上方汇合打通，形成两层膜，外层为绒毛膜，内层包围整个胚胎，形成羊膜。绒毛膜与卵壳或子宫贴近，卵黄囊和尿囊在胚胎腹面，位于羊膜和绒毛膜之间。

卵黄囊壁和尿囊壁的内层为内胚层，外层是富有血管的中胚层。卵黄囊壁血管称卵黄动、静脉（vitelline vessels），尿囊壁血管称脐动、静脉（umbilical vessels）。羊膜在朝向胚胎的一面是外胚层，外层是中胚层。绒毛膜的内、外两层分别为中胚层和外胚层。

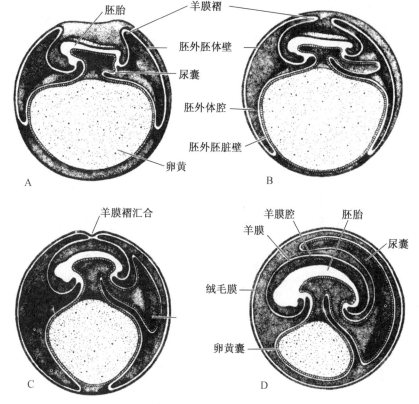

图 3-13 以鸡胚为例示羊膜动物胚外膜的组成与形成过程(仿 Wake,1979)

尿囊、羊膜和绒毛膜只出现在羊膜动物中。羊膜将胚胎围住,形成封闭的羊膜腔,其中充满液体的羊水,由羊膜上皮分泌和胚胎的排泄形成。这使羊膜卵虽然在陆地发育,脱离了外界水环境的束缚,但胚胎仍然处在"水池"中进行发育,避免干燥和机械损伤。这是由水上陆进化的一个大飞跃,解除了脊椎动物在生殖上对水环境的依赖,但同时也反映了一个系统发生现象,即胚胎的个体发生仍在水中发育。

二、胎盘

(一) 胎盘(placenta)的形成

真兽类的卵中含卵黄很少,胚胎发育所需的营养靠母体供应,这个功能是以形成胎盘来完成的。

受精卵在沿输卵管下行至子宫时植入子宫黏膜,开始形成胎盘。尿囊发达,尿囊膜与绒毛膜愈合在一起,形成绒膜尿囊膜(chorioallantoic membrane),其下产生许多血管化的指状突起,称为绒毛(villi),埋在子宫壁的疏松的特殊组织内,构成胎盘。绒膜尿囊膜为胎儿胎盘;子宫壁为母体胎盘,又称蜕膜。

(二) 胎盘的种类(图 3-14)

(1) 分散型胎盘(diffuse placenta)。绒膜尿囊膜的表面平均分布着绒毛,整个或大部分参与组成胎盘。见于有蹄类、鲸类和一些灵长类。

(2) 多叶型胎盘(cotyledonary placenta)。绒毛集中成丛,散布在绒膜尿囊膜表面。见于反刍类。

（3）环状胎盘(zonary placenta)。绒毛集中成宽带状，围绕胚胎中部，只在此处与母体子宫形成胎盘，其他部分光滑。见于食肉目、长鼻目、鳍脚目、海牛目。

（4）盘状胎盘(discoidal placenta)。绒毛集中分布成盘状，深入母体子宫形成胎盘。见于食虫目、啮齿目、翼手目、一部分灵长目，其中包括人类（图 3-15）。

上述四种胎盘中，后两种与母体子宫壁连接紧密，胎儿产出时会引起子宫内膜的破坏和出血。

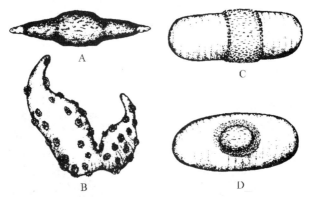

图 3-14　几种典型哺乳类动物绒毛膜构成的胎盘（仿 Wake, 1979）
A. 分散型胎盘（猪）；B. 多叶型胎盘（羊）；C. 环状胎盘（狗）；D. 盘状胎盘（熊）

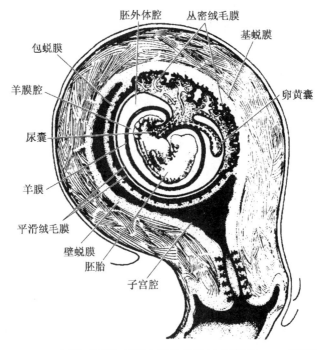

图 3-15　胚胎、胎膜与子宫内膜的关系（人）（仿 Torrey, 1979）

第六节　脊椎动物的组织

动物胚胎的发生和形态构建过程的深入研究是以动物组织学基本理论的建立和发展为基础的。动物的各器官系统，如脑、肝、肠、皮肤，虽然在结构上差异很大，但都由基本组织构成的。因此，动物组织学将动物的成体结构和它们的形态发生过程很好地统一了起来。

那么，什么是组织(tissue)呢？组织由一群结构相似并执行相似功能的细胞和细胞间质构成。脊椎动物有四种基本组织，即上皮组织、结缔组织、肌肉组织和神经组织，它们的胚层发生也不同。

一、上皮组织

上皮组织(epithelium)呈膜状覆盖在动物的体表和体内各种腔、管和囊的内表面。由于这种位置上的分布，上皮细胞具有极性，朝向体表或管、腔的一面为游离面，另一面为基底面。基底面借一层很薄的基膜与深层结缔组织相连。上皮细胞排列紧密，细胞间质少。上皮组织内无血管和淋巴管，但有神经末梢分布，其营养从位于上皮下方的结缔组织中的毛细血管渗透而来。上皮组织另一特点是再生能力强，由基底细胞分裂补充，不断更新替代表层细胞，损伤后，能很快进行修复，如人体的表皮每个月更新两次，而胃上皮每2～3天完全更换一次。

所有三个胚层都形成上皮。外胚层形成的上皮，如表皮，有保护、感觉、传导的功能；中胚层形成的上皮(如体腔上皮又称间皮，血管、淋巴管内上皮又称内皮)具有吸收、分泌、循环、保护等功能；内胚层形成的上皮，如小肠上皮，具有消化、吸收、呼吸、分泌、排泄等功能。

上皮根据细胞排列的层次、形态和游离面的分化物来分类和命名(图3-16)。如血管、淋巴管内腔面的单层扁平上皮(simple squamous epithelium)，分布在皮肤、口腔、食道、阴道等表面的复层扁平上皮(stratified squamous epithelium)，位于胃、肠、膀胱等器官的内表面的变移上皮(transitional epithelium)等。

单层扁平上皮　　单层柱状上皮　　单层立方上皮

假复层纤毛柱状上皮　　复层扁平上皮　　变移上皮

图3-16　上皮组织

二、结缔组织

结缔组织(connective tissue)由细胞和大量细胞间质(包括基质和纤维)构成,其中主要的是细胞间质,占的比重大,形式多样。结缔组织在机体内大量存在,主要起支持、连接、保护、修复、营养、防御以及物质运输的作用,有的学者称结缔组织为内环境组织。

结缔组织主要起源于胚胎期中胚层的间充质(mesenchyme)(也可从外胚层神经嵴起源)。间充质包括间充质细胞和大量稀薄的基质。间充质细胞呈星状,具突起,彼此以突起相连成网状,细胞核大,核仁明显,细胞还可游走(图 3-17)。间充质细胞本身的分化程度很低,但分化能力很高,在胚胎发育过程中能分化出各种结缔组织。

结缔组织分为疏松结缔组织、致密结缔组织、脂肪组织、软骨组织、骨组织和血液等。

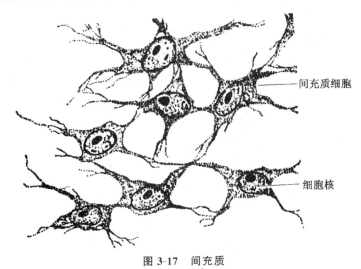

图 3-17　间充质

(1) 疏松结缔组织(loose connective tissue)(图 3-18):又叫蜂窝组织。在体内广泛分布,大量存在于器官之间、组织之间和细胞之间,具有支持、连接、营养、防御和修复等功能。

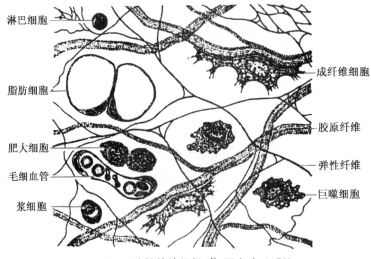

图 3-18　疏松结缔组织(仿 Welsch,1976)

(2) 致密结缔组织(dense connective tissue)(图 3-19):该组织的组成成分与疏松结缔组织基本相同,且结构特点是细胞成分少,以胶原纤维为主,纤维粗大排列紧密,排列方向与承受张力的方向一致,有很强的支持、连接和保护作用。如位于皮肤的表皮下的真皮、眼球巩膜、腱和韧带。

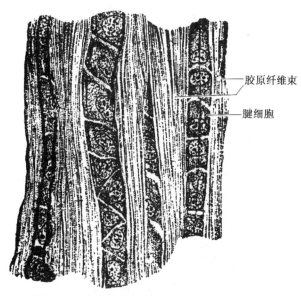

图 3-19　致密结缔组织(肌腱)(仿 Welsch,1976)

(3) 脂肪组织(adipose tissue):是由大量脂肪细胞聚集而成,主要分布于皮肤下、网膜、系膜、心外膜等处。具有储存脂肪、支持、保护、维持体温等作用,并参与能量代谢。此组织约占成人体重的 10%,为体内最大的能量库。

(4) 软骨组织(cartilage):由软骨细胞(chondrocyte)和细胞间质组成(图 3-20)。间质中

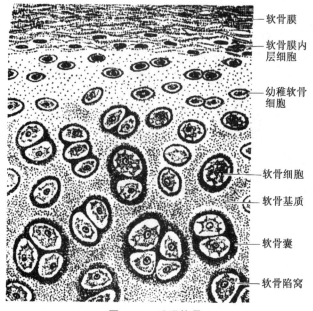

图 3-20　透明软骨

的基质为凝胶状半固体。软骨坚韧而有弹性,有较强的支持和保护作用。软骨在胚胎期是机体的主要支持结构,成体后大多被硬骨代替,但仍保留一部分软骨。软骨根据基质中纤维的性质和含量的不同分为透明软骨、弹性软骨、纤维软骨三种。

(5) 骨组织(osseous tissue):由骨细胞和细胞间质组成。具有支持和保护的作用,是最坚硬的结缔组织,构成机体骨骼的主要成分,也是机体最大的钙库(体内约99%的钙以骨盐的形式沉积在骨内)。长骨由骨松质和骨密质构成(图3-21)。骨表面和长骨干为骨密质,内部是骨松质。骨松质由排列不规则的骨板和骨细胞形成的骨小梁构成,其中的腔隙充满血管和红骨髓。骨密质由排列规则的骨板和骨细胞构成。骨板围绕血管和神经呈同心圆排列,形成哈佛氏系统(Harversian system)(哈佛氏管和哈佛氏骨板),福克曼氏管(Volkmann)把纵向的哈佛氏管横向连接起来,并伸入哈佛氏管内以营养哈佛氏系统(图3-22、3-23)。骨表面有由致密结缔组织构成的骨膜,其中有神经和血管,起营养骨细胞的作用。骨组织内有成骨细胞(osteoblast)和破骨细胞(osteoclast),前者贴附骨面,有造骨的功能;后者参与骨组织的吸收过程。骨骼因而不断地生长、吸收和改造,在它所受到的主要负荷的方向上进行重建,以适应它所受到的应力变化,保证骨骼对机体的支持和保护作用。

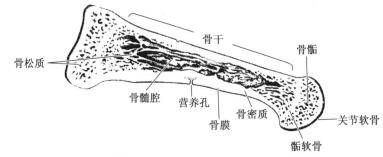

图 3-21　长骨纵切(仿 Kent,1997)

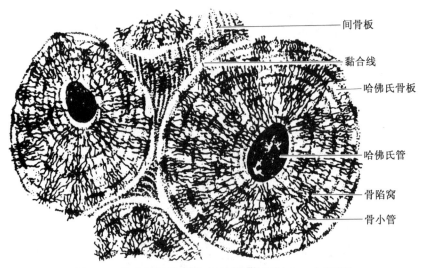

图 3-22　哈佛氏系统横切,示骨板(仿 Hildebrand,1985)

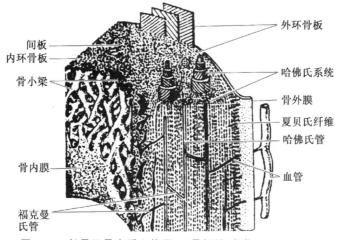

图 3-23　长骨干骨密质立体图,示骨板排列(仿 Walff,1991)

（6）血液(blood)：是结缔组织的一种。由血细胞(blood cell)(红细胞和白细胞)、血小板等有形成分和大量细胞间质即血浆(plasma)组成。有形成分占血液容积的 45%,而黄色血浆占 55%。血液由心脏泵出后在血管系统中流动。血液将氧气和营养物质带给细胞,而将二氧化碳和代谢废物带走。激素也由血液携带。血液中的白细胞具有防御、保护和免疫的功能,血小板参与止血和凝血过程。血液和细胞组织间的组织液保持一定水分、酸碱度和温度平衡,使各种细胞和组织生存在恒定条件下,构成了有机体稳定的内环境。

三、肌肉组织

肌肉组织(muscle tissue)由特殊分化的肌细胞组成。肌细胞细而长,又称肌纤维。胞质内含有沿细胞长轴排列的肌原纤维(myofibril)。肌细胞由中胚层发生。

肌细胞的功能特点是能收缩和舒张,参与机体运动,对体内器官有保护作用。根据肌纤维不同的形态和功能特点分为骨骼肌、心肌和平滑肌(图 3-24)。

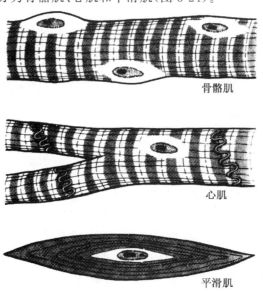

图 3-24　三种肌肉(仿 Torrey,1979)

(1) 骨骼肌(skeletal muscle)：细胞呈柱形，有多个细胞核，是随意肌，大多附着在骨骼上。因整个细胞显示明显的明暗相间的横纹，又称横纹肌(striated muscle)。

(2) 心肌(cardiac muscle)：构成心脏，是不随意肌，也显有横纹，属横纹肌。心肌细胞相接的地方，细胞膜特殊分化形成闰盘(intercalated disk)。心肌收缩具有自动节律性，即心肌细胞能通过内在变化而自动地有节律地兴奋。受植物性神经支配，但在切断心脏与神经的联系后仍能搏动。

(3) 平滑肌(smooth muscle)：细胞呈梭形，不显横纹，其收缩有一定节律性，受植物性神经支配，是不随意肌，构成体内中空的器官和管道的肌肉壁，如胃、肠道、血管、淋巴管、膀胱等。

四、神经组织

神经组织(nerve tissue)是特化的传导电化学信号的结构，构成脑、脊髓和分布到身体各部分的神经，由外胚层分化形成。神经组织由两种细胞组成，即神经元(neuron)和神经胶质细胞(neuroglia cell)。

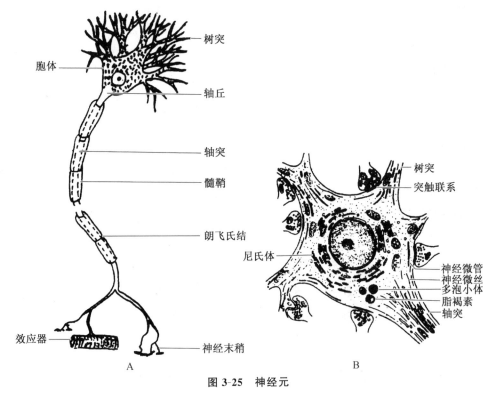

图 3-25 神经元
A. 多极神经元(仿 Kluge,1977); B. 突触联系(仿 Welsch,1976)

(1) 神经元(neuron)：即神经细胞，是高度分化的细胞，能产生电信号，即冲动，并将信号传导到其他神经元和组织(图 3-25)。神经元有四个主要部分，每一部分均有特殊功能。细胞体(cell body)接受刺激，产生和传导冲动，也是神经元代谢和营养的中心；树突(dendrite)有一个至多个，接受从其他神经元或外界环境的刺激并向胞体传导；轴突(axon)，只有一个，把电信号或冲动从胞体传到靶细胞；轴突终末(terminals)是轴突末端分支，与所要传导冲动的部位形成突触(synapse)。

(2) 神经胶质细胞(neuroglia cell)：广泛分布于中枢及周围神经系统，不具传导兴奋冲动的功能，但对神经元起着支持、绝缘、输送营养、排出代谢废物和防御保护的作用。

小 结

1. 动物的胚胎发育是有机体以遗传信息为基础进行自我构建和自我组织的过程，其细胞的分化是基因按一定顺序进行表达的结果。

2. 卵子中卵黄的多少与受精卵的卵裂类型有关。

3. 精子与卵子结合形成受精卵。胚胎发育经历囊胚、原肠胚、神经胚阶段。

4. 原肠胚阶段形成三个胚层，即外胚层、中胚层和内胚层。原口形成。

5. 中胚层的形成在少黄卵和中黄卵中有所不同。文昌鱼原肠胚是以植物极细胞向动物极内陷形成，内层细胞包括脊索中胚层、中胚层和内胚层三区；蛙的中胚层是由背唇处细胞内陷卷入形成的独立的细胞条带。

6. 原口为胚胎的后端，相反的一端为动物的前端。

7. 文昌鱼的前部以肠体腔囊法形成中胚层，前2～3对体节的囊中带有肠体腔。后面体节产生出实心细胞条带，这是脊椎动物形成中胚层的方式。

8. 体腔的形成有两种方式。文昌鱼前几个体节中的体腔是与原肠腔相通的肠体腔；脊椎动物体腔是从中胚层侧板中裂开形成，是位于体壁中胚层和脏壁中胚层之间的空间。

9. 神经胚期形成神经管、神经嵴、脊索，并形成中胚层以及进一步分化。

10. 文昌鱼的中胚层分为背部的体节和腹侧的侧板，脊椎动物的中胚层分为上节(体节)、中节和下节(侧板)，它们各自分化形成有机体的各种器官系统。

11. 根据胚胎有无胚膜，尤其是有无羊膜，将脊椎动物分为无羊膜类(圆口类、鱼类、两栖类)和羊膜类(爬行类、鸟类、哺乳类)。胎膜包括卵黄囊、尿囊、羊膜和绒毛膜。

12. 羊膜形成一个密闭的充满羊水的羊膜腔，胚胎在其内发育，使羊膜类的生殖脱离了水环境的束缚。

13. 真兽哺乳类的绒毛膜和尿囊膜与母体子宫壁形成胎盘。

14. 有机体的器官系统由各种组织构成。组织是由多种细胞和细胞间质组成，它们是一个整体，不可分割。

15. 脊椎动物具有四种基本组织，即上皮组织、结缔组织、肌肉组织和神经组织。

16. 上皮组织分别由三个胚层分化形成，覆盖在体表和体内的各腔、管、囊内表面。

17. 结缔组织是由胚胎期中胚层间充质分化形成的，功能包括：连接、支持、营养、保护等。

18. 肌肉组织由中胚层发生，特点是能收缩和舒张，参与机体运动和保护。

19. 神经组织由外胚层发生形成，由神经元和神经胶质细胞组成，是能传导电化学信号的特化的组织。

思 考 题

1. 简述动物胚胎发生和发育可以大致划分的几个阶段。

2. 简述冯·贝尔法则。
3. 简述生殖细胞的发生和构造。
4. 卵裂有哪几种方式?
5. 比较文昌鱼和蛙的卵裂、囊胚、原肠胚以及神经胚的形成方式。
6. 比较各纲动物的原肠胚形成。
7. 体腔的形成以哪两种方式进行?
8. 三个胚层是如何分化的?
9. 胚膜和胎膜分别有哪几种?
10. 比较四种组织的结构特点、功能和胚层发生。

第四章　皮肤及其衍生物

皮肤(skin)被覆在动物体的全身表面,是动物体与外界环境的分界。和肝脏、胰脏一样,皮肤也是一个器官,对动物的生存起着特殊重要的作用。

第一节　皮肤的功能

皮肤的功能多种多样,而且各纲动物为适应生存环境,其皮肤产生了各种衍生物,它们执行的功能更为复杂。

一、保护功能

皮肤是动物体的最外部最表面的部分,与外界环境直接接触,因而保护是它的最主要的功能。皮肤遮盖和保护体内组织,免受外物的机械和化学的损伤,以及微生物的侵害,防止体内水分过度蒸发和电解质的丢失。皮肤的色素可抵御日光中有害光线的辐射损伤,还可形成隐蔽体色。皮肤的腺体可使皮肤保持湿润。皮肤与它的衍生物(skin and its derivatives),如爬行类的鳞片、鸟羽和哺乳类的毛,在动物受惊吓需逃避或主动出击时能使动物具有令人生畏的外形,而动物的盾、甲、爪、角、蹄等则是动物在生存竞争中保护自身的防御武器。

二、感觉功能

皮肤内具有丰富的感觉神经末梢,它们或在表皮中形成游离裸露的神经末梢,或在真皮或皮下组织中形成各种感觉小体,使动物能警觉地接受来自外界环境的各种刺激,如冷、热、痛、触、压等刺激,使皮肤成为动物体的面积广大的感受器。

三、调节功能

皮肤在调节体温、维持水盐的平衡上起着一定的作用。皮肤及其羽、毛、皮下脂肪和汗腺的分泌使动物保护体温或散热,而且通过皮肤中丰富的毛细血管的收缩和舒张来控制管内血流量,也对体温的维持起着作用。水生动物的皮肤防止水分过度渗出或渗入,陆生动物的皮肤防止水分过度蒸发,汗液的分泌和蒸发均在动物体内水盐平衡中起着调节作用。

四、分泌功能

皮肤产生的大量的衍生物中,含有大量、种类多样的、有分泌功能的皮肤腺,如湿润皮肤的黏液腺,具保护作用的毒腺,分泌油脂的鸟类尾脂腺和哺乳类的皮脂腺,以及汗腺和乳腺等,还有能发出种间识别和性的信息的气味腺。

五、排泄功能

汗腺的分泌还有排泄的功能。汗液中含有一定量的氯化钠以及含氮废物,如尿酸、尿素等物质,通过汗腺的分泌排出。一些水生两栖类通过皮肤排出二氧化碳。

六、呼吸功能

两栖类的皮肤具有呼吸的功能。水生有尾类所需氧气的 3/4 是通过皮肤获得的。一些生活在山涧溪流的蝾螈的肺脏消失,全依靠皮肤摄取氧气。无尾两栖类皮肤具有丰富的黏液腺使皮肤保持湿润,皮下有丰富的毛细血管,可在皮肤进行气体交换。

七、运动功能

皮肤及其衍生物形成一些辅助结构协同骨骼和肌肉完成某些运动,如鱼的鳍条、鳞片,蛙和水禽的蹼足可协助游泳;蛇的皮肤和鳞片可用于爬行;鸟的飞羽、哺乳类翼手目蝙蝠的翼膜等可提供巨大的翼面用于飞翔,而爪、蹄便于攀登等;爪可辅助捕食;而头部具有角的动物,如牛、鹿等,用角来争夺配偶、攻击敌人;等等。

此外,皮肤还能参与诸如脂肪、胆固醇、蛋白质等的代谢和维生素 A、D 的合成等活动。皮下组织可储存脂肪作为食物,如熊的皮下脂肪可达 15 cm 厚,真皮鳞可作为储存钙、磷等矿物质的场所。皮肤有如此众多的功能,因而被许多生物学家称为"无所不能者"(a jack of all trades)。

第二节 皮肤的结构

脊椎动物的皮肤,从最低等的圆口类到最高等的哺乳类都具有一个基本的结构模式,即由位于浅表的上皮性的表皮和位于深层的结缔组织性的真皮组成。表皮由外胚层形成,真皮由中胚层形成(脊椎动物头部的真皮由外胚层神经棘细胞衍生而来)。表皮较薄,真皮较厚。下面对哺乳类皮肤进行较简要描述(图 4-1)。

一、表皮

表皮(epidermis)位于皮肤浅层,为复层扁平上皮,细胞由深层向浅层不断产生并角质化。表皮分四层。

1. 基底层(stratum basale)

此层位于基膜上,邻接真皮,是一层立方或矮柱状细胞,是表皮的增殖部分。增殖后的新细胞向浅层推移,逐渐分化为其余各层细胞,所以基底层是表皮的生发层(stratum germinativum)。

2. 棘细胞层(stratum spinosum)

此层位于基底层上部,一般有 5~10 层细胞,在由深层向浅层的过程中细胞由大而呈多边形逐渐变为扁平,并伸出许多短的棘突。

3. 颗粒层(stratum granulosum)

颗粒层位于棘层上部,一般有 2~3 层细胞。细胞多呈梭形,核染色较浅,有趋向于萎缩退化的现象。胞质内含有大小不一的透明角质颗粒,普通染色显强嗜碱性。

4. 角质层(stratum corneum)

角质层是表皮最浅的一层,由多层角质化的扁平细胞组成,在身体的不同部位其厚度差别很大。角质层的表层细胞常成片脱落,成为皮屑。如人的表皮角质层终身脱换。角化细胞的轮廓可辨,但细胞器和细胞核都已消失,胞质内充满角蛋白。光镜下角化细胞呈均质状,为嗜酸性。

在角质层和颗粒层之间有薄而呈均质状的透明层(stratum lucidum),由数层扁平细胞组成,胞质透明呈嗜酸性,细胞核消失。此层在手掌和足底皮肤中最为明显。

二、真皮

真皮(dermis)与表皮紧密相连,下方与皮下组织相连,但无严格界限。真皮厚度因动物身体的部位而异。真皮由致密结缔组织组成,含大量胶原纤维、弹性纤维、网状纤维和各种结缔组织细胞。真皮分为乳头层和网状层。

1. 乳头层(stratum papillare)

此层与表皮紧相连接,纤维排列成细束,形成较为疏松的细网,细胞较多。此层组织向表皮深面形成许多乳头状隆起,称为真皮乳头(dermal papillae)。乳头内含丰富的毛细血管网,供给表皮营养,并运走表皮代谢产物。有些乳头内还有触觉小体。

2. 网状层(stratum reticulare)

此层位于乳头层深部,两层间无明显界限。此层内含较粗大的胶原纤维束和弹性纤维束,纤维走向多与表面平行,纵横交错排列成密网状,使皮肤具有很大的韧性和弹性。此层内有较大的血管、淋巴管、汗腺、毛囊和皮脂腺,还有较丰富的神经和神经末梢。此层深部可见环层小体,能感受压力和振动的刺激。

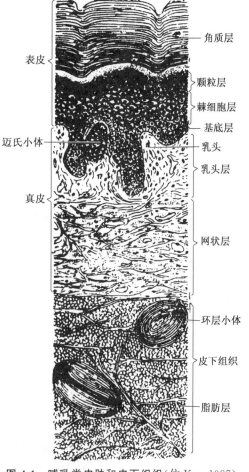

图 4-1 哺乳类皮肤和皮下组织(仿 Ken,1987)

三、皮下组织

皮下组织(hypodermis)位于皮肤深层,由疏松结缔组织和脂肪组织组成,其中的胶原纤维直接与真皮相连续。皮下组织内穿行较大的血管和神经,富含神经末梢。一般认为皮下组织不属于皮肤。皮肤借皮下组织与深层组织连接。

第三节 皮肤的衍生物

表皮和真皮都产生衍生物(derivatives),分别称为表皮衍生物和真皮衍生物。表皮因直接接触外界,变化较大,衍生物复杂多样,而真皮的变化较小,衍生物较简单。表皮衍生物包括腺体(黏液腺、皮脂腺、汗腺、乳腺、气味腺)和表皮外骨骼(角质鳞、喙、羽、毛、爪、蹄、指甲、虚角);真皮衍生物包括骨质鳞(硬鳞、圆鳞、栉鳞)、鳍条、爬行类和哺乳类的骨板、鹿角等。板鳃鱼类的盾鳞具有双重来源,由表皮和真皮共同形成,与牙齿是同源结构。

皮肤的衍生物 ⎰ 表皮(由外胚层形成):外骨骼(角质):角质鳞甲,毛,蹄,指甲,虚角,爪。
　　　　　　　　　　　　　　　　　腺体:黏液腺,汗腺,皮脂腺,乳腺,气味腺。
　　　　　　　⎨ 真皮(由中胚层形成):骨质鳞(硬鳞,圆鳞,栉鳞),骨质鳍条,角质鳍条,
　　　　　　　　　　　　　　　　　哺乳类骨板,实角(鹿角)。
　　　　　　　⎩ 盾鳞:由表皮和真皮共同形成,与牙齿同源。

一、表皮衍生物

(一) 腺体

1. 单细胞黏液腺

单细胞黏液腺(unicellular mucousgland)广泛分布于圆口类和鱼类的体表,主要形状为杯形,又称杯状细胞(goblet cell),是水生低等脊椎动物体表主要腺体(图4-2)。黏液使鱼体表面黏滑,减少游动时水的阻力,当黏液浓度低于1%时,可减少60%的摩擦力,同时可减少鱼体表面边界层的水的黏滞度;黏液还保护体表不受细菌和病毒的侵袭;有少量单细胞黏液腺可分泌有毒性的物质;在受到威胁时,黏液腺大量分泌黏液,如盲鳗,在相当容量的一桶水中放进一尾盲鳗,其黏液可使整桶水变黏稠。非洲肺鱼(*Protopterus*)和美洲肺鱼(*Lepidosiren*)在干旱季节钻进干涸的泥中,表皮的黏液腺分泌大量黏液包住身体,形成一种茧(cocoon),然后进入夏眠(图4-3)。

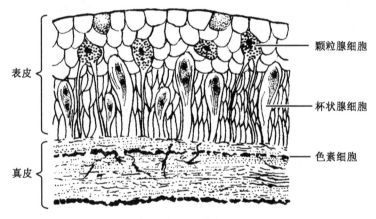

图4-2　七鳃鳗皮肤切面(仿 Torrey,1979)

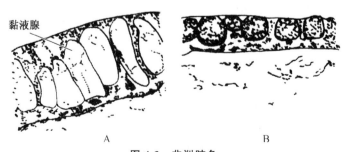

图4-3　非洲肺鱼
夏眠前(A)和夏眠后(B)的表皮

2. 多细胞腺

多细胞腺（multicellular gland）除鱼类中有少量多细胞腺外，四足类的腺体均为多细胞腺。

（1）鱼类中也有少量多细胞腺体的存在，一部分特化为毒腺（有人认为这只是单细胞黏液腺群），如虹鱼尾鳍的毒腺；深海鱼类的多细胞腺特化为照明器（图4-4）。

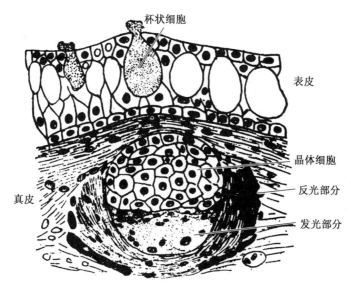

图4-4　孔鱼（*Porichthys*）的皮肤照明器（仿Kent，1987）

（2）两栖类成体的多细胞皮肤腺因分泌的液体不同而分为黏液腺和浆液腺（图4-5）。它们源于表皮并下陷入真皮，有一细长的管道通向体表。前者数目较多，在切片上着色较浅，分泌黏液。浆液腺又称颗粒腺（granular gland），细胞质嗜碱性，着色较深，内有红紫色颗粒，细胞分泌浆液。黏液的分泌使体表保持湿润，可进行呼吸，以适应陆生和半水栖生活。浆液腺产生轻微刺激性或剧毒的物质，又称毒腺（poisonous gland），分布于体背面和大腿背面。蟾蜍耳后方的一对耳后腺（parotoid gland）属于这类腺体，分泌乳白色浆液，毒性很强，有保护和御敌的作用。

两栖类幼体和终生水生的有尾两栖类的皮肤腺仍以单细胞黏液腺为主，与鱼类相似。

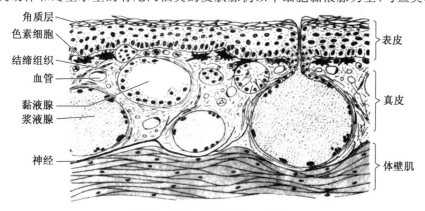

图4-5　蛙的皮肤（仿Kent，1987）

（3）爬行类由于完全适应陆地生活，体表被覆角质鳞片或盾甲，皮肤腺极为缺乏，只具有少量皮肤腺，均为颗粒腺，分泌有毒的物质或外激素，影响其他动物的行为和生理。如某些蜥蜴泄殖腔周围有颗粒腺，分泌物被涂抹在树枝上，可吸引昆虫接近而后将其吞食。一些雄性蜥蜴大腿基部内侧有股腺（femoral gland），分泌物干后形成暂时性的短刺，有助于交配时把持住雌性以免滑脱。某些香龟、蛇和鳄类在躯干后部、下颌或泄殖腔孔附近有气味腺，其分泌物散发较浓的气味，可能有吸引异性的作用。

（4）鸟类全身被羽，几乎没有皮肤腺。唯一发达的腺体是位于尾基部背面皮肤内的尾脂腺（uropygial gland）。腺体为一对，卵圆形，分泌油脂。管口突出体外，呈乳头状。鸟以喙挤压尾脂腺将油脂挤出后涂抹在羽上，使羽润泽并防水。水栖鸟类尾脂腺尤为发达。尾脂腺分泌物中含有麦角固醇，在紫外线照射下可转变为维生素D为皮肤吸收，可促进消化道吸收钙、磷等元素，有利于骨的生长。除去尾脂腺的鸟会患软骨症。生活在干旱地区的平胸鸟缺少尾脂腺。此外，少数鸡形目（Galliformes）鸟类外耳孔周围有小型油脂腺分布。

（5）哺乳类的多细胞皮肤腺极为发达，无论在结构的复杂性、特化性、功能的多样性以及数量上都是其他纲的动物不能相比的。皮肤腺主要有四种：即皮脂腺、汗腺、乳腺和气味腺。前两种是基本类型，其他腺体均由它们演变而来（图4-1）。

皮脂腺（sebaceous gland）：是分泌油脂的分支或不分支泡状腺，大多附于毛囊，在口唇部、外生殖器等部位也有分布。皮脂腺经短狭的导管排入毛囊或皮肤表面，保持毛发和皮肤的柔润和光泽，防止干燥和浸湿，并保护它们免受气候、微生物和化学物质的损害。眼睑中的睑板腺为皮脂腺的变形结构，其导管较长，直接开口于睑缘。人类的皮脂腺如果分泌过多会引起粉刺。

汗腺（sweat gland）：为细长单管腺，由表皮向结缔组织陷入，仅出现于哺乳类。汗腺分泌部在真皮深部或皮下组织内盘曲成团，以细长导管向表皮蜿蜒前行，开口在表皮表面的汗腺孔。汗液湿润表皮的角质层，调节体温和水盐平衡，并排出含氮代谢产物（尿素等）。灵长类和有蹄类的汗腺十分发达。有部分种类汗腺不发达或缺失，如仅在鸭嘴兽的口鼻部、蝙蝠的头侧、牛羊猪狗的吻部、家兔的唇边和鼠鼷部、鼠和猫的趾垫处存在汗腺，而针鼹、穿山甲、鼹鼠、海牛、鲸类、大象等动物完全没有汗腺。

乳腺（mammary gland）：具有乳腺是哺乳类的主要特征之一。乳腺是变态的汗腺，为复管泡状腺，在雄性不起作用，在雌性能分泌乳汁。乳腺属浆液腺，乳汁含有脂肪、蛋白质及乳糖等营养物质，以哺养幼体使其发育良好。

乳腺的开口集中于突出的乳头（nipple）。乳腺的发育受到卵巢、垂体前叶和肾上腺皮质分泌的激素的控制。乳腺在两性中的发育开始于身体腹壁上外胚层形成的一对纵向隆起，称乳线（milk line），后来乳腺组织集中在乳线的一定位置，发育成乳腺和乳头（图4-6），其数目和位置依种的不同及它们各自产生的幼仔数目不同而不同。乳头有1～6对或更多，位置有腋下位（axillary）、胸位（thoracic）、腹位（abdominal）和腹股沟位（inguinal）。灵长类的一对乳头在胸位，鲸的一对乳头靠近腹股沟。猫、狗、猪、啮齿类等一些哺乳类在沿乳线的多个位置发育成乳头。海狸鼠（*Myocastor coypus*）背部有四个乳头，当它在水中哺乳时幼仔骑在母兽背上吸乳，这是乳腺在发育过程中从身体腹侧向背部移位而成。个别人类出现额外乳头的现象可能是返祖现象。

第四章 皮肤及其衍生物　　71

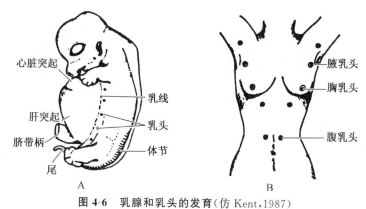

图 4-6　乳腺和乳头的发育（仿 Kent，1987）
A. 20 mm 猪胚胎的乳线和乳头；B. 某女性身体上多余的乳头

单孔类（Monotremata）不具乳头，乳腺管开口在腹壁凹陷的乳腺区，幼仔借乳区伸出的一簇毛舔食乳汁。有袋类和有胎盘类动物的乳头有假乳头和真乳头之分（图 4-7）。假乳头是乳头内有一空腔称乳管或乳池，开口在乳头上端，各乳腺管开口在乳管基部，乳汁先到达此处，再由乳头开口流出，如有蹄类。真乳头是各乳腺管直接开口在乳头表面，如灵长类。

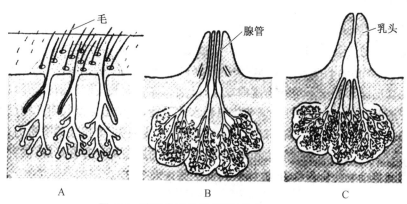

图 4-7　哺乳类乳头的类型（仿 Kent，1987）
A. 无乳头（鸭嘴兽）；B. 真乳头（人）；C. 假乳头（有蹄类）

气味腺（scent gland）：主要由汗腺变异而来，少数是皮脂腺的演化。气味腺能产生特殊气味，在种间识别、繁殖期的异性吸引以及御敌等方面起着重要作用。气味腺的位置在不同动物中各异，如山羊等有蹄类的蹄腺、鼬类肛门处的臭腺、雄麝腹后壁的麝香腺、狗尾部的气味腺及海狸鼠和麝鼠尾基部的香腺。

（二）角质外骨骼

表皮的角质化除了防止水分过度蒸发外，还特化为许多结构，执行各种功能，如运动、防御、进攻等。主要有以下几类：

1. 角质齿

圆口类的口吸盘周缘和内部及舌顶端具有由表皮产生的角质齿（corneous tooth）（图 4-8），当它们吸附在鱼体上，这些角质齿可刺破鱼的皮肤而吸食其血肉。在表皮深部不断产生新的角质齿补充替换旧齿。

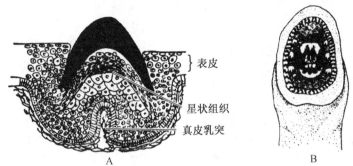

图 4-8 七鳃鳗的口漏斗(A)和角质齿(B)(仿 Kent,1987)

2. 角质鳞

角质鳞(corneous scale)是表皮角质层重复加厚并硬化而成,仅出现在羊膜类。爬行类角质鳞很发达,分为两种类型。一种为蜥蜴和蛇类所有(图 4-9)。蛇类腹部鳞片有协助运动的功能,因皮肤肌连至肋骨,肋骨运动使皮肤肌收缩可牵动腹鳞辅助爬行。鳞片的排列方式可作为分类依据。鳞片周期性脱落,为蜕皮(ecdysis)。蜥蜴的鳞片成片地脱落,而蛇类的角质层连同眼球外覆盖的透明的眼睑一起完整地蜕去,蜕下的皮肤称蛇蜕(snake slough)。某些动物的角质鳞变形为角或棘,响尾蛇则变形为尾部的响环。

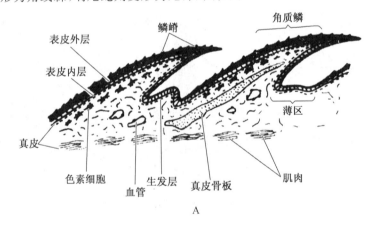

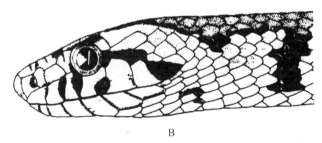

图 4-9 爬行类的角质鳞片

A. 皮肤切面,示表皮鳞片结构;B. 王蛇(*Lampropeltis*)头部表皮鳞片(仿 Kent,1987)

另一种类型为龟和鳄所有。它们的大型真皮骨板表面覆盖角质盾片或鳞片,鳞片和盾片的排列与下方的骨板往往不一致(图 4-18)。无周期性蜕皮,而是不断地在磨损中替换。

鸟类的胫部、胫下部、足及趾间蹼表面被覆角质鳞片,喙的基部也有角质鳞。此外,鸡形目雄性动物的胫下部的距的表面角质鞘、某些鸟类如水雉（*Hydrophasianus chirurgus*）翼角的爪等都是角质鳞的变异。鸟喙的角质鞘也是表皮衍生物。

哺乳类的角质鳞主要分布在尾和脚，并常与毛相伴，如许多啮齿类。穿山甲身体背面覆以大型覆瓦状排列的角质鳞片，鳞片间有稀疏的粗毛，它们不进行周期性脱换，而只是单个脱换。

3. 爪、蹄和指甲

脊椎动物由水上陆过程中指趾端出现了爪(claws)，用于保护和辅助运动及捕食。真正的爪首次出现在爬行类，并一直保留到鸟类和哺乳类。在哺乳类又由爪演变出有蹄类的蹄(hoofs)和灵长类的指甲(nails)。它们的基本结构是相同的，包括角质的爪体(nail plate)和爪下体(sole plate)，哺乳类加上肉垫(ball of finger)，共同承担压力(图4-10)。爬行类的爪体和爪下体同等发达；鸟类的爪体较爪下体发达，因而使鸟爪多具钩。哺乳类由于生活环境不同，爪、蹄和指甲的功能不同而在结构上略有差别。食肉类爪的爪体较爪下体发达，肉垫显著突出。有蹄类的蹄，爪体弯曲，环绕包裹指趾末端，将爪下体包在爪体中央，爪体变得坚硬厚实而耐磨，其后侧的肉垫皮厚，也耐磨。指甲的爪体变为平坦，肉垫发达，爪下体缩在这二者之间。

4. 羽

鸟类全身被羽(feather)。羽和爬行类的角质鳞为同源结构。羽分为三种：正羽、绒羽和毛羽。

(1) 羽的结构(图4-11)。

正羽(contour feather)(图4-11A、B)：被覆在体表的结构复杂的大型羽片，分布在躯干、翼和尾上。正羽由中央中空的羽轴(shaft)和两侧宽而薄的羽片(vanes)构成。羽轴下段不具羽片的部分称羽柄(quill)，羽柄深陷入羽囊(feather follicle)中，而羽囊是由真皮包围并向内陷入真皮的一个筒状深凹。羽柄末端有小孔，称下脐(inferior umbilicus)，向内与羽柄内腔相通，是真皮乳头供给羽毛营养的通路。羽柄与羽片交界处的腹面也有一孔，称上脐(superior umbilicus)，由此孔生出发育不全的副羽。鸸鹋和食火鸡的副羽发达。羽片是羽轴向两侧斜生出的平行羽枝(barb)，每一羽枝的两侧又生出许多带沟或带槽的羽小枝(barbule)，它们与相邻的羽小枝相钩结，这样羽枝和羽小枝就连接为一个平整而有弹性的羽片，羽扇动时可增加对空气的阻力。羽小枝的钩槽脱开时，鸟用喙整理羽毛即可使其重新钩结。

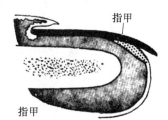
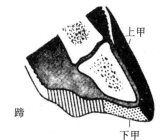

图4-10 哺乳类的爪、指甲和蹄（仿Kent, 1987）

翼上的正羽又称飞羽(flight feather)，对飞翔起决定作用。着生在第二指上的羽称小翼羽(alula)，在飞行时鸟会调节小翼羽的角度以减少湍流的发生，从而获得上举力。尾上的正羽称尾羽或舵羽，飞翔时对身体的平衡起着重要作用。飞羽和尾羽的形状和数目是鸟类分类的重要依据。

绒羽(down feather)(图4-11C)：无长的羽轴，羽柄较短，其顶端伸出一丛细长的羽枝。羽小枝光滑无钩，不能连接成片，而使羽枝成绒毛状。绒羽密生于正羽下面，是良好的保温层。

毛羽(fair feather)(图4-11D)：由一根细长的羽轴和着生在顶端的几根短羽枝组成，外形似毛发。分布于全身，但需拔除正羽和绒羽后才能看到。可能有触觉功能。

(2) 羽的发生：首先真皮在表皮下形成真皮乳头(dermal papilla)并血管化，并诱导其表面的表皮生发层增殖，在皮肤表面形成羽原基隆起(feather primordium)。羽原基基部有一条活跃的细胞增生带，即生发层，形成纵向表皮细胞柱，最终角质化形成羽轴和羽枝。羽轴和羽根中的真皮乳头后撤至下脐，继续供给羽的营养。

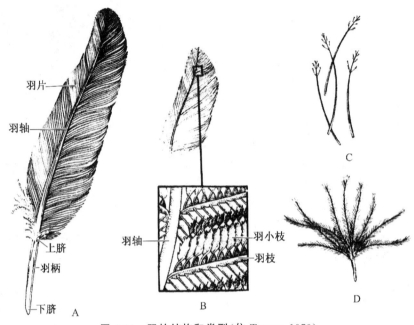

图 4-11　羽的结构和类型(仿 Torrey,1979)

(3) 羽的颜色和光泽：鸟的五彩缤纷的颜色的产生有两个原因。一是化学性的，即色素细胞由真皮向表皮移动，将色素颗粒注入表皮细胞产生色素沉积引起，如黑色素产生黑、灰、褐色，胡萝卜素和卟啉产生红、紫、黄、橙、绿等色；第二个原因是物理性的，即色素细胞上方具有无色而有凹凸沟纹的蜡质层，或夹在色素间的多角形无色的折光细胞，由于它们的折光作用而产生不同的色彩，主要是蓝色和金属光泽。

(4) 换羽(molt)：相当于爬行类的蜕皮。通常一年有两次换羽，即春季换羽和秋季换羽。春换夏羽，秋换冬羽。多数鸟类的夏羽和冬羽的颜色不完全相同。换羽受到温度与光照的影响。在换羽期间会暂时失去飞翔能力。

5. 毛

毛(hair)为哺乳类所特有。与角质鳞和羽为同源结构。毛可能形成致密的毛被覆盖整个身体，或如鲸中仅上唇有几簇毛。

(1) 毛的构造：毛分为针毛、绒毛和触毛 3 种

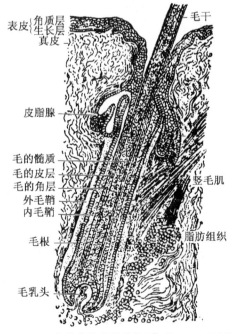

图 4-12　哺乳动物毛的结构(仿 Torrey,1979)

类型。毛由毛干和毛根构成(图 4-12),毛干露在皮肤外面。毛根位于皮肤深处,外围以毛囊。毛囊由皮肤下陷形成,由表皮和真皮组成。毛囊内有皮脂腺的开口,并附有平滑肌的竖毛肌,其受交感神经支配,在寒冷、愤怒和恐惧时收缩使毛竖起,即起鸡皮疙瘩。毛根末端膨大成毛球(hair bulb),其底部有真皮形成的毛乳头伸入,内有丰富的毛细血管,以供给毛生长所需的营养。毛干由内向外又分为髓质、皮质和鳞片层(图4-13)。髓质(medulla)贯穿于毛的中央,由疏松多孔细胞构成,不甚坚固。细胞间充满气体,与毛的保温作用有很大关系。皮质(coxtex)包在髓质外面,所含细胞高度角质化,且排列致密,使毛坚固而有弹性。此层的厚度决定毛的坚韧性。皮质细胞内含色素颗粒决定毛的颜色。最外层为一薄层鳞片层(cuticle),由一层透明的角质死细胞组成,功能是保护里面各层免受机械和化学的影响。这一层细胞的排列呈鳞片状。排列方式决定了毛的光泽程度。鳞片彼此重叠愈少,毛的表面愈光滑,也愈有光泽。毛的显微结构可作为毛皮种类及品质鉴定的依据。

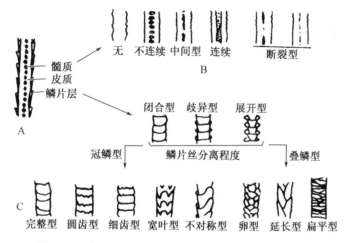

图 4-13 哺乳动物毛的显微结构(仿 Mc Fanland,1985)
A. 毛干的结构;B. 髓质的类型;C. 鳞片层的类型

(2) 毛的发生:表皮生发层细胞增殖,聚集形成锥状的毛原基,毛原基下陷入真皮。在毛原基基部,真皮形成真皮乳头伸入毛原基内供给毛发育所需营养。以后毛原基细胞继续向表皮生长形成毛,其周围的皮肤形成毛囊。

(3) 换毛:哺乳类的毛在一定季节要脱落更换,称为换毛。换毛是哺乳类对季节变化的一种适应。多为一年换两次,即春季换毛和秋季换毛。哺乳类毛的颜色一般较为暗淡。

6. 表皮角

哺乳类的表皮角(horn)可分为洞角、叉角羚角和毛角三种(图 4-14)。

(1) 洞角(boving horn):又称虚角,为牛科(Bovidae)动物,如牛、羊、羚羊所具有。这种角有一个真皮形成的骨质心,外面是表皮形成的内有一空腔的角质鞘。洞角质地坚硬,终生不脱换,也从不分叉。雄性和多数雌性具有。

(2) 叉角羚角(prong horn):仅见于北美洲的叉角羚科(Antilocapridae)动物。构造与洞角相似,但角质鞘每年进行周期性脱换,由表皮形成新角,而且新角一定分叉。雌雄均具角。

(3) 毛角(hair horn):又称角质纤维角,仅犀牛具有。是由表皮产生的角质毛状纤维黏合而形成的实心角,位于鼻骨上方的一个粗糙区域,终生不脱换。印度犀(*Rhinoceros unicornis*)具单角,而非洲犀(*R. bicornis*)具双角,前后排列。印度犀和非洲犀雌雄性均具角。

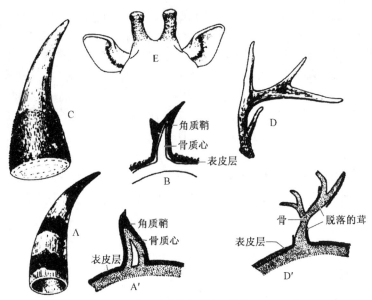

图 4-14　哺乳动物角的类型(仿 Kent,1987)
A. 洞角；A′. 洞角内部结构；B. 叉角羚角内部结构；C. 毛角；
D. 实角(鹿角)；D′. 实角内部结构；E. 长颈鹿角

二、真皮衍生物

(一) 鱼类的骨质鳞

古代鱼类如甲胄鱼类和盾皮鱼类的骨质盾甲，或是以宽阔的骨质板或以小型骨质鳞(dermal bony scale)覆盖全身。其组织学结构一般有四层：最底层是骨质板(lamellar bone)，似板状密质骨；其上方为一层海绵层(sponge bone)，内有空隙，可能含有血管和神经；再上层是齿质层(dentine)；表层是薄而坚硬的类釉质或类珐琅质(enameloid)。这些大型骨质板逐渐演变为更小、更薄的鳞片(图 4-15)。

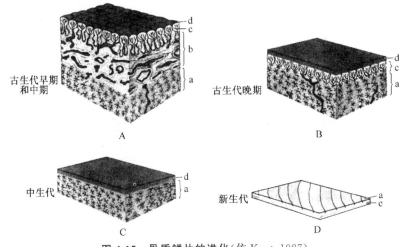

图 4-15　骨质鳞片的进化(仿 Kent,1987)
A. 古代盾甲；B. 古鳕型硬鳞；C. 雀鳝型硬鳞；D. 现代鱼鳞
a. 骨板层；b. 海绵层；c. 齿质层；d. 类釉质；e. 结缔组织

1. 整列鳞

整列鳞(cosmoid scale)见于古总鳍鱼类和古肺鱼类,是硬骨鱼类最原始的鳞片,结构与上述的古老的骨质盾甲相似,但齿质层中含有特殊的质体,即齿鳞质或整列质(cosmine),呈辐射状齿细管及一些腔隙,并有孔通到表面。

2. 硬鳞

硬鳞(ganoid scale)最早出现的硬鳞又称为古鳕型硬鳞(palaeoniscoid ganoid scale),见于古代辐鳍鱼类及现代的多鳍鱼(*Polypterus* sp.)和拉蒂迈鱼(*Latimeria chalumnae*)。与整列鳞相比,海绵层已经失去,表层的类釉质是随着鳞片生长而增加的多层结构,名闪光质(ganoine)。另一类为现代型硬鳞,又称雀鳝型硬鳞(lepidosteoid ganoid scale),见于雀鳝(*Lepidosteus* sp.)与前一类硬鳞相比,齿鳞质失去,仅留骨板层和闪光质。鳞片多呈菱形,成对角线排列。由于闪光质的存在,硬鳞十分坚硬,代表古代类型。

3. 圆鳞和栉鳞

圆鳞(cycloid scale)和栉鳞(ctenoid scale)比硬鳞更进一步简化,闪光质消失,仅留极薄的骨板层,其下为一层致密的胶原纤维。圆鳞见于硬鳞鱼中的鲅鱼(*Amia calva*)、现生肺鱼和部分真骨鱼类(如鲤形目鱼类 Cypriniformes)。鳞片圆而薄,上有同心圆的环纹,称年轮。鳞片前端插入真皮小囊内,后端游离,彼此呈覆瓦状排列于极薄的表皮之下,游离端圆滑。栉鳞见于较高等的真骨鱼类(如鲈形目 Perciformes),位置和排列与圆鳞相似,但其游离端具有数排锯齿状突起。栉鳞可能是从圆鳞发展而来,其过渡状态可在某些种类中见到,如比目鱼的身体上面覆盖栉鳞,而下面则为圆鳞(图 4-16)。

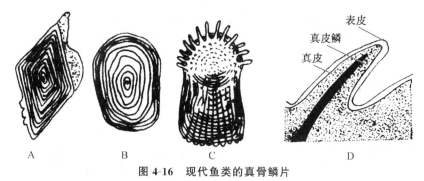

图 4-16 现代鱼类的真骨鳞片

硬鳞(A),圆鳞(B)和栉鳞(C)(仿 Torrey,1979),真骨鱼的皮肤切面示真皮鳞内部结构(D)(仿 Hildebrand,1982)

许多鱼类鳞片上有突起,可形成湍流;鳞片上还有沟状结构,可控制鱼体表面边界层中的水流。湍流在游泳时可大大减少边界层水的分离和在身体尾流中的回填,可增加泳速。

由上所述,鱼类骨质鳞的系统发生的顺序为:骨质盾甲→整列鳞→古鳕型硬鳞→现代型硬鳞→圆鳞→栉鳞。硬鳞坚硬而且笨重,妨碍了身体的运动,继之而起的是近代类型的薄而柔软的圆鳞和栉鳞。鱼类骨质鳞由结构复杂趋向于简单,由沉重向薄、轻便和柔韧进化,便于鱼类的自由快速游动。

(二)鱼类的鳍条

鱼类的鳍条(fin rays)是鱼类鳍骨远端的支持结构,由真皮产生或由骨质鳞演变而来,为真皮衍生物。古代鱼类鳍的表面覆以鳞片,并向远端逐渐变小、变薄。现代硬骨鱼类中,这些骨质鳞片变为细棒状,彼此首尾相接,形成鳞质鳍条(lepidotrichia)。软骨鱼类的鳍条则由真皮形成长而柔韧的棒状结构,即纤维状结缔组织,称为角质鳍条(ceratotrichia)(图 4-17)。

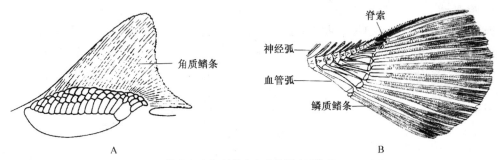

图 4-17 鲨鱼(A)和硬骨鱼(B)的鳍条(仿 Kent,1987)

(三) 骨板(bony plate)

爬行类的龟鳖类和鳄类和极少的哺乳类中在角质盾片或鳞片下有真皮骨板存在。其中鳖的腹甲骨板退化缩小,不互相愈合。

龟的真皮内有坚硬的骨质板,分为背甲(carapace)和腹甲(plastron)。背、腹甲直接相接,或在有的种类如大头平胸龟(*Platytenon megacephalum*)具有下缘甲或桥甲(inframarginals)以连接背腹甲。真皮骨板表面有角质盾甲覆盖,盾甲之间有盾沟分界,骨板之间有骨缝相连。骨质背板与脊椎骨和肋骨愈合,腹甲中有肩带骨参与。背腹骨板按一定顺序排列。背板中间的一纵行称椎板(neural plate),两侧各有一纵行称肋板(costal plate),最外缘为缘板(marginal plate)。腹板由四对骨板和嵌在第一对骨板下方的单块骨板组成。前面第一对骨板称上腹板(epiplastra),与锁骨同源,第二、三、四对骨板分别称为中腹板(hyoplastra)、下腹板(hypoplastra)和臀腹板(xiphiplastra),与腹肋同源;单块骨板称间锁板(entoplastra),与间锁骨同源。背腹甲的角质盾甲也按一定顺序排列,数目略少于骨质板(图 4-18)。鳖的骨质板表面覆有厚的软皮。

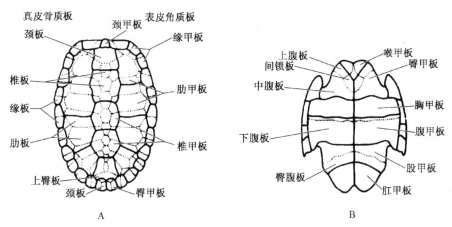

图 4-18 龟的骨板(实线为盾甲,虚线为骨板)(仿 Kent,1987)

A. 背甲;B. 腹甲

鳄类在身体背部的角质鳞片下方有真皮骨板,体积较小,卵圆形,彼此不相接。某些蜥蜴的幼体在头部表皮鳞下方有骨质板存在,以后与头骨的膜原骨愈合。一些爬行类如楔齿蜥(*Sphenodon punctatum*)、蜥蜴类和鳄类,腹面的真皮骨质鳞退化为 V 形腹壁肋。

在哺乳类中,骨质板仅见于贫齿目(Edentata)的犰狳(犰狳科 Dasypodidar),它们覆盖头、背部,并几乎向下延伸到腹中线,形成数目不等的、能活动的环状带,表面覆以角质鳞,其间散生稀疏的毛。

(四) 实角

实角(antler)(图 4-14)是鹿科(Cervidae)动物所具有的角。实角是由真皮形成的实心的分叉的骨质角,附着于额骨部位,每年脱换一次。一般仅雄性有角,但有例外,如驯鹿(*Rangifer tarandus*)的雌雄性均有角,而麝(*Moschus moschiferus*)和獐(*Hydropotes inermis*)雌雄性均无角。新生的鹿角因表面覆盖柔软的有丰富血管的皮肤,皮肤表面有茸毛,而被称为鹿茸,其后外皮干枯脱落,仅留下骨质实角。

长颈鹿的角与实角相似,是由额骨突出形成,但较短,不引人注意,终生覆以茸状皮肤且不脱换。

三、表皮和真皮共同形成的衍生物——盾鳞

盾鳞(placoid scale)在古鲨鱼(裂口鲨)中就已出现,现在仅见于板鳃类。盾鳞由基板(basal plate)和棘突(spine)组成。棘突向后突出于表皮之上,用手在鲨鱼皮肤上由后向前抚摩时会有摸砂纸的感觉。基板埋在真皮内。基板内有髓腔(pulp cavity)并一直伸进棘突,腔内有血管和神经伸入(图 4-19)。盾鳞在组织学结构上分为两层,外层为釉质(enamel),又称珐琅质,薄而坚硬;内层为齿质(dentine)。在发生上,釉质由外胚层形成,齿质由中胚层形成,整个结构有着表皮与真皮的双重来源。盾鳞与牙齿同源(图 4-19)。盾鳞在鱼的体表可产生细小的湍流减少阻力,科学家由此发明出仿生鲨鱼皮游泳衣。

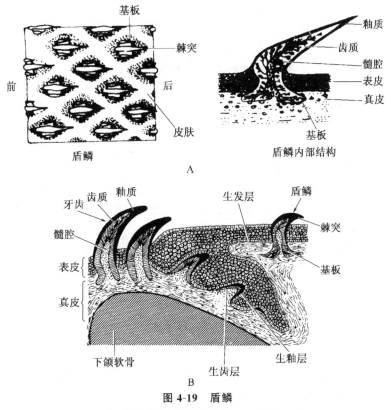

图 4-19 盾鳞

A. 盾鳞及其内部结构(仿 Young,1981);
B. 鲨鱼下颌断面示口边盾鳞转化为牙齿的过程(仿 Torrey,1979)

对盾鳞的起源有不同观点,一种认为盾鳞较整列鳞更为原始,另一种认为它相似于古鳕型硬鳞,是由整列鳞或盾皮鱼类的骨甲演化而来。

第四节　各类脊椎动物皮肤的比较

一、文昌鱼

文昌鱼皮肤有表皮与真皮的分化(图4-20)。表皮仅为单层柱状细胞,其间分布感觉细胞和单细胞腺。幼体时表皮细胞具纤毛,成体纤毛消失并向外分泌薄层带孔的角皮层(cuticle),这是一种胶性物质,有保护作用。真皮不发达,仅为一薄层不定型的胶冻状结缔组织,其中纤维和细胞较少,无色素细胞。这种真皮与脊椎动物胚胎初期的间充质相似。

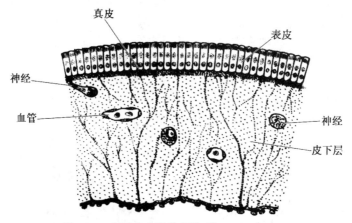

图 4-20　文昌鱼皮肤的切片(仿 Young,1981)

二、圆口类

圆口类皮肤裸出,无鳞片覆盖(图 4-2)。表皮具有脊椎动物特点,即由多层上皮细胞组成,内有丰富的单细胞黏液腺。表皮细胞虽为多层,但并未像哺乳类表皮那样分为不同层,而是每一层细胞均可增殖,也无角化现象。最表层的细胞向皮肤表面分泌一薄层类角皮的物质。唯一角质化的结构见于口吸盘内及舌端的角质齿,由表皮产生,并定期脱换。

真皮较表皮薄,但却异常坚韧。真皮的结缔组织包括胶原纤维和弹性纤维,排列规则,纤维主要以与体表平行的方向延伸,在一定间隔分布有与体表垂直的纤维束,它们紧密交织成网状。真皮内有大量星状色素细胞,使皮肤呈现一定颜色,且由于色素可移动而使肤色有深浅的变化。真皮与其下的体壁肌肉连接紧密。

三、鱼类

水生的鱼类皮肤(图 4-3、4-4)具有一些共同的特点,即皮肤薄而柔软,未发生角质化;表皮和真皮均为多层细胞,表皮最下层有生长能力;表皮中含有大量单细胞黏液腺,体表黏滑;皮下疏松结缔组织少,皮肤与其下的肌肉组织连接紧密,使身体形成密实体,可减少在水中运动的阻力。

(1) 软骨鱼类:表皮细胞的层数较圆口类多,细胞排列紧密。单细胞黏液腺数量较圆口类少。出现多细胞腺体,数量很少并转化为毒腺或发光器官。真皮比表皮厚得多,分为致密层和疏松层。真皮内含有大量色素细胞,使鱼体呈现多种颜色。真皮衍生物为角质鳍条。皮肤表面覆盖由表皮和真皮共同形成的盾鳞,与牙齿同源。全头亚纲(Holocephali)的动物皮肤表面盾鳞数量极少,黏液腺增多,体表黏滑。

(2) 硬骨鱼类:皮肤结构与软骨鱼类相似,只是单细胞黏液腺数量较软骨鱼多。此外,仅由真皮形成不同类型的鳞片覆盖全身,包括整列鳞、硬鳞、圆鳞和栉鳞。鳍的远端为真皮形成的鳞质鳍条。

四、两栖类

两栖类处于由水上陆的中间阶段,皮肤的特点是薄而柔软,裸露无鳞,无任何保护结构;皮肤内出现大量多细胞腺体;表皮开始角质化;真皮较表皮厚而致密,皮下有大的淋巴间隙(图4-5)。两栖类因呼吸器官很不完善,皮肤成为重要的辅助呼吸器官。

两栖类表皮为多层细胞,上面几层为复层扁平上皮,为角质层,下方为生长层。角质层表面的1~2层细胞角化程度不深,仍有大量的活细胞存在,细胞核以及各细胞间界限明显。这种轻微角质化仅能在一定程度上防止水分蒸发。蟾蜍皮肤角质化程度较深,蛙和有尾类角化程度浅,水生种类几乎没有角质化。有些种类在陆生期间表皮产生角化,返回水中后角化细胞脱落。两栖类出现定期蜕皮现象。表皮腺体以多细胞腺为主,分为黏液腺和浆液腺,并下陷入真皮,分泌黏液和有毒物质。

真皮较表皮厚,分为内外两层,外层为疏松层或海绵层(stratum spongiosum),为疏松结缔组织,分布大量色素细胞、神经、血管、淋巴间隙及腺体;内层为致密层(stratum compactum),纤维排列较致密,也有较多的血管分布。无尾类真皮下有大的皮肤淋巴窦,与肌肉的联系不紧密,易于剥离。

最早的两栖类化石鱼石螈(Ichthyostega)的体表覆盖小的骨质鳞片,由它分化出来的古生代坚头类中,真皮鳞成为大的骨板埋在皮肤内,并覆盖头部。进化过程中,真皮骨板逐渐失去,仅在无足目的蚓螈(Caecilia)中还保留退化的、埋在真皮内并与表皮垂直的真皮鳞(图4-21),被认为是坚头类残余的骨板。现代两栖类的骨质鳞消失而角质鳞尚未形成,皮肤裸露。

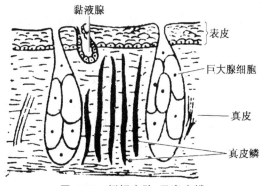

图 4-21 蚓螈皮肤,示真皮鳞

五、爬行类

爬行类为真正陆生动物,皮肤结构完全适应陆生环境,表皮角质化程度加深,并由表皮衍生出角质鳞覆盖全身,缺少腺体而皮肤干燥(图4-9)。

表皮明显分为角质层和生长层。表皮高度角质化,形成厚而干燥的角质层,并特化为角质鳞片或盾片。角质层在指趾端特化为爪。爬行类蜕皮明显。表皮腺体缺少,仅有少量多细胞颗粒腺分布在大腿基部内侧或泄殖腔孔附近,有吸引异性、辅助交配等作用。

真皮较薄,由致密的结缔组织构成,分为上、下两层。上层内富有色素细胞,使一些种类如蛇和蜥蜴皮肤具有鲜艳颜色。避役(*Chamaeleon vulgaris*)因能迅速改变体色而有"变色龙"之称,其色素细胞在植物性神经的控制之下可迅速扩展或收缩而引起变色。真皮下层由成束的结缔组织构成。龟鳖类和鳄类的角质鳞(盾)片(鳖为革质皮肤)下方有真皮骨板存在,以支持角质鳞。一些爬行类腹面的骨质鳞(板)退化为腹壁肋。

六、鸟类

鸟类由于适应飞翔生活,鸟类皮肤的特点为薄、松、软、干。表皮衍生出羽覆盖鸟体,无任何骨质鳞存在。

鸟类表皮和真皮均较薄。由于体表由羽覆盖,表皮角质层较薄,在无羽部分如胫跗部、跗跖部和趾部,角质层变厚形成角质鳞。此外表皮衍生物还包括喙部的角质鞘、距、爪及尾脂腺。真皮也较薄,由致密结缔组织构成,内有神经和血管分布。真皮深层连接羽毛根部的皮肌发达,可牵动皮肤和羽毛。薄而松软的皮肤有利于肌肉和羽毛的活动。皮脂腺是鸟类唯一的皮肤腺,分泌物润泽羽毛,并间接有利于鸟骨的正常生长。皮下组织疏松,常充积脂肪。

七、哺乳类

哺乳类皮肤厚而坚韧,皮肤表面覆以特有的毛;表皮高度角质化,并产生出多种衍生物;皮肤腺异常发达,其形态和功能多样化;真皮极为发达,但其衍生物很不发达,种类和数量均少;皮下组织发达(图4-1)。

表皮由深至浅可分为四层:基底层、棘细胞层、颗粒层和角质层。基底层增殖的新细胞由深至浅逐渐完成角质化。角质层厚薄不一,在经常摩擦的部位可达数十层。角化细胞经常脱落。毛为哺乳类所特有,为表皮衍生物,但在毛根部有由真皮形成的毛乳头以供给营养。毛的颜色较暗淡。表皮衍生的角质构造除毛外还包括爪、蹄、指甲、洞角、叉角羚角、毛角等,结构大同小异但功能各异,是适应陆地多样的生活方式的产物。次生性下水的鲸类以及人类的毛退化。皮肤腺为表皮衍生,异常发达,均为多细胞腺,包括皮脂腺、汗腺、乳腺、气味腺,前两种为基本类型,经变异后形成乳腺和气味腺,结构和功能各异。

真皮很厚,为表皮厚度的几倍,由致密结缔组织构成,分为乳头层和网状层,其中胶原纤维和弹性纤维交错排列,使真皮具有高度的韧性和弹性。牛、猪等动物的真皮可鞣制成革。真皮衍生物的种类和数量均少,鹿科动物的实角、长颈鹿的角以及贫齿目的犰狳的骨质板由真皮产生。

哺乳类的皮下组织发达。在皮肤和肌肉之间,由疏松结缔组织形成的皮下组织如同一个垫子可缓冲外界的机械压力,并便于肌肉的活动,又称浅筋膜(superficial fascia)。在皮下组织中还可积存脂肪,如鲸类皮下脂肪发达以维持体温,并成为油脂工业的原料之一。一些有冬眠(有袋类、食虫类、蝙蝠类、啮齿类等类群中的一些种类)或半冬眠(熊及臭鼬等)习性的兽类,冬眠前在皮下积蓄脂肪,作为营养储备。

小　结

1. 脊椎动物的皮肤由外胚层发生的表皮和由中胚层发生的真皮组成，皮肤下有皮下疏松结缔组织分布。

2. 皮肤及其衍生物的变化必须联系由水上陆的环境变化。表皮与外界直接接触，适应外界环境的多样性，因而变化较大，其衍生物也较复杂；真皮在表皮深层，变化小，其衍生物少而简单。

3. 表皮由单层细胞（文昌鱼）向多层细胞（脊椎动物）发展。在两栖类开始出现角质化，表皮分为角质层和生长层；至哺乳类分为四层。表皮由不角化（水生的圆口类和鱼类）到轻微角质化（两栖类），最后过渡到高度角质化（完全陆生的羊膜类）。

4. 真皮由薄向厚发展。其间鸟类因适应飞翔，表皮和真皮均较薄。哺乳类的真皮厚度数倍于表皮。

5. 表皮衍生物包括各种腺体（黏液腺、毒腺、照明器、皮脂腺、汗腺、乳腺、气味腺）及角质外骨骼（角质鳞、甲、羽、喙的角质鞘、毛、爪、蹄、指甲、洞角、叉角羚角、毛角）。

6. 皮肤腺由单细胞腺向多细胞腺发展，从位于表皮到逐渐下陷入真皮内；功能由仅能分泌黏液到分化为功能多样的各种分泌腺。爬行类和鸟类的皮肤腺减少，在哺乳类极为发达。

7. 表皮的角质外骨骼从羊膜类开始发生并发展。从爬行类的角质鳞片到鸟羽，直至哺乳类的毛、蹄、角等。

8. 真皮衍生物由发达到趋于退化。水生的鱼类有发达的骨质鳞（包括整列鳞、硬鳞、圆鳞、栉鳞，其中整列鳞仅存于化石中）和真皮鳍条（软骨鱼类的角质鳍条和硬骨鱼类的鳞质鳍条）。两栖类中骨质鳞退化。爬行类表皮角质鳞下有发达的骨质板。鸟类无真皮衍生物存在。哺乳类的真皮衍生物仅见于鹿科实角、长颈鹿角及犰狳的骨质板。

9. 两栖类处于由水上陆的中间状态，骨质鳞消失而角质鳞尚未形成，皮肤呈裸露状态，无任何保护结构。

10. 真皮内有色素细胞存在。色素细胞由外胚层的神经嵴产生，色素细胞收缩时体色变浅，反之，扩张时体色变深。色素细胞也决定羽色和毛色。

11. 表皮和真皮共同形成有颌类的牙齿和软骨鱼类的盾鳞。

思　考　题

1. 比较脊椎动物各纲皮肤结构，总结皮肤进化趋势。试论促使它们变化的原因。
2. 外胚层和中胚层在各纲动物皮肤中各有哪些衍生物？
3. 简述盾鳞的发生与同源。
4. 如何从外表区分两栖类和爬行类？说出理由。
5. 区别盾鳞、圆鳞、栉鳞；将上述鳞片与蜥蜴鳞片、鸟羽和哺乳类毛加以比较。
6. 比较黏液腺、浆液腺、皮脂腺、汗腺、乳腺和气味腺。
7. 比较牛角、叉角羚角、毛角和鹿角。

第五章 骨骼系统

第一节 概 述

骨骼系统(skeletal system)是由许多骨块连接形成的一个支架,它为动物体的软组织提供保护和支持,也为肌肉提供附着的基础。它构成一个连接的、可以运动的杠杆系统。

骨骼、关节和肌肉三个密切相关的部分构成动物的运动装置。动物各种动作的完成,主要是由于肌肉收缩作用于骨骼的结果。换句话说,运动是以骨骼为杠杆,关节为枢纽,肌肉的收缩作为动力来完成的。

一、骨骼的功能与结构

骨骼的功能主要是供肌肉附着,作为动物体运动的杠杆;支持躯体,维持一定的体形;保护体内柔软的器官,如头骨保护脑,脊柱保护脊髓,胸廓保护心和肺等;骨髓腔中的红骨髓能制造血细胞;此外,协助维持体内钙、磷代谢的正常水平。

骨的结构在第三章骨组织中已经述及。

二、骨的类型

由于各骨块在机体中所起的作用不同,也就呈现各种不同的形态。骨依其作用及形态的不同,可分为长骨、短骨、扁骨和不规则骨四种类型:

长骨通常呈管状,两端粗大,称骨骺。幼年动物在骨骺与骨干之间为骺软骨,骺软骨不断生长,又逐渐骨化,使长骨不断增长;长成后,骺软骨完全骨化,即不再增长。长骨起着支持和运动杠杆的作用。四肢骨属于管状长骨类型。肋骨属于弓形长骨,长而弯曲,没有骨髓腔。弓形长骨除执行运动杠杆的作用外,同时又是体腔壁的支柱。

短骨是方形或圆形小骨,骨质坚实,起着杠杆和支持作用。有些短骨成组的位于长骨之间,起着分散压力的作用,如腕骨和跗骨。有的短骨成串排列,如椎骨,使组成的脊柱既具有坚固性,又具灵活性。有的短骨称籽骨(os sesamoideum),起着滑车的作用,改变力的方向。

扁骨是扁平的板状骨,主要作用是作为腔壁以保护内部器官。如头盖的各骨片;有的扁骨以其宽大的表面作为肌肉的附着处,如肩胛骨。

不规则骨的形状不规则,如岩乳骨、蝶骨等。

三、骨的发生

骨在发生上来自成骨细胞(scleroblast),而成骨细胞又来自中胚层未分化的间充质(mesenchyme),这是胚胎期原始的结缔组织。由成骨细胞除发生出软骨和硬骨外,牙齿的釉质和齿质也是由它而来,表示如下:

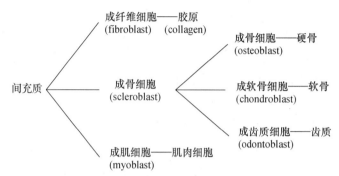

硬骨依其发生上来源的不同,可分为软骨原骨和膜原骨两种类型:从间充质经过软骨阶段再变成硬骨,称软骨原骨(endochondral bone)或替代性骨(replacement bone),例如脊柱、肋骨、四肢骨和头骨的一部分;另一种是在间充质的基础上,不经过软骨阶段而直接形成硬骨,称膜原骨(membrane bone)或皮性硬骨(dermal bone),例如头骨顶部的额骨、顶骨、颌弓上的前颌骨、上颌骨、齿骨等。软骨原骨和膜原骨只是根据发生来源不同而区分的,它们一经变成硬骨,从形态上就不再能鉴别出来了。

四、骨骼的力学特性

(一) 骨骼的力学特性

骨骼作为动物体主要的支持和运动系统,是动物体受力的主要载体,具有独特的力学性质,它能"以尽可能少的材料承受尽可能大的外力",并具有良好的功能适应性。

1. 以最小材料承担最大负荷

经过长期自然演化,动物体所具有的不同类型的骨骼产生了最优的力学性能,即具有最大的强度、最省的材料、最轻的重量,简言之,具有"以最小材料承担最大负荷"的最优力学特性。轻盈结实的中空长骨,切面类似铁轨"工字梁"结构的扁骨(如哺乳动物的齿骨)等均体现了这一特性。当平行于新鲜密质骨的纹理时,其承重为 $1300\sim2100\ kg/cm^2$,由此可见其承重能力之强。

骨的这种力学特性与它的比重和结构密切相关。

骨的密度比铸铁小3倍,柔性比铸铁大10倍,并具可塑性,承受外力时可吸收6倍能量。骨是由羟基磷灰石和胶原纤维组成的复合材料,前者抗压力,后者抗拉力,柔韧的胶原纤维可以阻止脆性断裂,坚硬的矿物质成分可克服软材料的柔性。

骨作为复合材料还具有不均匀性和各向异性,即在同一块骨的不同部位,或在同一部位的不同方向,骨的力学性能都有很大差别。

此外,骨的状态也影响其力学性质,例如,新鲜的骨和经过干燥、部分脱水后的干骨相比,拉伸、压缩强度和弹性等参数都不同。此外,骨的强度、弹性还与年龄、性别和病理因素有关。

2. 骨具有功能适应性

骨骼作为一种有生命的材料,一种活的组织,具有不同于其他工程材料的特性,即功能适应性。根据1884年沃尔夫(J. Wolf)提出的骨的功能适应原则:活体骨会按其所受应力而改变成分、内部结构和外部形态,换言之,骨的重建与其所处的力学环境密切相关。

骨不断进行生长、发育、再造和吸收的过程总称为"骨重建"。骨重建使其内部结构和外表形态动态地适应不断变化的外部力学环境。例如,应力对骨的改变、生长和吸收起着调节作用,每一块骨都对应一个最适宜的应力范围,应力过高和过低都会使骨萎缩。骨通常会在应力加大的方向上再造。长期卧床患者或局部长期石膏固定的骨折患者会表现出全身或局部的骨质疏松,而经常进行体育锻炼的人与不锻炼的人相比,骨的矿物盐含量多。运动和功能锻炼可促进骨的形态结构发生变化,使骨变得更加粗壮和坚固。骨的重建机制与成骨细胞和破骨细胞的活动有关。人的骨骼每年有5%~10%被破坏和重建。这种对应变的感应可能与骨骼中的生物电现象有关。骨的再生能力较强,在受到创伤后能很快修复。

(二)骨力学特性的基本概念

骨骼是支撑动物体的支架及运动的杠杆,正常的生活和运动要求骨有足够的强度、刚度和稳定性。

强度指骨抵抗外力破坏的能力,使运动时不发生骨折。刚度指骨在外力作用下抵抗变形的能力,使骨的形状和尺寸因受力而产生的变形不超过正常生活所允许的限度。稳定性指骨在外力作用下保持原有平衡形态的能力,例如,管状长骨在压力作用下有被压弯的可能,为了保证正常的生活和运动,要求它保持原有的直线平衡形态。

骨所受的外力来自于自身重力、肌群收缩力、肌张力、外力和各种运动产生的力等。骨骼受力后的变形主要有拉伸、压缩、剪切、弯曲和扭转等5种基本变形。例如,进行吊环运动时上肢骨被拉伸;举重运动员举起杠铃后上肢和下肢骨被压缩,弯腰时脊柱的弯曲;花样滑冰时转动动作使下肢骨受扭转;等等。实际上,骨骼所受力往往是几种受力的组合。

骨的受力情况虽然复杂,但它总是以最优的外表形态和内部结构适应其功能,以优化的形态和结构为骨自身重建的目标。从解剖实例可见,凡是强有力的肌腱附着的骨骼部分,为适应受较大应力的功能,均形成局部隆起,如骨三角肌结节等。

人类由于在进化过程中产生了直立行走的重要习性,骨骼的受力状况发生了改变,因而骨骼系统也产生了一系列不同于其他脊椎动物的适应性特征,比如前移的枕骨大孔,"S"形的脊柱弯曲,宽而短的骨盆,发达的大拇指,精巧的足弓,高度愈合的脑颅等,在后面的章节将简单分述这些特征。

五、全身骨骼的区分

陆生脊椎动物的全身骨骼(图5-1)依着生部位可分作中轴骨骼和附肢骨骼两大部分。前者包括头骨、脊柱、肋骨和胸骨;后者包括肩带、腰带及四肢骨。下面以家兔为例,将主要骨块列表如下:

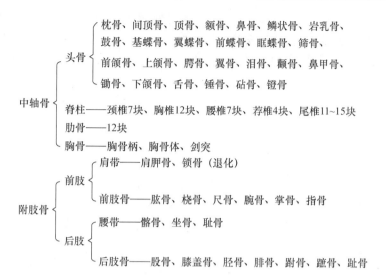

六、骨学研究的重要意义

在比较解剖学中，骨骼系统的研究具有特殊重要的意义。从功能形态学角度来看，动物在取食、呼吸和运动等各方面的适应性变化无一不在骨骼上打着深刻的烙印。从进化形态学角度来看，脊椎动物各大类之间的骨块同源关系和骨骼系统的进化趋势表现得十分清楚。

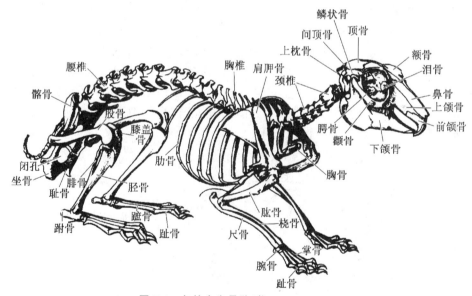

图 5-1　兔的全身骨骼（仿 Young, 1975）

由于骨骼的坚硬和易于形成化石，亿万年前生活过的古动物通过化石保存下来。古生物学（古动物学）可以看作是已绝灭动物的比较形态学，没有任何其他学科像古生物学那样对脊椎动物的进化提供更多的直接证据，而古生物学几乎完全是基于对动物硬体部分的研究。对于有经验的古生物学工作者，通过骨骼系统的研究可以窥视到几乎所有器官系统：大部分肌肉的起点和止点均在骨块上，通过骨块上的峙、突和瘢痕可以看出肌肉的位置和发达程度；重要的脑神经可以通过头骨上的孔道显示出其粗细和行径；脑不同部分的发达程度可以由脑颅各部分的比例和骨片的相对位置而推测出来;头骨上的鼻腔、眼窝和鼓室及岩乳部可以提供出嗅、视、听觉器官方面的信息;甚至于某些血管都在骨片上留有印迹。无怪乎骨学(Osteology)研究在比较解剖学中占有最重要的地位。

第二节　脊柱、肋骨及胸骨

一、脊柱

脊柱(vertebral column)就是身体背部正中纵贯全身的脊梁骨,它是由一节节的脊椎骨(vertebrae)连接组成,成为支持身体的中轴和保护脊髓的器官。脊索是脊柱的前身,在胚胎发育中是如此,在系统发生中也是如此,所以在叙述脊柱之前需要了解脊索的结构。

(一) 脊索的结构

脊索(notochord or chorda dorsalis)纵贯全身,是脊索动物起支持作用的一条棒状结构,位于消化管的背面,神经管的腹面,具弹性,不分节。一切脊索动物在早期发育阶段都具有脊索,但是只有头索动物(如文昌鱼)和一些低等脊椎动物(如圆口类)才终生保留。尾索动物(如海鞘)只在幼体阶段尾部具脊索,多数较高等脊椎动物则只在胚胎时期有脊索,以后就被脊柱所代替,脊索本身则完全退化或仅留残余。

脊索(图 5-2)的最外面包有脊索鞘(notochordal sheath),是厚的纤维组织。脊索鞘的最内一层是脊索上皮的基膜(basement membrane),其外面是很厚的一层由胶原纤维组成的纤维鞘,最外层是外结缔组织鞘。紧贴在脊索鞘之内有 1~2 层小细胞,彼此密接似上皮组织,名脊索上皮(notochordal epithelium),是中央泡细胞的前身。由此向中央,细胞膨大呈泡状,称泡细胞。泡细胞富于微丝,借桥粒相互连接。脊索执行其支持功能是由于泡细胞内液体压力所致。这种细胞在中央部分不断死去,由脊索上皮增生向内推移以补充之。死去的细胞常留下残余的细胞膜成为一条横束,称为中央束。如果泡细胞更新过程不旺盛,中央束也可能不存在。

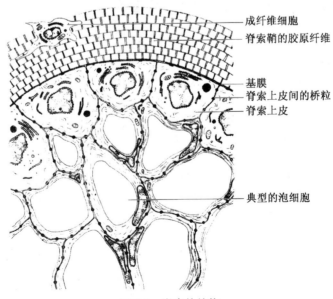

图 5-2　脊索的结构

脊索的结构在各类脊索动物里不尽相同，也不总是由泡细胞组成，如海鞘幼体的脊索只见于尾部，是由致密细胞组成的，和胚胎期肠的上皮细胞很相似。文昌鱼的脊索是由成层的扁盘状肌细胞组成，它的超微结构和双壳软体动物的肌细胞相似，具横纹。这些肌细胞的收缩增加脊索的坚硬程度(图 5-3)。

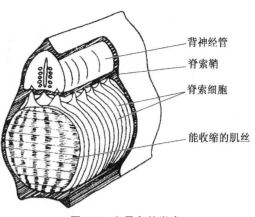

图 5-3　文昌鱼的脊索

(二) 脊椎骨的结构

脊柱是由无数脊椎骨组成。蛇的脊柱由多达 500 块脊椎骨组成，蚓螈达 250 块，某些有尾两栖类达 100 块。

一块典型脊椎骨(图 5-4)的中央部分是椎体(centrum)，椎体背面是椎弓(neural arch)，无数椎弓相连形成椎管(vertebral canal)以容纳脊髓。椎体的腹面有脉弓(hemal arch)，脉弓组成脉管(hemal canal)，是血管通过之处。椎弓与脉弓都有延伸的棘，分别名为椎棘(neural spine)和脉棘(hemal spine)。

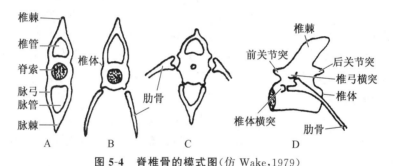

图 5-4　脊椎骨的模式图(仿 Wake,1979)
A. 硬骨鱼的尾椎横切；B. 硬骨鱼躯干椎横切；C. 四足动物躯干椎横切；D. 四足动物躯干椎侧面观

鱼类尾椎的结构就是这样。在躯干部有体腔和肋骨存在，不具脉弓，椎体以横突(transverse process)与肋骨相接。鱼类、有尾两栖类的尾椎都有脉弓，羊膜类尾椎的脉弓有些已消失，但在多数爬行动物、某些鸟类和许多带长尾的哺乳动物在尾椎上还保留有不完整的脉弓，呈"Y"字形，称人字骨(chevron bone)(图 5-18)。在制作骨骼标本时，人字骨很容易脱落。相邻两椎弓根间围着的孔，称椎间孔(intervertebral foramen)，是脊神经通出的孔道。

陆生脊椎动物，除以上各部外，脊椎骨还具备以下几种突起：

关节突(zygapophyses)相邻椎骨间的关节由关节突承当。自椎弓向前伸出一对前关节突，向后伸出一对后关节突。前关节突的关节面朝上或朝内，后关节突的关节面向下或向外。

椎弓横突(diapophyses)由椎弓基部伸出，和肋骨结节(tuberculum)形成关节。

椎体横突(parapophyses)由椎体两侧伸出，和肋骨头(capitulum)形成关节。

(三) 椎体的类型与椎间关节

顺次排列的脊椎骨是以椎体两端互相关节衔接的，椎体两端关节面的形状具有进化上、功能上和分类上的意义。

根据椎体两端的形状,椎体可分为以下 5 种类型(图 5-5)。

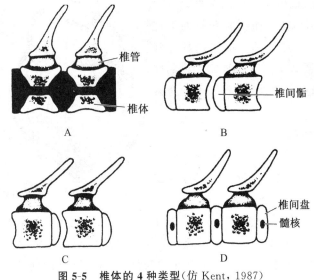

图 5-5　椎体的 4 种类型(仿 Kent,1987)
A. 双凹型;B. 后凹型;C. 前凹型;D. 双平型

(1) 双凹型椎体(amphicelous)。椎体前后端都凹入,椎体间的空隙保存着结缔组织、软骨或退化的脊索。两个椎体之间的球形脊索以细线状残余脊索穿过椎体彼此相连,因此从正中矢状切面来看,脊索呈念珠状。鱼类、有尾两栖类和少数爬行类(一些绝灭的种类、楔齿蜥和守宫)的椎体属于此型。两椎体间的关节活动性有限。

(2) 前凹型椎体(procelous)。椎体前端凹入而后端凸出,两椎体间的关节比较灵活,脊索虽然仍残留一部分,但不成为连续的索状。两栖类(多数无尾类)、多数爬行类和鸟类的第一颈椎属于此型。

(3) 后凹型椎体(opisthocelous)。椎体前端凸出而后端凹入。和前凹型一样,椎体相接形成活动关节。两栖类(多数蝾螈和无尾类中的一部分)及少数爬行类属于此型。

(4) 马鞍型或异凹型椎体(heterocelous)。椎体两端成横放的马鞍形,即椎体的水平切面为前凹型,矢状切面为后凹型。椎间关节活动性极大,脊索已不存在。鸟类颈椎属于此型。鸟的头颈可转 180°,能用喙啄尾脂腺,和灵活的马鞍型椎体相关。

(5) 双平型椎体(amphiplatyan or acelous)。椎体前后两端扁平,椎体之间垫以纤维软骨的椎间盘(intervertebral disc)以减少活动时的摩擦。在椎间盘内仍保留有少量残余的脊索,称髓核(pulpy nucleus)。见于哺乳类。

(四) 脊椎骨的胚胎发生(图 5-6)

脊椎骨在胚胎发育中形成的次序是:椎弓在前,脉弓次之,椎体最后。初形成时是软骨,以后骨化成硬骨,软骨鱼类的椎骨终生保持软骨。脊椎骨的发育过程比较复杂,大体上可分为以下三阶段:

1. 生骨节的形成与重组

在脊索形成之后,体节分化为生肌节和生皮节时,其内侧面的许多细胞分散出来,包在脊索的周围,这些细胞渐渐增多,聚集成为生骨节(sclerotome)。生骨节为成对分节排列的,在

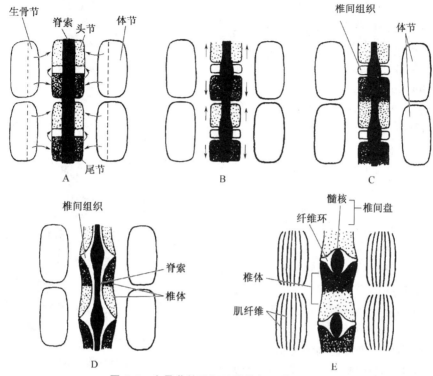

图 5-6 生骨节的重组示椎体与肌节的关系

生肌节内侧与之平行排列。以后每一生骨节横裂为前后两半部，前半部组织疏松，称头节；后半部质地致密，称尾节。进行重组时，每一个生骨节的尾节与后面一个生骨节的头节组合成为一块脊椎骨的椎体，这样形成的椎体位置与肌节相互交错，使肌节界于两个新生骨节之间，这样肌肉收缩时才能产生脊柱的弯曲。

以上关于头节与尾节重组形成椎骨的传统看法，近年来有人提出异议。Baur(1969)和Verbout(1974)认为，脊椎骨从一开始形成时就是在其原来位置，并不存在头节和尾节移位和重组的问题。但目前就否定传统看法还为时过早，只是提出这是一个有争议的问题。

生骨节主要形成椎骨，除此而外还有其他生骨的区域（图 5-7）。这些区域都与肌节的位置有关。每两个肌节之间有间充质把它们隔开，这些隔称肌隔（myosepta）。同时肌节又由水

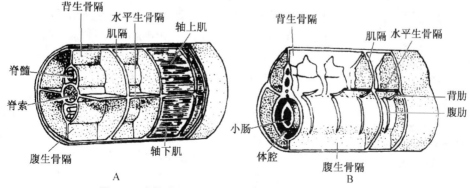

图 5-7 脊椎动物生骨隔和肋骨的图解（仿 Wake, 1979）
A. 尾区；B. 躯干区

平间充质隔分开成为上下两部分(轴上肌与轴下肌)。这个隔从脊索直达皮肤侧线所在的部位,叫水平生骨隔。包围脊索及神经管的间充质延续到皮肤背中线成为背生骨隔。同样组织延到腹中线(尾部)则为腹生骨隔。在躯干部因有体腔的存在,腹生骨隔被分裂开来成为两个腹侧隔,包于体腔之外。所谓生骨隔都是胚胎中的结缔组织,这里可以骨化成骨,所以称之为生骨隔(skeletogenous septum),上述3种生骨隔都是连续纵贯全身,它们的组织都与肌隔的组织相接。在它们与每一个肌隔和围索间充质的交点处发生椎骨。

2. 椎弓与脉弓的形成

在重组以后的生骨节中首先发生软骨弓片。弓片的位置是在脊索的背面和腹面。每一对生骨节发生4对弓片,背腹各2对。即由每对生骨节尾节的背面生出一对基背弓片,腹面生出一对基腹弓片;由每对生骨节头节的背面生出一对间背弓片,腹面生出一对间腹弓片。基背、基腹弓片一般较大于间背、间腹弓片。这些软骨弓片的近端都连于脊索鞘上(图5-8)。

基背弓片向背中点延伸,包围脊髓后,相遇成椎弓,基腹弓片向腹中央延伸,包围血管,成为脉弓(限于尾部)。椎弓的顶端常沿着背生骨隔生长成为椎棘,同样脉弓的下端也常沿腹生骨隔生长成为脉棘。间背弓片同样也可能形成间插弓或称闰弓(intercalary arch),但是间背弓片和间腹弓片很少存在于成体脊椎动物中,除去较原始的低等脊椎动物外,一般都是混合于基弓片中,或散开包围脊索加入到椎体之中,也有形成椎间成分或者不起任何作用即行消失的,依种类不同各有差异。了解这些胚胎成分有助于探索各类脊椎动物椎骨的同源,从而认识它们在系统发生上的关系。

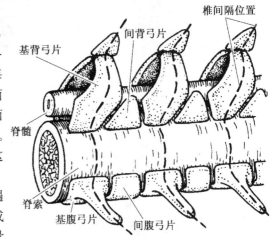

图 5-8 尾椎弓片的形成(仿 Wake,1979)

3. 椎体的形成

鱼的脊椎骨在发生过程中,参与椎体形成的有3个来源(图5-9):

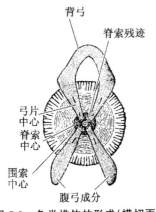

图 5-9 鱼类椎体的形成(横切面)
(仿 Wake,1979)

(1) 围索中心(autocenter or perichordal center),这是由围在脊索外面的间充质形成,是构成椎体的主要成分。

(2) 脊索中心(chordal center),这是由脊索鞘本身加厚形成。

(3) 弓片中心(arch center),这是由背弓片和腹弓片近端组织也加入到椎体形成的。硬骨鱼类中多数情况是由上述3个来源共同构成椎体。软骨鱼类中情况也不尽相同,除许多种类是由3个来源形成的以外,有些种类缺少围索中心,有些全头类也缺弓片中心,即单纯由脊索鞘形成椎体。几乎所有四足类的椎体均是由围索中心形成。多数种类,这种围索间充质经过软骨阶段再骨化成硬骨,但在一些两栖类也有不经软骨阶段而直接由间充质形成硬骨者。两栖类的基背弓片和基腹弓片的基部有些也参与椎体的形成,即除围索中心外,也有弓片中心参加。

由上可见,椎体的成分比较复杂,各类脊椎动物彼此也不尽相同,必须从胚胎发生中仔细观察及参看化石才可作出确切的结论。

（五）双椎体型及陆生脊椎动物椎体成分

一些原始脊椎动物的尾椎常有双椎体现象，就是每一体节内具有两个椎体，但只有后面的椎体具有一个椎弓和一个脉弓，如鲅鱼（Amia）的尾椎（图 5-10），称之为双椎体型（diplospondyly）。这种现象的出现说明脊椎骨的原始性，即在胚胎中每一个生骨节的范围内都有可能形成双弓与双椎体，但在脊椎骨发育成熟时这种双套的椎弓与椎体多已愈合成一套。在化石材料中，双椎体型是很普遍的，也不仅限于尾椎，由此可以帮助了解陆生脊椎动物椎体的成分以确定系统发生的关系（图 5-11）。

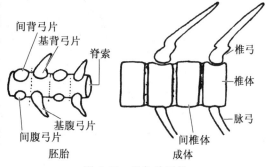

图 5-10 鲅鱼的尾椎

根据古生物学的材料，总鳍鱼和最古老的两栖类是双椎体型。它们的椎体是由前后两部分组成，即前面的间椎体（hypocentrum）和后面的侧椎体（pleurocentrum）。两者不是相等的骨盘，间椎体是大的楔形成分，侧椎体是比较小的骨块，填充在前后两个间椎体之间，这种类型的椎骨称块椎型（rachitomous）。所有四足类的椎骨可能全是由块椎型变化而来。

演变到羊膜类的一支，侧椎体的比例逐渐加大。早期爬行类的椎体是由一个大的侧椎体形成主体，而间椎体退化为一块小的楔形骨。发展到现代羊膜类，间椎体完全消失了，仅留侧椎体。

在古代两栖类中，块椎型也向另外两个方向变化。其一是始椎型（embolomerous），靠后面的侧椎体和其前面的间椎体相等大小，共同组成一块脊椎骨；另一种类型是全椎型（stereospondylous），椎体是由单一的间椎体组成，侧椎体消失了。现代两栖类的单一椎体是属于间椎体还是属于侧椎体，尚属一疑问。过去一般认为，现代两栖类和爬行类的椎体不同型：爬行类的椎体是侧椎体，而两栖类是由单一的间椎体组成，侧椎体消失。但目前有一种看法，认为有尾目和无足目的椎体属于间椎体，而无尾目的属于侧椎体；另一种新看法认为，所有现代两栖类和羊膜类一样，同属于侧椎体。

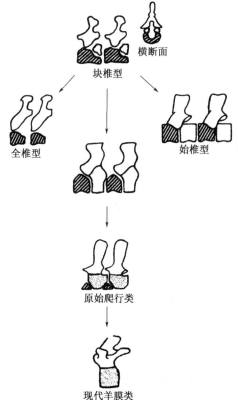

图 5-11 陆生脊椎动物椎体的演变
（斜线表示间椎体；点表示侧椎体）（仿 Kent，1997）

二、各类脊椎动物脊柱的比较

在进化过程中，脊柱一方面是增加其坚固性，另一方面是增加其灵活性。最原始的脊柱未分化或少分化，即仅分化为躯椎及尾椎两部，两部的差异有限。脊椎动物由水栖到陆生后，适应于功能上的分工,脊柱逐渐分化为 5 区:颈椎、胸椎、腰椎、荐椎和尾椎。

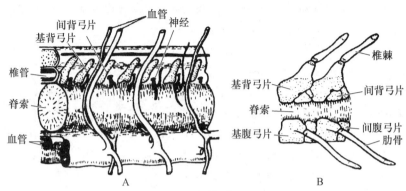

图 5-12　两种原始脊柱(仿 Hyman,1942)
A. 七鳃鳗;B. 鲟鱼

(一) 圆口类的脊柱

脊索终生保留,全长一致没有任何的分区,脊索外包以厚的脊索鞘。在脊索背面每一体节内有两对极小的软骨弓片,相当于基背弓片和间背弓片(图 5-12),也就是椎弓的始基,它们虽然不起任何支持作用,但是这些弓片代表着原始脊椎骨的萌芽。

(二) 软骨鱼类的脊柱

鱼类适应水中生活,脊柱仅分化为躯椎和尾椎两部。鲨鱼的脊柱(图 5-13)虽然仍是软骨,但已具备典型椎骨的结构。椎弓与脉弓之外,椎体已经形成。椎体属双凹型,脊索已退化,残留于前后两椎体之间的菱形空隙内。在相邻两椎弓之间有间插弓,代表

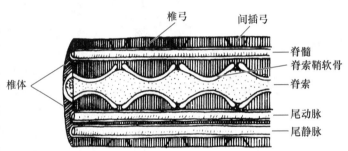

图 5-13　鲨鱼尾椎骨的矢状切面(仿 Kent,1987)

间背弓片。脉弓之间的间腹弓片已消失。少数种类,如鳐等的尾部呈现双椎体现象。全头鱼类(如银鲛)的椎体有许多钙化的软骨环包在脊索外面,每一体节中有数个这种软骨环。

(三) 硬鳞鱼类的脊柱

软骨硬鳞鱼类(如鲟鱼)的脊柱已较圆口类进步,除椎弓外,还有脉弓形成,但缺少椎体。脊索终生存在,仍为支持身体的主要结构。脊索背侧大的基背弓片合并成椎弓,介于基背弓片基部之间,为小的间背弓片。在脊索腹侧为大的基腹弓片包着,介于基腹弓片基部之间,为小的间腹弓片。

硬骨硬鳞鱼(如鳡鱼,图 5-10)的脊柱已全部骨化成硬骨。尾椎每一体节保留两个椎体,但仅后面的椎体有一个椎弓与一个脉弓,代表基背弓片和基腹弓片。

(四) 硬骨鱼类的脊柱

硬骨鱼类的脊柱已完全骨化,形成身体强有力的支柱,仅在接连椎弓及脉弓的地方常常没有骨化,仍保留软骨状态。在椎体及椎弓上开始有了关节突和横突等突起。肺鱼的脊柱还很原始(也有人认为是极度特化),脊索终生保留,且很发达,椎体尚未形成。

(五) 两栖类的脊柱

脊柱除一般的增加坚固程度外,脊柱开始分区,椎体大多为前凹型或后凹型,支持力加强且椎间关节较灵活。

两栖类的脊柱分化为颈、躯、荐、尾4区,比鱼类多了颈椎和荐椎的分化。胸部因两栖类肋骨不发达,并不成为明显的区域。有尾两栖类尾椎明显,但在无尾类只是一块尾杆骨。

脊椎动物由水登陆生活首先要解决身体重量负担问题,其次是头部的活动问题。适应这两方面的功能需要,首先看到颈椎和荐椎的出现。鱼类没有颈椎的分化,头骨通过后颞骨与肩带相连,基本上不能活动。两栖类颈椎的分化使头部稍能活动,但还只有一块颈椎,处于过渡阶段。荐椎与腰带相接,荐椎的横突加大,这一特点在无尾两栖类,尤其是蟾蜍特别明显。在低等有尾两栖类,如泥狗的腰带连于第19椎骨之上,但连接部位并不恒定,有时连第18,有时连第20;甚至一侧连在第18,另一侧连在第19或第20。这说明泥狗的后肢支持身体的能力较弱,因此,腰带与脊柱的关系尚不十分固定,荐椎尚未起变化。鱼类的腰带根本不与脊柱相接,在早期的两栖类化石中腰带也不与脊柱相连,因此没有荐椎的分化(图5-14)。由此可见荐椎的出现直接与腰带有关,是后肢对身体载重的直接后果。

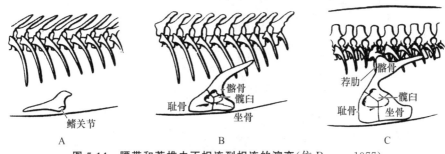

图 5-14 腰带和荐椎由不相连到相连的演变(仿 Romer,1977)
A. 鱼类;B. 早期两栖类化石;C. 现代两栖类

(六) 爬行类的脊柱

脊柱分化为颈、胸、腰、荐和尾5个区域。椎体大多为后凹型或前凹型。颈椎数目比两栖类增多(蜥蜴8块、鳄9块),前两个颈椎分化为寰椎及枢椎(图5-15)。枢椎向前伸出的齿突(odontoid process)实际上是寰椎的椎体。寰椎本身已无椎体,腹侧具关节面与头骨的枕髁相关节。羊膜动物出现的寰椎-枢椎组合显然是对陆地生活的一种适应,保证头部能以齿突作为回转轴,作仰俯及左右转动,使头部的感觉器官获得更充分的利用。寰椎中有横韧带以保证齿突的转动不会伤及脊髓。

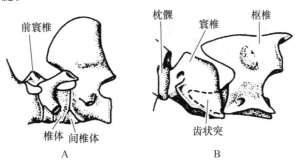

图 5-15 羊膜动物的寰椎-枢椎组合(仿 Wake,1979)
A. 原始爬行类;B. 哺乳类

胸椎极其明显,与肋骨、胸骨相接成为胸廓。荐椎的数目也加多,最少是两块,有宽阔的横突与腰带相连。后肢承受体重的能力比两栖类有所增强。

蛇的脊椎骨数目最多的可达 500 块,脊柱分区不明显,仅分化为尾椎及尾前椎两部,代表特化的类型。除寰椎外,尾前椎椎骨上都附有发达的肋骨,肋骨为单头。

(七) 鸟类的脊柱

鸟类脊柱(图 5-16)的分区与爬行类相同,但由于适应飞翔生活变异较大。颈长,颈椎 8~25 块(鸡 13~14 块,鸭 14~15 块,天鹅多达 25 块),椎体呈马鞍型,颈部关节转动极为灵活。胸椎 3~10 块,鸡 7 块,鸭 9 块。最后一个胸椎、全部腰椎、荐椎和前面几个尾椎完全愈合成一个整体,称综荐骨(synsacrum)。后肢的腰带和综荐骨相接,形成甚为坚固的腰荐部。显然,鸟类颈椎的高度灵活性在一定程度上可以补偿腰荐部活动的不足。

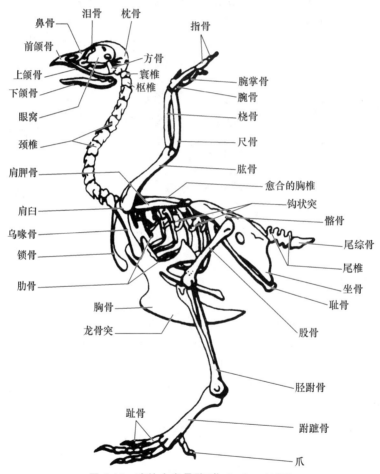

图 5-16　鸡的全身骨骼(仿 Jorden,1977)

化石始祖鸟的尾椎数目多达 18~20 块,且皆未愈合。现代鸟尾椎数目减少,后面的 4~10 块尾椎愈合成一块尾综骨(pygostyle),用以支持扇形的尾羽。

(八) 哺乳类的脊柱

脊柱分化为明显的 5 个区域。椎体属于双平型,两椎体间有弹性的椎间盘相隔。颈椎的数目恒为 7 块(例外:海牛 6 块,树懒 6~9 块)。长颈鹿和鲸虽然颈的长短相差很悬殊,但颈椎的数目也都是 7 块,只是每一块椎骨的长短不同。水生哺乳类的颈椎一般都很短,而且相邻椎骨相接很紧,有的甚至愈合成为一块,反映其在水中生活头部少活动的特点。地下穴居的种类,如鼹鼠,颈椎很短。跳跃的种类,如跳鼠,颈椎变短,并有愈合现象,这样防止在跳跃时头部剧烈的摆动。

哺乳类颈椎的共同特点是:椎弓短而扁平,棘突低矮,全无肋骨相连(退化的颈肋与横突愈合在一起),横突上有孔,称横突孔(foramen transversarium),供椎动脉通过。

哺乳类的胸椎数目变化较大,9~25 块(通常为 12~15 块),例如鲸为 9 块、兔 12 块、马 18 块、象 20 块、树懒 25 块。胸椎(图 5-17)的共同特点是:棘突甚发达,举头的强有力的肌肉就附着在棘突的垂直面上,各胸椎全与肋骨相连,横突短小,前、后关节突扁而小,彼此很靠近。靠后部的胸椎形状渐变,棘突逐渐低矮,关节突渐显著。从前关节突处伸出另外一突起,越向后越明显,称乳状突(metapophysis or mammillary process)。

哺乳类的腰椎一般为 4~7 块,鲸则多达 21 块,单孔类和一些贫齿类少到 2~4 块,兔、犬、猫均为 7 块。腰椎(图 5-17)的共同特点是:椎体粗,棘突宽大,横突长,伸向外侧前方,无肋骨附着。在前关节突上方有明显的乳状突,另外在后关节突的下方有副突(anapophysis or accessory process)。

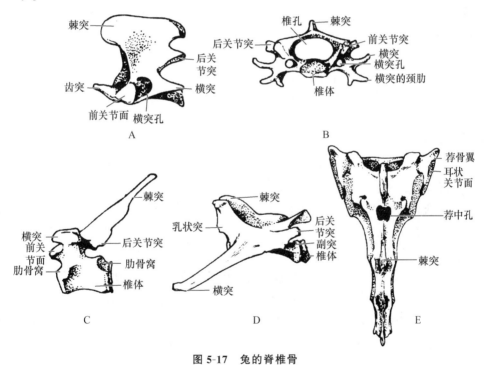

图 5-17 兔的脊椎骨
A. 枢椎(外侧面);B. 第五颈椎(前侧面);C. 胸椎(外侧面);
D. 腰椎(外侧面);E. 荐椎(背侧面)

哺乳类的荐椎数目变化较大,大多 2~5 块,袋鼠为 2 块,犬及猫为 3 块,兔为 4 块,人为 5 块,有些奇蹄类达 6~8 块,一些贫齿类甚至多达 13 块。荐椎(图 5-17)的特点是:棘突较低矮,椎体及突起等部全愈合为一整块,称荐骨(sacrum)。荐骨是后肢腰带与躯干连接的部分,前面 1~2 块荐椎两侧突出成翼,荐骨翼与髂骨翼形成荐髂关节。通过荐部,后肢可推动躯干,并承受体重。鲸的后肢及腰带均退化,相应的荐椎分化不明显。

哺乳类的尾椎数目变化很大,由 3~50 块。一般来说,尾椎数目是和尾长度成正比。兔为 16 块、猪和犬 20~23 块。人和猿为 3~5 块,已退化成为痕迹器官。尾椎靠前面的部分还保持着一般脊椎骨的各突起,后面的尾椎已失去完整的椎骨外形,椎弓和横突等皆消失,仅保留圆柱状的椎体。有的种类在后部尾椎,椎体的腹侧有人字骨(图 5-18),代表脉弓的残迹。

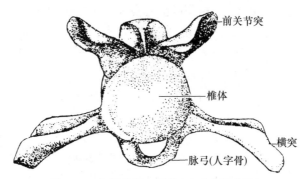

图 5-18　大鼠的第三尾椎(示残余的脉弓)

脊椎骨各部的数目可以椎式(vertebral formula)表示:用 C、T、L、S、Cy 分别表示颈椎(cervical vertebrae)、胸椎(thoracic vertebrae)、腰椎(lumbar vertebrae)、荐椎(sacral vertebrae)和尾椎(coccyx)。例如:

兔	C7T12-13L7S4Cy15-16
犬	C7T12-13L7S3Cy19-23
猫	C7T13L7S3Cy18-25
猪	C7T14-15L6-7S4Cy20-23
牛	C7T13L6S5Cy18-20
马	C7T18-20L6S5Cy15-21
大熊猫	C7T13-14L4-5S5-6Cy11
长臂猿	C7T13-14L4-6S5-6Cy2
人	C7T12L5S5Cy3-5

总起来看,脊椎动物在进化过程中,原始的支持结构脊索逐渐被更完善的新支持结构脊柱所代替。无论从系统发生上或是从个体发生上都可以看出:脊索是脊柱的前身,脊柱是脊索的承替。脊柱进化的趋向是由分区不明显到分为明显的 5 个区;在支持身体与保护内脏方面趋向于愈加坚固;在转动方面趋向于愈加灵活,特别是鸟类的颈椎。

(九) 人类的脊柱特点

人类的脊柱包括颈椎 7 块、胸椎 12 块、腰椎 5 块、荐椎 5 块(后愈合为 1 块,称骶骨)和尾椎 3~5 块(后愈合成 1 块尾骨)。脊柱上承头颅、下接髂骨,位于人体中轴,可保持人体直立姿势,并与其他骨相连构成人的胸、腹、盆腔。相邻椎体间借椎间盘和韧带相连。

人类共有 23 个椎间盘(图 5-19),是位于相邻两椎体间的纤维软骨盘,由软骨板、纤维环和髓核构成。① 软骨板是椎体上、下面的软骨面,同时构成髓核的上、下界,覆盖在纤维环和髓核上,帮助固定椎间盘,将髓核与椎体分开,在进化上属于椎骨的骨骺板,即未成年椎体的生长区。软骨板如同关节软骨一样,可以承受压力,防止椎骨遭受超负荷的压力,保护椎体。② 髓核:为位于椎间盘中央的具有弹性的胶状物,是胚胎期脊索的遗迹。髓核含水量高,占总重的75%~90%,正常人的身高和髓核内水分改变有关,例如,新鲜椎体在受压136 kg时可压出水滴,并经由血液回收,但夜间又可由血液补回,因此人的身高早晨高于晚上。但随着年龄的增加,髓核内水分逐渐丢失,髓核的形态改变,身高也随之降低。髓核可使脊柱均匀地承受压力。在相邻的椎体活动中,髓核起到支点作用,如同滚珠,可随着脊柱的屈伸而向前或向后移动。③ 纤维环:髓核的周围由许多同心圆排列的纤维软骨层构成,称

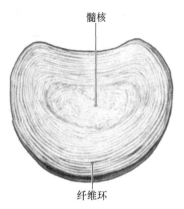

图 5-19　椎间盘上面观(仿曹承刚,2007)

纤维环,坚韧而有弹性,并与软骨板相连。椎间盘使脊柱能富有弹性地连在一起,承受重量并缓冲震荡,有利于脊柱的运动。

人类的脊柱前后弯曲呈S形,共有4个弯曲:颈曲、胸曲、腰曲和骶曲。起着弹簧的作用,减少行走时振动对脑的冲击,这也是对直立行走的一种适应。脊柱上半部的胸曲向后凸,颈曲向前凸,使头颅平衡地位于脊柱顶部,脊柱的下半部腰曲向前而骶曲凸向后,骶骨和骨盆相连并成为骨盆的一部分,使骨盆仍处于人体的重力线上。这种弯曲前后适度,对保持人体直立和稳定有重要作用,并可缓冲震荡,保护中枢神经系统。胸椎和肋骨、胸骨共同围成胸廓,对胸腔中的脏器起着保护作用。若脊柱的正常形态改变或发生异常弯曲,均会影响正常生活,并使运动受限。

脊柱是一个以椎体为功能单位,椎体间通过复杂的关节韧带相互连接在一起的力学结构。肋骨构成的支架起到加强这一细长纤弱结构的作用。

人体脊柱有三个基本的生物力学功能:① 躯干的支架,向骨盆传导头部和躯干部的重力;② 允许躯体有足够的三维空间内的生理运动,如伸、屈和轴向旋转等;③ 保护柔软娇嫩易受伤的脊髓,使之免受可能的暴力及创伤性运动的伤害,并且容纳和保护胸、腹、盆腔的脏器。

三、肋骨

肋骨为位于躯干前部弯曲成弓形的骨骼,其近端连于脊椎骨,远端游离或借助肋软骨与胸骨相连,构成胸廓。肋骨的功能主要是支持体壁、保护内脏并供肌肉的附着,羊膜类的肋骨还有协助呼吸的作用。

(一)背肋与腹肋

从胚胎发育中的位置来看,肋骨分为两类:背肋与腹肋(图5-7)。背肋(dorsal rib)从肌隔与水平生骨隔交点的组织发生,鲨鱼和陆生脊椎动物的肋骨属此类。由于水平生骨隔的存在,将肌肉分隔成背部轴上肌和腹部轴下肌,背肋就位于背部肌和腹部肌肉中间,故背肋又称肌间肋(intermuscular rib)。腹肋(ventral rib)则从肌隔与腹生骨隔(或者它的衍生组织)交点的组织产生;在体腔形成时,躯干部的腹生骨隔被分隔成为两个侧隔,因之,腹肋就发生在肌隔与腹侧隔相切的地方。因正位于腹膜的外边,故又称腹膜下肋(subperitoneal rib)。硬骨鱼类的肋骨属于此型,但少数种类(如多鳍鱼)背肋和腹肋两种兼有。所谓背肋与腹肋仅指发育过程中

位置而言,成年动物不论是哪类肋骨都是伸向腹面支持体壁,保护内脏。

初形成的肋骨为软骨,以后全部或部分骨化变成硬骨。陆生脊椎动物的肋骨在腹部与胸骨相接的一端不骨化。每一椎骨一般都有一对肋骨,但通常胸部的肋骨发达,其他部分退化,其残余部常在颈椎及荐椎上看到。

(二) 各类脊椎动物的肋骨

圆口纲动物还没有肋骨,这是和它们缺少椎体相关的。软骨鱼类(如鲨鱼)已经有了肋骨,但很不发达。从躯干部的横断面上可见椎体的腹面两侧,接连横突各有一细小的肋骨,它的位置正在水平生骨隔内。一般认为鲨鱼的肋骨是背肋,但也有人认为是腹肋,而次生性地移位到水平生骨隔内。

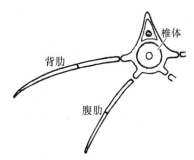

图 5-20　多鳍鱼的椎骨和肋骨

硬骨鱼的肋骨长,肋骨近端仅有一个关节头,称单头式肋。大多数硬骨鱼仅具腹肋,但多鳍鱼兼有背肋和腹肋(图 5-20)。在多鳍鱼的躯干中部每一块脊椎骨上背肋与腹肋同时存在,且同样发达,前者接在椎体侧面。背肋向前增长,向后渐缩短,到尾部即行消失;腹肋向后增长,到尾部成为脉弓。

关于腹肋与脉弓的关系,根据上面多鳍鱼的例子和大多数硬骨鱼的情况来看,腹肋是由脉弓而来,也就是说,尾椎的脉弓向前连续到躯干部时,脉弓开放,成为腹肋。

最早的两栖类(鱼石螈)由寰椎直至躯椎末端,每一椎骨上都与一对发达的肋骨相连(图 5-21)。现代无尾两栖类的肋骨都已退化。肋骨很短,不与胸骨相连,对呼吸也不起任何作用。有尾类的肋骨属双头式,即典型四足类肋骨的样式,肋骨以二头与脊椎骨形成关节:一头称肋骨小头(capitulum),与椎体相连;另一头称肋骨结节(tuberculum),与横突相接。无尾类的肋骨为单头式。从蛙成体来看不见肋骨,但从胚胎发生可以看出,退化的肋骨与横突末端相接连。

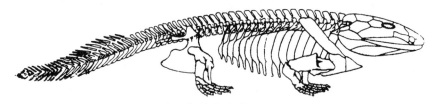

图 5-21　鱼石螈的骨骼(仿 Young,1981)

爬行纲动物的颈椎、胸椎及腰椎的两侧都有肋骨。颈肋一般为双头式,胸肋多为单头式。蛇的躯干部除寰椎和枢椎外均附有发达的肋骨,肋骨的远端均以韧带与腹鳞相连,通过脊柱的左右弯曲和皮下肌的作用使肋骨活动,从而支配腹鳞活动,鳞片的外缘和地面接触,靠反作用力使蛇得以贴地面爬行。龟的颈椎无肋骨,其 10 个躯椎皆具有长而扁平的肋骨,肋骨背面与背甲相愈合(图 5-22)。荐椎也具肋骨,荐肋的远端膨大与腰带的髂骨相连。飞蜥(*Draco volans*)的肋骨延长并穿过体壁,成为体侧皮膜的支持者,皮膜展开如翼,能在树间滑翔。

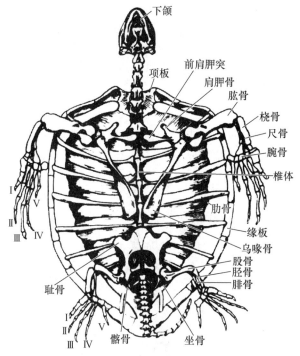

图 5-22　海龟的骨骼（仿 Young,1981）

楔齿蜥、鳄等在身体腹面另有腹壁肋(abdominal rib or gastralia,图 5-23)。腹壁肋和肋骨完全不同,实际上是退化的骨板,为膜原骨,由真皮骨化而来。

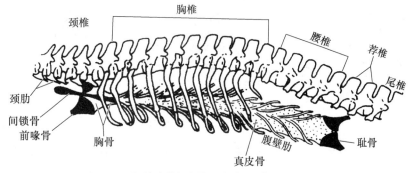

图 5-23　鳄的脊柱、肋骨和腹壁肋（仿 Kent,1997）

鸟类脊柱的 5 个区域全具肋骨。颈椎的肋骨大多以两头与椎骨愈合,故在中间形成一孔,椎动脉由此穿过。每一胸椎各具一对肋骨伸至胸骨。肋骨的背端部,称椎肋(vertebral rib),和胸椎相连;肋骨的腹端部,称胸肋(sternal rib)。鸟的椎肋与胸肋都是硬骨,两者之间有关节。椎肋大部具向后伸出的钩状突(uncinate process),搭在后一肋骨上,以增强胸廓的坚固性。腰、荐、尾椎的肋骨皆愈合在综荐骨之中。

哺乳类的椎肋段是硬骨,而胸肋段为软骨,这是和鸟类不同之处。颈椎看起来不具肋骨,但从胚胎发生上来看,颈椎的肋骨和横突愈合在一起。哺乳类的腰椎和尾椎缺少肋骨。第一荐椎具膨大的翼,为横突及肋骨愈合而成。直接和胸骨相连的肋骨,称真肋(true rib)。接连胸骨,即连接到前面的肋软骨上,再连到胸骨上者,称假肋(false rib)。肋骨末端游离者,称浮肋(floating rib)。假肋和浮肋间同样也是由硬骨的椎肋和软骨的胸肋两段合成。每一肋骨分为椎端、肋骨体与胸骨端3部。椎端具肋骨头、肋骨颈和肋骨结节。肋骨头与相邻两椎体间形成关节,肋骨结节和横突形成关节。肋骨头与肋骨结节之间的较细部称肋骨颈。哺乳类的肋骨数目变化很大,由9对(某些鲸)到24对(树懒)。

四、胸骨和胸廓

胸骨(sternum)位于胸区腹中线,是陆生四足类所特有的结构(图5-24)。胸骨的功能是支持和增强体壁、帮助保护胸腔内脏、为前肢肌提供附着,在羊膜类,胸骨还有协助肺呼吸的作用。

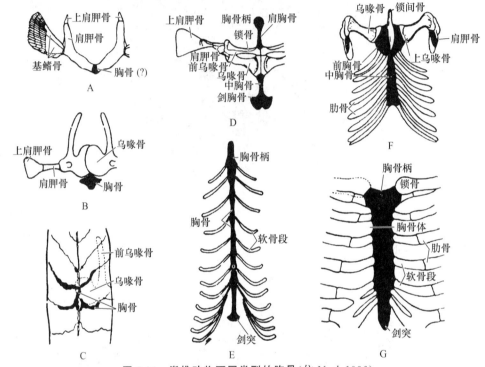

图5-24　脊椎动物不同类型的胸骨(仿Neal,1936)
A. 棘鲨;B. 蝾螈;C. 泥螈;D. 蛙;E. 猫;F. 鳄;G. 人

鱼类没有胸骨。从两栖类开始有胸骨出现,但无足目(如蚓螈)和有尾目中的一些种类(如洞螈、三指螈等)也不具胸骨。有尾两栖类中具有胸骨者,如蝾螈、大鲵,也只是一块简单的软骨板,泥螈(*Necturus*)的胸骨仅是肩带区肌隔上一些零散的软骨化中心。无尾两栖类开始有较发达的胸骨。蛙的胸骨包括位于上乌喙骨前方的肩胸骨(由一骨质基部和一圆形软骨顶部合成)和位于上乌喙骨后方的胸骨体(骨质)及剑胸骨(软骨质)。蟾蜍缺前方的肩胸骨。两栖类尚无明显的肋骨,故胸骨不与脊柱相连,而仅和肩带相接。

羊膜类全有胸骨,而且很发达。蜥蜴的胸骨为位于腹中线的一块软骨板,两侧与数对肋骨相连。膜原骨除锁骨外,另有间锁骨(即上胸骨),把锁骨和胸骨连接起来。大多数爬行类皆有间锁骨,这块骨片一直保存到原始哺乳类。龟、鳖的胸骨参与骨质板的形成,蛇不具胸骨。

鸟类的胸骨特别发达,绝大多数鸟类的胸骨中央具高耸的龙骨突(carina),以扩大胸肌的附着面,这类具龙骨突的鸟在分类上归入突胸总目(Carinatae);不善飞翔的少数鸟,如鸵鸟类,胸骨扁平,无龙骨突起,分类上归入平胸总目(Ratitae)。

哺乳类的胸骨包括一系列骨片(兔有6节、猫及犬有8节),最前一节为胸骨柄(manubrium),中间各节称胸骨体(sternum proper),最后一节为剑胸骨(xiphisternum)。剑胸骨末端接一宽而扁的软骨,称剑状软骨。善于飞翔的翼手类,胸骨也和鸟类一样,具龙骨突,供发达的胸肌附着。

关于胸骨的来源至今还不太清楚,主要有3种不同的看法,但由于缺少化石证据,还不能准确地判断。

第一种看法认为胸骨来源于肋骨,即认为肋骨的远端相互愈合而成胸骨。其理由是有些动物胚胎发育时是这样的。但是,无尾两栖类肋骨退化而胸骨存在,可见胸骨并不依赖于肋骨。化石两栖类有明显的肋骨,但是否有胸骨,目前不能确定。哺乳动物胚胎期的材料证明(图5-25),胸骨是由靠近腹中线的一对纵行软骨棒连合形成,各肋骨的连接是次生性的。由此看来也不支持这一说法。

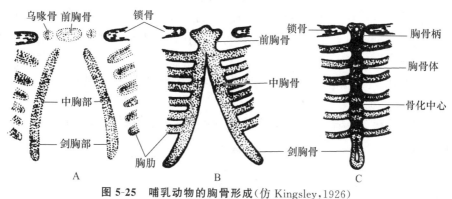

图5-25　哺乳动物的胸骨形成(仿 Kingsley,1926)
A. 间叶细胞期;B. 软骨期;C. 骨化期

第二种看法认为胸骨来源于肩带。根据某些鱼类及蝾螈的观察,有人提出此看法,因为这些动物的肩带腹面中央有分离的小骨块。蛙类的胸骨与肩带相连,大概是因为肋骨消失的原因。但这一说法缺少古生物学和胚胎学方面的证明。

第三种看法,也是目前认为比较可靠的说法,认为胸骨是独立从腹部的肌隔所形成的软骨而来,与肩带和肋骨无关,后来才与它们发生联系,与真腹肋(parasternal)同源。在身体最前面的真腹肋愈合而成胸骨。蜥蜴的真腹肋与胸骨相连可以作为这一看法的证明。

近来有人用示踪技术证明,鸟类和哺乳类的胸骨是由中胚层侧板衍生而来,表明胸骨应归入附肢骨骼,而不应放在中轴骨骼内。

胸廓(thorax)是由胸椎、肋骨及胸骨借关节、韧带连接而成。鱼类没有胸骨,两栖类没有肋骨,只有到羊膜类,胸骨与肋骨都得到发展,才与胸椎共同组成胸廓。胸廓的作用除保护心、肺外,又可以通过其本身的活动改变胸腔的容积,从而直接影响肺呼吸。

哺乳动物的胸廓呈截顶的圆锥体形,前口称胸前口,后口较大,称胸后口,为横膈所封闭。以胸廓为骨质支架,由肋间肌和横膈等共同围成的内腔,即胸腔。哺乳动物的呼吸动作是依靠肋间肌的收缩使肋骨变换位置,同时也有赖于横膈的升降。

小　　结

1. 支持脊椎动物身体的原始结构是脊索,在系统发生过程中被脊柱所代替。从个体发生与系统发生的种种事实都足以证明脊索是脊柱的前身,脊柱是脊索的承替。

2. 脊柱是由一连串的脊椎骨所组成，每一块脊椎骨是由椎体、椎弓、脉弓及突起组成。脊椎骨在胚胎发育中形成的顺序是椎弓在前，脉弓次之，椎体又次之。根据现存的种类，七鳃鳗有强大的脊索，是支持身体的主要结构，在脊索背部，每一体节具有两对小的软骨弓片，相当于椎弓的始基。鲟有椎弓也有脉弓，但无椎体，脊索仍存在。其他鱼类椎骨各部完全形成，脊索退化。这些事实可以和胚胎发育的顺序相互印证。

3. 水生脊椎动物脊柱仅分化为躯椎及尾椎，演化到陆生四足类，生存条件起了很大的变化。颈椎的出现和上陆后头部的灵活转动相关；荐椎的出现则和上陆后附肢承担体重及行走的功能相关。从羊膜类开始，脊柱分化为颈、胸、腰、荐、尾 5 区。鸟类的腰椎、荐椎和部分尾椎愈合成一块综荐骨。

4. 从椎间关节的能动性来看，由只能稍稍摆动（鱼类的双凹型椎体），到两椎体间的关节比较灵活（两栖类、爬行类的前凹型和后凹型椎体），最后达到极其灵活的转动程度（鸟类的马鞍型、哺乳类的双平型椎体），结合脊柱的分区与加固使这一支持动物身体的重要结构愈来愈完善化。

5. 每一脊椎骨原则上和一对肋骨相连，一般胸椎区域肋骨发达，其他区域退化。肋骨因胚胎发生的部位不同而分为背肋与腹肋。

6. 胸骨开始出现于两栖类，胸廓则从羊膜类才开始有。胸廓是由胸椎、肋骨及胸骨借关节、韧带连接而成。

第三节 头　　骨

一、头骨的组成

脊椎动物的头骨为骨骼系统中最复杂的一部分。就其结构而言，骨块多，形状不规则，其上的窝、窦、腔、孔、嵴甚多；就其发生的部位而言，有的在头部，有的在鳃部；就骨块发生的种类而言，有由软骨经过骨化而成的软骨原骨，也有由间充质直接骨化而成的膜原骨。

脊椎动物的头骨(也称颅骨)在发生上是由下列 3 个来源不同的部分组合而成，即软颅、咽颅和膜颅(图 5-26)。

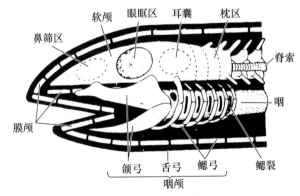

图 5-26　脊椎动物头骨的组成(仿 Torrey，1979)

(一) 软颅

软颅(chondrocranium)由中胚层的间充质细胞发生而来。为原始的软骨脑颅,保护脑及感觉器官。所有脊椎动物在胚胎期都经过软颅阶段,以后骨化成为头骨的软骨原骨部分,仅圆口类和软骨鱼停留在软颅阶段,不再骨化。

(二) 咽颅

咽颅(splanchnocranium)由外胚层神经嵴的间充质细胞发生而来。围绕在消化管的前段,保护和支持口、舌及鳃。在水栖脊椎动物中,咽颅发达,但与脑颅关系不太密切,仅以韧带与脑颅相接。陆栖脊椎动物以肺呼吸,鳃退化,因此,支持鳃的骨骼也改造为其他结构,但颌弓上部腭方骨及其上的膜原骨则与脑颅紧密结合,成为其侧面的一个组成部分。

(三) 膜颅

膜颅(dermatocranium)为一系列真皮骨骼,直接由间充质骨化形成,不经软骨阶段,覆盖在软颅和颌弓上,成为头骨的膜原骨部分。

上述头骨的 3 个组成部分,各自有其漫长的进化历史,在各类脊椎动物中这 3 个组成部分在构成完整的头骨所占的比例也有很大的变化。头骨的 3 个组成部分在越高等的动物中结合越紧密。

二、软颅

(一) 软颅的发生

所有脊椎动物在胚胎期都经过软骨脑颅(简称软颅)阶段,其形成大致可分为以下两个阶段(图 5-27、5-28):

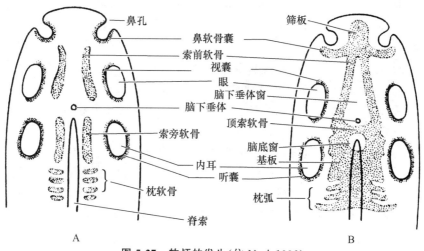

图 5-27 软颅的发生(仿 Neal,1936)
A. 脊索期(腹面观);B. 脑底形成期(腹面观)

1. 脊索期

在胚胎发育的早期,脊索形成后,脑及感受器的原基出现,在头部腹面的间充质细胞形成两对软骨棒和 3 对包围听、视、嗅觉器官的软骨囊:

(1) 索旁软骨(parachordal cartilages):在脊索前端的两侧。

(2) 索前软骨(prechordal cartilages):也称颅梁(trabeculae cranii),位于索旁软骨的前方。

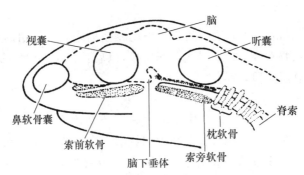

图 5-28　原始脑颅侧面观（仿 Neal，1936）

(3) 耳软骨囊(otic capsules)：包围内耳。

(4) 眼软骨囊(optic capsules)：包围眼球的后方。由于眼球需保持自由转动，眼软骨囊并未参与头骨的形成，而发展为眼球的巩膜软骨。

(5) 鼻软骨囊(olfactory capsules)：包围鼻腔。

2. 脑底形成期

索旁软骨内侧愈合成基板(basal plate)，包围脊索，索旁软骨外侧与耳软骨囊相结合，前端两侧与顶索软骨棒(acrochordal bar)的两端相连，因此在顶索软骨后留一空隙，称为颅基窗(basicranial fenestra)。索前软骨前端愈合与鼻软骨相接，合成筛板(ethmoid plate)，后端与索旁软骨相连，筛板与顶索软骨间又留一空隙，称为垂体窗(hypophyseal fenestra)。以上两对软骨棒和两对软骨囊愈合起来后，就在脑的腹面形成一软骨槽，两旁稍稍包围脑的侧面，后面逐渐伸向脑的背面，成为软骨盖(synotic tectum)，这样形成的软颅是无顶的，只有枕部软骨盖处两侧在顶部是相连的，以后膜原骨加入，覆盖在背面，使头骨变为完整。

（二）软颅的骨化

胚胎发育过程中软颅形成以后，脊椎动物除去无颌类和软骨鱼外，一般经过骨化成为硬骨。依软颅的一定区域骨化成为下列各软骨原骨区：

(1) 枕骨区：包括上枕骨、基枕骨各一块，外枕骨一对。由索旁软骨、软骨盖及最前端的生骨节成分骨化而成。

(2) 蝶骨区：包括基蝶骨、前蝶骨各一块，翼蝶骨及眶蝶骨各一对。由索前软骨骨化而成。

(3) 筛骨区：包括中筛骨一块及外筛骨一对。由索前软骨以前及鼻软骨囊附近的软筛骨板骨化而成。这一区的骨块不是很恒定的，有的与蝶骨合并成为一块蝶筛骨，如蛙、古两栖类和古爬行类；有的不骨化，如现代爬行类；也有的骨化以后混入附近的骨块之中，在各类脊椎动物中情况不一。

(4) 耳骨区：都是成对的骨块，由耳软骨囊骨化而成。包括前耳骨、上耳骨和后耳骨，这3对骨块或单独存在，或彼此愈合，或与附近骨块愈合。它们愈合后成为一对骨块时即称之为岩乳骨，在哺乳类中岩乳骨又与鳞状骨及鼓骨愈合而成颞骨。在硬骨鱼类除上述的3对耳骨外还有翼耳骨和蝶耳骨。

(5) 鼻软骨囊：在四足类一般未骨化，但在哺乳类则骨化为卷曲在鼻腔内的成对的鼻甲骨。

(6) 眼软骨囊：由于保证眼球的活动，不加入头骨的组成，它成为眼球巩膜的软骨（哺乳类除外，但单孔类仍有此软骨）。在一些脊椎动物中（如爬行类和鸟类），它骨化成为巩膜骨。

三、咽颅

(一) 咽颅的原始型

咽颅或称脏骨(visceral skeleton),为低等脊椎动物支持鳃的一部分内骨骼,其上并有管理呼吸的肌肉附着,其发生来源并非来自中胚层的间充质,而是从外胚层的神经嵴(neural crest)分化出来。在水栖脊椎动物中,咽颅与脑颅的关系不密切;陆栖脊椎动物的咽颅随着鳃的消失而经历了深刻的改造,其颌弓部分与脑颅的关系愈加密切,甚至愈合在一起。

软骨鱼的咽颅终生保持原始的软骨状态,为一系列呈弧状排列的分节软骨棒。一般的数目是 7 对,在有些软骨鱼(如 *Heptenchus*)可多达 9 对。

在脊椎动物进化史的早期,原始的咽弓都是支持鳃的结构,其后,最前面的咽弓失去了鳃而特化为支持口腔的上下颌,其上并着生出牙齿。有各种证据支持上述的论点:即认为上下颌是由最前面的鳃弓演变而来。原始盾皮鱼类棘鱼(*Acanthodes*)的上下颌和第二对鳃弓间还有完整的鳃裂;再者,鲨鱼头部脑神经第 V 对的分支通向上下颌,而第 Ⅶ、Ⅸ、Ⅹ 对脑神经通向每个鳃裂的前后,显示了上下颌与其后面鳃弓在发生关系上的一致性。

鲨鱼的咽颅代表典型的原始型咽颅,由 7 对软骨咽弓组成(图 5-29、5-30)。

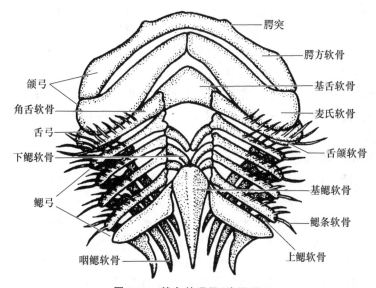

图 5-29　鲨鱼的咽弓(腹面观)

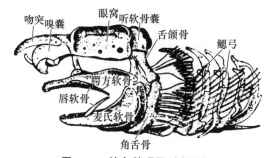

图 5-30　鲨鱼的咽弓(侧面观)

第一对咽弓为颌弓,形成上下颌。背部左右两块腭方软骨组成上颌;腹部左右两块麦氏软骨(Meckel's cartilages)组成下颌。上下颌在后端相关连,形成口角。

第二对咽弓为舌弓,支持舌部。由一块基舌软骨、成对的舌颌软骨及角舌软骨组成,其中舌颌软骨充当悬器(suspensorium),把颌弓连在脑颅上。

第三对至第七对咽弓支持鳃部,称鳃弓。5对鳃弓结构相似,由背向腹形成半环状,依次为成对的咽鳃软骨、上鳃软骨、角鳃软骨、下鳃软骨和单块的基鳃软骨。除最后一对鳃弓外,在各对鳃弓的上鳃软骨和角鳃软骨的后缘伸出许多软骨的鳃条,用以支持鳃间隔。

(二) 硬骨鱼咽颅的骨化

硬骨鱼的咽颅也是由颌弓、舌弓和鳃弓构成的,在发生过程中,一部分骨化成硬骨,一部分被膜原骨所包围或代替。

颌弓在软骨鱼中是执行捕咬功能的上下颌。从硬骨鱼的硬鳞鱼开始,膜原骨加入。上颌腭方软骨骨化成前端的腭骨和后端的方骨。两者之间有3块翼骨,其中一块属于软骨原骨,两块属于膜原骨。它们形成头骨的腭部,即口腔的顶壁,从而失去了上颌的功能。在其前部由膜原骨的前颌骨和上颌骨代替执行了上颌的功能。下颌麦氏软骨的大部分被膜原骨的齿骨和隅骨所包围,只有后端骨化成关节骨,与上颌的方骨形成颌关节。因而下颌的功能也被膜原骨的齿骨和隅骨所代替。这样,由加入的膜原骨新形成的执行功能的上下颌称次生颌。

舌弓背面的舌颌软骨在硬骨鱼类骨化为舌颌骨。另外,硬骨鱼新增加了一块特有的续骨(symplectic),这样舌颌骨和续骨一起作为悬器将颌弓连于脑颅上(舌颌骨和脑颅的听软骨囊相接,续骨和方骨相接)。舌弓另外包括基舌骨和分节的舌骨支持舌。

鳃弓在硬骨鱼是硬骨质的,分节情况和鲨鱼基本相同。有些硬骨鱼在最后一对鳃弓上生有咽喉齿,与基枕骨腹面的角质垫相研磨,用以嚼碎食物。咽喉齿的行数和各行的齿数,为鱼类分类的依据之一。

(三) 四足类咽颅的改造

四足类离水登陆后,由于生活环境的改变,肺呼吸代替了鳃呼吸,咽颅随之发生了很大的变化(表5-1)。

两栖类的腭方软骨仍然存在,但被新发生的膜原骨所包围,腭方软骨的后端骨化成方骨。麦氏软骨前端骨化成颏颌骨(颐骨),后端骨化为关节骨,关节骨和方骨成为颌关节的组成者。执行上下颌功能的是次生颌。由于颌弓直接与脑颅相连,舌颌骨不再起悬器的作用,进入中耳骨化成耳柱骨,成为一块传音的听小骨。舌弓的其他部分骨化成舌骨。5对鳃弓由于鳃的消失而不再作为鳃的支持者,第三对、第四对咽弓参与舌骨器的组成,第五对咽弓形成喉头软骨外,第六、七对咽弓退化。

哺乳类在胚胎时期有腭方软骨和麦氏软骨,其后腭方软骨的后端骨化成方骨。在哺乳类,方骨进入中耳成为砧骨;下颌麦氏软骨后端骨化成关节骨,其后也转变成为中耳内的锤骨;舌弓除舌颌软骨转变成中耳内的镫骨外,其余均骨化为舌骨;第三对咽弓参与舌骨器的组成;第四对咽弓形成甲状软骨;第五对形成其他喉头软骨;第六、七对咽弓消失。应指出,关于陆生脊椎动物第三至第七对咽弓的变化说法并不尽同。

脊椎动物咽颅的演变如表5-1所示。

表 5-1　脊椎动物咽颅的演变

	软骨鱼类	硬骨鱼类	两栖类	爬行类及鸟类	哺乳类
第一咽弓 （颌弓）	腭方软骨（上颌） 麦氏软骨（下颌）	方　骨 关节骨	方　骨 关节骨	方　骨 关节骨	砧　骨 锤　骨
第二咽弓 （舌弓）	舌颌软骨 角舌软骨 基舌软骨	舌颌骨 续　骨 舌　骨 舌　骨	耳柱骨 舌　骨 舌　骨	耳柱骨 舌　骨 舌　骨	镫　骨 舌　骨 舌　骨
第三咽弓 （第一鳃弓）	鳃　弓	鳃　弓	舌　骨	舌　骨	舌　骨
第四咽弓 （第二鳃弓）	鳃　弓	鳃　弓	舌　骨	舌　骨	甲状软骨
第五咽弓 （第三鳃弓）	鳃　弓	鳃　弓	喉头软骨	喉头软骨	喉头软骨
第六咽弓 （第四鳃弓）	鳃　弓	鳃　弓	消　失	消　失	消　失
第七咽弓 （第五鳃弓）	鳃　弓	鳃　弓	消　失	消　失	消　失

（四）颌弓与脑颅相接的类型

头骨由于适应保护脑的主要功能，所有的骨块都形成不动连接，只有下颌骨与头骨成为可动的连接——颌关节。动物愈高级，咽颅与颅骨关联越密切，也就越能使咀嚼食物更为有力。颌关节可分为以下三种类型（图 5-31）：

（1）舌接型（hyostyly）：舌颌骨作为悬器将上下颌连于脑颅。软骨鱼中的板鳃类和硬骨鱼类属此类型。

（2）自接型（autostyly）：上颌骨直接与脑颅相连或与之愈合，其上的方骨与下颌的关节骨相关节，舌颌骨已完全失去悬器的作用。肺鱼和陆生脊椎动物属此型。自接型中有一特殊型，见于全头类（Holocephali），其腭方软骨与脑颅完全愈合。

（3）颅接型（craniostyly）：上颌骨已经与脑颅愈合，其方骨与关节骨演变为中耳听小骨，下颌的齿骨直接和颞骨关节。仅哺乳类属此型。

四、膜颅

由软颅骨化形成的骨块仅是组成头骨的一个部分，头骨的另外一个组成部分是直接由间

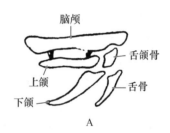

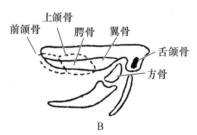

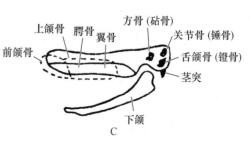

图 5-31　颌弓与脑颅相接的类型
A. 舌接型；B. 自接型；C. 颅接型

充质骨化形成的膜原骨，即膜颅。

（一）加在软颅上的膜原骨

软颅是无顶的。头顶除去枕骨区外，完全由膜原骨覆盖。加在软颅顶部的膜原骨有成对的顶骨、额骨、泪骨、鼻骨。在硬骨鱼中还有鳃盖骨及眶骨。此外，在古总鳍鱼及坚头类中还有成对的前额骨、后额骨、后顶骨、上颞骨、间颞骨、后眶骨和管骨等。坚头类头骨的骨块数目与骨块的排列方式与古总鳍鱼极为近似，提供了早期陆生四足类起源于总鳍鱼的一个证据。

在进化过程中，膜原骨的数目逐渐减少，上述坚头类头顶部众多的膜原骨骨块，到哺乳类仅留存少数的几对骨块，这种减少的趋势可以看得很明显。

软颅的腹面也有膜原骨加入，称为初生腭（primary palate），见于硬骨鱼、两栖类及部分爬行类，计有副蝶骨、锄骨（犁骨）、翼骨和腭骨。四足类的腭骨是膜原骨，而硬骨鱼的腭骨及一部分翼骨属于软骨原骨。哺乳类和一部分爬行类（如鳄）具有完整的次生腭（secondary palate），由膜原骨的前颌骨、上颌骨和腭骨的腭突构成（鳄的次生腭还包括有翼骨）。完整的次生腭形成，使内鼻孔后移，口腔和鼻腔隔开。

（二）加在咽颅上的膜原骨

软骨的咽颅上也有膜原骨加入，但只限于颌弓。

加在腭方软骨上的膜原骨有成对的前颌骨、上颌骨、颧骨、方颧骨及鳞状骨。哺乳类的方颧骨退化，颧骨形成颧弓的一部分。

加在下颌麦氏软骨上的膜原骨，在爬行类和鸟类有成对的齿骨、夹板骨、隅骨、上隅骨及冠状骨（古坚头类除以上骨块外，另有间关节骨、间冠状骨、前冠状骨、后夹板骨）。在进化过程中，这些膜原骨的数目不断减少，以致到了哺乳类仅留齿骨，因此下颌就以单一的齿骨直接与脑颅相接。

（三）膜原骨的起源

一般意见认为膜原骨是由古代硬鳞鱼类头部鳞片愈合加大，沉入皮下与软颅结合而成，其理由如下：

（1）膜原骨与硬鳞同源，都是从胚胎的间充质发生；

（2）鲟鱼、雀鳝、鲅鱼及多鳍鱼头部鳞片的排列与膜原骨相当，特别是鲟鱼，在鳞片的内面还有完全的软颅存在；

（3）古代总鳍鱼（骨鳞鱼）头部骨片的形状与硬鳞鱼的头部鳞片相似，骨片上并有侧线管存在，此管在古代两栖类（坚头类）头骨骨片上亦甚明显，多鳍鱼也能见到；

（4）低等有尾两栖类，如大鲵、泥螈等，膜原骨极易与软骨原骨分离，显示与后者结合不紧密。

五、完整头骨的组成

以上分别介绍了脊椎动物头骨的 3 个组成部分（软颅、咽颅、膜颅），下面将一个完整头骨的组成以表格的形式加以综述（表 5-2，图 5-32）。

表 5-2 脊椎动物头骨骨块一览表

	软骨原骨		膜原骨		
	部 位	骨块组成	部 位	骨块组成	
脑颅	枕 区	1. 基枕骨 2. 外枕骨 3. 上枕骨	后顶区	19. 后顶骨 （顶间骨）	腭骨组 29. 副蝶骨 30. 犁骨 31. 翼骨 32. 腭骨
	听 区	4. 前耳骨 5. 后耳骨 6. 上耳骨	颊 区	20. 鳞骨	
	基 板	7. 基蝶骨 8. 前蝶骨	中顶区	21. 顶骨 22. 额骨	
	眶蝶骨区	9. 翼蝶骨 10. 眶蝶骨	环眶组	24. 后眶骨 25. 后额骨 26. 上眶骨 27. 前额骨 28. 泪骨	
	筛骨区	11. 筛骨区	前顶区	23. 鼻骨	
咽颅	颌 弓	上颌 12. 方骨	上颌组	33. 方颧骨 34. 颧骨 35. 上颌骨 36. 前颌骨	
		下颌 13. 麦氏软骨 14. 关节骨	下颌组	37. 齿骨 38. 隅骨 39. 上隅骨 40. 夹板骨 41. 前关节骨 42. 冠状骨	
	舌 弓	15. 舌颌骨 16. 角舌骨 17. 基舌骨			
	鳃 弓	18. 鳃骨			

六、各类脊椎动物头骨的比较

（一）圆口类的头骨

七鳃鳗的头骨（图 5-33）既原始而又特化。头骨由软骨及结缔组织膜组成，无上、下颌骨（故名无颌类）。脑颅的软骨从腹面及侧面衬托着脑，成一典型的基板脑槽，背面覆盖着纤维膜，脑底有一颅基窗，开口在脊索的前端，枕部软骨不发达，耳软骨囊（成对）及鼻软骨囊（单一）仅以结缔组织连于脑颅，这种情形与其他脊椎动物胚胎发育的早期阶段（脑底形成期）相似。此外，圆口类动物营半寄生生活而具有吸吮的口漏斗，发展了一系列与系统发生并无联系的支持口漏斗和舌的骨块。

鳃成囊状，包在鳃囊表面的支持结构是一个称为鳃篮（branchial basket）的软骨篮。这是由 9 对弯曲横行的软骨弧和 4 对纵行的软骨条相编结而成。鳃篮和其他脊椎动物的咽弓并没有同源关系，鳃篮紧贴在皮下，不分节；而咽弓是分节的，着生于咽壁内。

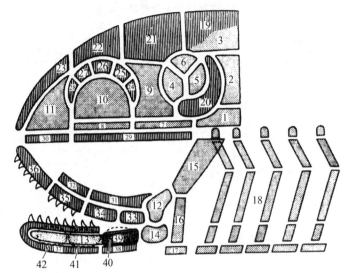

图 5-32 脊椎动物头骨模式图(线条表示膜原骨,小点表示软骨原骨;数字代表的骨块名称见 5-2 表)(仿 Torrey,1979)

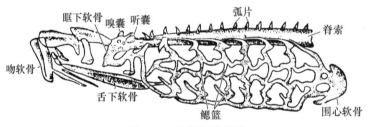

图 5-33 七鳃鳗的骨骼

(二) 软骨鱼类(鲨鱼)的头骨

鲨鱼头骨终生停留在软骨阶段,脑颅为一完整的软骨匣,无分界及合缝,相当于脊椎动物胚胎中的软颅。不过背面已有软骨盖。背前方有前囟(fontanelle),上盖纤维膜。星鲨(*Mustelus*)脑颅的最前端有 3 条软骨棒支持吻部,棘鲨(*Squalus*)的吻软骨呈杓状。吻软骨基部两侧是鼻软骨囊,其后面有一对眼窝保护眼球。两眼窝的后方各有一对听软骨囊,其中埋有内耳三半规管。脑颅腹面靠后方为一宽阔平坦区,名基板(basal plate)。基板的腹中线有一纵带,即脊索。基板的后端,在脊索的两侧,各有一小突起,即枕髁,与脊柱相关连,但头骨多与脊柱愈合在一起,所以枕髁并未起作用。

所有脊椎动物头骨的胚胎发育都经过一个软颅的阶段,软骨鱼的头骨终生保留在软颅阶段,代表系统发生中的一个原始阶段。古生物学的材料证明比软骨鱼类更古老的鱼类已经具有硬骨,因此软骨鱼类的软骨究竟是原始的还是次生性退化的尚是一个有争议的问题。在比较解剖学上,鲨鱼一向是作为重要的解剖材料。

软骨鱼的咽颅代表原始咽颅的典型结构,前已述及。

(三) 硬鳞鱼类的头骨

由硬鳞鱼头骨的结构(图 5-34),很容易了解头骨的膜原骨在系统发生上的起源问题。硬鳞鱼的头骨由与鲨鱼头骨相当的软颅和由鳞片组成的膜骨两部分组成。膜骨头骨覆盖于软颅之上,为头部鳞片愈合形成,依其所在部位而有不同的名称,其名称大致与陆生四足动物头骨相应骨片的名称相同。例如,鲅鱼(*Amia*)头骨最前面为一块具齿的前颌骨,其后为一块中筛骨,再后为一对鼻骨。在鼻孔之后,顺序为一对额骨、一对顶骨和一对后顶骨。眼窝之前为一块大的泪骨,眼窝之下为两块小的眶下骨。眼窝之后为两块大的眶后骨。具齿的上颌骨形成上颌的边缘。在顶骨与眶后骨之间有一块翼耳骨。头骨两侧后方为鳃盖骨。

鲟鱼(*Acipenser*)、雀鳝(*Lepidosteus*)在比较解剖学上也常作为观察硬鳞鱼头骨的材料。

(四) 硬骨鱼类的头骨

头骨全部骨化成硬骨。硬骨鱼头骨(图 5-35)的特点是骨块数目多,而且变异性大,脑颅具有鳃盖骨及眶骨,它们的数目也多,各自成为一组。单一的枕髁。

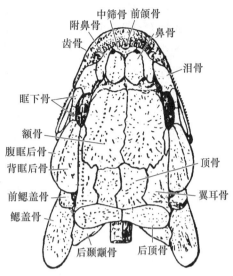

图 5-34 鲅鱼的头骨(背面观)

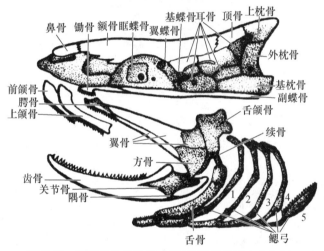

图 5-35 硬骨鱼头骨的模式图(软骨原骨以小点表示,膜原骨白色)(仿王所安,1960)

脑颅中属于软骨原骨的主要有:在枕骨区的 4 块枕骨,即基枕骨和上枕骨各一块、外枕骨一对。枕骨大孔被 4 骨片所包围。在耳骨区,骨块多达 5 对,即上耳骨、前耳骨、后耳骨、翼耳骨及蝶耳骨。在蝶骨区有一对翼蝶骨和一对眶蝶骨。在鼻骨区有一块中筛骨和一对外筛骨。

脑颅中属于膜原骨的主要有:顶部的一对顶骨、一对额骨和一对鼻骨。颅骨腹面中央有一块很长的副蝶骨和前方的一对犁骨。此外,在头的侧面还有两组骨片:第一组为围绕眼窝者,共 6 片;第二组为组成鳃盖的,共 4 片。在腹面尚有鳃皮辐射骨 3 块,用以支持鳃皮。

咽颅前已述及。

(五) 两栖类的头骨

古代两栖类(坚头类)头骨的骨块数目很多,其形态与古总鳍鱼相似。现代两栖类来源于古坚头类,其头骨有很大的变异,骨块数目已大大减少,其特点是:

(1) 头骨扁而宽，脑颅属于平颅型(platybasic)，颅腔狭小，无眼窝间隔。

(2) 软颅一部分仍保留软骨状态，未骨化，所以软骨原骨数目少，如缺上枕骨及基枕骨，仅有一对外枕骨，膜原骨数目也少。

(3) 邻近骨块常相愈合，如蝶骨和筛骨愈合成蝶筛骨；额骨和顶骨愈合成额顶骨(有尾类额骨和顶骨是分离的)。

(4) 一对枕髁，为外枕骨所形成。

(5) 副蝶骨为头骨腹面的主要骨块，与鱼类相同，代表低级类型。

(6) 膜原骨易与软骨原骨分离，在低等种类中(图 5-36)尤其显著，显示两者的结合疏松。

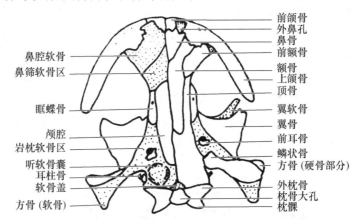

图 5-36　大鲵的头骨(背面观)(仿邱幼祥，1986)
(左半部示软骨脑颅，右半部示覆盖在脑颅上的膜骨)

下面以青蛙(或蟾蜍)的头骨(图 5-37)为例叙述各部骨块。头骨的最后端为一对外枕骨，包围着枕骨大孔，其前外侧为一对前耳骨，再外侧为一对鳞状骨。在枕骨之前为一对额顶骨，最前面为一对鼻骨。

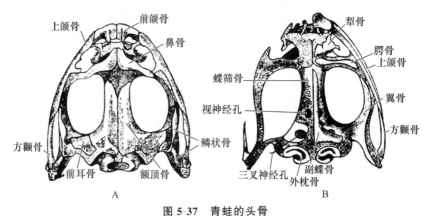

图 5-37　青蛙的头骨
A. 背面观；B. 腹面观

头骨腹面中线上有一块副蝶骨，呈倒置的"T"字形。副蝶骨之前为一块蝶筛骨，骨化程度不高，在两侧仍保留软骨状态。腭骨一对，位于蝶筛骨之两侧，其前方有一对片状的犁骨。上颌最前端为一对小的前颌骨，其后为一对上颌骨、一对方颧骨。位于上颌最后端的软方骨与下颌相关节(自接型)。此外，在上颌的内后面还有一对三叉形的翼状骨。

下颌的最前端为一对小的颏颌骨（颐骨），其后为齿骨，再后为隅骨。

咽骨除一部分骨化形成上下颌骨片外，有一部分形成支持舌的舌骨及喉头软骨，而舌弓的舌颌骨失去了连接颌弓和颅骨的悬器的作用而进入中耳形成传导音波的耳柱骨。

（六）爬行类的头骨

现代爬行类和现代两栖类的头骨区别很大，但原始爬行类（如西蒙龙 Seymouria）和原始两栖类（坚头类）的头骨则非常近似（图 5-38）。它们的膜原骨骨片都很多，在顶骨正中线处均有颅顶孔，可以作为爬行类起源于坚头类的一个证明。

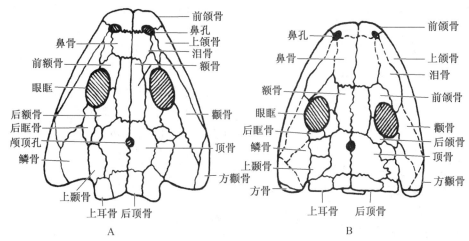

图 5-38　坚头类与西蒙龙头骨比较图（仿王所安，1960）
A. 坚头类；B. 西蒙龙

现代爬行类头骨的特点是：

(1) 头骨的形状较高而隆起，属于高颅型（tropibasic），反映脑腔的扩大。

(2) 软骨性脑颅几乎完全骨化，只有在筛骨区保留一些软骨。膜原骨的数目很多，除主要覆盖在软颅的顶部外，侧部和底部也有。

(3) 单一的枕髁，而原始爬行类中进化到哺乳类的一支（兽形类）则具一对枕髁。

(4) 脑颅底部有次生腭形成。鳄类的次生腭最为完整（图 5-39），是由前颌骨、上颌骨、腭骨的腭突和翼骨愈合而成。完整的次生腭使内鼻孔的位置后移至咽部。其他多数爬行类的次生腭不完整。

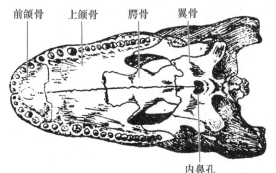

图 5-39　鳄头骨腹侧面（示完整的次生腭）（仿王所安，1960）

（5）脑颅底部的副蝶骨消失（在鱼类、两栖类，脑颅底部的主要骨块为副蝶骨），代替它的为基蝶骨。但副蝶骨在古代爬行类西蒙龙、蛇颈龙等仍能清楚看到，它的残迹在现代爬行类及哺乳类的胚胎中普遍存在。

（6）颞窝（temporal fossa）出现。爬行类在头骨的两侧，眼眶的后面有一或两个明显的孔洞，称颞窝。颞窝周围的骨片形成骨弓，称颞弓。颞窝是颞肌所附着的部位，它的出现和颞肌收缩时的牵引有关。颞窝是爬行类分类的重要依据，而且对追溯古代爬行类和其后代的进化关系也提供了线索。

根据颞窝的有无和颞窝的位置，爬行类可分为以下几种类型（图5-40）：

无颞窝类（或无弓类，Anapsida） 无颞窝。古代杯龙类属于此类。

合颞窝类（或合弓类，Synapsida） 每侧有一个颞窝，被后眶骨、鳞状骨和颧骨所包围，以后眶骨和鳞状骨所形成的颞弓为上界。古代兽齿类（Theriodont）属于此类型。这是一支进化到哺乳类的古代爬行类，现代哺乳类是合颞窝类的后代。

双颞窝类（或双弓类，Diapsida） 每侧有两个颞窝。颞上窝以上颞弓（由后眶骨、鳞状骨组成）为下界；颞下窝以下颞弓（由颧骨、方颧骨）为下界。大多数古代爬行类，如恐龙类、槽齿类、鳄类等属于此类。现代鸟类是双颞窝类的后代。现存的多数爬行类属于双颞窝类，但在进化过程中有不少变异：鳄类、楔齿蜥仍保留双颞弓；蜥蜴类失去颞下弓，仅保留颞上窝，蛇类则是上下颞弓全失去，因此也就不存在颞窝了。

上颞窝类（或阔弓类，Euryapsida） 每侧有一个颞窝，颞窝位置较高，以后眶骨和鳞状骨所形成的颞弓为下界。蛇颈龙属于此型。

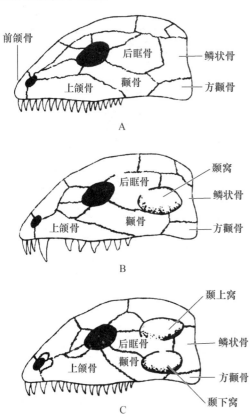

图 5-40 颞窝的几种类型（仿 Kent，1997）
A. 无颞窝类；B. 合颞窝类；C. 双颞窝类

龟鳖类的头骨不具颞窝，一般多和古代杯龙类一并归入无颞窝类，但骨块排列与上述类型均不同。据最近的研究报道，认为应放在双颞窝类。

（7）颅顶孔（parietal foramen）存在于楔齿蜥和一些蜥蜴类，着生在头骨左右顶骨之间的合缝上。颅顶孔在古代爬行类普遍存在，这是从古代两栖类继承下来的一个特征，它标志着顶眼的所在位置。

（8）爬行类的很多种类在两眼窝间具软骨或薄骨片的眶间隔（interorbital septum）。

（9）爬行类的下颌骨由多块膜原骨参加组成。除麦氏软骨骨化成的关节骨为软骨原骨外，其余骨片，如齿骨、隅骨、上隅骨、夹板骨、冠状骨均为膜原骨。

（七）鸟类的头骨

鸟类的头骨基本上和爬行类相似：典型的高颅型，单一的枕髁，眶间隔发达，具颞窝，中耳的听小骨由单一的耳柱骨所构成。但是，鸟类由于适应飞翔生活、脑体积大以及取食方式等因素的影响，头骨具有以下特点：

(1) 颅腔很大，顶部拱起，这是和脑发达相关的。脑颅的长轴和椎骨不在一直线上，枕骨大孔移至头骨的底部，耳骨移向下侧面。

(2) 头骨轻而坚固，骨片薄，骨内有大量的气室，为气质骨。成体骨片愈合成为一个完整的脑颅，骨缝已消失。

(3) 眼窝很大，这是和鸟眼特别发达相关的，眶间隔明显而发达。眶间隔是一个以中筛骨为主构成的垂直薄片，隔离开左右两眼窝。

(4) 头骨属于双颞窝型。化石鸟类尚可看出双颞窝的痕迹，在进化过程中由于脑与眼的发达，致使头骨骨块的形状和彼此的关系改变，二颞窝之间的上颞弓消失，颞窝和眼窝合并而成极大的眼窝，并且由于在鳞骨与方颧骨之间有一缺口，使眼窝的后面开放，这就使方骨有了回旋的余地；方骨发达，与脑颅形成可动关节，为鸟喙可以略向前上方抬动创造了条件。这种情况和爬行动物中的蛇很相似（图5-41）。

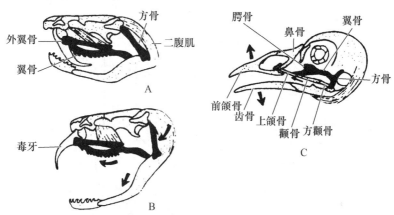

图 5-41　鸟类可动的方骨(C)与蛇(A、B)的相似情况（仿 Kent，1997)

(5) 无完整的次生骨质腭，左右腭骨在中线处不愈合，故腭部中间成裂缝状，称裂状腭（schizognathous palate）。

(6) 上下颌骨伸延构成鸟喙，外套以角质鞘，用以啄食。现代鸟类无齿，齿的功能一部分由喙来代替。另一部分由肌胃来承担。下颌失去了冠状骨，而保留着其他爬行类所具有的骨块。

下面以鸡（或鸽）的头骨为例。成年鸡头骨的骨片皆已愈合，仅从幼年标本才能分辨骨缝。围绕枕骨大孔的有上枕骨和基枕骨各1块，外枕骨2块。由上枕骨向前，依次为顶骨、额骨、鼻骨及泪骨。颅顶外侧为鳞状骨，包围着两眼窝的后缘。脑颅底壁在基枕骨的前方有基蝶骨和副蝶骨。眼窝周围有一圈巩膜骨（小形薄骨片排列成环），起保护眼球的作用。左右眼窝间有眶间隔。

上颌由前颌骨、上颌骨构成，其后的颧骨与方颧骨相接，形成颞窝下缘的下颞弓。方骨发达，与脑颅形成可动关节，前连翼骨、腭骨，腭骨前端则与上颌骨相愈合，因此，可动的方骨和鸟的上喙能略向上抬动是直接相关的（图5-41）。

下颌的后端骨化成关节骨，与方骨相关节。膜原骨的齿骨、隅骨、上隅骨及夹板骨已愈合，骨缝看不出。

支持舌的舌骨是由舌弓及鳃弓演变而来，可分为中央的舌骨体及成对的舌骨角（包括一对短的前角和一对长的后角)。

(八) 哺乳类的头骨

1. 现代哺乳类的头骨特点

(1) 脑颅大,它体现了哺乳动物(图 5-42)脑发达的程度大大高于爬行类。骨片的位置也随之改变,如枕骨由后面移向腹面,耳骨由侧面移向腹面,额骨高高隆起等。灵长类上述变化最为明显。

(2) 全部骨化,仅鼻筛部留有少许软骨。骨块坚硬,接缝呈锯齿形,并且愈合,头骨成为一个完整的骨匣,异常坚固。

(3) 骨块数目减少,大致只有 35 块,人类只有 23 块(不包括中耳腔内的每侧 3 块听小骨),少于其他各纲。这是由于一系列骨块的愈合以及一些膜原骨的消失。例如,单一的枕骨是由上枕骨、基枕骨和外枕骨愈合而成;在一些种类,例如人,单一的蝶骨是由基蝶骨、翼蝶骨、前蝶骨和眶蝶骨愈合而成;颞骨是由鳞状骨、岩乳骨和鼓骨愈合而成。失去的膜原骨包括前额骨、后额骨和后眶骨等。

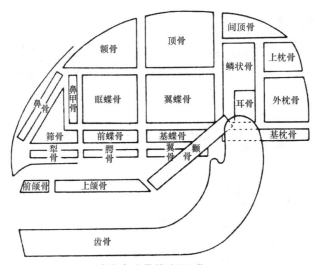

图 5-42 哺乳类头骨模式图(仿 Kent,1997)

(4) 颧弓(zygomatic arch)首次出现。颧弓是由鳞状骨的颧突、颧骨及上颌骨的颧突组成,供咀嚼肌附着。颧弓为颞窝的下缘,是变化的颞弓(颞窝增大及后眶骨消失的结果)。与古爬行类兽齿类的头骨构造一致,是哺乳类起源于兽齿类的证据之一。

(5) 有两个枕髁,与古爬行类中较后期的兽齿类(进化到哺乳类的一支),如犬颌兽(*Cynognathus*)相一致,而早期兽齿龙的枕髁还是一个。

(6) 次生腭完整。次生腭的骨质部分,或称硬腭,由前颌骨、上颌骨和腭骨构成;硬腭后面为哺乳类所特有的肌肉质的软腭。硬腭的完整以及软腭的形成,使哺乳类的内鼻孔后移到咽部,从而使咀嚼食物时不影响呼吸的进行。

(7) 鼓骨是哺乳动物所特有的,构成中耳腔的外壁以及外耳道的一部分。多数种类的鼓骨膨胀成鼓泡(tympanic bulla)。鼓骨在起源上是由爬行类的隅骨改造而来(图 5-43)。

(8) 下颌由单一的齿骨构成,颌弧与脑颅的连接属颅接型。在哺乳类,早期进化过程中(图 5-43),关节骨和方骨变小,转移到中耳腔内,变成了听小骨(关节骨形成锤骨,方骨形成砧骨）。于是下颌的唯一骨块齿骨，直接与颞骨的下颌窝形成下颌关节。这两个关节面之间有软骨的关节盘加入，它为口的开闭、牙齿进行有力的咀嚼创造了条件。

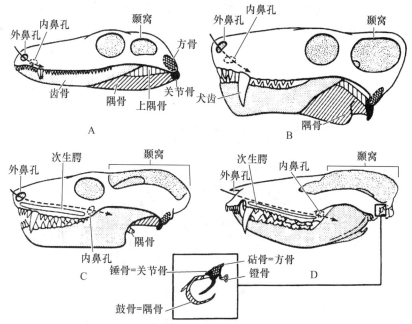

图 5-43 哺乳类头骨的进化过程(仿 Wake, 1979)
A. 盘龙类(似哺乳类的爬行类); B. 早期兽孔类(从盘龙类进化来);
C. 晚期兽孔类; D. 哺乳类

综观(7)、(8)两项，可以看出：脊椎动物由水栖到陆生后，鳃退化，咽弓发生改造过程。由咽弓的一部分改造为听器的过程到哺乳类才告完成。颌弓的方骨变为砧骨，颌弓的关节骨（关节骨是由下颌麦氏软骨的后端骨化而成）变为锤骨，颌弓的隅骨（下颌附加的膜原骨）变为鼓骨，舌弓的舌颌骨变为镫骨。

2. 哺乳类头骨的主要骨块

现以兔为例（图 5-44、5-45、5-46）说明哺乳类头骨的主要骨块。

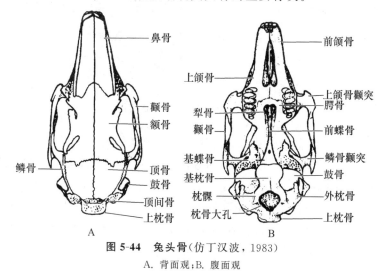

图 5-44 兔头骨(仿丁汉波, 1983)
A. 背面观; B. 腹面观

（1）枕骨：幼体的 4 块枕骨之间的骨缝清楚，成体时骨缝消失，4 块枕骨愈合成一块枕骨，包围着枕骨大孔。

（2）顶部：由前向后计有成对的鼻骨、额骨、顶骨和单一的顶间骨（interparietal）。顶间骨是哺乳动物特有的骨块，兔的顶间骨四周的骨缝终生存在，但在多数种类中该骨与枕骨或与顶骨愈合在一起。

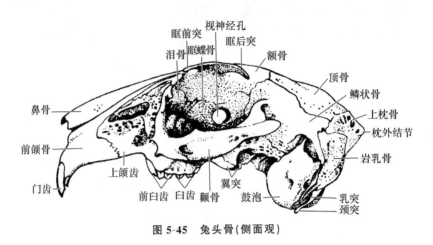

图 5-45　兔头骨（侧面观）

（3）底部：脑颅底部之骨片属于软骨原骨（哺乳动物无膜原骨的副蝶骨）。基枕骨之前有基蝶骨、前蝶骨。基蝶骨两侧向眼窝内延伸的部分为翼蝶骨；前蝶骨两侧向眼窝内延伸的部分称眶蝶骨。成对的眶蝶骨和翼蝶骨组成眶间隔的大部分。

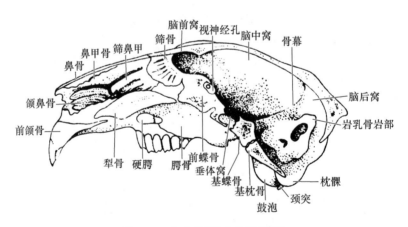

图 5-46　兔头骨（正中矢状切面）

（4）鼻囊部：鼻软骨囊部分骨化成为一块中筛骨及两侧的外筛骨。中筛骨位于前蝶骨之前，为一块直立的骨片，成为鼻腔中隔的一部分，左右外筛骨成为鼻腔侧壁的一部分，其内面成为复杂的迷路状褶，即鼻甲骨（turbinal bones，conchae），其上被覆鼻腔黏膜。

（5）耳部：耳软骨囊最初也骨化成为上耳骨、前耳骨及后耳骨，此三骨后来愈合成为一块岩乳骨。岩乳骨位于颅腔内，其中包埋着内耳，将头骨作一正中矢状切面即可见到。人的岩乳骨、鳞状骨和鼓骨三者构成了颞骨，这是脑颅侧壁的主要骨块。

(6) 上下颌：胚胎时期有腭方软骨和麦氏软骨，其后腭方软骨的后端骨化成方骨，方骨后转变成中耳腔内的砧骨。下颌麦氏软骨后端骨化成关节骨，进入中耳成为锤骨。在颌弓上加上了膜原骨成为次生颌，执行颌的功能。上颌由前向后依次为前颌骨、上颌骨、颧骨、鳞骨，其中颧骨形成颧弓的一部分。下颌加入的膜原骨齿骨成为哺乳动物下颌的唯一组成者。

3. 哺乳类的头骨孔

头骨上有一系列出入孔道供神经和血管穿通，在追踪头部神经和血管时常涉及这些孔。此外，各孔的位置在亲缘关系相近的种间较恒定，因此在比较解剖学、古生物学和系谱关系研究中占有重要位置。下面以兔的头骨孔为例，按由前往后的顺序整理出，以便参考。

(1) 门齿孔(foramen incisivum)：硬腭腹面的一对狭长大孔，位于前颌骨和上颌骨之间，沟通鼻腔和口腔。

(2) 眶下孔(foramen infraorbitale)：眶下孔是眶下管前端的开口，呈垂直裂缝状，为第Ⅴ对脑神经的分支眶下神经及血管的通路。

(3) 泪孔(foramen lacrimalis)：位于泪骨的外侧，为鼻泪管的开口。眼泪由泪孔经鼻泪管通入鼻腔。

(4) 腭前孔(foramen palatinum anteriora)：位于上颌骨腭突和腭骨之间的骨缝上，为腭管前端的开口，第Ⅴ对脑神经的分支蝶腭神经由此通过。

(5) 蝶腭孔(foramen sphenopalatinum)：为腭管后端的开口，位于眼窝内白齿齿根隆起的后部，最后一枚白齿的上方。

(6) 眶上前孔(foramen supraorbitalia anteriora)：为眶前突与额骨间由韧带相连所围成的孔，是额神经(第Ⅴ对脑神经的分支)和额动脉的通路。

(7) 眶上后孔(foramen supraorbitalia posteriora)：为眶后突与额骨间由韧带相连所围成的孔，是泪腺神经及动脉的通路。

(8) 视神经孔(foramen opticum)：为眼窝内眶间隔中部的一大孔，视神经由此孔通过。

(9) 眶裂(fissura orbitalis)：位于视神经孔的腹面稍后方，为一垂直的纵裂。兔的眶裂代表一般哺乳动物的眶裂和圆孔，为第Ⅲ、Ⅳ、Ⅵ对脑神经通往眼肌及第Ⅴ对眼神经和上颌神经分支的通路。

(10) 蝶前、中、后孔(foramen sphenoidale anteriora、medium、posteriora)：在翼突外叶骨板上有3个孔，其中前面最大的一孔为蝶前孔，供颌内动脉通过，紧挨在后面的两个孔，为蝶中孔和蝶后孔，供下颌神经通入咀嚼肌的分支通过。

(11) 海绵孔(foramen cavernosum)：位于基蝶骨腹面正中，为一圆孔，此孔的背面正是垂体窝，即脑下垂体所在处。

(12) 破裂孔(foramen lacerum)：位于头骨腹面鼓泡的前方，为一不规则形的裂缝，此裂缝被一小骨梁分隔为两部：靠腹内侧的孔相当于其他哺乳类的破裂孔，为颈内动脉入颅腔的通孔；靠外的孔，相当于卵圆孔，供第Ⅴ对脑神经的分支下颌神经通过。

(13) 颈外动脉孔(foramen carotis externum)：为鼓泡腹面靠内侧的一小圆孔。颈内动脉由此通入鼓泡，再经破裂孔入颅腔。

(14) 茎乳孔(foramen stylomastoideum)：位于鼓泡外耳道与乳突之间，为面神经的通出孔。

(15) 颈静脉孔(foramen jugulare)：又称后破裂孔，为鼓泡腹后缘与枕髁之间的一狭长裂缝,恰在颈外动脉孔的后方,供第Ⅸ、Ⅹ、Ⅺ对脑神经及颈内静脉通过。

(16) 舌下神经孔(foramen hypoglossi):在颈静脉孔的内侧,紧挨枕髁外侧缘有数个小孔,总称舌下神经孔,供舌下神经通过。

(17) 枕骨大孔(foramen occipitale magnum):为位于头骨后部正中的大孔,是颅腔与椎管相通的孔道。

(18) 下颌孔(foramen mandibulare):位于下颌骨内侧面,其上方正是最后一枚臼齿的后缘,下颌齿槽神经及血管由此孔通入下颌骨体内的下颌管,由外侧的孔通出。

(19) 颏孔(foramen mentale):位于下颌骨外侧面,恰在第一前臼齿的前方。

(九) 人类颅骨

人的颅骨发达,与其他哺乳类头骨比较,骨块愈合多,数目少;由于脑的发达,颅腔容积大;还具有前额宽而高,吻部后缩,颌骨变短,牙齿变小,齿弓成马蹄形,犬齿退化等特征。由于直立行走,枕骨大孔移至头骨腹面颅底中央。人的颅骨形态及枕骨大孔的位置使得人的头部能够自然地坐落在直立的躯干之上(图5-47,5-48)。

具体来讲,人的颅骨由23块骨构成,其中脑颅8块、面颅15块。如加上中耳中的听小骨(锤骨2块、砧骨2块和镫骨2块),则共29块。

脑颅骨共8块,以蝶骨为中心,分别与其他各骨之间以骨缝相连,构成牢固的颅腔。额骨1块,位于前额,由额鳞、眶部和鼻部构成。

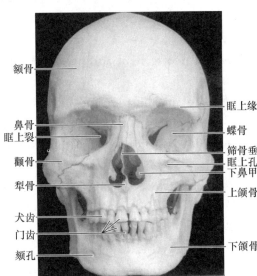

图 5-47 人头骨正面观

顶骨为2块,接在额骨后面。颞骨2块,位于顶骨下方,为耳廓深面的两块不规则骨,结构复杂,由岩乳骨(耳骨区三块软骨原骨愈合)、鼓骨、鳞状骨合并构成。枕骨1块,位于顶骨和颞骨后面,下方有枕骨髁与寰椎上关节凹构成寰枕关节,中央为枕骨大孔。筛骨1块,位于额骨眶部的下方,构成鼻腔外侧壁的上部,呈"巾"字形。蝶骨区软骨原骨愈合为1块蝶骨,位于颅底的中央,呈蝴蝶状。

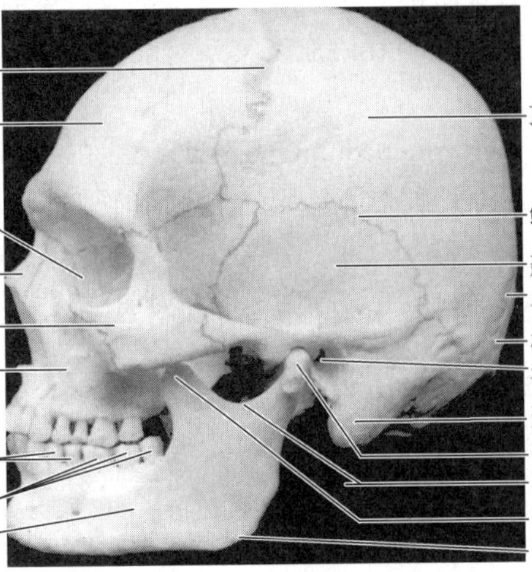

面颅骨15块,构成面部的基础,并分别围成眶、鼻和口腔。面颅骨都比较小,形状不规则。加大的有上颌骨和下颌骨。腭骨1对,构成鼻腔、口

图 5-48 人头骨侧面观

腔、眼眶等壁的不同部分,形如"L"。其他面颅骨包括位于鼻梁的鼻骨;其外侧椭圆形薄片状的泪骨;颧部的颧骨与上颌骨颧突构成颧弓;犁骨在鼻腔正中,构成鼻中隔后方的骨性基础;下

鼻甲骨在鼻腔外侧壁内面,呈卷曲状;还有舌骨位于下颌骨与甲状软骨上缘之间,马蹄形,是颈肌和舌肌附着的重要骨。另外,颧骨和构成颞骨的鳞状骨构成合颞窝。

(十) 综观头骨进化的趋向

对比脊椎动物各纲的头骨,可看出头骨骨块数目由多到少是进化过程中的一个趋势。坚头类的头骨骨片数少于古总鳍鱼,古爬行类(如杯龙类)的少于古两栖类(如坚头类);现代两栖类的少于古两栖类,现代爬行类的少于古爬行类,现代哺乳类的又少于其祖先似哺乳类的爬行类。现代硬骨鱼的头骨有100～180块骨,两栖类、爬行类有50～90块骨,哺乳类约有35块骨,人类只有23块(未包括听小骨)。

软骨原骨骨块数目的减少主要是由于相邻骨块的愈合,如哺乳动物的枕骨、蝶骨、颞骨均是由多块愈合为一块。蛙的额骨和顶骨愈合为单一的额顶骨,蝶骨和筛骨愈合为单一的蝶筛骨。

膜原骨数目的减少,主要是由于一些骨片退化消失。例如,爬行类和鸟类的下颌具有多块膜原骨齿骨、隅骨、上隅骨、夹板骨、冠状骨,到了哺乳类,下颌除保留齿骨外,其余骨块皆退化或消失。

骨块的连接由疏松变为紧密愈合。

脑颅的变化和脑的发达程度相关;咽颅的变化和动物由水上陆,肺呼吸代替鳃呼吸相关。

小　结

1. 头骨在中轴骨骼中占重要地位,它反映着脑的进化程度和取食的机制,因此是脊椎动物进化的各个阶段的重要指标。

2. 脊椎动物的头骨在发生上是由3个不同的部分组合而成,即:软颅、咽颅和膜颅。

3. 软颅构成头骨的基本部分,所有脊椎动物在胚胎期都经过软颅阶段。圆口类和软骨鱼的头骨代表脊椎动物的软颅阶段,圆口类的脑颅仅包在脑的底部和侧部,软骨鱼则在脑的背面也有软骨覆盖,成为一个完整的脑颅。其他脊椎动物则在软颅的基础上骨化成为头骨的软骨原骨部分。

4. 咽颅为支持消化道前端(咽部)的骨骼。鲨的咽颅为7对软骨弓,代表标准的原始型。第一对为颌弓,形成上颌和下颌。第二对为舌弓,其余5对均为鳃弓。陆生四足类随着鳃的消失,咽颅经历了深刻的改造。

5. 颌弓与脑颅相接的类型可分为两接型、舌接型、自接型和颅接型。动物愈高等,颌弓与脑颅联系愈密切,颌咀嚼愈有力。

6. 膜颅为一系列真皮骨骼,直接由间充质骨化形成,不经软骨阶段,覆盖于软颅的顶部、腭部及咽颅的颌弓上,成为头骨的膜原骨部分。膜原骨首先见于硬鳞鱼。关于膜原骨的来源,一般认为是由古代硬鳞鱼头上的鳞片沉入皮下而成。

7. 头骨进化的趋向是:骨块数目由多到少。软骨原骨数目的减少,主要是由于骨块的愈合;膜原骨数目的减少,主要是由于一些骨块退化消失或愈合。低等种类,头骨保留软骨成分多;高等种类,软骨更多地被硬骨所代替。各骨块的连接由疏松而紧密,彼此愈合成为牢固的脑颅。由于脑的不断发展,脑颅所占比例也随之由小到大。咽颅的变化则和动物由水生到陆生、肺呼吸代替鳃呼吸相关。随着鳃的消失,支持鳃的鳃弓发生深刻的变化,转变为舌器、听器及咽喉骨;部分鳃弓则退化。以上进化的趋向到哺乳类集于大成。

8. 在进化过程中,影响头骨造型的因素主要是:脑、感觉器官和取食(食性、取食方式)。

第四节 附 肢 骨

附肢骨骼(appendicular skeleton)包括附肢骨与带骨。在身体前部有前肢骨与肩带,身体后部有后肢骨与腰带。水生脊椎动物附肢骨是鳍,适于在水中游动,演进到陆生四足类,鳍退化,四肢出现。

一、肩带

肩带(pectoral girdle)(图5-49～5-52)的演变历史比腰带更为复杂,骨块变异大,且有膜原骨加入。肩带在各纲脊椎动物皆不与脊柱直接相连,而是通过韧带、肌肉连于脊柱之上。硬骨鱼的情况较特殊,肩带通过上匙骨、后颞骨直接和头骨相连。在四足类进化过程中,肩带的膜原骨成分逐渐减少。

(一) 鱼类

软骨鱼(如鲨)的肩带(图5-49)只是一个半环形的软骨棒,横列于胸部腹面,称为乌喙骨棒。棒的两端各有一关节面,称肩臼(glenoid fossa),与基鳍骨相关节,自关节面向上,有肩胛突伸向背面,此突基部有时尚有上肩胛软骨。

硬鳞鱼及肺鱼的软骨肩带开始有膜原骨加入,每侧至少有锁骨和匙骨(cleithrum)。多鳍鱼和总鳍鱼的肩带(图5-52)显示出软骨原骨的比例减少,膜原骨的比例加大,计有锁骨、匙骨、上匙骨、后匙骨及后颞骨。

硬骨鱼(如鲤)的肩带共有6块硬骨(图5-50)。属于软骨原骨的,除了肩胛骨和乌喙骨外,在腹面前方有一呈鞍形的小骨,跨于肩胛骨与乌喙骨之间,称中乌喙骨(mesocoracoid),此骨仅在低级的辐鳍鱼类中存在。属于膜原骨的有锁骨、匙骨、上匙骨及后颞骨。

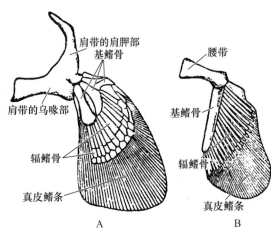

图5-49 鲨的带骨和偶鳍骨
A. 肩带和胸鳍;B. 腰带和腹鳍(仿波布林斯基,1954)

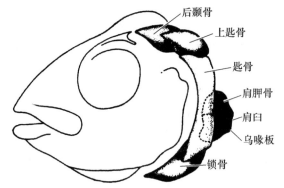

图5-50 硬骨鱼的肩带和头骨的关系(仿Torrey,1979)

鱼类的肩带位置靠前,在硬骨鱼中肩带通过上匙骨、后颞骨直接与头骨相连。这样,头的活动受到限制,而心脏得到保护(鱼的心脏位置靠前,缺胸骨)。

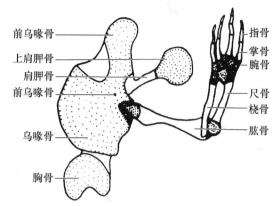

图 5-51　有尾两栖类(中国大鲵)的肩带及前肢骨(仿邱幼祥,1986)

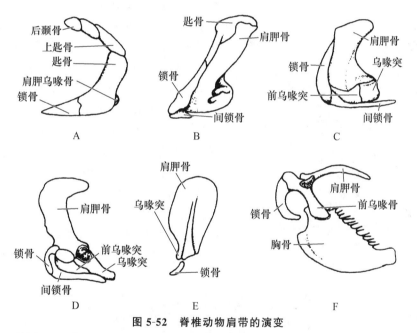

图 5-52　脊椎动物肩带的演变
A. 总鳍鱼;B. 早期两栖类;C. 早期爬行类;D. 哺乳类(单孔类);E. 哺乳类(有胎盘类);F. 鸟类

(二) 四足类

在最古的坚头类中,如始螈(*Eogyrinus*)尚有后颞骨连于匙骨与头骨之间,到巨头龙后颞骨已失去。突破这一关在进化上具有很大的意义,因为这样头才得到解放,颈椎的分化才变为可能。

坚头类肩带上膜原骨数目多,有匙骨、间锁骨和锁骨。在四足类的进化过程中,肩带的位置后移,肩带中的膜原骨有逐渐减少的趋势(图 5-53)。现代四足类的肩带中,软骨原骨基本上是由 3 块骨组成,即肩胛骨、乌喙骨和前乌喙骨,其中最稳定的只有肩胛骨;膜原骨的匙骨、上匙骨已消失。

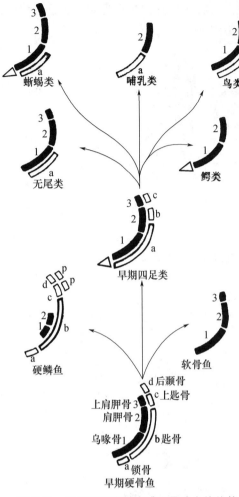

图 5-53 脊椎动物肩带中膜原骨减少的趋势
（仿 Kent,1997） △间锁骨；p 后匙骨
▭ 膜原骨；▬ 软骨原骨

有尾两栖类的肩带（图 5-51）大部分仍为软骨的，仅在肩臼的附近开始骨化。左右乌喙骨在腹面重叠，且与胸骨前端相接。前乌喙骨发达，在肩胛骨的远端有上肩胛骨。有尾两栖类的肩带完全缺少膜原骨，锁骨也没有。

无尾两栖类的肩带（图 5-54）由肩臼分为背、腹两部。背部为肩胛骨及上肩胛骨，上肩胛骨的末端为软骨，通过肌肉连脊柱。腹部靠后面的是乌喙骨，由乌喙骨之内侧向前延伸出上乌喙骨（epicoracoid）。蟾蜍两侧的上乌喙骨彼此重叠，称弧胸型（arciferous）肩带；青蛙两侧的上乌喙骨相互平行愈合在一起，称固胸型（firmisternous）肩带。肩带的类型是两栖类分类上的重要特征。肩带的膜原骨仅有锁骨，位于上乌喙骨的前方，将前乌喙骨包在其中。肩臼由锁骨、肩胛骨及乌喙骨共同组成，游离的前肢即关节于此处。

爬行动物肩带中肩胛骨与乌喙骨最为稳定。膜原骨除锁骨外，另有间锁骨（interclavicle）。间锁骨（又名上胸骨）是早期四足动物新出现的一块膜原骨，位于腹中线上，把胸骨和锁骨连接起来。鳖的肩带呈三叉形：一块在背面，呈细长杆状，为肩胛骨；两块在腹面，前面为前乌喙骨，后面为乌喙骨。三骨相遇形成肩臼。锁骨和间锁骨附着于骨板上形成上腹甲板和内腹甲板。蜥蜴的间锁骨很发达，呈十字形（图 5-55），位于胸骨之前。鳄的肩带无锁骨，间锁骨发达。

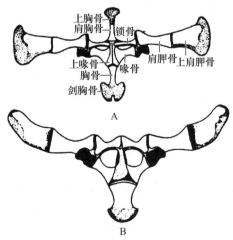

图 5-54 无尾两栖类的肩带
A. 青蛙；B. 蟾蜍

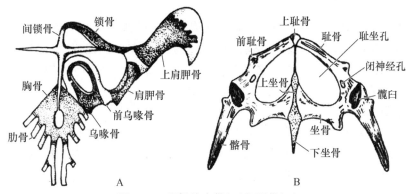

图 5-55 蜥蜴的肩带(A)和腰带(B)

鸟类适应飞翔生活,肩带的形态变化较大(图 5-16)。肩胛骨为狭长的骨片,位于肋骨的背面。乌喙骨粗大,牢固地与胸骨相连。锁骨细长,两侧锁骨呈"V"字形连合,称叉骨(furcula)或愿骨(wishbone),富有弹性,阻碍在鼓翼时左右乌喙骨的靠拢,起着横木的作用。失去飞翔能力的平胸鸟类,锁骨退化,成为乌喙骨的一部分。鸟类间锁骨退化。

哺乳类中最低等的单孔目动物仍保留着爬行类的情况(图 5-56)。软骨原骨包括乌喙骨、前乌喙骨和肩胛骨;膜原骨包括锁骨和间锁骨。有胎盘哺乳类的乌喙骨已退化成一喙突(coracoid process),附着于肩胛骨上,前乌喙骨和间锁骨皆已消失。锁骨的情况变化较大,兔的锁骨退化成一小细骨条,埋于肩部肌肉中,仅以韧带一端连胸骨,另一端连肱骨。锁骨的存在与否和运动方式有密切关系。一般来说,善于跳跃、奔跑的哺乳动物,锁骨大多退化;前肢具有多样性活动的哺乳动物,包括用前肢掘土(如鼹鼠)、飞翔(如蝙蝠)和攀缘(如灵长类)的种类,锁骨较发达,这样的前肢在多样活动中具有更大的坚固性。

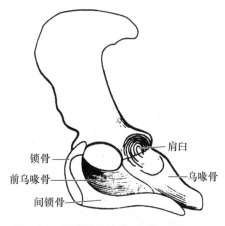

图 5-56 鸭嘴兽的肩带(仿 Torry,1979)

人类的肩带由锁骨和肩胛骨构成。与其他许多哺乳动物相比,人类锁骨发达,有了锁骨的支撑,肩关节位于体侧并指向外侧,从而使前肢可以多方向转动。此外,灵长类前臂的尺骨和桡骨是分离的。尺骨上端粗、下端细,上端与肱骨头构成肘关节;桡骨上端细、下端粗,下端与腕骨构成腕关节,桡骨可以在尺骨上转动,使前臂有很大的灵活性。作为灵长类的一员,人类在进化过程中前肢活动得到了极大的增强,具有灵长类所具有的这些特点。在人类劳动和使用工具行为中,上肢高度的灵活性和活动度发挥了重要作用。

二、腰带

腰带全是软骨原骨,无膜原骨加入,与肩带相比较,腰带在各纲中缺少变化。鱼类的腰带作用很小,不与脊柱关联,这是和鱼的偶鳍不承担体重相关的。现代四足类的腰带皆与脊柱相连,作为脊柱与后肢之间的桥梁,起着支持身体的作用。

（一）鱼类

软骨鱼（如鲨鱼）的腰带非常简单，仅是一条横贯躯干后部的软骨，称为坐耻骨棒。棒的两端微向上突，称为髂骨突，可以认为是髂骨的雏形。腰带未与脊柱连接。硬鳞鱼（如鲟鱼），其腰带为一对小软骨片，分别与左右后肢骨相连，彼此并不连接。硬骨鱼（如鲤鱼）的腰带甚简单，仅由一对无名骨组成，其内缘后方有小部与对侧愈合。

（二）四足类

现代四足类的腰带皆与脊柱相连，但早期坚头类的腰带仍和鱼类一样，不与脊柱连接（图5-57），脊柱也没有分化出荐椎。由此可见，荐椎的分化是由于腰带与脊柱相接，而这又是与上陆后四肢负荷身体重量直接相关的。

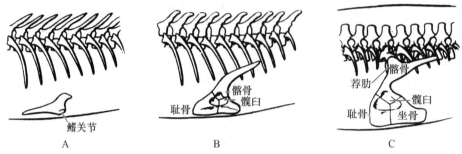

图 5-57　腰带和荐椎关系的演变（仿 Romer，1978）
A. 鱼类；B. 早期两栖类化石；C. 现代两栖类

四足动物的腰带（图 5-58）每侧由髂骨、坐骨和耻骨 3 骨块合成，3 骨相接处有一凹，称髋臼，与后肢的股骨成关节。腰带的 3 对骨块极富保守性，只要腰带不退化，3 对骨块总是共同出现，这与它的支持功能及与脊柱的关联是有联系的。

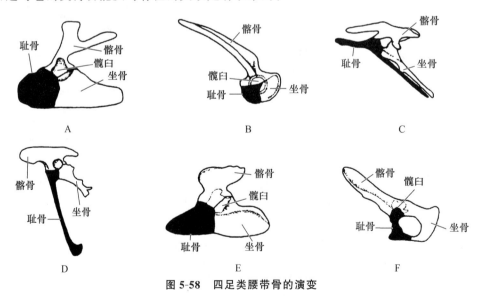

图 5-58　四足类腰带骨的演变
A. 早期两栖类；B. 现代蛙；C. 鸟龙类；D. 早期鸟类；E. 盘龙类；F. 哺乳类

有尾两栖类（如大鲵）的腰带大部分尚未骨化，髂骨的两端未骨化，坐骨也有一部分未骨化，耻骨仅由一块形如盾牌的软骨板组成，耻骨前端有上耻骨。上耻骨是否分叉和分叉的形状是分类的标志,如中国大鲵上耻骨前端分叉为"U"形,日本大鲵前端分叉为"V"形,而北美的隐鳃鲵(*Cryptobranchus*)则上耻骨前端不分叉。

无尾两栖类(蛙或蟾蜍)的腰带由髂骨、坐骨和耻骨3部分构成。适应于跳跃生活,髂骨特别加长,前端与荐椎的横突相连,后端与对侧的髂骨相接。髂骨和荐骨之间的关节(荐髂关节)是可动连接,当蛙作跳跃动作时,该关节有推拉的移动。其他陆栖脊椎动物荐髂关节大多是不动连接。坐骨位于后部,耻骨位于腹面,三骨相连处的外侧为髋臼。

爬行类的腰带完全骨化,耻骨与坐骨之间分开,形成一个大孔,称为耻坐孔(foramen puboischiatic)。左右耻骨在中线处结合称耻骨连合,左右坐骨结合称坐骨连合。这样的腰带结构可以减轻重量,而支持的力量并不减弱。蜥蜴的耻骨上还有小的闭孔神经孔。龟鳖类和鳄类腰带上有大的闭孔(obturator foramen),闭孔是由耻坐孔和闭孔神经孔愈合而成。

腰带的结构在古代爬行类的分类上占有重要地位。根据腰带,恐龙类可分为两大类(图5-59),即蜥龙类(Saurischia)和鸟龙类(Ornithischia)。蜥龙类腰带属三放型,即髂骨前后走向,耻骨向前下方、坐骨向后下方延伸;鸟龙类属四放型,即髂骨前后走向,耻骨和坐骨一并向后延伸,另有耻骨前突伸向前方。本型和鸟类的腰带近似。

鸟类腰带的3块骨愈合为一,并和脊柱的腰荐部(综合荐骨)愈合在一起,形成大的骨盆(图5-16),这就增加了它的坚固性,成为后肢强有力的支持者。髂骨为一长大的薄骨片,位于背部,其下后方接坐骨,两者之间有髂坐骨孔。耻骨细长,伸延于坐骨的腹缘,两者之间形成一裂缝状的闭孔,但3骨的界限在成体鸟中不能辨认。左右耻骨在腹中线处未愈合,构成"开放式骨盆",这是和鸟类生产硬壳的大型卵相关的。产卵时,耻骨间距增大,局部去钙变软。

哺乳类腰带的3对骨块愈合成一对无名骨(innominate bone),或称髋骨(coxal bone)。左右无名骨与荐椎组成骨盆(pelvis)。3骨会合处共同形成的髋臼,与股骨头形成髋关节。左右无名骨在腹中线形成骨盆合缝,因坐骨也参与形成,故未用耻骨合缝这一名称。雌兽在怀孕时,骨盆合缝之间韧带变软,使骨盆腔变大,以利于胎儿的产出。坐骨

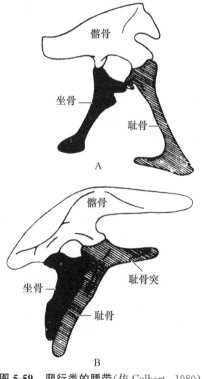

图5-59 爬行类的腰带(仿Colbert,1980)
A. 三放型;B. 四放型

与耻骨之间的大孔,即闭孔,供血管与神经通过。单孔类和有袋类在每一耻骨的前缘伸出一上耻骨(epipubic bone),或称袋骨,有袋类用以支持腹部的育儿袋。水栖兽类,如鲸和海牛的后肢退化,腰带也很退化,且不与荐椎相连,仅残留为埋在体壁内的小骨片。

人类的腰带为髋骨,是不规则的扁骨,由髂骨、耻骨和坐骨融合而成,会合处为髋臼。脊柱末端的骶尾骨与两侧髂骨连接形成骨盆以连接躯干和下肢。

由于人类直立行走,骨盆比其他哺乳类的小,尤其是女性的比一般雌性哺乳类的骨盆要小。人类的骨盆宽而短,呈碗状,支撑着内脏器官并成为双腿运动的肌肉的附着点。女性妊娠时支撑着发育的胎儿。男女骨盆存在性别差异,女性的比男性的稍大。女性骨盆外形短而宽,上口近似圆形,较宽大,骨盆下口宽大,耻骨下角较大(80°~110°),骨盆腔呈圆桶状;男性骨盆

外形窄而长,上口近似心形,较小,骨盆下口窄小,耻骨下角较小(70°～80°),骨盆腔呈漏斗状。骨盆的性别差异从青春期开始逐渐趋于明显。

此外,人类髋臼分开得较远,股骨颈较长,髋关节十分灵活。

三、鳍

水生脊椎动物的附肢是鳍。鳍分两类:一类是不成对的奇鳍(median fin),如背鳍(dorsal fin)、臀鳍(anal fin)及尾鳍(caudal fin);另一类是成对的偶鳍(paired fin),即胸鳍(pectoral fin)和腹鳍(pelvic fin)。奇鳍可以维持身体平衡,还可以帮助游泳。尾鳍的作用除像舵一样控制游泳的方向,还推动身体前进。鱼类的尾鳍可分为3种基本类型(图5-60):

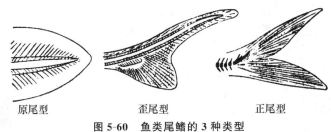

图 5-60 鱼类尾鳍的 3 种类型

(1) 原尾型(protocercal):脊柱的尾端平直,将尾鳍平分为上下对称的两叶,尾内外均对称,见于圆口类,现代鱼类只在胚胎期或早期幼鱼可见到。

(2) 歪尾型(heterocercal):脊柱的尾端向上翘,伸入尾鳍上叶,尾鳍上下两叶不对称,一般上叶较大,见于鲨类、鲟类。

(3) 正尾型(homocercal):脊柱的尾端向上翘,但仅达尾鳍基部,尾鳍的外形上下两叶是对称的,但内部不对称,见于大多数硬骨鱼。

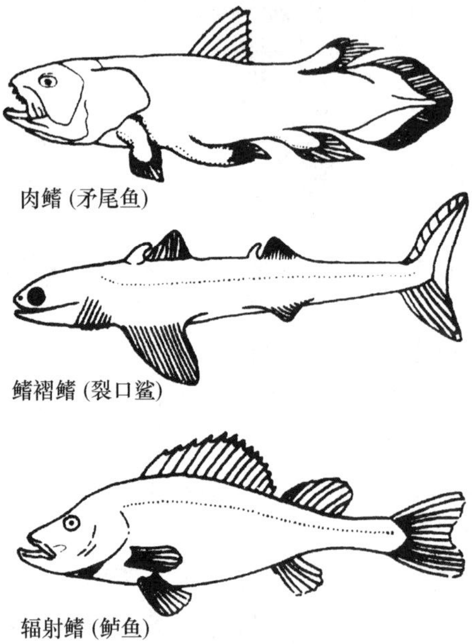

偶鳍的主要作用是维持身体平衡及改变运动的方向。偶鳍可分为3种类型(图5-61):

(1) 肉鳍(lobed fin):具有肉质的基叶和内部的中轴骨骼,见于总鳍鱼。

(2) 鳍褶鳍(fin fold fin):由基鳍骨、辐鳍骨和真皮鳍条3部分组成,见于软骨鱼。

(3) 辐射鳍(ray fin):基鳍骨消失,辐鳍骨退化成残余,真皮鳍条直接着生在带骨上,见于辐鳍亚纲硬骨鱼。

鱼鳍中有鳍条支持。鳍条可分为鳍棘和软鳍条两种,前者刚硬而不分节,后者柔软分节且末端往往分叉。鳍条的类别、数目依种类而异,是鱼类分类的重要依据之一。

(一) 圆口类的鳍

七鳃鳗无偶鳍,只有奇鳍,包括两个背鳍一个尾鳍。胚胎时期背鳍与尾鳍连续不断,以后才分开。辐

图 5-61 偶鳍的 3 种类型(仿 Kent,1997)

鳍骨不分节,成排排列。尾鳍为原尾型。

(二) 软骨鱼类的鳍

软骨鱼已有偶鳍,偶鳍呈水平位。奇鳍有两个背鳍、一个尾鳍和一个臀鳍。尾鳍为歪尾型。偶鳍有胸鳍及腹鳍各一对,都有基鳍骨、辐鳍骨及真皮鳍条。在雄鲨和鳐的腹鳍内侧,由后基鳍骨延伸出一对棒状交接器,称鳍脚(clasper)。

(三) 硬骨鱼类的鳍

硬骨鱼的偶鳍呈垂直位。偶鳍骨和软骨鱼略有不同,多数硬骨鱼偶鳍的基鳍骨消失,辐鳍骨退化或不存在,真皮鳍条直接连在带骨上。

硬骨鱼腹鳍的位置多变化,可分为腹位、胸位和喉位。较低级的硬骨鱼,腹鳍多为腹位,较高级的硬骨鱼,腹鳍的位置前移,和胸鳍并列(胸位),或甚至移到胸鳍的前方(喉位)。因此,腹鳍的位置在分类上占有重要地位。

肺鱼的偶鳍骨特殊。澳洲肺鱼($Neoceratodus$)的基鳍骨成为一串中轴骨,辐鳍骨沿两侧对生,这样的鳍称双列式偶鳍。美洲肺鱼($Lepidosiren$)和非洲肺鱼($Protopterus$)的偶鳍呈鞭状,只有一串中轴骨保存。

总鳍鱼的偶鳍基部有宽的肉质基叶,鳍内骨骼的排列和陆栖脊椎动物四肢骨骼相似(图5-62),这成为论证总鳍鱼是陆生脊椎动物的祖先的一个根据。

(四) 偶鳍和带骨的起源

奇鳍在文昌鱼已有,是古老的运动器官。偶鳍是后来发生的,其起源还不太清楚,有以下3种学说:

1. 鳃弓学说

鳃弓学说(gill arch theory)为盖根保尔(Gegenbaur)所提出,认为偶鳍是由鳃弓所变,肩带代表鳃弓,鳍(包括鳍骨)代表鳃隔及其鳃丝。某些鱼类的肩带紧靠着最后面的鳃弓,给这一学说提供了支持。至于腹鳍及腰带的位置如何这样靠后,他认为是后面的鳃弓失去功能向体后转移的结果。

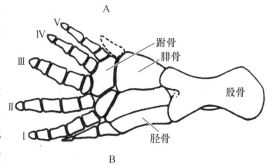

图 5-62 总鳍鱼(A)和坚头类(B)后肢骨的比较

2. 连续鳍褶学说

连续鳍褶学说(fin fold theory)为波尔夫尔(Balfour)、道恩(Dohrn)等人所提出。认为偶鳍由成对的连续鳍褶发生,以后连续中断而成为胸鳍和腹鳍。主要理由如下:

(1) 文昌鱼有成对的腹褶,还没有偶鳍。

(2) 奇鳍与偶鳍在早期胚胎中形态相同。鱼类有前后两个背鳍的,在胎中常常先是连续的,以后才分开成为两个。

(3) 七目鲛($Scyllium$)偶鳍在胚胎发育中的形状及其内的平行鳍条很像古代裂口鲨($Cladoselache$)的偶鳍。偶鳍中的肌肉小芽及神经分支在胎中的数目比成体多,并且在两对偶鳍之间肌芽同样存在。

(4) 古代棘鲨($Acanthodii$)在胸腹鳍之间有5对小鳍,这些小鳍被认为可能是祖先连续鳍褶的残余。

3. 棘鳍学说

棘鳍学说(body-spine theory)认为早期鱼类有两对或更多对向腹侧方伸出的棘，鳍即由棘进化而来，首先是从棘的后方有皮肤褶连向体壁，其后，棘扩展成为具有内骨骼的鳍的支柱。

以上3种学说中，以连续鳍褶学说的论证较充分，目前比较解剖学家和鱼类学家多数认为这样解释偶鳍的起源比较妥当。

至于肩带与腰带的起源，一般认为是由基鳍骨向腹中线延伸，双方相遇后愈合而成。

四、陆生脊椎动物的四肢

(一) 陆生脊椎动物四肢骨的典型结构

陆生脊椎动物的四肢和鱼鳍有很大的区别：鱼类的鳍是单支点的杠杆，只能依着躯体作相对应的转动，而陆生动物的四肢是多支点的杠杆，不仅整个附肢可以依躯体作相应的转动，而且附肢的各部彼此也可以作相对应的转动，既坚固又灵活，适于载重和沿地面行动。

四肢骨的典型结构，前后肢基本上是一致的，只是骨块名称不同（图5-63）。前肢肩带包括肩胛骨、前乌喙骨、乌喙骨和锁骨，上臂骨包括肱骨，前臂骨包括桡骨和尺骨，前脚骨包括腕骨、掌骨和指骨。后肢腰带包括髂骨、坐骨和耻骨，大腿骨包括股骨，小腿骨包括胫骨和腓骨，后脚骨包括跗骨、蹠骨和趾骨。

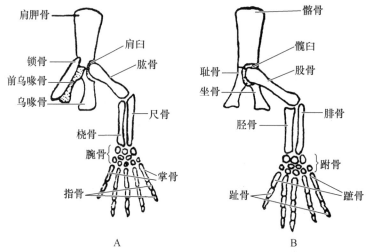

图 5-63 陆生脊椎动物附肢骨模式图（仿华中师院等，1983）
A. 前肢；B. 后肢

(二) 两栖类的四肢

从两栖类开始，发展了陆生五趾型附肢。蛙或蟾蜍的四肢和一般四足类相似，唯前肢的桡骨与尺骨愈合成桡尺骨；后肢的胫骨与腓骨愈合成胫腓骨（图5-64）。有尾两栖类多数具四肢，少数种类仅具前肢，肢骨细弱，大部分未骨化。无足类（如蚓螈）营穴居生活，四肢均退化。

(三) 爬行类的四肢

爬行类是典型的五指型四肢，比两栖类的肢骨更为坚强。指（趾）端具爪，是对陆地爬行运动的适应。和两栖类不同的是：后肢踝关节不在胫部与足部之间，而在两列跗骨之间，形成所谓跗间关节(intertarsal joint)。龟或鳖的前肢骨具肱骨、尺骨、桡骨，腕骨共10块小骨（豌豆

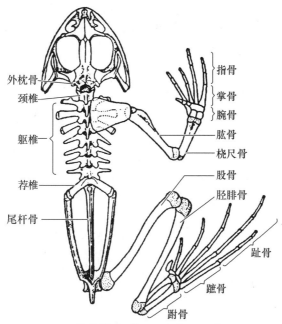

图 5-64 蛙的骨骼（背面观）（仿丁汉波，1983）

骨、尺腕骨、间腕骨、桡腕骨、中央腕骨及远端腕小骨5块），掌骨5块，五指齐全。后肢具股骨、胫骨、腓骨和跗骨，跗骨共5块：近列仅由一块较大的骨块组成，它是由跟骨、距骨、中央骨及间跗骨合成；远列由4块跗小骨组成。

蛇类的四肢退化，仅在蟒蛇有后肢的残迹：在泄殖腔孔两侧有一对角质爪，内部骨骼保留有退化的髂骨和股骨。海中生活的海龟，四肢变为鳍形，指（趾）骨变平。

古代爬行类适于各种不同生活环境，变异更多，如适应飞翔生活的翼龙（*Pterosauria*），其第四指惊人地拉长，翼膜连于体侧及第四指之间。蛇颈龙和鱼龙的四肢转变为桡状，指骨节数增多，称多指（趾）节（hyperphalangy），甚至有的在一个指上有26个指节骨，整个前肢的指骨节数超过100块。指的数目也有增加，称多指（趾）（hyperdactyly），大大增加了桡足的长度和宽度。

（四）鸟类的四肢

鸟类向空中发展，四肢发生很大的变异，但是根据始祖鸟及胚胎发育的材料，四肢的同源问题仍是很清楚的。鸟的前肢变为翼以适应飞翔，前肢骨，尤以末端部分变化最大。桡骨较细，尺骨比较发达，翼羽着生于尺骨外缘。腕骨仅留两块独立骨块，一块在尺骨之下，名尺腕骨；另一块在桡骨之下，名桡腕骨，其余腕骨均与掌骨愈合成为腕掌骨。前肢只有三指，其中第一和第三指短，只有一节指骨，第二指长，有二节指骨。始祖鸟的前肢虽已变为翼，但和现代鸟类不同，三指游离，各指末端皆具爪。麝雉（*Opisthocomus*）幼鸟翼的前二指末端皆具爪，借以攀树，成体时消失。

鸟类后肢（图5-16）的股骨较短，胫骨长而发达，它是由胫骨和近端的跗骨相愈合而成，准确地说，应称为胫跗骨（tibiotarsus）。腓骨很退化。跗骨的远端和蹠骨愈合成为跗蹠骨（tarsometatarsus）。同其他陆生四足类相比，鸟类多出这一节直立的跗蹠骨。这可能和鸟类起飞和降落着地时增加缓冲力量有关。这样鸟类的踵关节与爬行动物一样，位于两列跗骨之间,形成跗间关节。鸟类一般具四趾,三趾向前,一趾向后。鸟类的趾数及朝前朝后趾数的变化是鸟类分类的依据之一。美洲鸵鸟和澳洲鸵鸟后肢有三趾,均向前;非洲鸵鸟仅具二趾,是鸟类中趾数最少的唯一例子。

(五) 哺乳类的四肢

哺乳类四肢强大,善于行走,具有以下两个特点。

首先是四肢的扭转。在有尾两栖类,四肢细弱,位于躯干的腹侧面,与躯干相垂直。腹部与地面接触,行走方式是一种费力的杠杆运动。爬行类四肢已较强大,可以略略举起身体使之稍离地面,但四肢与躯干的关系未作根本的改善。所以爬行类行走时的姿态与有尾两栖类近似,即四肢移动时须要脊柱交互向两侧弯曲与之配合。哺乳类的四肢经过扭转后近端紧贴身体,肘关节向后,膝关节朝前,四肢已由侧面移到腹面,抬离身体离开地面,支持体重及行走都极其稳健而灵活。

扭转的过程是后肢向前转 90°,于是与身体的关系由垂直而变为平行,原来向两侧的部分,如膝及脚趾转向前面,原来向前的部分转为向内,原来向后的部分转为向外。前肢的扭转比较复杂,先向后转 90°,于是肘与手指皆向后,与后肢相对;然后上臂不动,前臂再扭转向前,于是尺骨的远端与桡骨的远端交叉,后者搭于前者之上。当人直立时,手背向前时可以摸出两骨远端交叉的情形,名之为旋前位(prone);反之,手心向前,则桡骨与尺骨两骨并列,名为旋后位(supine)。猿猴与人可以任意旋前或旋后,但是多数哺乳动物则只固定于旋前位。四肢扭转的结果,高举身体离开地面,既稳固又有弹性,行走时前肢举起身体将之拉向前方,随之后肢则推动身体向前。这样效率既高,又很省力。

第二个特点是哺乳动物行走时四肢着地的部位(图 5-65)。身体被举起离开地面,只有四肢的远端着地,不同的哺乳类脚着地的部位也有不同。猿猴与人以全部脚蹠着地行走,是原始的方式,称为蹠行性(plantigrade);猫、犬等以脚趾着地行走,趾以上的部分抬起离开地面,称为趾行性(digitigrade);偶蹄类和奇蹄类如牛、马等以趾尖(即蹄)着地行走,称为蹄行性(unguligrade),这种方式,蹄着地面积很小,行走轻快灵活,适于快速奔跑。

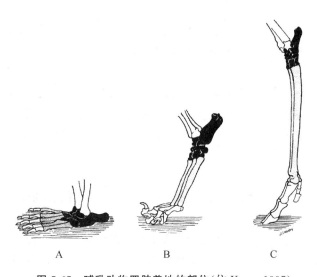

图 5-65　哺乳动物四肢着地的部位(仿 Kent,1997)
A. 蹠行性(猴子);B. 趾行性(狗);C. 蹄行性(鹿)

总的来说,哺乳类是典型的五指(趾)型四肢,但纲内的变异很大,和其生活方式密切相关。大袋鼠的脚只有两趾;树懒两趾或三趾;偶蹄类两趾(第三、四趾),奇蹄类只有一趾(第三趾);鲸的前肢成鳍形,后肢退化;蝙蝠前肢成翅;穴居的兽类前肢宽阔适于掘土;大熊猫的前肢骨似为六指,实际上是桡籽骨延长,和抓食竹子的习性相关。

哺乳类在大、小腿之间有髌骨(patella)或称膝盖骨,为一楔状籽骨,与股骨远端形成关节,股四头肌通过髌骨,可以转变力的方向。

(六)四肢的起源

一般认为陆生脊椎动物的四肢是从古总鳍鱼的偶鳍而来。古总鳍鱼的偶鳍和最早的两栖类(坚头类)的四肢非常近似(图 5-62):鳍的基部有一块骨片,相当于坚头类的肱骨或股骨,其远侧接两块平行的骨片,相当于坚头类的桡、尺骨或胫、腓骨。这些骨片的远端有一系列小骨,相当于腕骨、指骨(或跗骨、趾骨)。这样坚强的偶鳍能在陆地上支撑起身体并沿陆地移动。

此外,总鳍鱼能用鳔呼吸,这样,当水域条件不适合它们生存时,总鳍鱼则可以爬上陆地直接呼吸空气。世世代代传下来,由总鳍鱼进化出最早的两栖类;水生型的偶鳍转变成为最早的陆生型四肢。在进化过程中,各纲动物由早期两栖类开始的陆生型四肢以多种多样的方式变化和发展。

(七)人类的足弓

人类的脚已经成为专门用于行走的高度特化的器官,足底形成了两个弓,从前到后的纵弓和从左到右的横弓,后者只有人类才有。因此,足弓是人类进化到直立行走的产物。

足弓结构精巧,达·芬奇称之为"工程学上的杰作"。它是一个由跗骨与跖骨借韧带和肌腱相连所形成的凸向上方的弓,共有 26 块骨、114 根韧带、20 块肌肉(图 5-66)。内侧纵弓自跟骨向前达第 1 跖骨头,外侧纵弓自跟骨向前外达第 5 跖骨头,横弓由骰骨、三块楔骨和跖骨构成。这三个弓构成人足特有的"三点架"结构,既具有较好的弹性又能使身体保持稳定,还可保持足底的血管和神经免受压迫等作用,尤其是在进行跑、跳等运动时,足弓可以有效地吸收和缓冲震荡以保护中枢神经系统和内脏器官。

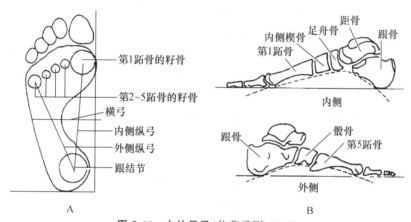

图 5-66 人的足弓(仿曹承刚,2007)
A. 负重区;B. 足纵弓

足弓通过足骨间关节和韧带相连,在足底还有跟舟足底韧带和足底长韧带及附于足底的肌腱,这些结构像弓弦一样对维持和稳定足弓的形态具有重要作用。如先天性软组织发育不良或受损伤造成足弓塌陷,均会影响正常的行走和跑跳运动。长期站立,足部韧带也将过度牵扯劳损,足弓减弱,引起平足。

小　结

1. 肩带的演变历史较为复杂,有膜原骨加入,骨块的变异也大,其中肩胛骨最稳定。锁骨的变异与前肢的运动方式相关。肩带骨从不与中轴骨相接,只以韧带、肌肉连于脊柱之上。硬骨鱼例外,肩带骨直接连头骨,四足类在进化过程中,肩带的膜原骨有逐渐减少的趋势。

2. 腰带骨在鱼类作用很小,不发达,不与脊柱相连接。陆生四足类的腰带皆与脊柱相接。充当脊柱与后肢之间的桥梁,起着支持身体的作用。腰带由髂骨、坐骨和耻骨组成,全是软骨原骨,无膜原骨加入。和肩带相比较,腰带在各纲中缺少变化,3对骨块总是共同存在。

3. 鱼类的附肢是偶鳍和奇鳍,适于在水中游泳。进化到陆生,鳍退化,四肢出现。低等两栖类四肢纤细,行走能力弱,羊膜类四肢逐渐强大。

4. 四肢的变异虽大,但骨骼部分的同源问题,由于化石及胚胎发育中的材料丰富,解决得相当彻底,提供比较解剖学以最可贵的资料。

5. 偶鳍大致起源于连续的鳍褶,四肢起源于古总鳍鱼的偶鳍。带骨的起源一般认为是由基鳍骨向腹中线延伸,双方相遇后愈合而成。

思 考 题

1. 请区别以下名词：(1) 脊索、脊柱与脊椎骨；　(5) 软颅与膜颅；
   (2) 背肋与腹肋；　(6) 颞弓与颧弓；
   (3) 初生颌与次生颌；　(7) 胸骨与胸廓；
   (4) 初生腭与次生腭；　(8) 软颅、咽颅与膜颅。

2. 根据发生来源的不同,硬骨的形成有几种方式？举例。

3. 以脊椎动物的长骨为例,试述骨的结构。

4. 试述脊柱发育中生骨节的形成与重组,重组的意义何在？

5. 比较在脊椎骨的发育过程中,七鳃鳗、鲨鱼和鲟鱼的椎体、椎弓和脉弓形成的顺序。

6. 比较鱼类、两栖类、爬行类、鸟类和哺乳类脊柱的演变,结合生态环境的变化来看这些形态演变的意义。

7. 根据椎体两端的形状,脊椎动物的椎体分哪几种类型？各见于何类动物？

8. 寰椎-枢椎组合首次出现于哪类动物？荐椎首次出现于哪类动物？各有何生物学意义？

9. 绘出脊椎动物头骨的模式图,并标示出软骨原骨与膜原骨。

10. 绘出哺乳动物头骨的模式图,并标示出软骨原骨与膜原骨。

11. 试述软骨鱼、两栖类、哺乳类咽颅的演变(不包括膜原骨)。

12. 试述脊椎动物颌关节的演变和哺乳类中耳3块听小骨之间的关系。

13. 综合分析由低等到高等脊椎动物头骨进化的趋向,影响头骨演变的因素主要有哪些方面？

14. 脊椎动物肩带的演变历史较为复杂,结合运动方式比较软骨鱼、硬骨鱼、两栖类、爬行类、鸟类和哺乳类肩带的演变。

15. 比较鱼类、两栖类、鸟类、哺乳类腰带的演变,为什么四足类的腰带变化很少？

16. 由两栖类到哺乳类四肢与躯干的相对位置经历了什么变化？

17. 什么叫旋前位,什么叫旋后位？

18. 试绘陆生脊椎动物附肢骨(前肢、后肢)的模式图。

第六章 肌 肉 系 统

第一节 概 述

肌肉系统、骨骼系统和关节一起构成机体的运动装置。肌肉跨过关节以腱附着在两块或两块以上的骨块之上,肌肉在神经系统的支配下进行收缩与舒张,牵动骨块,才能形成各种动作。可见,肌肉是运动装置中引起运动的主动器官。

肌肉除构成运动装置外,所有内脏的活动(如消化器官和泄殖器官管道的蠕动、血液的流动、横膈的升降等)以及动眼、动耳、竖毛等动作,都是肌肉收缩与舒张的结果。

一、肌肉的功能与结构

肌肉的功能在于收缩,肌肉受刺激后就进行收缩,然后又舒张恢复原状。肌肉收缩的功能就是由于肌细胞是高度特化的有收缩能力的细胞。

构成肌肉的单位是肌细胞。肌细胞细而长,呈纤维状,所以也称肌纤维(muscle fiber)。解剖学上所说的一块肌肉是由很多肌纤维束组成的,整块肌肉的外面包有肌外膜(epimysium),肌纤维束外面包以肌束膜(perimysium),内包有大量肌纤维,每根肌纤维的外面包有极薄的疏松结缔组织,称肌内膜(endomysium)。肌纤维的细胞质称肌浆(sarcoplasm),内含有大量能收缩的肌原纤维(myofibril,图6-1)。每一根肌原纤维的直径约为0.001 mm。分布于肌肉内的血管和神经沿肌束膜进入,供给营养和支配肌肉的收缩运动。神经受损伤后,可引起所支配肌肉的瘫痪和萎缩。

肌肉两端以腱附着在骨块上(但是也有全长都是肉质的肌肉)。腱同样有腱内膜、腱束膜和腱外膜,它们分别是肌内膜、肌束膜和肌外膜的延续。腱是由平行排列的致密结缔组织构成,坚实且富韧性,但没有收缩能力。如肌腹为圆形的,腱呈索状,即通常说的肌腱(tendon);如肌腹为扁平的,腱也为扁平状,称腱膜(fasciae or aponeuroses)。

众所周知,脊椎动物的肌肉有颜色发红的"红肌"和颜色发白的"白肌"之分,如鸡的胸肌是白肌,而大腿肌肉是红肌。

肌肉有红、白之分,这是由于脊椎动物的肌肉包括3类在功能上和形态上都有区别的肌纤维。这3类肌纤维是:红肌纤维、白肌纤维和中间型。红肌纤维呈红色,含有较多量的肌红蛋白(myoglobin),直径较小,血管较多,线粒体含量多,收缩力较小,反应迟缓但持久而不易疲劳。白肌纤维呈白色,肌红蛋白含量较少,直径较大,血管较少,线粒体含量少,收缩力大,反应迅速,但易疲劳。中间型肌纤维则介于红肌纤维和白肌纤维之间。多数动物从肉眼观察并不能截然分清红、白肌,但在新屠宰的有些动物的肉尸上可以分得清楚。很有趣的例子是,在兔的大腿内侧有一块很发达的白肌(内收大肌)，其中包裹着一条红色的肌肉柱(半腱肌)，从横断面来看，就像铅笔白色的木质部裹着红笔芯一样。

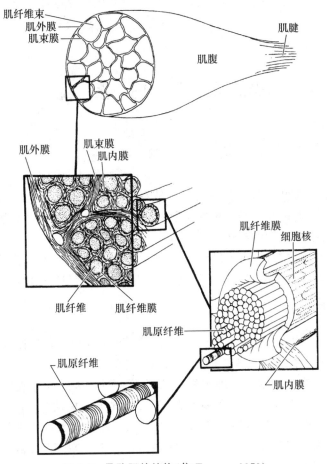

图 6-1 骨骼肌的结构(仿 Torrey，1979)

二、肌肉的种类

根据肌肉组织的形态特点，肌肉可以分作 3 大类：骨骼肌、平滑肌和心肌。

1. 骨骼肌

骨骼肌(skeletal muscles)附着于骨骼上，是构成运动装置的主要部分。发生上来自中胚层的体节。肌纤维呈长圆柱形，是一个多核的细胞，在每一条肌纤维中含有 100～200 个核。核呈椭圆形，分布于肌纤维的外周部分。骨骼肌又称横纹肌(striated muscles)，这是由于在显微镜下观察，可见肌纤维的细胞质里有明暗相间、规则排列的横纹。骨骼肌受脊神经和部分脑神经的支配，能随意活动，故又称随意肌(voluntary muscles)，收缩快而有力，有较高的兴奋性，但易疲劳。

2. 平滑肌

平滑肌(smooth muscles)是构成内脏各器官腔壁的肌肉，如形成消化管、呼吸管、血管和泌尿生殖管壁的肌层和真皮内的竖毛肌、眼球内虹膜等层的散在平滑肌束。发生上来自中胚层侧板的脏壁中胚层。平滑肌细胞呈细长的纺锤形,每一个细胞都有一个杆状的细胞核,位于细胞中央,细胞质内含有很细的肌原纤维,沿细胞长轴排列,在显微镜下观察,细胞质中没有明暗相间的横纹。平滑肌受交感神经和副交感神经支配,不受意志支配,不能随意活动,故又称不随意肌(involuntary muscles)。平滑肌收缩比较缓慢而持久。

3. 心肌

心肌(cardiac muscles)构成心脏壁的肌肉。心肌纤维也具横纹,但与骨骼肌不同,其特点是:每一细胞仅有一个细胞核,位于中央,心肌纤维较细,彼此以分支互相连接形成网状。肌纤维不仅具有横纹,另外还有一染色较深的横线,称闰盘(intercalated disc)。在电子显微镜下可显示出,闰盘是心肌细胞之间的界限,相邻两细胞膜在此处凹凸相嵌合。心肌和平滑肌一样,发生上来自中胚层侧板,同受植物性神经的支配,属不随意肌。其收缩比骨骼肌较慢,具有显著的自动节律性。

在比较解剖学上,有关肌肉的研究,多侧重在骨骼肌上。

骨骼肌又可按照它们着生部位和发生上的不同,作以下的分类:

体节肌(somatic muscles)
 躯干肌和尾肌(trunk and tail muscles)
  轴上肌(epaxial muscles)
  轴下肌(hypaxial muscles)
 鳃下肌和舌肌(hypobranchial and tongue muscles)
 外生眼球肌(extrinsic eyeball muscles)
 附肢肌(appendicular muscles)
  内生肌(intrinsic muscles)
  外生肌(extrinsic muscles)
鳃节肌(branchiometric muscles)
 颌弓肌(muscles of the mandibular arch)
 舌弓肌(muscles of the hyoid arch)
 鳃弓肌(muscles of the pharyngeal arches)
皮肤肌(integumentary muscles)

三、骨骼肌的运动

肌肉借肌腱(或腱膜)附着于骨块上,肌肉中间比较粗大的游离部分称肌腹(belly)。其中,肌腹圆形,腱呈索状,通常称为腱;而肌腹扁平,腱也呈扁平状,则称腱膜。

每块肌肉有其起点和止点。当肌肉收缩时,其固定不动的一端,称起点(origin),另一端为止点(insertion),肌肉收缩时牵引止点所附着的骨块产生运动。有些肌肉的起点超过一个,则每一个起点称作一个头(head);另外有些肌肉有数个止点,则每一个止点称作一个结(slip)。有些肌肉的起止点是可以互换的,如锁乳突肌起源于头骨的乳突,止于锁骨,其作用是向前牵引前肢;但当起止点互换时,即起于锁骨,止于头骨的乳突,则其作用是转动头、颈部。

动物的各种运动,很少是一块肌肉收缩来完成。协同主动肌(prime mover or agonists)产生动作的肌肉称协同肌(synergists)。通常一个动作的完成是由两组或多组作用相反的肌群共同协调完成的。这种作用相反的肌肉或肌群,称颉颃肌(antagonistic muscles)。颉颃肌肌群间的关系是相反相成的,它们是在神经系统的支配下实现着有规律的运动。

肌肉依其引起运动类型的不同,可分为以下几种:

(1) 伸肌(extensors),收缩时,连成关节的各骨块间角度变大。

(2) 屈肌(flexors),和伸肌相反,收缩时使关节角度变小。

(3) 内收肌(adductors),牵引附肢从静止的位置向躯体的正中矢状面接近。

(4) 外展肌(abductors),牵引附肢从静止的位置离开正中矢状面。

(5) 提肌(levators),收缩时,使某一结构产生提举动作。

(6) 降肌(depressors),收缩时,使某一结构产生下降动作。

(7) 牵引肌(protractors),收缩时,使某一结构产生前拉动作。

(8) 牵缩肌(retractors),收缩时,使某一结构产生后拉动作。

(9) 旋肌(rotators),收缩时,使肢体沿关节纵轴发生旋转运动。这种肌肉又分两种:旋前肌(pronators)使掌旋转向下,旋后肌(supinators)使掌旋转向上。

(10) 缩肌(constrictors),收缩时,使孔道缩小。这种围绕孔道的闭肌,常称之为括约肌(sphincters)。

(11) 张肌(dilators),收缩时,使孔道扩大。

四、肌肉的命名原则

肌肉的命名是有一定原则的,掌握命名原则将为寻找肌肉提供线索,并有助于记忆肌肉名称。

(1) 按形状命名,如三角肌、圆肌、锯肌;

(2) 按肌束走向命名,如斜肌、直肌、横肌;

(3) 按所在位置命名,如胸肌、颞肌、浅肌、深肌;

(4) 按肌头数目命名,如二头肌、三头肌;

(5) 按肌肉起止点命名,一般是将起点放在前面,如胸骨乳突肌,即起于胸骨,止于乳突;

(6) 综合性命名,如腹外斜肌,指明该肌是在腹部、外层、肌纤维斜行。

应指出:最初肌肉的命名是数百年前根据人体而定的,后一直沿用于脊椎动物(特别是四足类)的相应肌肉。因此,不同纲动物的同名肌肉并不一定是同源的。

五、肌肉的同源问题

研究肌肉同源问题的基本途径有三:

(1) 比较解剖。追溯脊椎动物之间的肌肉同源问题存在很多困难,肌肉因长期适应于某种功能,常发生变异,例如,在一种动物是一块肌肉在另一种动物中可以分为两块或更多块,因此它们的形状与附着点也发生改变,远不如骨骼稳定、易于比较。一般根据肌肉在骨骼上的位置、起止点及与其他肌肉的关系来比较。在古动物学中根据骨骼化石上的嵴、突、隆起等肌肉附着的标志,可以作为肌肉复原(重建)时的参考,但这与现存动物的肌肉毕竟不同,有时会产生一定的误差。

(2) 胚胎学。研究肌肉胚胎发生的连续各阶段,是研究肌肉同源关系的一个重要方面。例如,鲨的鳃下肌,其位置已在头部(位于肩带至下颌底部之间),但受脊神经支配,从胚胎学的研究,知鳃下肌是由躯干前部腹端的肌节向前延伸形成(图6-6),属于躯干肌,故受脊神经支配。

（3）神经支配。每一块肌肉都有神经进入，一定的躯干肌有一定的脊神经进入，一定的头肌有一定的脑神经进入，在所有的脊椎动物中都是如此，因此，神经支配就成为鉴定肌肉同源的重要标志。肌节在发生过程中经历了很大的变化，而支配它们的神经随着原肌节转移。例如，膈肌是由颈部肌节下移形成的，支配它的膈神经也是来自颈部脊神经，当横膈下移时，膈神经也随之伴随下行。神经支配虽然是鉴定肌肉同源关系的重要标志，但由于神经常分出复杂的吻合支，而且追踪神经的微细分支较为困难，在实际应用上也不是轻而易举的。

六、肌肉的胚胎发生

在脊椎动物早期胚胎中，背中线的两侧有成对的中胚层体腔囊出现。每一个体腔囊分为上、下两部分：上部也叫体节（somite），进一步分化为生皮节、生骨节和生肌节3部分。

由生肌节发生出体节肌。在成体水生动物中体节肌分化很少，基本上还保持分节的结构。演进到陆栖动物，体节肌分化成为各种形状的肌肉块。在分化过程中肌节经过复杂的变化，失去早期的分节现象，仅在少数区域还保留分节的遗迹，如背部深层肌肉棘间肌、横突间肌及腹壁中央的腹直肌。

体腔囊的下部也叫侧板或下节（hypomere）。侧板的外层紧贴体壁，称体壁中胚层（somatic mesoderm），内层紧贴肠管，称脏壁中胚层（splanchnic mesoderm）。由脏壁中胚层发生出平滑肌。心肌则是平滑肌的一种特殊类型。

鳃节肌来自侧板的脏壁中胚层。皮肤肌乃由体节肌和鳃节肌分离出来形成。

第二节 体 节 肌

体节肌在发生上来自胚胎中胚层的生肌节，受脊神经和第Ⅲ、Ⅳ、Ⅵ、Ⅻ对脑神经支配。在水栖动物中体节肌分化很少，保留着原始分节的结构；演进到陆栖动物，分化多，成为不同形状的肌肉块，仅在少数部位保留着分节的遗迹。

一、躯干肌

躯干肌在各类动物中的演变情形如下。

（一）文昌鱼

全身肌肉保持着原始的肌节形态，从前到后排列整齐，没有任何分化。肌节呈人字形。角顶朝前，肌节间以结缔组织的肌隔分开。背腹之间没有水平生骨隔，所以肌节还没有轴上肌和轴下肌之分。身体两侧的肌节交错排列，即一侧的一个肌节位于对侧的两个肌节之间，由于肌节的这种排列，文昌鱼才能在水平方向上作弯曲活动。

（二）圆口类

与文昌鱼相似，也是由一系列原始肌节组成，只是肌节的形状略有不同，呈≤形。七鳃鳗也没有水平生骨隔。

以上两类动物的神经背根与腹根分开，进入肌节的神经是腹根发出的运动神经。

（三）鱼类

鱼类仍然保留肌节的形态，与七鳃鳗相似，但水平生骨隔发生，该生骨隔从脊柱直达皮肤侧线所在的位置，于是所有的肌节被分为背部的轴上肌和腹部的轴下肌两部分，前者受脊神经的背支所支配,后者为脊神经的腹支所支配。鲨鱼的肌隔呈圆锥形,尖顶一个套着一个,结果形成若干互相套叠的漏斗,所以在横切面上呈现一系列的同心圆。

鱼类的轴上肌发达,其肌肉纤维一般为纵行的,没有什么改变。左右两侧轴下肌在腹中线处以白线(linea alba)相隔。轴下肌开始有了变化,在轴下肌腹外侧方表层有一薄层斜行的肌纤维,这是斜肌的开始。靠近腹部白线处,表层有一束肌纤维,其方向为前后走向,这是腹直肌的起始。也有一部分深层的轴下肌附在肋骨上,成为肋间肌的先驱。以上这些斜肌、直肌、肋间肌只是开始分化,尚没有分离成为独立的肌肉。

鱼类的脊神经与陆生四足类一样,背根与腹根结合成一条混合的脊神经,结合后运动(传出)与感觉(传入)神经混合,再分为背支与腹支,背支进入轴上肌与背部皮肤,腹支进入轴下肌与腹部皮肤。应指出,这一点和文昌鱼、七鳃鳗皆不同,它们的背根和腹根不相结合。

以上情况说明水生脊椎动物运动形式简单(两侧摆动),躯干肌仍保持肌节的原始形态,分节现象明显,少分化,未分层。

(四) 两栖类

脊椎动物由水生到陆生,身体和四肢的运动更加复杂化,而且四肢还有承载体重的问题。躯干肌分化程度增大,分离出许多独立的肌肉块。和鱼类相对比,陆生四足类的躯干肌肉有以下几方面的变化:

(1) 轴下肌分化为3层:外斜肌(肌纤维向腹后方走行)、内斜肌(肌纤维向腹前方走行)及腹横肌(肌纤维基本上是背腹向的)。此外,在腹白线两侧还有狭长的腹直肌(肌纤维前后走行)。腹白线是位于腹部正中线的白色腱膜,由腰带的耻骨联合向前达胸骨的剑突。

左右两侧的外斜肌、内斜肌、腹横肌均止于腹白线。

(2) 轴下肌的分节现象逐渐趋向不明显,肌隔渐消失,各肌节互相愈合而成为肌肉束,只在腹直肌上可见到数条横行的腱划(inscription),此乃肌肉分节的遗迹。

(3) 四足类的轴上肌所占比例较鱼类为小,这是由于水平生骨隔的位置靠上,其结果是轴上肌在躯干肌中只占一小部分。

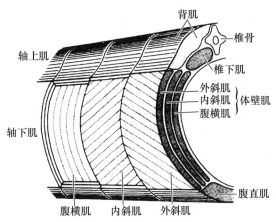

图 6-2　有尾两栖类的躯干肌(仿 Torrey, 1979)

(4) 强大而复杂的附肢肌系在整个肌肉系统中占有很大的比重,往往从表层覆盖着躯干肌。

有尾两栖类(图 6-2)的轴下肌已分化出3层,腹白线两侧有腹直肌。但上述肌肉全部仍有肌隔横过,所以在外表上肌节仍然很分明。附肢肌肉已略有分化,但远不如蛙的复杂。轴上肌还很少分化,主要肌肉是由前到后保留肌节的背长肌(longissimus dorsi)。

无尾两栖类的肌隔已经退化,即肌肉的分节现象已经模糊,仅在腹直肌上尚可见到5条横行的腱划,代表肌肉分节的遗迹。轴下肌分层的情况与有尾类相同。

(五) 爬行类

由于爬行类四肢、颈部的发达以及脊柱的加强,躯干肌更趋于复杂分化(图 6-3),特别是发展了陆栖动物所特有的肋间肌和皮肤肌。肋间肌是由胸部的斜肌分化而来,分为肋间外肌和肋间内肌两层。肋间肌牵引肋骨的升降,协同腹壁肌肉完成呼吸动作。

在肋骨以前的斜肌成为颈部的斜角肌。腹直肌因有胸骨的存在而被隔开成为胸骨以前和胸骨以后两部分。一些胸骨以前部分的肌肉分化为颈区的胸舌骨肌、胸甲状肌、甲状舌骨肌;胸骨以后的部分仍保持腹直肌的形态。

从爬行类开始,轴上肌由单一的背长肌分化为以下3组肌肉:一组是背最长肌(longissimus dorsi)本体,位于横突的上面,是轴上肌最大的肌肉;另一组是背髂肋肌(iliocostalis dorsi),止于肋骨的基部;第三组是背脊肌(spinalis dorsi),沿颈部两侧走向头骨的颞部。在深层,还有 3 组分节排列的短肌:一组是横突间肌(intertransversarii),位于横突与横突之间;一组是棘横突肌(transversospinales),位于神经棘和前一个脊椎骨的横突之间;还有一组是棘间肌(interspinales),位于神经棘和神经棘之间。从爬行类开始,椎骨的棘突、横突及关节突都很发达,这些突起都是肌肉附着的地方,整个躯干部强大而且灵活。

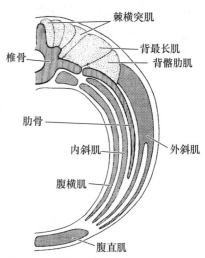

图 6-3 鳄的躯干肌(仿 Torrey,1979)

龟鳖类由于甲板的存在,轴上肌大为退化,这和鸟类因腰、荐椎愈合为综荐骨,轴上肌不发达的情况有共同之处。相反的,蛇的轴上肌较为复杂,由直肌及斜肌引伸出一些特殊的肌肉,从肋骨连至鳞片下面的皮肤,用以牵引腹部鳞片辅助爬行,这类肌肉一般归入皮肤肌内。

(六) 鸟类

鸟类的肌肉系统和其他羊膜类相比区别很大,这和它们的特殊飞翔生活方式相联系。

鸟类的肌肉系统具有以下特点:

(1) 与飞翔有关的胸肌特别发达。胸肌属于附肢肌。

(2) 躯干背部的肌肉不发达。

(3) 后肢的肌肉比较发达。肌肉集中分布在股部和小腿的上方,各以长的肌腱连到脚上。

(4) 皮肤肌发达。皮肤肌的收缩可引起皮肤的抖动,使羽毛竖起。

(5) 背部由于综荐骨已愈合为一整体,因而轴上肌极不发达,仅颈部和尾端牵动尾综骨和尾羽的肌肉还较发达。

(七) 哺乳类

哺乳动物的肌肉(图 6-4)和爬行类基本相似,但由于躯干部已完全抬离地面,以四肢支持身体,因而和运动有关的附肢肌和躯干肌更加复杂和强大。

在轴下肌方面,胸部的斜肌除引伸出肋间肌外,另外引出锯肌(serratus muscles),连接脊椎骨和肋骨,其作用为牵引肋骨,和呼吸相关。这块肌肉的位置偏于背方,但是支配它的神经是腹支,可以证明锯肌属于轴下肌。此外,由轴下肌分化出连接胸椎、腰椎到腰带及大腿骨的腰肌(psoas muscles)。腰肌包括腰大肌、腰小肌、腰方肌,这几块肌肉俗称为"里肌"。由颈部的斜肌引伸出连接肋骨和颈椎的斜角肌(scalenus muscle),其作用为前提肋骨,扩大胸廓,助深呼吸。腹部斜肌也和爬行类一样,分化为三层:腹外斜肌、腹内斜肌和腹横肌。腹白线两侧有腹直肌。腹直肌仍保留残遗的肌肉分节现象,直到人类,该肌仍保留腱划,是人类痕迹器官的一例。哺乳类的睾提肌(cremaster muscles),即构成阴囊外壁的一薄层肌肉,是由腹内斜肌向后延续而来。此外,哺乳类具有的锥体肌(pyramidal muscles),是由腹直肌分化而来,由耻骨向前伸延至腹白线。锥体肌在无胎盘哺乳类很发达,与袋骨相平行。有胎盘哺乳类的锥体肌则大多消失。尾部肌肉在鱼类极为发达,登陆以后的羊膜动物,尾肌失去其原有的重要性而大多退化。具尾的羊膜类,视其尾的发达程度和功能不同而有变异,如鲸的尾部肌肉特别发达。尾部一部分肌肉失去与骨骼的联系,成为肛门括约肌。

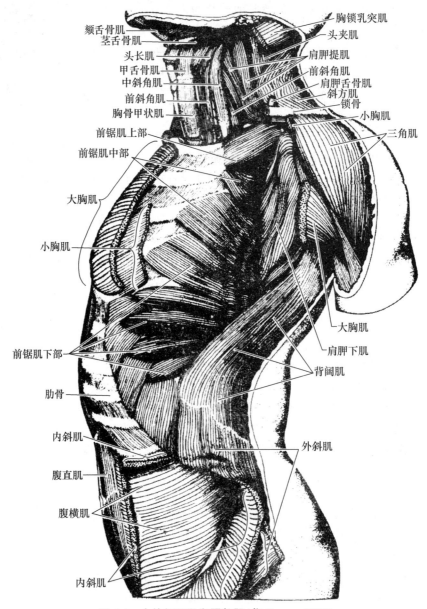

图 6-4　人的躯干肌和颈部肌(仿 Torry, 1979)

膈肌(diaphragmatic muscle)是哺乳动物所特有的。在胚胎发生上,它是从颈部轴下肌而来,以后下移到胸腔和腹腔之间,支配它的膈神经是由颈神经的腹支汇合形成。

在轴上肌方面,哺乳类与爬行类近似,但又因附肢肌的发达而发生变化,有相当一部分躯干肌被强大的肩带肌和腰带肌所覆盖。浅层的长肌束包括背髂肋肌、背最长肌和背半棘肌(或背棘肌);深层还有分节排列的短肌,和爬行类基本一致。哺乳类的多裂肌(multifidus muscles)位于棘突两侧,相当于爬行类的棘横突肌。颈部最大的轴上肌——夹肌(splenius)则是爬行类所没有的。

二、鳃下肌和舌肌

鳃下肌(hypobranchial muscles)是两侧鳃弓之间腹面的肌肉。鲨鱼的鳃下肌位于肩带的乌喙棒与下颌骨之间(图6-5)。它包括喙弓肌(coracoarcuales)、喙下颌肌(coracomandibular)、喙舌骨肌(coracohyoids)。这些肌肉构成咽和围心腔的底壁,协助鳃节肌使口腔底部上升、口张开、鳃囊打开等。鳃下肌肉的位置虽然已在头部(鳃下),但在发生上是由躯干前部肌节腹端向前延伸形成,由脊神经支配,实际上属于躯干肌(图6-6)。其所以如此,乃因鳃器妨碍了头部肌节向下的延

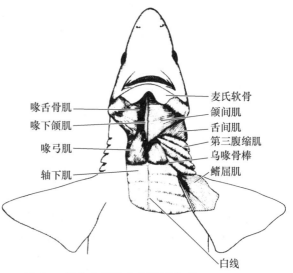

图 6-5　鲨鱼头部肌肉示鳃下肌(仿 Kent, 1997)

伸,鳃下腹中线处的肌肉,乃由鳃后(躯干前部)的肌节向下再向前延伸形成。

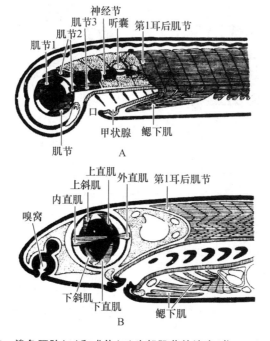

图 6-6　鲨鱼胚胎(A)和成体(B)头部肌节的演变(仿 Neal, 1936)

在陆生四足类，鳃下肌转变为与舌运动有关的肌肉。它包括有颈部的颈直肌（rectus cervicis）、胸舌骨肌（sternohyoid）、胸甲状肌（sternothyroid）、甲状舌骨肌（thyrohyoid）、颏舌骨肌（geniohyoid）和肩舌骨肌（omohyoid）。

哺乳类的舌最为发达，除以上各肌外，和舌的活动相关肌肉还有颏舌肌（genioglossus）、舌骨舌肌（hyoglossus）、茎舌肌（styloglossus）和舌固有肌（lingualis）。其中前3块肌属于舌的外生肌，舌固有肌是舌的内生肌，并未和骨块相连，肌纤维分纵、横、垂直3个方向走行。

在羊膜类，由舌下神经（第Ⅻ对脑神经）支配和舌运动有关的舌肌在系统发生上与鱼类的鳃下肌同源。

三、外生眼球肌

外生眼球肌（extrinsic eyeball muscles）是指6条转动眼球的肌肉。在发生上，它们是由胚胎期头部耳囊前面的3个耳前肌节（preotic somites）分化出来的。这3个耳前肌节依次称为Ⅰ、Ⅱ、Ⅲ对肌节（图6-6），它们在脊椎动物各纲中都演变成动眼肌肉，分别被3对脑神经所支配（图6-7，表6-1）。

(1) 第Ⅰ对肌节（又名颌前节，premandibular somite）：在每侧各形成上直肌、下直肌、内直肌和下斜肌四条眼肌，皆受第Ⅲ对脑神经的支配；

(2) 第Ⅱ对肌节（又名颌节，mandibular somite）：每侧各形成上斜肌，受第Ⅳ对脑神经的支配；

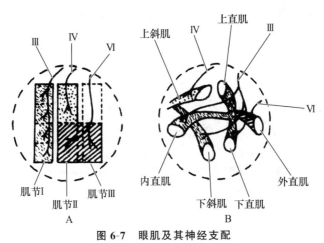

图 6-7 眼肌及其神经支配

A. 3个耳前肌节；B. 6条眼肌及其神经支配（仿 Torrey，1979）

(3) 第Ⅲ对肌节（又名舌节，hyoid somite）：各形成外直肌和眼球缩肌，受第Ⅵ对脑神经的支配。

眼球缩肌在两栖类第一次见到，起着协助吞咽食物的作用，这是由于眼球缩肌的收缩可使眼球稍向口腔突进，借此推挤口腔内的食物入食管。羊膜动物中，有些止于眼睑和瞬膜上的肌肉也是由前3对肌节分出来的，如爬行类和鸟类的锥肌、鸟类的方肌，爬行类和哺乳类的上睑提肌。

表 6-1 前 3 对肌节分化的眼外肌及其神经支配

肌节	神经支配	眼外肌	眼睑肌等
I	Ⅲ（动眼神经）	上直肌(superior rectus) 下直肌*(inferior rectus) 内直肌(internal rectus) 下斜肌(inferior oblique)	上睑提肌(levator palpebrae superioris)
Ⅱ	Ⅳ（滑车神经）	上斜肌(superior oblique)	
Ⅲ	Ⅵ（外展神经）	外直肌(external rectus) 眼球缩肌(retractor bulbi)	锥肌(pyramidalis) 方肌(quadratus)

* 七鳃鳗的下直肌是由第Ⅵ对脑神经支配。

四、附肢肌

附肢肌(appendicular muscles)可分为两组：一组是内生肌(intrinsic muscle)，起于带骨或起于附肢骨近端部，止于附肢骨远端部，收缩的结果仅能使附肢本身动作；另一组是外生肌(extrinsic muscle)，起点在附肢以外（躯干中轴骨骼或躯干的筋膜），止点在附肢骨上，收缩的结果，能使整个附肢运动。

在胚胎发生上，鱼类和陆生四足类的附肢肌肉来源不同（图6-8）。鱼类是从靠近肢芽的肌节腹缘分出间充质细胞，迁移到肢芽中形成附肢肌（鳍肌）。两栖类以上的四足类情况就不同，是从侧板的体壁分出间充质细胞，迁移到肢芽而形成附肢肌肉。但也有人认为附肢肌肉在发生上两种来源均有可能。一般在背部的肌肉成为伸肌和提肌，腹部的肌肉成为屈肌和降肌。

鱼类的附肢为鳍。鳍肌由躯干的肌节衍生。奇鳍的肌肉只是一些小的肌芽，数目很多。奇鳍控制方向，只向两侧摆动，因此骨骼与肌肉都很简单。在偶鳍中由于运动

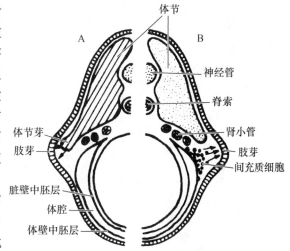

图 6-8 鱼类(A)和四足类(B)附肢肌的发生来源

的需要，肌肉开始分化为提肌、降肌、外展肌、内收肌等以执行不同的功能，但是这些肌肉都属于外生肌，即肌肉的一端附着在鳍骨上，而另一端则附着于躯干肌节的筋膜与腰带骨或肩带骨上。鳍肌的收缩只能使鳍作整体运动，鳍因没有明显的内生肌，所以不能作局部的运动。鲨鱼的胸鳍和腹鳍背腹两面皆有肌肉附着于鳍软骨之上，背肌为伸肌（或称提肌、外展肌），腹肌为屈肌（或称降肌、内收肌）。

陆生脊椎动物以四肢代替了偶鳍。肌肉除去外生肌，还发展了内生肌，所以有可能在前后肢内作各种局部的运动，如伸指、屈指、伸腕、屈腕、外展内收、旋前旋后、转动等。外生肌也远比水栖动物的复杂强大。次生性水栖动物的四肢骨骼简化似鳍，肌肉也随之简化，可以说明环境对四肢结构的影响。

鸟类与飞翔有关的胸肌特别发达，约占体重的五分之一，属于翼的外生肌。大胸肌起于龙

骨突，止于肱骨的腹面，收缩时使翼下降；小胸肌起于龙骨突，止于肱骨近端的背面，收缩时使翼上升。鸟翼的内生肌很不发达，在鼓翼时，翅膀成为一个整体。

哺乳类四肢的肌肉强大有力，分化复杂，其特点是连躯干的肌肉铺展面较广，如背阔肌，肢内的浅面肌肉形状多细长，以长腱跨过多关节附着在细长的骨块上，附着点很小，如伸指肌，特别是人类手的屈指肌等。在深面的有短肌，如旋前方肌，只跨过一个关节，但此类肌肉为数较少。这类肌肉在蝾螈的四肢中占优势，在哺乳类四肢中细长而跨过多关节的肌肉占优势，可见这种肌肉是随着四肢骨骼的进步而发展的。鲸的前肢变化成鳍，四肢骨简化，附肢肌也随之简化。

在比较解剖学中，附肢肌的同源问题也比其他部分更为复杂，首先，在胚胎发育中不似低等脊椎动物重演由肌节分化的步骤，而是在自己的部位发生，失去与肌节的联系。其次，由于支配的神经先结合成丛，到四肢的分支都是从神经丛中发出，因此原来一向可靠的鉴定标准准确性减少。最后，四肢适应各种生活环境，肌肉的变异性特大，作比较研究也是困难重重。一般是注意其起止点、作用及和其他肌肉的关系，参考神经与血管的分布等来判断。

下面将四足类附肢肌的同源关系按前、后肢背肌组和腹肌组分述如下：

1. 四足类前肢背肌组重要的肌肉（图 6-9、6-10）

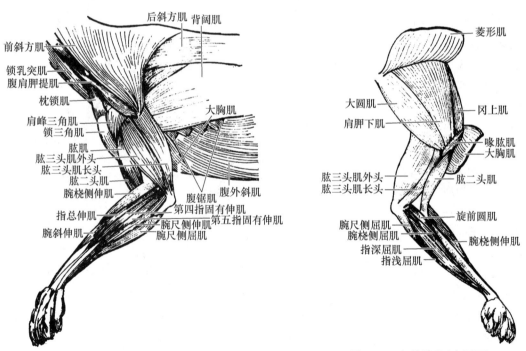

图 6-9　兔前肢肌（外侧面）　　　　图 6-10　兔前肢肌（内侧面）

(1) 背阔肌（latissimus dorsi）：见于所有四足类，哺乳类中特别发达。

(2) 肩胛下肌（subscapularis）：哺乳类中发达。从胚胎学上证明大圆肌（teres major）是由肩胛下肌分离出来的。

(3) 肩胛上肌（dorsalis scapulae）：两栖类的肩胛上肌是前肢的外展肌，一直保留到羊膜类各纲，形成两块或多块三角肌（deltoids），如哺乳类的锁三角肌、肩峰三角肌、肩胛三角肌。

(4) 三头肌（triceps）：见于所有四足类。三头肌在各纲中皆是前臂强而有力的伸肌，起于肩胛骨,止于尺骨;在哺乳类,止于肘突。

(5) 腕关节和指关节伸肌:多块,起点多在肱骨外上髁,其作用是伸腕和伸指。

2. 四足类前肢腹肌组重要的肌肉

(1) 胸肌(pectoralis):见于所有四足类,有时分为数块。在飞翔的种类中,大胸肌是前肢强有力的内收肌,其作用是使翼下降。

(2) 上乌喙肌(supracoracoid):两栖类的上乌喙肌,在鸟类和哺乳类有所分化。

在鸟类,上乌喙肌移到胸骨,位于大胸肌深层,称为小胸肌。起于胸骨,以长的肌腱穿过由锁骨、乌喙骨和肩胛骨所构成的三骨孔,止于肱骨近端的背面。由于三骨孔起着滑车的作用,改变了力的方向,收缩时,使翼上抬。

在哺乳类,其止点在肱骨仍未变,但由于乌喙骨退化,使肌肉的起点移至肩胛骨,在肩胛冈的两侧分别形成冈上肌(supraspinatus)和冈下肌(infraspinatus)。

(3) 喙肱肌(coracobrachialis):在两栖类很发达,到了哺乳类成为内收上臂的一块小肌肉。

(4) 肱二头肌(biceps)和肱肌(brachialis):二者皆是前臂的屈肌,后者仅见于羊膜类。

(5) 腕关节和指关节屈肌:多块,大多起于肱骨内上髁,其作用是屈腕和屈指。

3. 四足类后肢背肌组重要的肌肉(图 6-11、6-12)

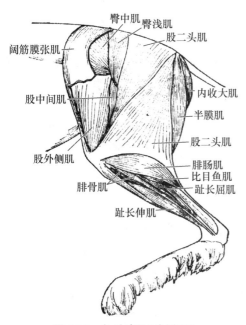

图 6-11 兔后肢肌(外侧面)

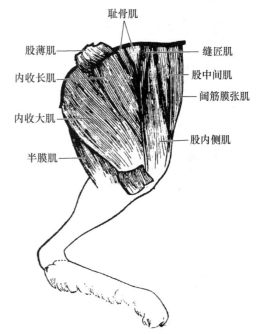

图 6-12 兔后肢肌(内侧面)

(1) 臀肌(gluteal muscles):哺乳类位于臀部的臀肌发达,作用为伸展大腿。在蝾螈的同源肌肉为髂股肌(iliofemoralis)。

(2) 股四头肌(quadratus femoris):哺乳类该肌有 4 个头(股外侧肌、股内侧肌、股直肌、股中间肌),位于股骨的背面和两侧,4 个头都是经髌骨及跨过髌骨的腱,止于胫骨粗隆,作用为小腿的伸肌。在蝾螈的同源肌肉为髂伸肌(ilioextensorius)。

(3) 跗关节和趾关节伸肌：位于小腿前面和外侧面，其作用为伸足。

4. 四足类后肢腹肌组重要肌肉

(1) 闭孔肌(obturator muscles)：在哺乳类位于骨盆壁的内面(闭孔内肌)和外面(闭孔外肌)，盖住闭孔。作用为内收大腿并使大腿转动。在蝾螈，其同源肌肉为耻坐股肌(pubioischiofemoralis)。

(2) 内收肌(femoral adductors)：位于腰带和股骨间的腹面。在蝾螈，其同源肌肉为耻坐胫肌(pubioischiotibialis)。

(3) 大腿和小腿的屈肌：在哺乳类包括股薄肌(gracilis)、半膜肌(semimembranous)、半腱肌(semitendinosus)和股二头肌(biceps femoris)。在蝾螈，其同源肌肉为耻坐胫肌和坐屈肌(ischioflexorius)。

(4) 尾股肌(caudofemoralis)：在爬行类是一块重要的大腿屈肌；但在哺乳类，随着尾的退化，此肌也随之退化。

(5) 跗关节和趾关节屈肌：位于小腿后面和内侧面，多数肌以长腱绕过踝关节，止于脚底面。

第三节 鳃节肌

水生脊椎动物头部肌肉除眼肌外，主要是鳃(咽)部的一系列内脏随意肌，称为鳃节肌(branchiomeric muscles)(图6-14)。鳃节肌具有下列特点：

从着生部位来看，鳃节肌着生在颌弓、舌弓和鳃弓上，即构成消化管前面一部分的肌肉壁。

从功能上来看，鳃节肌分别管理上下颌的开关、舌弓和鳃弓的运动，即和摄食与呼吸这两类内脏活动相关。

从发生上来看，鳃节肌来自侧板(hypomere)的脏壁中胚层，因此，属于内脏肌而不属于体节肌。但是，鳃节肌又不同于内脏各器官腔壁的内脏平滑肌，它是随意肌，而且肌纤维上有横纹，已转变成横纹肌。

从神经支配上来看，鳃节肌受第Ⅴ、Ⅶ、Ⅸ、Ⅹ对脑神经以及脊枕神经(无羊膜类)或Ⅺ对脑神经(羊膜类)所支配，而不像一般体壁横纹肌那样受体壁运动神经支配。

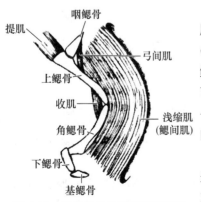

图6-13 鲨鱼的单个鳃弓示鳃节肌
(仿 Torrey, 1979)

鱼类(如鲨鱼)的鳃节肌分作缩肌系、提肌系和弓片间肌系(图6-13)。其缩肌系又分背腹两部分，即背缩肌(dorsal constrictor)和腹缩肌(ventral constrictor)，着生在鳃裂的背腹两面。缩肌的作用是缩紧鳃囊，压水外出，并且可以关闭鳃裂和口。提肌系的作用为提举鳃弓和上颌(第一条提肌为上颌提肌)。弓片间肌系为短肌，着生于鳃弓间，其作用是拉紧弓片在一起。

陆生脊椎动物，随着鳃的消失，除颌弓外，鳃弓大多改造或消失，鳃节肌也随之演变，只能根据神经的支配，加以对比和鉴定。

下面依咽弓的顺序分别叙述：

(1) 颌弓肌：在鲨鱼和其他鱼类有止于麦氏软骨的下

颌收肌(adductor mandibulae)和平铺于下颌软骨之间的下颌间肌(intermandibularis)，前者由第一背缩肌而来，后者由第一腹缩肌而来；有止于腭方软骨的上颌提肌(levator maxillae)，管理口的关闭和张开。在陆生四足类，颌弓肌成为闭口肌和开口肌，管理咀嚼。闭口肌有咬肌、翼肌和颞肌，开口肌主要是二腹肌的前肌腹和颏舌骨肌。此外，哺乳类在中耳内有极小的鼓膜张肌附着于锤骨上，也是由下颌肌的一部分延伸而来。颌弓肌受第Ⅴ对脑神经颌支的支配。

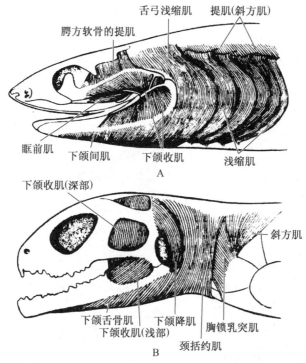

图 6-14　鲨鱼(A)和爬行类(B)的鳃节肌(侧面观)(仿 Romer，1978)

(2) 舌弓肌：如鲨鱼的舌骨间肌和舌弓的缩肌。在陆生四足类，有些舌弓肌仍保留和颌弓的联系。大多数四足类的下颌降肌为舌弓肌，连到下颌(哺乳类除外)。代替它的是哺乳类二腹肌的后肌腹。由此可见，二腹肌有双重来源，其前肌腹属颌弓肌，受第Ⅴ对脑神经的支配；其后肌腹属舌弓肌，受第Ⅶ对脑神经的支配。舌骨间肌最后面的肌纤维成为颈括约肌，在哺乳类，由颈括约肌发展成为面部肌肉。哺乳动物的茎突舌骨肌以及中耳里的镫骨肌都来自舌弓肌。茎突舌骨肌止于舌骨前角，镫骨肌止于镫骨。舌骨的前角和镫骨两者都是由胚胎的舌弓演变而来。镫骨来自舌弓的舌颌骨，镫骨肌与听觉相关，这一功能可以追溯到古代有尾两栖类。

鳃弓肌(第三至第七对咽弓)：包括使鳃弓张开与关闭的肌肉。属于第三对咽弓的肌肉，为舌咽神经所支配，属于第四至第六对咽弓的肌肉皆为迷走神经所支配，属于第七对咽弓的肌肉，在羊膜类受第Ⅺ对脑神经支配。

在陆生动物中，这些鳃弓肌肉成为咽与喉部的肌肉。在羊膜动物中副神经加入到脑神经之内(第Ⅺ脑神经)，在哺乳类第Ⅺ、第Ⅻ这两对脑神经支配大多数咽与喉部的肌肉，除此而外，它们还支配与肩带相连的 3 块肌肉，即斜方肌、胸乳突肌和锁乳突肌。

下面以表格的形式对比鲨鱼和陆生四足类主要的鳃节肌及其神经支配(表 6-2)。

表 6-2 鲨及陆生四足类的鳃节肌

咽 弓	鲨的咽骨	主要的鳃节肌		神经支配
		鲨鱼	陆生四足类	
第一对颌弓	麦氏软骨	下颌间肌 下颌收肌	下颌间肌 颏舌骨肌前部 二腹肌前肌腹 下颌收肌 咬肌 颞肌 翼状肌 鼓膜张肌	第Ⅴ对脑神经
	腭方软骨	上颌提肌		
第二对舌弓	舌颌骨 角舌骨 基舌骨	舌颌提肌 背缩肌 舌骨间肌	镫骨肌 茎舌骨肌前部 颏舌骨肌后部 下颌降肌 二腹肌后肌腹 颈括约肌 颈阔肌 表情肌	第Ⅶ对脑神经
第三对咽弓		鳃弓的缩肌和提肌	茎突咽肌	第Ⅸ对脑神经
第四至第六对咽弓		鳃弓的缩肌和提肌	咽部横纹肌 甲杓状肌 环杓状肌 环甲状肌	第Ⅹ对脑神经
第七对咽弓		原斜方肌 (可能也来自背缩肌3~6)	斜方肌 胸乳突肌 锁乳突肌	鲨为脊枕神经 羊膜类为第Ⅺ对脑神经

第四节 皮 肤 肌

皮肤肌(integumentary muscles)是连于皮肤下面使皮肤抖动的肌肉,它们在胚胎时期是从皮下的骨骼肌分裂出来,所以有些一端还连于骨骼上,但是一般的情形是与骨骼失去联系,两端都附着于皮肤。

鱼类皮肤与下面的组织紧贴,没有皮肤肌。两栖类开始有皮肤肌,但并不发达,如蛙有胸部皮肤肌、背部皮肤肌及尾部皮肤肌,另外有管理鼻孔上的皮肤唇片开闭的小肌。爬行类和鸟类的皮肤肌逐渐加增,用以活动角质鳞、骨板和羽。蛇用腹鳞运动,是皮肤肌的作用,鸟类常抖动羽毛,也是皮肤肌的作用。

哺乳动物有很发达的皮肤肌,功用也是多种多样,从简单的防御、抖动皮肤发展到人类复杂的表情。哺乳动物的皮肤肌分为两种,即脂膜肌(panniculus carnosus)和颈括约肌(sphincter colli,图 6-15)。

脂膜肌,也称最大皮肌(cutaneus maximus),发生上从体节肌的背阔肌和胸肌而来,为脊神经所支配。位于身体的皮下,为极薄的一层,剥皮时往往随皮剥下。而各种哺乳类的情形不完全一致,在单孔类、有袋类、刺猬、犰狳中很发达;马抖动皮肤驱赶蝇虻也是靠皮肤肌;低等灵长类的脂膜肌退化,只在腋部和鼠蹊部保留残余,人仅在腋部保存少量。

颈括约肌在发生上来自舌弓的鳃节肌,原和舌弓关联,分布着第Ⅶ对脑神经。在爬行类已经出现,分布于颈部皮下。到哺乳类分化为两层:浅层为颈阔肌(platysma),深层为固有颈括约肌。人类的颈阔肌有一部分延伸到头部成为颅顶部肌肉与面部肌肉。颅顶肌的作用有限,趋向于退化。猿猴类头顶和枕部还有完整的枕额肌;而人类的枕额肌分成前后两部:即额肌与枕肌,二者之间以强大的帽状腱膜(galea aponeurotica)(代表退化的颅顶肌)相连。人类因群居社会生活与语言的发生,面肌得到极大的发展,成为表情肌(mimetic muscles),数目达30块之多,用以表达喜怒哀乐等情感。第Ⅶ对脑神经在人类主要支配面部肌肉,因此有面神经之称。颈部深层的固有颈括约肌较小,环绕颈部。有人认为颈括约肌也参与表情肌某些部分的形成。

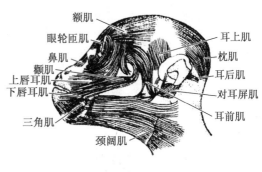

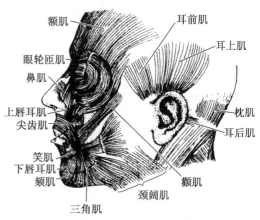

图 6-15　猴(上)和人(下)的颜面肌肉
(仿 Neal & Rand, 1936)

第五节　发 电 器 官

鱼类中有些种类的一部分肌肉转变成为发电器官,能储电和放电作为防御或攻击其他动物之用。电鳐(*Torpedo*)的发电器位于胸鳍内侧靠近鳃处,受面神经(Ⅶ)和舌咽神经(Ⅸ)的支配,由此可知是由鳃节肌转变而来。电鳗(*Electrophorus*)的发电器位于尾部,来自轴下肌,受脊神经的支配,发电器与体重的比例为 1∶2.66,电压可达 500～600 V。产于非洲的电鲶(*Malapterus*),发电器并非由肌肉而来,而是一种特化的皮肤腺,其电压为 400～450 V。

发电器包括大量的电板(最高可达 20 000 块),每一块电板来自一个特化的多核肌细胞,电板之间隔以胶状物质,许多电板包在一个结缔组织构成的小室内,神经通过结缔组织分支到每一电板。电鳐的电板呈垂直排列,放电的方向是由腹侧向背侧;电鳗的电板呈水平排列,放电的方向是由尾部向头部。

其他一些鱼,包括鳐(*Raja*)和长颌鱼(*Mormyrus*),具有同样的发电器,但其放电较弱,其功能是作为定位之用。

第六节 运动力学——三种杠杆

动物体的活动大部分是靠杠杆原理来完成的。骨骼和肌肉共同构成杠杆装置,关节如同枢纽,肌肉的收缩产生力。根据杠杆作用的支点、力点和阻力点位置的不同,可将杠杆分为三类(图6-16)。支点是在杠杆转动时,固定不动的点;力点为力的作用点;阻力点为承受重量的点,又叫重点。

(1)平衡杠杆:支点位于力点与阻力点之间。例如,人的头部在寰枕关节上进行后仰的活动,即属此类。寰椎为支点,肌肉产生的作用力用F表示,头颅的重量为阻力L。F的力矩使头后仰,L的力矩使头前屈。当后仰和前屈的力矩相等时,头趋于平衡。

(2)省力杠杆:阻力点位于力点和支点之间,例如,用脚尖站立时,脚尖是支点,足跟后的肌肉收缩(F)是作用力,体重(L)落在两者之间的距骨上。这种动作属于省力杠杆。由于力臂较重臂长,所以用较小的力就可以支持体重,能够省力。

(3)速度杠杆:力点位于支点和阻力点之间,所以力臂小于阻力臂,所需的作用力较阻力大。这种杠杆虽然费力,但能换来距离较大的移动,赢得较大的运动速度。人体活动中,用手臂正握举起重物时的肘关节运动,就属这类速度杠杆。肘关节是支点,支点上的肱二头肌产生作用力F,手中重物为L。由于阻力臂比力臂长,所以要克服较小的阻力,要用较大的作用力。

以上只是就1个关节和1块肌肉构成的杠杆来定义的,动物体运动时的实际情况要更复杂些。例如,当行走在沙滩上时,足部就同时产生两种杠杆作用,因此,判断是哪种杠杆运动的关键是确定支点、作用力和阻力以及哪些特定的骨骼—肌肉系统构成力臂和阻力臂。

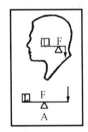  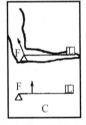

图6-16 人体内三种典型杠杆示意图(仿全国体育学院教材委员会,2005)
A. 平衡杠杆;B. 省力杠杆;C. 速度杠杆

小 结

1. 躯干肌由胚胎的生肌节发生,受脊神经支配。水生动物成体的躯干肌仍保持肌节的原始形态。从有尾两栖类开始躯干肌的分化,轴下肌分成3层:外斜肌、内斜肌与腹横肌,除鸟类有变异外,陆生羊膜类基本上都是如此。

轴上肌与脊柱的关系密切。鱼类的轴上肌发达,但少分化。两栖类脊柱分化不大,轴上肌的分化也较简单。羊膜类随着脊柱的发展与分化,轴上肌强大且多分化,鸟类的情况例外,因综荐骨不活动,轴上肌不发达。

2. 颅肌因头骨无局部运动而退化，只有与眼球相关的肌节变成动眼肌肉，在脊椎动物中几乎没有变异，只有当眼球退化时它们才随之消失。动眼肌肉由第Ⅰ、Ⅱ、Ⅲ对肌节而来，分化的情形可以从神经支配来鉴定。根据胚胎学上的材料，在第Ⅰ肌节之前和第Ⅲ肌节之后都有在进化上消失的肌节残迹可寻，究竟失去多少，目前尚无定论。

3. 鳃下肌是鱼类两侧鳃弓腹面的肌肉，由躯干肌节延伸而来，受脊神经支配。在陆生脊椎动物中演变成为与舌运动有关的肌肉。

4. 附肢肌在鱼类是鳍肌，在发生上是从肌节衍生而来，两栖类以上的四足类附肢肌是从侧板的体壁层分出间叶细胞迁移到肢芽而形成。鱼类的偶鳍只有外生肌使之作整体的运动，陆生动物除外生肌以外还发展了内生肌，使四肢可以作各种局部运动，到哺乳类，特别是人类的手肌达到高度的发展。

5. 鳃节肌在鱼类是附着于颌弓、舌弓和鳃弓的肌肉，分别管理上下颌的开关、舌弓的运动，发生上由侧板而来，属于内脏肌，但它具横纹，是随意肌，受Ⅴ、Ⅶ、Ⅸ、Ⅹ、脊枕神经（无羊膜类）或Ⅺ（羊膜类）对脑神经支配。陆生脊椎动物鳃退化，鳃肌也随之发生变化。根据神经支配可以追踪它们的同源关系。

6. 皮肤肌是使皮肤抖动的肌肉，在两栖类首次见到，爬行类角质鳞和骨板的掀动、鸟类羽的抖动、马皮肤的抖动都是靠皮肤肌。人类的面部表情肌也是从皮肤肌（颈阔肌）发展而来。皮肤肌分为脂膜肌和颈阔肌两种，脂膜肌是从体节肌而来，为脊神经所支配；颈阔肌是从鳃节肌的舌弓肌而来，受面神经的支配。

思 考 题

1. 请区别以下名词：（1）肌肉起点与止点；　（2）内生肌与外生肌；
   （3）内收肌与外展肌；　（4）轴上肌与轴下肌；
   （5）协同肌与颉颃肌。
2. 任举你所熟悉的一组骨骼、肌肉和关节组成的运动杠杆并画图。
3. 从所在位置、肌纤维特点、胚胎发生和神经支配来区别骨骼肌、平滑肌与心肌。
4. 从着生部位、功能、发生和神经支配四个方面来区别鳃节肌和鳃下肌。
5. 综述文昌鱼、七鳃鳗和鱼类躯干肌的演变。
6. 和鱼类相对比，陆生四足类的躯干肌有哪些方面的变化？
7. 以哺乳动物的膈肌为例，说明胚胎发生和神经支配是研究肌肉同源关系的重要依据。
8. 列表写出脊椎动物的6条动眼肌，它们各自的胚胎发生和神经支配。
9. 哺乳动物的皮肤肌分为哪几种？它们各自的发生来源和神经支配。
10. 试述人类面部表情肌的发生来源和神经支配。

第七章 体腔、系膜和内脏

脊椎动物的内脏各器官皆位于体腔中,并借系膜悬挂或固定在体壁上。在分述内脏各器官之前,应首先介绍体腔和系膜。

一、体腔的起源

脊椎动物的体腔(coelom)位于中胚层侧板(hypomere)中间的空腔(图7-1)中。在胚胎发生上,体腔囊分为上下两部,上部为体节(又名上节),下部为侧板(又名下节,参见第三章第四节中胚层的分化)。侧板的外层(称体壁中胚层)与体壁相贴成为腹膜(peritoneum);侧板的内层(称脏壁中胚层)则从两侧包围肠管,成为肠壁外面的浆膜(serosa)。浆膜是由单层扁平上皮细胞和少量疏松结缔组织构成。

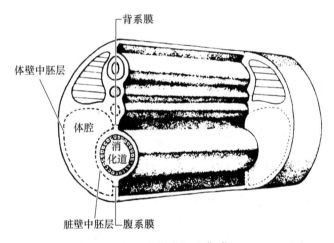

图7-1 脊椎动物胚胎示体腔和系膜(仿 Torrey, 1979)

二、体腔在各纲的区分

鱼和有尾两栖类的体腔(图7-2)分为两部分:位于前面包围心脏的心包腔(或名围心腔)(pericardial cavity)和位于后面的胸腹腔(pleuroperitoneal cavity),中间有横隔膜相隔。

无尾两栖类以上,由于心脏的位置后移,于是心包腔移在胸腹腔的前腹方,横隔膜也随之变为由背前方向腹后方倾斜的位置。

在某些爬行类(如鳄)、鸟类及哺乳类,由横隔膜和体腔褶之间的各种愈合,又把胸腹腔分为前后两部分,即前部的胸腔(pleural cavity)和后部的腹腔(peritoneal cavity)。这样,体腔分为4部分:1个心包腔、2个胸腔(左右侧各1)、1个腹腔。鸟类是以膜质的斜隔(obligue septum),哺乳类是以肌肉质的横膈(diaphragm)来分开胸腔与腹腔。哺乳类的横膈在发生上是由体腔褶与横隔膜愈合加入膈肌组成的。膈肌是横纹肌,发生上来自颈部肌节,故支配膈肌的神经——膈神经,是来自颈部脊神经。在发生过程中,由于颈部的延长和肺的扩展使横膈向后(下)移位,膈神经亦随之下行。

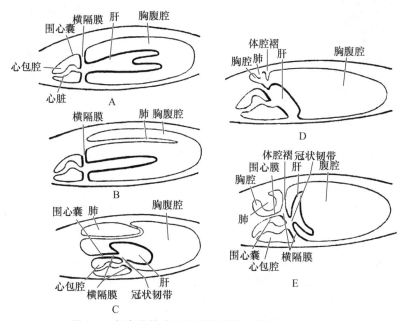

图7-2　各类脊椎动物中体腔的区分(仿Hyman,1942)
A. 鱼类;B. 有尾两栖类;C. 爬行类;D. 早期哺乳类;E. 晚期哺乳类

肝脏以冠状韧带(coronary ligament)连于横隔膜上(在哺乳类则是连于横膈的中央腱上),此韧带实际是横隔膜突出于后面的部分,因为肝脏在早期发育中被包于横隔膜组织内,以后增大向后突出,留此韧带与横隔膜相连。

三、系膜

侧板的内壁在肠管的背腹面两侧相遇成为双层的薄膜,称系膜(mesentery)。在背面者称背系膜,在腹面者称腹系膜。在脊椎动物中背系膜大部分保存,而腹系膜大部退化,只有部分保留。在背系膜中含有通入消化道的血管和神经。

背系膜在不同部位有不同名称(图7-3、7-4):如胃系膜(mesogaster),连接胃到背部体壁;胃脾韧带(ligamentum gastrolienale),连接胃和脾;肠系膜连接肠到背部体壁。肠系膜又可分为小肠系膜(mesointestine)、结肠系膜(mesocolon)和直肠系膜(mesorectum)。另外有特别的系膜连接着生殖腺,如卵巢系膜(mesovarium)、睾丸系膜(mesorchium)。哺乳类由于胃的扭转,胃系膜相应地延长并折叠成囊覆于胃体之上,特称为大网膜(greater omentum)。兔的大网膜不发达,狗的大网膜很宽大,沿胃大弯下垂覆盖在小肠上,其上常有脂肪。大网膜由于折叠成囊,中有一腔,称网膜囊(omental bursa),此囊开口于肝门静脉的背面,正在此静脉分支进入右外叶肝的背面,这个开口称网膜孔(foramen epiploicum)。用探针由此孔伸入,可以更清楚地探明大网膜的结构。

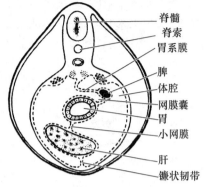
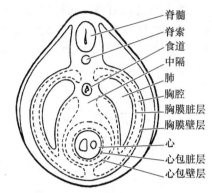

图 7-3　哺乳类经过胃、肝区横切面(仿 Wake,1979)　　图 7-4　哺乳类经过肺区横切面(仿 Wake,1979)

腹系膜大部分退化,残留的腹系膜只有胃肝十二指肠韧带,或称小网膜(lesser omentum)及肝的镰状韧带(falciform ligamentum,图 7-3)。前者连接胃、肝和十二指肠;后者为一透明薄膜,悬系肝脏至腹壁。

四、内脏

内脏包括消化、呼吸、排泄和生殖 4 个系统。前 3 个系统均和动物体的新陈代谢有关,后 1 个系统主要是繁殖后代。消化系统对食物起消化和吸收营养物质的作用,最后把不能吸收的残渣排出体外。呼吸系统进行气体交换:吸进氧、呼出二氧化碳。吸收的营养物质及氧通过循环系统输送到身体各部,同时把代谢所产生的二氧化碳运送至呼吸系统排出,代谢所产生的其他废物则经排泄系统排出体外。生殖系统在发生上和形态结构上虽然和排泄系统有密切关系,但其功能则是延续后代。内脏各系统的活动都是在神经系统和内分泌腺的支配调节下进行着正常的生命活动和繁殖。

小　　结

1. 体腔是中胚层侧板中间的空腔。
2. 鱼类、两栖类、爬行类的体腔分为心包腔和胸腹腔;鸟类、哺乳类体腔分为心包腔、胸腔(2)和腹腔。鸟类以斜隔,哺乳类以横膈分开胸腔和腹腔。
3. 侧板的内壁在肠管的背腹两侧相遇成为双层的薄膜,称为系膜。
4. 背系膜大部分保留;腹系膜大部分退化,仅留肝十二指肠韧带(小网膜)和肝的镰状韧带。

思 考 题

1. 请区别以下名词:(1)腹膜、浆膜与系膜;　　(2)大网膜与小网膜;
　　　　　　　　(3)横隔膜与横膈。
2. 试述体腔的发生来源及各纲脊椎动物体腔的划分。
3. 镰状韧带、圆韧带、冠状韧带各联结哪些结构?

第八章 消化系统

第一节 概述

消化系统的主要功能是摄取营养物质,分解这些物质,吸收其精华,排除其糟粕。

消化食物有机械(物理)、化学和微生物三种作用形式。机械作用是靠口腔内牙齿的咀嚼和胃、肠的蠕动把食物磨碎,混合消化液并向后运送。化学消化是由消化液含的各种酶的作用,把结构复杂不能被机体直接吸收的食物分解为简单的物质,以便于吸收。微生物消化是靠消化道中的微生物分泌纤维素酶,分解食物中的粗纤维,以供动物体利用。

食物经消化后分解为比较简单的物质:蛋白质分解为氨基酸,脂肪分解为甘油和脂肪酸,淀粉分解为葡萄糖,这些物质由消化管壁吸收进入血液和淋巴液,再经血液循环送到全身各部。营养物质被吸收后,所余的残渣则形成粪便排出体外。

消化系统包括消化道和消化腺两部分,皆是由胚胎期的原肠(archenteron)及其突出分化形成。在早期胚胎中,内胚层形成原肠管,但在原肠的两端,原口及原肛部分则是由外胚层凹入。原肠形成消化道的内壁黏膜上皮和许多衍生物,另有中胚层的结缔组织、平滑肌、浆膜共同构成消化道的外壁。原肠管在成体动物中分化为口腔、咽、食道、胃、肠及泄殖腔。原肠衍生物为脑下垂体前叶、咽囊、甲状腺、鳔、肺、肝、胰、卵黄囊及尿囊等(图 8-1)。

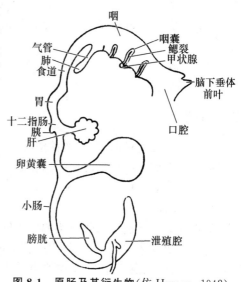

图 8-1 原肠及其衍生物(仿 Hyman,1942)

第二节 消化道

一、消化道管壁的组织结构

消化道的各部分虽然在功能和结构上各有特点,但是管壁的构造基本相同,从内向外一般都可分为黏膜、黏膜下层、肌层和浆膜 4 层(图 8-2)。

黏膜(mucous layer)是管壁的最内层。黏膜的表面是黏膜上皮,它下面是一层结缔组织构成的固有膜,其中随所在部位的不同而有胃腺或小肠腺。黏膜的最外层是薄层平滑肌,叫黏膜肌层。黏膜可形成皱褶、绒毛,内表面有些还有腺体导管的开口。

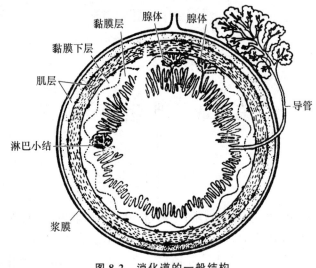

图 8-2　消化道的一般结构

(1) 黏膜下层(submucosa):由疏松结缔组织构成,其中有血管、淋巴管和神经,有的含腺体。

(2) 肌层(muscular layer):由平滑肌构成,一般分为内层环肌和外层纵肌,交替收缩使管道蠕动。

(3) 浆膜(serosa):包在管道最外层,可分泌浆液,它是由一薄层结缔组织,表面盖有一层扁平上皮构成。

二、口腔

口腔是原肠的最前端,它的前壁与凹入的外胚层相贴,先成口膜,以后此膜破裂成口,接在口后的即是口腔。因此口腔前端的黏膜上皮是外胚层,其余部分是内胚层。口腔内含牙齿、舌及口腺 3 种主要结构。

(一) 牙齿

脊椎动物的牙齿与软骨鱼类的盾鳞同源,全是外胚层和中胚层共同形成。坚硬的釉质是由外胚层的表皮形成的,齿质是由中胚层的真皮形成的,齿质内有髓腔,内有血管和神经。文昌鱼没有牙齿,无颌类只有表皮的角质齿,没有真正的牙齿。牙齿是伴随着颌的出现而产生的。牙齿最初的功能只是捕捉及咬住食物,进化至哺乳类,牙齿具有切割、刺穿、撕裂和研磨等多种功能。

1. 软骨鱼类

鲨鱼的牙齿实际上是颌边的盾鳞加大弯向口内而成。化石上证明,泥盆纪的裂口鲨体表已有盾鳞,嘴边成排的盾鳞比身体其他部分的为大,这种位于颌缘上加大的盾鳞在功能上发生转变,用于咬捕食物,这代表着原始牙齿的出现。软骨鱼的牙齿不是直接着生在颌软骨上,而是通过结缔组织相连(图 8-3)。一般是同型多出齿。

2. 硬骨鱼类

硬骨鱼类一般是同型多出的端生齿,牙齿直接着生在硬骨上。着生部位广泛,除上下颌骨可能生有齿外,在腭骨、犁骨、翼骨甚至鳃弓上也可能生有齿,如鲤形目鱼类在第五对鳃弓上有咽喉齿 1～3 列。咽喉齿的数目及排列是分类的依据；咽喉齿的形状和食性相关，如鲤鱼(杂食)的咽喉齿呈平顶的臼齿形，草鱼(草食)的咽喉齿呈梳状。咽喉齿和基枕骨腹面的角质垫相研磨，可以压碎食物。

3. 两栖类

两栖类和硬骨鱼一样，牙齿是同型多出的端生齿，少数种类如泥螈(泥狗)的牙齿着生在颌骨的外侧面(侧生齿)。着生部位除上下颌骨外，常着生于犁骨、腭骨，甚至副蝶骨上。蟾蜍口腔内无齿，青蛙上颌具一排细齿，另有犁骨齿。古代两栖类化石迷齿龙的牙齿从横切面上看，釉质深入到齿质中形成复杂的迷路齿，和总鳍鱼的迷路齿有共同之处，可以作为古两栖类起源于古总鳍鱼类的一个旁证。

4. 爬行类

爬行类的牙齿依着生位置的不同分为 3 种类型(图 8-3)：

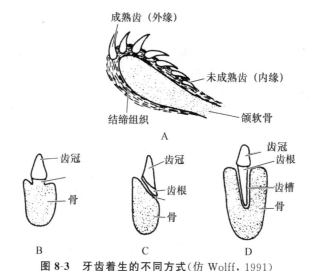

图 8-3 牙齿着生的不同方式(仿 Wolff, 1991)
A. 通过结缔组织相连(软骨鱼)；B. 端生齿；C. 侧生齿；D. 槽生齿

端生齿(acrodont)，着生在颌骨的顶面，如蛇；侧生齿(pleurodont)，着生在颌骨边缘的内侧，如蜥蜴；槽生齿(thecodont)，着生在颌骨的齿槽内，如鳄。其中以槽生齿最为牢固，哺乳类的牙齿皆属此种类型。牙齿依形状的相同或相异可分为同型齿(homodont)和异型齿(heterodont)。绝大多数爬行类的牙齿均呈一致的圆锥形，属于同型齿。这类牙齿的功能只是咬捕食物而不咀嚼食物，实际上，绝大多数爬行动物是把食物整个吞下去而并不咀嚼。某些古代爬行类，如兽齿目的一些种类，牙齿属于异型齿，有了门齿、犬齿和臼齿的分化，由这一支发展出哺乳动物。

毒蛇在其上颌的牙齿中，有数枚牙齿(一般是 2 个)变形成为具有沟(沟牙)或管(管牙)的毒牙(fang, 图 8-4)。毒牙的基部通过导管与毒腺相连，咬噬时引毒液入伤口。毒牙后面常有后备齿，当前面的毒牙失掉时，后备齿就递补上去。在闭口时，毒齿向后倒卧；在咬噬时，由特殊的肌肉收缩，拉之竖立。

在蜥蜴及一些蛇类的胚胎，有卵齿(egg tooth)着生在上颌的前端，长度超出一般牙齿，为幼仔出壳时啄破卵壳之用。孵出后不久，卵齿即脱落。另外，在楔齿蜥、龟和鳄类，在胚胎的吻端上有角质齿，亦为破卵壳之用，但这种角质齿仅为表皮的角质层加厚，和一般牙齿并不同源。

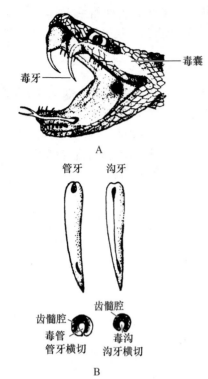

图 8-4 毒蛇的毒牙和毒腺(黄祝坚,1973)
A. 毒牙和毒腺; B. 沟牙和管牙

5. 鸟类

现存的鸟类皆无齿,古代化石鸟类有齿,如中生代侏罗纪的始祖鸟,白垩纪的黄昏鸟等。

6. 哺乳类

研究哺乳类的牙齿特别重要,因为它们与食性密切相关,而食性又与整体结构有关,因此,牙齿就成为研究动物体功能与结构的一个重要指标。在同一种兽中,牙齿的数目和形状相同,因此在分类学上,牙齿是分类鉴定的重要依据。并且,牙齿是身体中最坚硬的部分,数目较多,易于在地层中保存成化石,所以是古生物学上最有价值的资料。

哺乳动物牙齿的特点:

(1) 再生齿(diphyodont),即一生仅换一次齿,乳齿脱换后生出恒齿(少数种类,如齿鲸、单孔类、海牛类是一生齿,即终生保留乳齿,不换恒齿);

(2) 槽生齿(thecodont),每一齿皆着生在单独齿槽内;

(3) 异型齿(heterodont),哺乳动物的牙齿由于在切咬、咀嚼上的分工,牙齿分化为门齿(切齿)(incisor)、犬齿(canine)、前臼齿(premolar)和臼齿(molar)。门齿为切断食物之用、犬齿为刺穿和撕裂食物之用、前臼齿和臼齿为研磨食物之用。由于在同一种兽中,牙齿的形状和数目相同,所以可以列成齿式(dentition formula),如:

兔的齿式是:$2\left(I\frac{2}{1}C\frac{0}{0}Pm\frac{3}{2}M\frac{3}{3}\right)=28$;

猪的齿式是:$2\left(I\frac{3}{3}C\frac{1}{1}Pm\frac{4}{4}M\frac{3}{3}\right)=44$;

大鼠的齿式是:$2\left(I\frac{1}{1}C\frac{0}{0}Pm\frac{0}{0}M\frac{3}{3}\right)=16$;

人的齿式是:$2\left(I\frac{2}{2}C\frac{1}{1}Pm\frac{2}{2}M\frac{3}{3}\right)=32$。

兔的齿式即表示上颌每边有 2 个门齿,无犬齿,3 个前臼齿,3 个臼齿;下颌每边有 1 个门齿,无犬齿,2 个前臼齿,3 个臼齿。以上齿数仅表示一侧的,故需要乘以 2,总数为 28 个。

因食性不同,哺乳类牙齿可分为食虫型(insectivorous)、食肉型(carnivorous)、食草型(herbivorous)和杂食型(omnivorous)。食虫型门齿尖锐,犬齿不发达,臼齿齿冠上有锐利的齿尖,多呈"W"型。食肉型门齿较小,少变化,犬齿特别发达,臼齿常有尖锐的突起;上颌最后一个前臼齿和下颌的第一臼齿常特别增大,齿尖锋利,用以撕裂肉,称为裂齿(carnassial teeth)。食草型犬齿不发达或缺少,这样就形成了门齿和前臼齿间的宽阔齿隙(或称齿虚位,diastema),臼齿扁平,齿尖延成半月型,称月型齿(lophodont),齿冠也高。杂食性的种类,臼齿齿冠有丘形隆起,称为丘型齿(bunodont)。

综观脊椎动物牙齿进化的历程是:

(1) 由同型齿到异型齿；
(2) 由多出齿到再出齿；
(3) 由端生齿或侧生齿到槽生齿；
(4) 由数量多而不恒定到数量少而恒定；
(5) 由着生部位广泛（上下颌、犁骨、腭骨、副蝶骨）到仅着生于上下颌。

（二）舌

文昌鱼无舌。无颌类有舌，适应于半寄生生活，舌像唧筒中的活塞，以舌端的角质齿锉破鱼的皮肤而吸食其血肉。鱼类有舌，可以稍作前后挪动用以帮助吞食，但没有舌内肌，不能作局部动作。无尾两栖类以上，舌有舌内肌，能自由伸缩。爬行类中有鳞类的舌活动性更大，蛇和一些蜥蜴的舌可以伸出很远，避役的舌伸出的长度几乎与体长相等，成为特殊的捕食器。鸟类的舌硬，表面被覆角化的上皮。

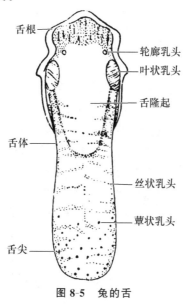

图 8-5　兔的舌

哺乳动物有发达的肌肉质的舌，比其他各纲动物的舌更能自由活动，与摄食、咀嚼时的搅拌食物及吞咽动作有密切关系，舌上具有味觉感受器。舌的表面具有 4 种乳头（图 8-5）：丝状乳头（filiform papillae）、蕈状乳头（fungiform papillae）、轮廓乳头（circumvallate papillae）和叶状乳头（foliate papillae）。丝状乳头数量最多，呈绒毛状，密布舌背面。蕈状乳头数量较少，形状如蕈，顶端呈圆形，散于丝状乳头之间，以舌尖分布较多。轮廓乳头仅一对，位于舌根处。叶状乳头一对，位于轮廓乳头的前外侧缘，形大，呈长圆形，表面有平行的皱褶。以上除丝状乳头为纯机械性作用外，其他 3 种乳头内均有味觉感受器，称味蕾（taste bud）。

（三）口腺

无颌类有特殊的口腺，其分泌物可以使寄主血液不凝。鱼类口腔内还没有口腺。两栖类开始有口腺，即颌间腺。爬行类的口腺发达，包括唇腺、腭腺、舌腺和舌下腺，其分泌物帮助湿润食物，也作黏捕食物之用；毒蛇的毒腺是变态的口腺。食谷的鸟类口腺发达，分泌黏液性但不含消化酶的唾液，仅起润滑食物的作用（燕雀类唾液中含有消化酶）。哺乳类的口腺发达，包括耳下腺、颌下腺及舌下腺（兔另有眶下腺），其分泌的唾液内有消化酶，故在口腔中已开始了化学性消化（图 8-6、8-7）。

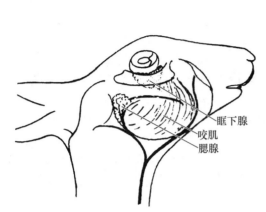

图 8-6　兔的腮腺及眶下腺(仿 Whitehouse,1956)　　图 8-7　兔的颌下腺及舌下腺(仿 Whitehouse,1956)

三、咽

咽是原肠靠前面的部分,鱼类的鳃在咽两侧形成。在胚胎的早期,咽部两侧突出 6 个咽囊,与此相对,外胚层也向内凹陷,内外相遇后打穿成为鳃裂。鳃裂之间即鳃隔,其上着生鳃丝形成鱼鳃。陆栖脊椎动物在胚胎期也形成咽囊,以后转变为其他结构(见本章第三节)。

成体咽部是食物入食道与呼吸介质入鳃或肺的共同通路。在鱼类,水与食物共同入口,到咽部水由鳃裂流出,同时在鳃部进行气体交换,食物则入食道。自两栖类内鼻孔出现,于是空气由鼻孔经过口腔入肺,食物由口经过口腔入食道,彼此在口腔交叉后前行。两栖类的口腔和咽无分界,称之为口咽腔。爬行类口腔和咽有明显的分界。哺乳类的内鼻孔后移,硬腭之后延伸出软腭(图 8-8),由鼻孔吸入的空气可不经口腔而直接经咽部入喉门。空气通路和食物通路在咽部形成咽交叉(chiasma)(图 8-9),这样当口腔内充满食物时也能进行正常呼吸。在喉门盖有一个三角形的软骨小片,称会厌软骨(epiglottis)。食物经过咽时,会厌软骨盖住喉门,防止食物误入气管。

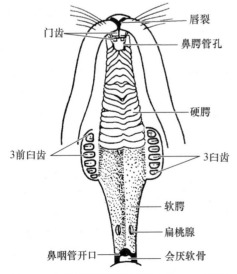

图 8-8　兔的口腔顶部(仿 Whitehouse,1956)

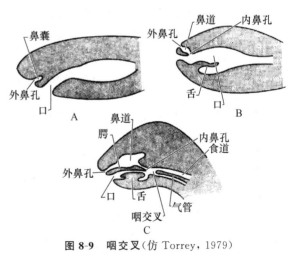

图 8-9　咽交叉(仿 Torrey,1979)
A. 鲨鱼;B. 两栖类;C. 哺乳类

四、食道与胃

文昌鱼和无颌类尚无食道和胃的分化。鱼类开始出现胃,这与它们出现了上下颌,能摄取大型食物相关的。自爬行类以上,随着颈部的延长,相应地有很长的食道。鸟类的食道在中部扩大形成嗉囊,为临时储存和软化食物之处。鸽的嗉囊壁能分泌"鸽乳"用以哺幼。南美产的吸血蝠由于仅吸食其他动物的血液,其食道的管腔缩小到不能通过其他固体食物。

胃的形状与位置,随体形、身体位置和食性的不同而有很大变化(图 8-11)。在胚胎时期,胃多为一直管,低等脊椎动物成体的胃也常保留着这一原始形态。多数脊椎动物的胃呈"J"或"U"字形的明显膨大,以贲门与食道相连,以幽门与后面的十二指肠相连。胃的向内前方较小的弯曲称胃小弯,向外后方的弯曲称胃大弯。胃系膜折叠成囊覆盖于胃上或沿胃大弯下垂,即大网膜。鸟类的胃有腺胃和砂囊(肌胃)的分化。腺胃壁较厚,含有丰富的腺体,能分泌大量的消化液。肌胃有很厚的肌肉壁,内壁有一层角质膜,是研磨食物的地方。

大多数哺乳动物的胃和兔一样属于单室胃。食草动物中的反刍类(ruminant),如牛、羊等的胃属于多室胃。反刍动物的胃(图 8-10)由 4 室组成,即瘤胃(rumen)、网胃(蜂窝胃)(reticulum)、瓣胃(omasum)和皱胃(abomasum)。其中前 3 个胃不分泌胃液,只有皱胃才分泌胃液,相当于其他兽类的胃本体。食物(如草料)在口腔内不经细的咀嚼就经食道进入瘤胃。瘤胃相当于一个大的发酵口袋,内含大量的微生物。每一克瘤胃内容物中含有 5~10 亿个细菌、10~100 万个纤毛虫。草料中的纤维质在这些微生物的作用下发酵分解,即微生物消化。网胃内同样进行微生物消化,其内壁有大量蜂窝状的襞褶,能将食物分成小的团块。在瘤胃和网胃内经过初步微生物消化后的食物可以逆呕再返回口中重新咀嚼,这一过程称为反刍(俗称倒嚼)。食物经细嚼后再咽下,经一肌肉瓣进入瓣胃,最后达于皱胃。

骆驼的胃缺少瓣胃,只有 3 个胃,在瘤胃的周围分生出许多(约 20~30 个)小囊,平时由括约肌肉闭锁住和瘤胃的通路,囊内贮存水,以适应干旱缺水的沙漠生活。

五、肠

肠在进化过程中一方面是增加分化程度,一方面是增加消化吸收面积。肠的分化程度与动物的进化水平有关,也与食性密切联系(图 8-11)。文昌鱼、无颌类、鱼类的肠尚无明显分化,两栖类有小肠和大肠的分化,但大肠很短。爬行类在小肠与大肠间第一次出现了盲肠。鸟类有一对盲肠,在草食性和某些杂食性的鸟类身上,盲肠非常发达。哺乳类的小肠分化为十二指肠、空肠和回肠,大肠分化为盲肠、结肠和直肠。草食性兽类的盲肠很大,在其中进行着微生物消化。

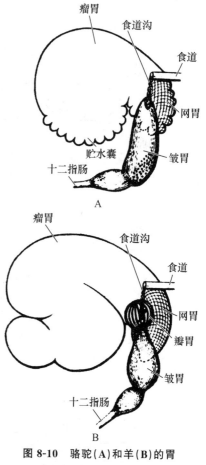

图 8-10 骆驼(A)和羊(B)的胃
(仿 Young,1981)

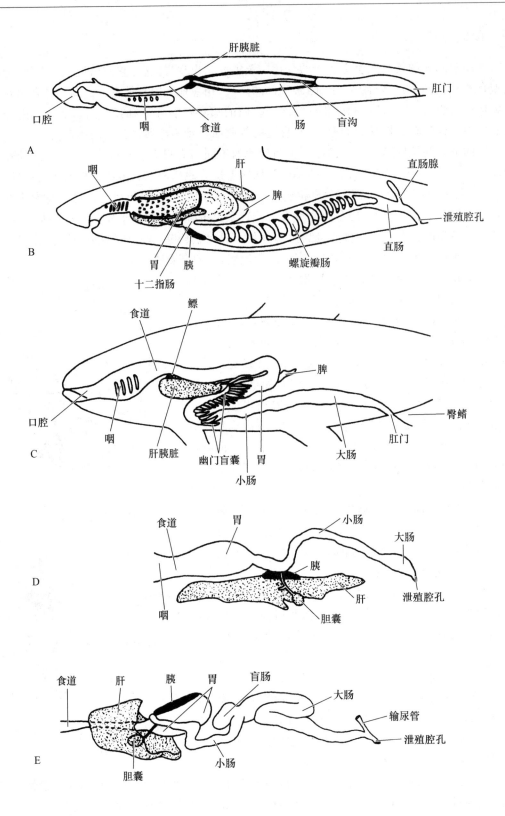

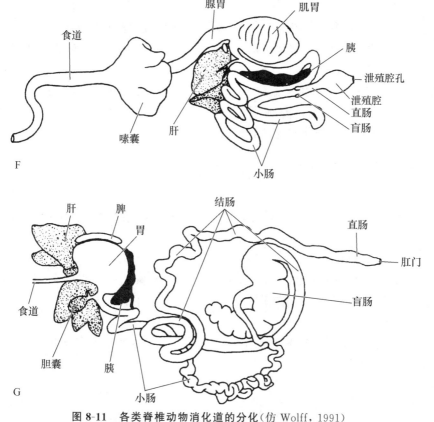

图 8-11 各类脊椎动物消化道的分化(仿 Wolff，1991)
A. 圆口类；B. 软骨鱼；C. 硬骨鱼；D. 两栖类；E. 爬行类；F. 鸟类；G. 哺乳类

增加肠的消化吸收面积有多种方式：

(1) 七鳃鳗沿肠管有螺旋状的黏膜褶伸入肠腔内，称盲沟(typhlosole)。

(2) 依靠螺旋瓣来增加肠的面积是较古老的一种方式，如鲨鱼、银鲛、非洲肺鱼、鲟鱼等。根据化石粪来判断某些坚头类也有螺旋瓣肠。现代陆生四足类都不再保留着螺旋瓣的结构。

(3) 硬骨鱼类没有螺旋瓣，但在某些种类(如鲈鱼)具有幽门盲囊(pyloric cecum)。

(4) 多数脊椎动物是靠增加肠的长度来增加面积，植物食性的肠较长，肉食性的肠较短。犬和猫的长度仅相当于体长的 3~4 倍，而兔的肠是体长的 10 倍，羊的肠达到体长的 20 余倍。增加小肠的吸收面积还靠小肠黏膜向管腔突起所形成的皱褶和绒毛(villi)(图8-12)，消化分解后的简单物质都可以通过绒毛的上皮细胞，吸收入绒毛的毛细血管和淋巴管中。

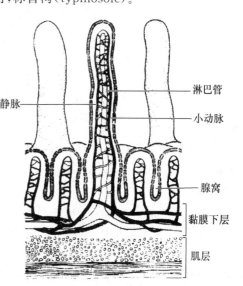

图 8-12 小肠绒毛的显微结构(仿 Kent，1997)

六、泄殖腔与泄殖窦

泄殖腔(cloaca)是肠的末端略为膨大处,输尿管和生殖管都开口于此腔,因此,此腔是粪、尿与生殖细胞共同排出的地方,以单一的泄殖腔孔开口于体外。软骨鱼、两栖类、爬行类、鸟类和哺乳类中的单孔类皆具泄殖腔。

泄殖窦(urogenital sinus)则是输尿管和生殖管汇合的略为膨大处,以泄殖孔开口于体外,肠管单独以肛门开口于外。圆口类、硬骨类、哺乳类皆属于这一种类型,其肛门和泄殖孔皆是分别开口的;雌性灵长类的排泄和生殖管道也分别开口。

第三节 原肠衍生物

由胚胎时期的原肠管不仅形成消化道本身,也形成了一系列的衍生物(图8-1),下面依次分述:

(一) 脑下垂体前叶

在发生上是由原肠前端外胚层(stomodeal ectoderm)突出的拉克氏囊(Rathke's pouch)形成(脑下垂体后叶是由间脑底部向下突出形成,在发生上和前叶具有不同来源)。

(二) 咽囊

陆栖脊椎动物用肺呼吸,但在胚胎期也形成5对咽囊,这些咽囊在发育中形成一些和呼吸没有关联的衍生结构(图8-13)。

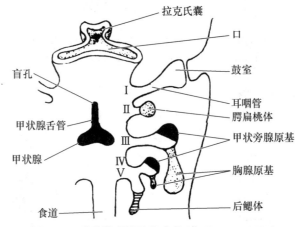

图 8-13 哺乳类咽囊的衍生物(仿 Torrey,1979)

第Ⅰ对咽囊的远端部膨大形成鼓室(中耳),其近端部仍保留着和咽的联系,成为耳咽管,或称欧氏管(Eustachian tube)。欧氏管和鼓室与鲨鱼的喷水孔同源,后者也是由第Ⅰ对咽囊发生而来。

第Ⅱ对咽囊在哺乳类形成腭扁桃体(palatine tonsil),在其他陆栖脊椎动物多趋于退化。

第Ⅲ、Ⅳ对咽囊形成甲状旁腺(背侧)和胸腺(腹侧)。

第Ⅴ对咽囊形成后鳃体(ultimobranchial body)。陆栖脊椎动物的后鳃体位于甲状腺旁。哺乳类成体不具后鳃体。但散在于甲状腺滤泡间的滤泡旁细胞在发生上和后鳃体一样,也分泌降钙素。后鳃体分泌的激素称降钙素(calcitonin),其生理作用主要是调节血浆中钙离子的浓度。

(三) 甲状腺

咽囊的底面中央处发生出甲状腺，脊椎动物全有此内分泌腺。在系统发生上，甲状腺相当于文昌鱼的内柱。用同位素碘注入文昌鱼体内，则标记的碘全集中到内柱。有力地证明了内柱与甲状腺的关系。此外，无颌类的幼体在咽部有内柱，变态后内柱变为甲状腺，证明内柱是甲状腺的前驱。

(四) 鳔或肺

一般认为肺是由古代总鳍鱼的鳔演变而来。在发生上，鳔和肺同是原肠突出形成。

(五) 肝和胰

消化腺中最大的腺体是肝和胰。肝由原肠的腹壁突出。文昌鱼的肝盲囊相当于脊椎动物胚胎期的肝芽(liver bud)。自无颌类已有独立的肝脏，硬骨鱼中的某些种类肝和胰合成肝胰脏，呈弥散状分布，其他各纲脊椎动物皆有肝脏，缺少变化。肝和原肠之间的联系即成为胆总管，由肝脏各叶来的肝管最后皆汇入胆总管，胆总管入十二指肠的开口处称法特氏壶腹(ampulla of Vater)。

胆囊在发生上来自肝芽的一个小分芽(图 8-14)，在成体发展成为储存胆汁的长形薄囊。胆囊一般位于肝脏各叶之间，也有埋在肝实质内的(如星鲨)。自胆囊发出的胆囊管(cystic duct)与来自肝脏各叶的肝管(hepatic duct)共同汇入胆总管(common bile duct)。多数脊椎动物具有胆囊，但七鳃鳗、多种鸟类以及哺乳类的一些种类(如大鼠、奇蹄类、鲸类)不具胆囊。

胰脏是一个分泌胰液的消化腺体，同时又是一个内分泌腺，其内分泌部分，称胰岛，分泌的激素称胰岛素，不经导管而直接进入毛细血管的血液中。文昌鱼和无颌类没有独立的胰脏，但文昌鱼肠管前部在通入肝盲囊处的壁上有些细胞群显示出胰细胞的特征；七鳃鳗也有胰细胞集聚成为极小的腺体包围胆管开口处肠壁的周围。由此可以看出原始动物的消化管壁已开始拥有几种消化酶的装置，有些在进化过程中发展为独立的消化腺体，有些仍保留于消化管壁之上，如胃腺、肠腺等。

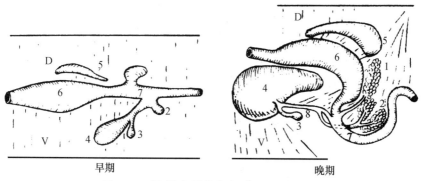

图 8-14　肝、胰和胃的发生(仿 Kent，1997)

D. 背系膜；V. 腹系膜

1. 背胰芽；2. 腹胰芽；3. 胆囊；4. 肝芽；5. 脾；6. 胃；7. 十二指肠；8. 胆总管

软骨鱼类已开始有独立的胰脏。胰脏的位置是在十二指肠附近的肠系膜上，有胰管通入十二指肠。在发生上，胰脏和肝脏一样，最初由原肠突出胰芽(pancreatic bud)(图 8-14)，胰芽本来有 3 个，背侧突出 1 个，腹侧突出 2 个。腹侧的两个后来合而为一。多数哺乳类有两条胰管分别开口于十二指肠(如犬),也可能在进入肠前连合成一条(如兔)。

(六) 卵黄囊和尿囊

卵黄囊(yolk sac)由原肠后端腹壁突出,内有大量卵黄,作为胚胎发育时营养之用。羊膜动物在胚胎期从原肠后部突出另一个囊,称尿囊(allantois),充当胚胎期的呼吸、排泄器官。尿囊柄基部膨大形成成体的膀胱(尿囊膀胱)。鸟类虽然在胚胎期有一个大的尿囊,但成体不具膀胱。哺乳类的尿囊壁参与胎盘的形成。

小 结

1. 消化系统包括消化道和消化腺两部分,皆自胚胎期的原肠管及其突出分化形成。

2. 原肠管在成体分化为口腔、咽、食道、胃、肠及泄殖腔。原肠衍生物分化为脑下垂体前叶、咽囊、甲状腺、鳔、肺、肝、胰、卵黄囊及尿囊。

3. 脊椎动物的牙齿与盾鳞同源。牙齿的进化历程是:由同型齿到异型齿;由多出齿到再出齿;由端生齿、侧生齿到槽生齿;由数目多且不恒定到数目少而恒定;由着生部位广泛到仅着生于上下颌。

4. 咽是原肠靠前面的部分,为食物和呼吸介质的共同通道。鱼类的鳃在咽两侧形成,陆栖脊椎动物在胚胎期也形成5对咽囊,这些咽囊在发育中形成一系列和呼吸无关连的衍生结构。

5. 胃的形状与位置随动物的体形和食性的不同而有很大变化。鸟类的胃有腺胃和肌胃的分化;反刍动物的胃分化为瘤胃、网胃、瓣胃和皱胃。

6. 肠在进化过程中一方面增加分化程度,一方面是增加消化吸收面积。肠的分化程度与动物的进化水平以及食性相关。

7. 增加肠的消化吸收面积有多种方式:七鳃鳗的盲沟,鲨以及古两栖类的螺旋瓣,硬骨鱼的幽门盲囊,哺乳类的小肠绒毛等。植物食性的肠较长,肉食性的肠较短。

8. 自无颌类开始有独立的肝脏,硬骨鱼中的一些种类肝和胰合成肝胰脏,其他各纲皆有肝脏,缺少变化。

9. 文昌鱼和无颌类没有独立的胰,软骨鱼开始有独立的胰脏。胰脏是分泌胰液的消化腺体,同时又是一个内分泌腺。

思 考 题

1. 试绘原肠及其衍生物的简图。
2. 脊椎动物的牙齿和软骨鱼的盾鳞是同源结构,试从两者的基本结构、发生来源和化石证据三方面来论证。
3. 结合取食方式和食性论述脊椎动物牙齿进化的历程。
4. 试述哺乳动物牙齿的特点,写出兔和人的齿式。
5. 试述硬腭和软腭的出现及其完善在进化上的意义。
6. 试述陆栖脊椎动物各对咽囊及其衍生物的变化,并绘出示意图。
7. 试述鸟胃和反刍哺乳动物胃的特点。
8. 脊椎动物在进化过程中增加肠的消化吸收面积有哪几种方式?

第九章 呼吸系统

第一节 概述

经过消化系统吸收进动物体内的营养物质必须经过氧化过程才能释放出能量。氧化过程中需要氧,最后产生二氧化碳和水。动物体吸入氧和排出二氧化碳的交换过程称为呼吸。呼吸过程可分为两部分:外呼吸和内呼吸。在气体交换器官(鳃或肺)中毛细血管内的血液与外环境之间的气体交换过程,叫做外呼吸;另一处是在组织内进行的,即毛细血管内的血液通过组织液与细胞交换气体的过程,称为内呼吸。比较解剖学中所谈的呼吸只涉及外呼吸。

水栖脊椎动物以鳃进行呼吸,陆栖脊椎动物以肺进行呼吸。鳃与肺在功能结构上有共同点:壁薄、与呼吸介质接触的面积大、有丰富的毛细血管,而且动、静脉血管所含的血液与一般情况相反,即动脉内(入鳃动脉、肺动脉)含缺氧血,而出鳃动脉和肺静脉内含多氧血。

鳃与肺是同功器官,但在发生上两者并不同源;鳔与肺才是同源器官,两者全是由原肠突出而形成。

第二节 鳃

一、鳃的比较解剖

(一) 无颌类

七鳃鳗的呼吸器官(图 9-1)和鱼类很不相同。它由 7 对鳃囊和位于食道腹面的一个盲端的呼吸管组成。呼吸管的左右两侧各有 7 个内鳃孔,各与 1 个鳃囊相通,囊壁为由内胚层演变而来的褶皱状鳃丝,其上有丰富的毛细血管,在此处进行气体交换。每一鳃囊经一外鳃孔与外界相通。盲鳗的外鳃孔大多不直接与外界相通,而通入一长管,以一共同的开口通体外(图 9-2)。圆口类的鳃囊和其内鳃丝都由内胚层而来,这是和其他用鳃呼吸的脊椎动物由外胚层形成的鳃是不同的。七鳃鳗经常以口漏斗吸附在鱼体上,这样就不能像鱼类那样由口进水,由鳃裂排水。成体七鳃鳗,水流的进出都通过外鳃孔;幼体则和鱼类一样,水由口进入,由外鳃孔流出。

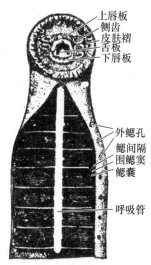

图 9-1 七鳃鳗的呼吸系统(仿王所安,1960)

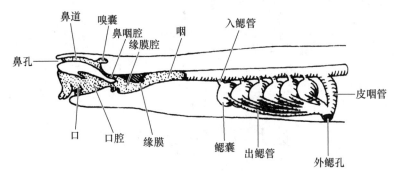

图 9-2　盲鳗的呼吸系统(仿 Kent, 1997)

(二) 软骨鱼

鲨和其他鱼类一样,都是以外胚层形成的鳃来行使呼吸作用的。鳃具备以下特点:壁薄、面积大、联系着丰富的血管、入鳃的血是缺氧血,而出鳃的血是多氧血。鲨的鳃除具备以上一般性的特点外,应指出其鳃间隔(interbranchial septum)特长(图 9-3),由鳃弓延伸至体表与皮肤相连。鲨鱼的鳃瓣不是丝状而是由上皮折叠形成栅板状(如暖气片),贴附在鳃间隔上。因而鲨类又称板鳃类(Elasmobranchii)。咽的左右侧壁两个鳃间隔之间为鳃裂,星鲨具有 5 对鳃裂,直接开口于体表,另外,在两眼后各有一个与咽相通的小孔,为喷水孔。从发生上来看,喷水孔乃是退化的第一对鳃裂。

水由口和喷水孔进入咽,由鳃裂流出体外,当水流经鳃瓣时,水中的氧渗透入血管,血液中的二氧化碳渗出到水中。

(三) 硬骨鱼

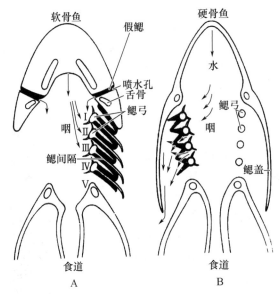

图 9-3　软骨鱼(A)和硬骨鱼(B)头部的水平切面(示鳃的区别)

(仿 Kluge,1977)

硬骨鱼的鳃间隔退化,鳃瓣直接附着于鳃弓上(图 9-3),在鳃的外侧有鳃盖保护,使鳃裂不直接通体外,而是开口到鳃盖所包围的鳃腔内,只在鳃盖的边缘有一总的鳃孔通外界。在鳃弓的内侧生有鳃耙,作为滤食之用。

当水流经鳃瓣进行气体交换时,很重要的机制是水流的方向和次级鳃瓣(secondary lamellae)毛细血管内血液流动的方向是相反的,这种逆流系统(countercurrent system,图9-4)保证了接触鳃的水总是在更新。据实验,鱼鳃的这种逆流系统气体交换机制可使水中80%以上的氧摄入血液中;相反,如水流和血液是同一方向流动,则水中的氧仅有10%摄入血液中。在人类工业上,这种逆流原理现已被广泛应用。

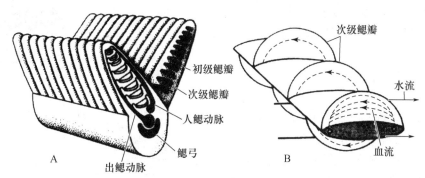

图 9-4　硬骨鱼鳃的结构和气体交换机制(仿 Torrey,1979)
A. 初级和次级鳃瓣;B. 逆流系统

鳃的鳃间隔在进化过程中由长到短,以至消失(图9-5)。软骨鱼鳃间隔长,直连皮肤;硬鳞鱼(如鲟)的鳃间隔渐趋短缩;真骨鱼则极短缩或完全消失。鳃裂数目在进化中由多到少。文昌鱼的鳃裂有数十对,七鳃鳗有 7 对,软骨鱼大多是 5 对,但七鳃鲨(*Heptranchias*)为 7 对,六鳃鲨(*Hexanchus*)为 6 对。硬骨鱼鳃的数目一般为 4～5 对,非洲肺鱼仅 2 对(前二对鳃裂和第三鳃裂的前壁皆不具鳃瓣)。

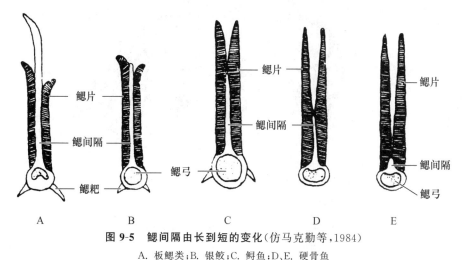

图 9-5　鳃间隔由长到短的变化(仿马克勤等,1984)
A. 板鳃类;B. 银鲛;C. 鲟鱼;D、E. 硬骨鱼

二、幼体的鳃

许多鱼类和两栖类的幼体具有外鳃,如多鳍鱼、泥螈、肺鱼(图9-6);蝌蚪(蛙的幼体)营鳃呼吸,在第三、四、五对咽弓上生有 3 对羽状外鳃,其后外鳃逐渐退化,鳃裂壁上生长的 3 对内鳃

(图9-7)开始执行呼吸的功能,变态后消失。低等有尾两栖类,如洞螈(*Proteus*)、泥螈(*Necturus*)、鳗螈(*Siren*)终生保持在幼体阶段,外鳃一直保留。大鲵(*Megalobatrachus*)幼体具3对外鳃,成体时外鳃消失,开在体表的鳃孔随后也关闭。

羊膜类在胚胎期皆出现咽囊,仅在较低等的羊膜类鳃囊打穿成临时性的鳃裂,而在哺乳类则未打穿成鳃裂。羊膜类的成体从未有鳃及鳃裂的结构。

三、鳃的排泄作用

鳃是水生脊椎动物的呼吸器官,同时也具有排泄的功能,相当一部分的含氮废物是通过鳃排出的。实验证明,鲤鱼和金鱼通过鳃排出的含氮废物比通过肾脏排出的还要多5~9倍,洄游鱼类某些种在鳃部具有泌氯腺,在海水中生活时通过泌氯腺排出多余的盐分,而在淡水时则通过泌氯腺摄取氯离子。

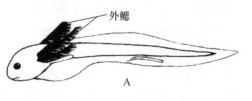

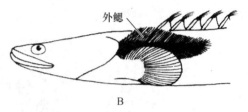

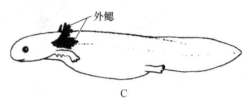

图9-6 幼体的外鳃(仿Wolff,1991)
A. 非洲肺鱼;B. 多鳍鱼;C. 泥螈

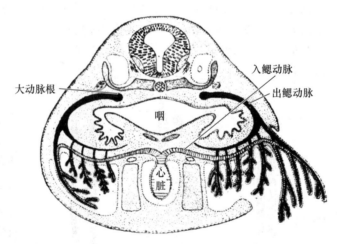

图9-7 蝌蚪的外鳃和内鳃(仿Neal,1936)

第三节 鳔与肺的起源

一、鳔

鳔(swim bladder)为大多数硬骨鱼所有,是位于消化管背面的一个白色薄囊,一般分成前、后两室,也有少数为一室或三室的。鳔的内壁一般都很光滑,也有的内壁具褶皱,如雀鳝(*Lepidosteus*)和鲖鱼(*Amia*)。根据鳔与食道之间有无鳔管相通,可分为有鳔管的喉鳔类(或称开鳔类)(physostomous)和无鳔管的闭鳔类(physoclistous)。前者如大多数的硬鳞鱼、较低等的真骨鱼类、肺鱼等;后者如鲈形目等较高等的真骨鱼类。喉鳔类鳔内气体的调节主要是通过鳔管(图9-8),直接由口吞入或排出气体,也可由血管分泌或由血管吸收一部分气体。

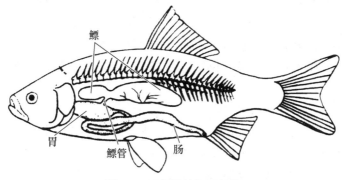

图 9-8　开鳔类的鳔及鳔管

闭鳔类的鳔不具鳔管,鳔内气体的调节是依靠红腺和卵圆区。在鳔的前腹面内壁上有红腺(red gland)(图9-9),红腺的形态因种而异,如大黄鱼的红腺为数个呈花朵状的腺体,鲈鱼则为树枝状。在红腺处大量的毛细血管集中,以一定的顺序排列成"奇异的网"(rete mirabile)。红腺的腺上皮细胞能将血管内血液中与血红蛋白相结合的氧气分离出来,把血液中碳酸氢盐的二氧化碳分离出来,使之成为鳔内的气体。供应鳔红腺的血管是腹腔肠系膜动脉,最后由肝门静脉通出。鳔内气体的重新吸收是靠鳔后背方内壁的卵圆区(oval)。卵圆区呈囊状,囊的入口处有平滑肌形成的括约肌控制。当红腺在分泌气体时,卵圆区入口处的括约肌收缩;当需要回收气体时,括约肌松弛,鳔内气体由卵圆区渗入邻近的血管里。通入卵圆区的血管是背大动脉,返回的血管是后主静脉。

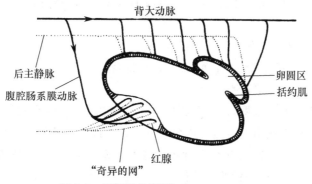

图 9-9　闭鳔类的鳔(仿 Torrey,1979)

少数的硬骨鱼类不具鳔。这主要是一些底栖鱼类(如鮟鱇)和一些迅速作垂直方向升降的鱼类,如鲭鱼、鲐鱼等快速游泳者。前者终年栖于水底,很少向上游动;后者需要迅速升降,而鳔内气体的调节较为缓慢,有了鳔反而会成为障碍。

从功能上看,除少数鱼(如肺鱼、总鳍鱼)的鳔具有呼吸作用外,对大多数鱼类来说,鳔是一个身体比重的调节器官,借鳔内气体的改变以帮助调节身体的浮沉。当鱼向上游动时,所受的水的压力减小,鳔内气体增加,鱼体相应的膨胀,使身体比重减小,鱼则上浮;反之,当鱼向下游动时,所受的水压加大,鳔放出一部分气体,体积减小,鱼体比重加大,鱼则下沉。这样,靠鳔的自动调节,鱼体能在水中任何深度保持不浮不沉,而无需靠鳍的游动来维持平衡。

鲤形目鱼类,鳔的前端与韦氏小骨相连,3块小骨中的三脚骨和鳔壁相接触,另一端以舟骨通内耳的围淋巴腔(perilymphatic space)。水内的声波可以引起鳔内气体同样振幅的波动,借韦氏小骨传导到内耳,从而产生类似于陆生脊椎动物的听觉。韦氏3小骨和哺乳类的3块听小骨在功能上起着相似的作用,虽然在发生上,它们并没有什么同源关系。

二、肺的起源

从发生上来看,鳔是由原肠管突出的盲囊所形成,与陆生脊椎动物的肺是同源的。

一般认为,肺是由古代鱼类的鳔演变而来,其根据是:

(1) 在发生上皆来自原肠管咽部后面的突起。

(2) 总鳍鱼、肺鱼都有内鼻孔,可直接吸进空气。肺鱼鳔的内壁折叠似肺,通入鳔的血管是从第六对动脉弓发出,而鳔静脉则直接回心脏的左侧(肺鱼的心脏有不完全的分隔将心房及心室不完全地分为左右两部),可见肺鱼的鳔循环已具备陆生脊椎动物肺循环的雏形。当水源枯竭或水中缺氧时,则鳃呼吸暂停,而利用鳔直接呼吸空气;这时,入鳔的血液是缺氧血,而出鳔的血液则为多氧血。

(3) 许多硬鳞鱼(如雀鳝、鲟鱼)及多鳍鱼虽然没有内鼻孔,但经常用口吞空气经鳔管入鳔中,起着辅助呼吸的作用。这类鱼的鳔内壁具皱褶似肺。

综上所述,可见某些原始鱼类的鳔和肺在结构和功能上具有一致之处,在发生上也有共同来源。一般认为在泥盆纪末期,由于气候和植物条件的影响,使生活在淡水里的鱼类面临着干涸或周期性缺氧的威胁,在长期演变过程中,由总鳍鱼类的鳔演变为肺。

硬骨鱼中失去鳔管联系的闭鳔类显然是以后的改变,而保持着鳔和肠管联系的开鳔类较为原始。

肺由鳔演变而来,仍存在有两个问题:

(1) 鱼鳔的位置是在胸腹腔的背面,而肺是在腹面;

(2) 鳔多为单室而肺是左右侧双叶。

从许多鱼鳔的比较形态来看,以上问题似可得到解决,一般鱼鳔的位置是在背侧,但鳔管开口的位置并不都是在消化道的背侧。赤鱼(*Erythrinus*)的鳔管开口在食道的侧面,多鳍鱼、非洲肺鱼及澳洲肺鱼的鳔管则是开口在食道的腹面(图9-10)。鳔管是胚胎时期鳔原基从原肠的突出,腹侧开口的鳔管代表鳔的原始位置。考虑到鳔是比重的调节器,充满气体的大型鳔囊如果是在身体的腹侧,势必造成鱼腹朝天,所以鳔连同鳔管的开口转向背侧显然是适应鳔的功能转化次生性移位的结果。一般鱼鳔是单室的,有些是前、后两室的,但也有左右侧双叶的,如非洲肺鱼、美洲肺鱼、多鳍鱼的鳔就是双叶的。由双叶变为单叶,推测其是对浮沉作用更为精确的适应。

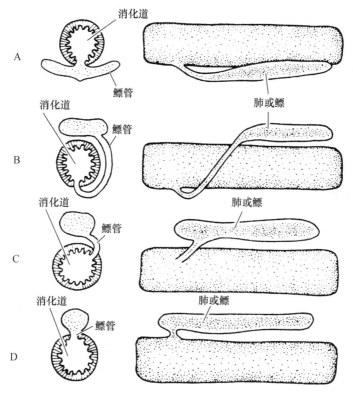

图 9-10 几种鱼的鳔和鳔管开口的位置（仿 Wake，1979）
A. 多鳍鱼；B. 澳洲肺鱼；C. 赤鱼；D. 多数硬骨鱼

第四节 肺与呼吸道

一、肺的比较解剖

（一）两栖类的肺

有尾两栖类开始有肺，如泥螈（图 9-11）的肺构造极为简单，只是一对薄壁的囊状物，内壁光滑或仅基部稍有隔膜，其结构尚不如肺鱼鳔的结构复杂，进行气体交换的面积很有限，泥螈通过肺呼吸所获得的氧仅有 2%，气体交换主要还是通过皮肤和外鳃（泥螈终生具外鳃）。无肺螈科（Plethodontidae）的有尾类成体完全无肺，也没有气管和喉头的痕迹，完全依靠皮肤呼吸和口咽腔呼吸。

无尾两栖类的肺内壁呈蜂窝状，但肺的表面积还不大，如蛙肺的表面积与皮肤表面积的比例是 2∶3。皮肤呼吸仍占重要地位，蛙在冬眠时肺呼吸完全停止，只用皮肤进行呼吸。

两栖类具有比任何其他动物更为多种多样的呼吸方式，这反映了两栖类开始适应陆地生活，但并不完善的过渡情况。不同种的两栖类，或者在同

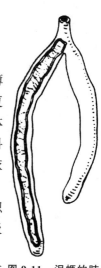

图 9-11 泥螈的肺
（仿 Kent，1997）

一种的幼体阶段和成体阶段,或者在不同的生活状态下,分别进行鳃呼吸、皮肤呼吸、口咽腔呼吸和肺呼吸。

(二) 爬行类的肺

与两栖类相比,爬行动物的肺(图 9-12)呼吸进一步完善。成体既没有鳃呼吸,也没有皮肤呼吸。胚胎期虽有鳃裂,但不形成鳃,胚胎的气体交换是通过尿囊。爬行动物的肺虽然和两栖类一样仍为囊状,但其内壁有复杂的间隔把内腔分隔成蜂窝状小室,与空气接触的面积大为扩大。肺的结构在纲内变异很大,最简单的形式仍为一囊,如楔齿蜥及蛇;一些高等蜥蜴、龟和鳄类的支气管在肺内一再分支,使整个肺脏呈海绵状;避役肺的前壁呈蜂窝状,称呼吸部,后部内壁平滑并且伸出若干个薄壁的气囊,称贮气部。水栖的龟鳖类,由泄殖腔壁突出两个副膀胱,可作为呼吸的辅助结构。副膀胱的壁上分布有丰富的毛细血管,在水中可以进行气体交换。

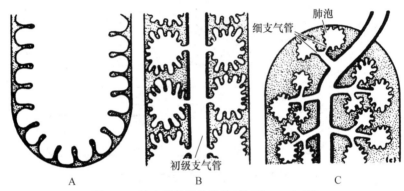

图 9-12　陆生四足类的肺脏(仿 Kluge,1977)
A. 两栖类;B. 爬行类;C. 哺乳类

(三) 鸟类的肺和气囊

鸟肺紧贴在胸腔的背部,被一透明的膜质斜隔(septum obliquum)将其与腹腔各器官分隔开。肺的体积不大,不再分叶。为弹性较小的海绵状体,其结构不同于两栖类和爬行类的空心囊状肺。肺的内部,是一个由各级支气管形成的彼此吻合相通的密网状管道系统。每一支气管进入肺以后,首先形成一主干,即中支气管(mesobronchus)(也叫初级支气管),直达肺的后部,通入腹气囊和后胸气囊。中支气管在肺里分出几组次级支气管,依其位置分别称为背支气管、腹支气管和侧支气管。次级支气管再经分支,形成副支气管(parabronchi)(又称三级支气管)(图 9-13)。每一副支气管辐射出许多细小的微支气管(air capillary),微支气管的管径仅有 3～10μm,管壁由单层扁平细胞构成,很多分支,彼此吻合,并被毛细血管包围着。气体交换就在微支气管和毛细血管间进行。由此可见,鸟肺没有像哺乳类那样呈盲端的肺泡,作为气体交换部位的微支气管是没有盲端的彼此连通的管道系统。这种由管道系统构成的海绵状肺,体积虽然不大,而和气体接触的面积极大,这是鸟类所特有的高效能气体交换装置。

与肺脏相连的是鸟类所特有的气囊(air sac)。气囊就是和某些中支气管及次级支气管末端相连的膨大的薄囊,它们伸出到肺脏以外,分布于内脏器官间,并侵入到骨骼(头骨、四肢骨)内,即骨骼的充气(pneumatization),使骨壁有众多海绵状腔隙。气囊的壁很薄,不易分清,如果从喉门插入一玻管,吹入气体,或由喉门注入有色的胶液,待胶液凝固后则气囊甚为明显。

气囊壁上分布的毛细血管不多,显然气囊本身并没有气体交换作用。气囊有 4 个成对的和 1 个单个的(图 9-14),其中与中支气管直接相连的气囊称为后气囊(包括腹气囊和后胸气囊),其余的与次级支气管相连的,称前气囊(包括颈气囊、锁间气囊和前胸气囊)。除锁间气囊为单个者外,其余皆为成对的。气囊本身并没有气体交换的功能,但对鸟类呼吸时有大量新鲜空气流经肺部起着重要的作用。

鸟类所特有的由管道系统构成的海绵状肺以及气囊的作用,使鸟类呼吸系统的总容量比哺乳类约大 3 倍。

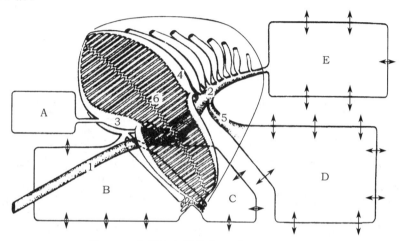

图 9-13　鸟肺和气囊的关系(仿 Kluge,1977)
A. 颈气囊;B. 锁间气囊;C. 前胸气囊;D. 后胸气囊;E. 腹气囊
1. 气管;2. 中支气管;3. 腹支气管;4. 背支气管;5. 侧支气管;6. 副支气管

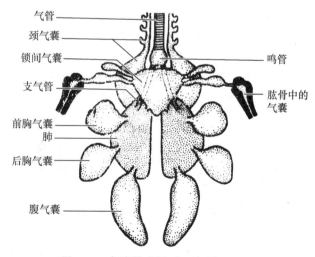

图 9-14　气囊模式图(仿丁汉波,1983)

(四) 哺乳类的肺

肺是一对海绵状器官,位于密闭的胸腔内,胸腔后面以横膈为界与腹腔分开,胸腔中间又以中隔障分为左右两部。兔的左肺分 2 叶,右肺分 4 叶(其中有一小的中间叶)。左右肺叶内侧与中隔障相接,此处称为肺门,是支气管、血管和神经入肺的地方。

支气管入肺后,一再分支成为次级支气管、三级支气管、四级支气管,最后成终末细支气管,再分支为呼吸细支气管。形成一个复杂的支气管树(图9-15)。呼吸细支气管的末端膨大成囊状,称肺泡管,肺泡管壁向外凸出形成半球形盲囊,即肺泡(alveolus)(图9-16)。肺泡由一层扁平上皮细胞和若干弹性组织构成,外面与丰富的微血管网紧紧相贴,吸入的空气在肺泡处与微血管内血液进行气体交换。在人体这些空心的肺泡的总数目超过7亿,总面积至少在 $50\ m^2$ 以上。这样就大大增加了肺进行气体交换的表面积。

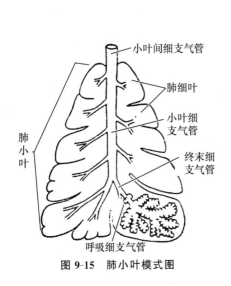

图 9-15　肺小叶模式图

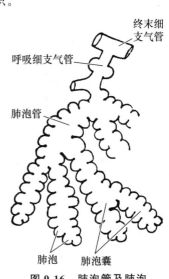

图 9-16　肺泡管及肺泡

二、呼吸的机械装备

陆栖脊椎动物在进化过程中,呼吸的机械装备愈加完善。

(一) 两栖类的呼吸动作

两栖类的呼吸动作是借助于口咽腔底部的上下动作来完成的(图9-17)。蛙在平静状态时,鼻孔张开,喉门紧闭,口底下降而将空气由外鼻孔吸入,经内鼻孔入口腔。继而口底上升,将空气循原路由鼻孔呼出,此时,由于喉门紧闭,无气体进入肺,只是在口咽腔黏膜进行气体交

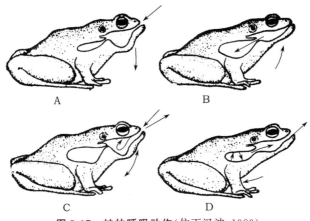

图 9-17　蛙的呼吸动作(仿丁汉波,1983)

换,即所谓口咽腔呼吸(buccopharyngeal respiration)。口底这样上下颤动多次后,鼻孔关闭,口底上升,喉门打开,空气由口咽腔进入肺中,肺壁上充满毛细血管,在此处进行气体交换,即肺呼吸(pulmonary respiration)。空气由肺呼出是靠体壁肌肉的收缩和富有弹性的肺囊壁的回缩的结果。由肺中呼出的气体并不立即排出口外,而是在口咽腔中与该处的新鲜空气略有混合,紧接着又重新压到肺中。两栖类这种借助于口咽腔底部的上下动作来完成呼吸的方式是和拉风箱吹气有着同样的道理。

(二)爬行类的呼吸动作

除像两栖动物一样,爬行类的呼吸动作是借助于口咽腔底部的升降和鼻孔的开关相配合来完成的,另外,还发展了羊膜动物所特有的呼吸方式,即借助于胸廓的扩张与缩小,使气体吸入或排出。当肋间外肌收缩时,牵引肋骨上提,胸廓扩张,空气随之吸入;肋间内肌收缩时,牵引肋骨下降,胸廓缩小,空气随之呼出。龟鳖类的肋骨大部分与背甲的骨质板愈合在一起,胸廓不能活动,几乎全靠肩带的活动影响胸腔的容积。

(三)鸟类的呼吸动作

(1)吸气时,大部分空气经中支气管直接进入后气囊(这些空气未经过气体交换,因而是含有丰富氧气的),还有一部分空气进入次级支气管,再入副支气管,在此处的微支气管处进行气体交换(图9-18A)。

(2)吸气时,前气囊也扩张,但它不接受吸进来的空气,而是接受从肺来的气体(图9-18A)。

(3)呼气时,后气囊中的气体(含有丰富氧气的)排入肺内,经次级支气管入副支气管,在微支气管处进行气体交换,交换后的气体入前气囊(图9-18B)。

(4)呼气时,前气囊中的气体排出,经次级支气管入中支气管排出体外(图9-18B)。

由此可见,作为鸟肺进行气体交换的部位——与副支气管相连的微支气管中,无论是吸气时或呼气时都有新鲜空气通过并在此处进行气体交换。这种在吸气和呼气时,在肺内均能进行气体交换的现象,称为"双重呼吸"(double respiration)。不难看出,对于一个气团来说,从吸进到呼出,要历经两个呼吸周期。

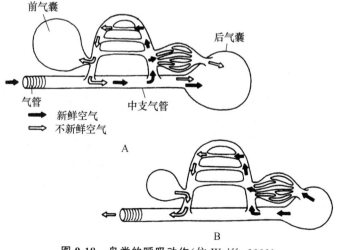

图9-18 鸟类的呼吸动作(仿 Wolff,1991)
A. 吸气;B. 呼气

鸟类的呼吸动作,在静止状态时是以肋骨的升降、胸廓的缩小与扩大来进行的,这和其他羊膜动物没什么区别;但在飞翔时,由于胸肌处于紧张状态,肋骨和胸骨固定不动,因此也就不能用上述方法进行呼吸,而是随翼的扇动,前后气囊进行收缩和扩张。由于呼吸动作和翼的动作相协调,翼动作愈快,呼吸动作也随之加速(但扇翅与呼吸频率不一定是1∶1),因此鸟类不会因激烈飞翔运动而窒息。

气囊的功能是多方面的,它除了辅助呼吸以外,还有减小身体的比重、减少内脏器官间的摩擦和调节体温的作用,在飞翔时,由于激烈的运动所产生的过高体温,可以由气囊中川流不息的冷空气来调节。鸟类没有汗腺,它的散热主要依靠呼吸,呼吸的频率越快,呼吸蒸发的过程也越强,散失的热量也就越大。

(四) 哺乳类的呼吸动作

哺乳动物的呼吸动作(图9-19、9-20)是依靠胸腔的扩大与缩小(肺本身并无肌肉组织,不能自动扩大与缩小)来实现的。胸腔的扩大与缩小,一方面依靠肋骨位置的变换,同时也有赖于横膈的升降。肌肉质的横膈(diaphragm)为哺乳动物所特有,呈钟罩形,周围是横纹肌,由肋骨、胸骨和椎骨作起点,而以中央圆形的结缔组织中央腱作止点。胸腔和腹腔之间就是以横膈为界。膈肌收缩时,横膈下降,胸腔因而扩大;反之,当膈肌舒张时,横膈即恢复向上凸起的位置,使胸腔缩小。通常胸腔的扩大是由横膈下降(膈肌收缩)和肋骨上提(肋间外肌收缩)协同作用的结果;胸腔的缩小则是由横膈上升(膈肌放松)与肋骨牵引而下(肋间内肌收缩)相结合。

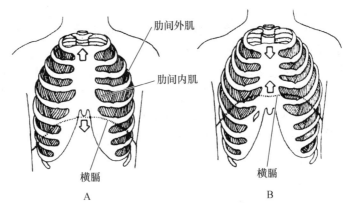

图9-19 人呼吸时膈的位置变化(仿 Wolff,1991)
A. 吸气;B. 呼气

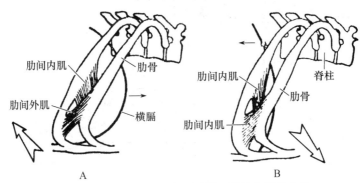

图9-20 哺乳动物呼吸时,肋骨和横膈位置的变化
A. 呼气;B. 吸气

三、呼吸道和发声器

（一）两栖类

两栖类的呼吸道仅为一短的喉头气管室(laryngo-tracheal chamber)，喉头和气管的分化不明显。喉门(glottis)为一裂缝状的开口，两边围绕着两块半月形的杓状软骨(arytenoid cartilage)。在杓状软骨内侧的是两片富有弹性的声带(vocal cord)(图 9-21)。声带作为陆生脊椎动物的发声器官是自两栖类开始出现的。雄蛙在口角两边各有一对声囊，以声囊孔与口腔相通。声囊(vocal sac)相当于共鸣箱，它使声带发出的声音扩大。雌蛙没有声囊。蟾蜍无论雌雄性皆无声囊。

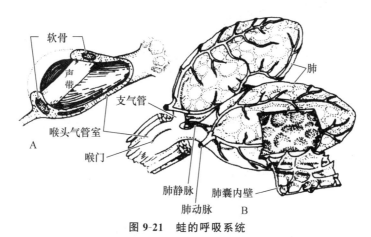

图 9-21 蛙的呼吸系统

A. 喉头气管室剖开，示声带；B. 喉头及肺（仿 Storer，1979）

（二）爬行动物

爬行动物的喉部构造较复杂，呼吸道有了明显的气管(trachea)和支气管(bronchi)的分化，支气管是从爬行类才开始出现的。爬行动物都有较长的气管，其长度大体随颈的长度而异，管壁由气管软骨环支持。气管的前端膨大形成喉头(larynx)，其壁由单一的环状软骨和成对的杓状软骨所支持。喉头前面有一纵长的裂缝，称为喉门，开口于舌的后面。气管的后端分成左右两支气管，分别通入左右侧肺。仅具一侧（右）肺的某些蛇类，其支气管也仅具一条。爬行类除少数种类外，一般皆不发声。

（三）鸟类

鸟类的气管为一圆柱形长管，由许多半骨化的软骨环构成支架，幼鸟的软骨为小片，随年龄增大而合并为完整的环，成年鸡的软骨环部分骨化。气管的长度一般和颈的长度相当，但有些鸟类（如鹤、鹅等），气管长而弯曲，盘旋在胸部龙骨突起附近，甚至穿入胸骨内。

气管向后进入胸腔，分为两个初级支气管(bronchi)。在气管与支气管的交界处，有鸟类的发声器官——鸣管(syrinx，图 9-22)。鸣管由气管末端和两个初级支气管起始部位的内、外鸣膜形成。鸣膜(tympanic membrane)能因气流的震动而发声。鸣管外侧附有特殊的鸣肌(syringeal muscle)，鸣肌的收缩可以调节鸣膜的紧张程度，从而使鸣声发生变化。鸣禽类具有复杂的鸣肌，故善于婉转鸣叫。雄鸭的鸣管左侧形成一个特殊的骨质泡，起着共鸣作用。应指出，鸟类的发声器官不在喉头处（气管上端），而在后喉（气管下端分为两支气管处），这是和其他陆栖脊椎动物不同之处。许多种鸣禽在其支气管起始部有向内突出的鸣骨(pessulus)，其上覆以半月膜，通过鸣管的空气，使此膜震动而发音(图9-22)。

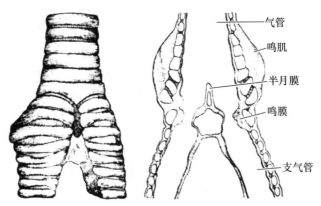

图 9-22　鸟类的鸣管(仿郑光美,1995)

(四) 哺乳类

哺乳类由于完整的次生腭以及软腭的形成，内鼻孔后移到咽部，使呼吸道和消化道完全分开。呼吸时，空气通过鼻腔、咽，由喉门入气管，也就是从背前方通向腹后方；吞咽时，食物经口腔、咽进入食道，也就是从腹前方通向背后方，所以呼吸道和消化道在咽部形成交叉，即咽交叉(chiasma)。

哺乳类的喉头(larynx)(图9-23)构造复杂化，支持喉头的软骨除杓状软骨和环状软骨外，新增加了甲状软骨及会厌软骨。哺乳类的声带位于喉部(区别于鸟类)，在喉腔之两侧前后各长一对膜状声带，前面一对为假声带，不能发声；后面一对为真声带，是发声的器官(图9-24)。吞咽食物时，喉门为会厌软骨所盖，避免食物误入气管。气管是由一系列背部不衔接的软骨环所支持，食道的腹壁恰位于它的缺口处。气管通入胸腔后，分成左、右支气管，分别入肺。

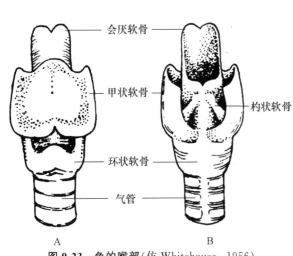

图 9-23　兔的喉部(仿 Whitehouse, 1956)
A. 腹侧面；B. 背侧面

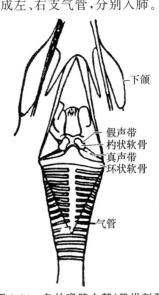

图 9-24　兔的喉腔内部(已纵剖开)
(仿 Whitehouse, 1956)

小　结

1. 水栖脊椎动物以鳃进行呼吸,陆栖脊椎动物以肺进行呼吸。某些动物还可以在皮肤、口咽腔黏膜、鳔、尿囊等部位进行气体交换。

2. 鳃与肺是同功器官,两者在功能结构上有共同点:壁薄、面积大、有丰富的毛细血管,而且动、静脉血管所含的血液与一般情况相反,即动脉内(入鳃动脉、肺动脉)含缺氧血,而出鳃动脉和肺静脉内含多氧血。

3. 鳔与肺是同源器官,两者全是由原肠管突出的盲囊所形成。一般认为,肺是由古代总鳍鱼的鳔演变而来。

4. 鳃的鳃间隔的进化由长到短,以至消失;鳃裂数目在进化过程中由多到少。

5. 鳔一般位于消化管背面,为鱼体内的比重调节器,少数鱼能用鳔呼吸空气。根据鳔管的有无,硬骨鱼可分为喉鳔类和闭鳔类。

6. 在进化过程中,肺进行气体交换的面积逐渐扩大。两栖类的肺是一内壁呈蜂窝状的薄囊;爬行类仍是囊状肺,但内壁的间隔更为复杂;鸟肺为网状管道系统;哺乳类肺内部是一复杂的支气管树。肺泡的出现大大扩大了肺的表面积。

7. 呼吸的机械装备随进化愈加完善。两栖类为口咽腔呼吸,爬行类出现了胸廓,鸟类的气囊起着辅助呼吸的作用,使鸟类具有独特的"双重呼吸",哺乳类出现了肌肉质横膈。

8. 呼吸道和消化道渐趋分开。爬行类有次生腭的出现而使呼吸道和消化道开始分开。哺乳类由于软腭的出现使内鼻孔后移,消化道与呼吸道完全分开。空气和食物的通道由两栖类的口腔内交叉到哺乳类的咽交叉。

9. 呼吸道进一步分化,发声器渐趋完善。两栖类的呼吸道仅为短的喉头气管室,开始有声带;爬行类开始有气管和支气管的分化;鸟类的发声器为位于支气管分叉处的鸣管;哺乳类的喉头构造复杂化,声带位于喉部。

思　考　题

1. 鳃与肺在功能结构上有哪些共同点?两者是同源器官还是同功器官?
2. 从哪些方面来论证肺是由鳔演变而来?
3. 结合其进化地位,简述两栖类呼吸系统的特点。
4. 比较两栖类、爬行类和哺乳类的呼吸动作。
5. 比较两栖类、爬行类和哺乳类的呼吸道和发声器。
6. 鸟类所特有的"双重呼吸"指的是什么?
7. 综述从两栖类到哺乳类肺的演变。
8. 横膈首次见于何类动物,在发生上是由哪些部分组成的,并说明其功能。

第十章 排泄系统

第一节 概　　述

　　动物机体在新陈代谢过程中,不断形成大量的、不能继续为动物体所利用的最终代谢产物。机体排出最终代谢产物的过程称为排泄。排泄物中除去在代谢过程中形成的最终产物以外,随着食物进入体内而又不参与代谢的异物,多余的水、盐类和有机物质,进入体内的有毒物质等,也都借着排泄过程而排出体外。所有这些排出的物质统称为排泄物。

　　各种不同的排泄物是通过不同的途径排出体外的。除一部分通过皮肤随汗排出、一部分二氧化碳和水分通过鳃或肺等呼吸器官排出外,绝大多数代谢废物(如尿素、尿酸、铵盐和水分)是随血液循环通过肾脏,以尿的形式排出。

　　肾脏不但有排出代谢废物的功能,还能调节水、盐代谢和酸碱平衡,以保持身体内环境理化性质的相对稳定。换言之,肾脏是排泄器官,也是渗透调节器官。

　　脊椎动物的排泄系统是由肾脏、输尿管、膀胱和尿道等部分组成。

第二节 肾　　脏

一、肾脏的结构与功能

(一) 哺乳类肾脏的大体解剖

　　肾脏(ren,kidney)左右侧各一,位于腰部脊柱两侧,一般的情况是左肾靠后、右肾靠前。肾脏呈卵圆形,红褐色,外表面被一层易于剥离的致密结缔组织包住,称被膜(capsule)。每一个肾的内侧凹陷部叫肾门(hilus),为输尿管、血管、淋巴管以及神经出入肾脏的门户。肾门以内的空隙为肾窦(renal sinus)。

　　纵剖肾脏(图 10-1),在断面上可以区分出皮质(cortex)、髓质(medulla)和肾盂(pelvis)3

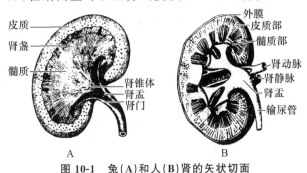

图 10-1　兔(A)和人(B)肾的矢状切面

部分。外层为皮质,富有血管,颜色较深,呈红色,肉眼观察呈颗粒状,主要由肾小体构成;内层为髓质,颜色较淡,有放射状的纹线,主要由肾锥体(pyramid)组成,肾锥体底部邻接皮质,尖端朝向肾门,形成肾乳头(renal papilla)。兔的肾乳头只有1个,人的肾乳头有多个,突入肾小盏(minor calyx)内。肾乳头上有许多小孔,开口于肾小盏。几个肾小盏合成肾大盏(major calyx),约有2～3个肾大盏集合形成肾盂。肾盂呈扁漏斗形,逐渐缩小,末端连输尿管。

(二) 肾单位

肾脏的实质是由大量具有同样功能的微细结构组成的,它们称肾单位(nephron)(图10-2)。肾单位既是肾的结构单位,又是泌尿的功能单位。高等脊椎动物的每一肾单位分为以下各部分:

(1) 肾小体(renal corpuscle)位于皮质内,是肾单位的重要部分。由血管球和肾球囊两部分构成(图10-2)。

(2) 血管球(glomerulus),又称肾小球,是一个弯曲盘绕成球形的毛细血管网。血液由较粗的入球小动脉(afferent arteriole)流入,经血管球后,又汇集成一条较细的出球小动脉(efferent arteriole),从同一极出肾球囊。

(3) 肾球囊(renal capsule),又称包曼氏囊(Bowman's capsule),是肾小管的起始部,类似一只双层壁的杯子包在血管球外面。与毛细血管紧相贴附的内壁称脏层,其外壁称壁层,内外两层之间的裂隙称囊腔,通肾小管。

近年来应用电子显微镜,对血管球,特别是毛细血管内皮基膜和肾球囊内层上皮的结构进行了细致的观察,看到毛细血管内皮极薄,厚度约 0.04 μm,而且呈筛板状,具有直径 0.04～0.08 μm 的圆孔。基膜比较致密。肾球囊的脏层由足细胞(podocyte)组成(图10-3),足细胞在血管上形成一层外膜。原尿通过的屏障包括极薄的毛细血管内皮、厚层的基膜和足细胞足突之间的裂隙。

(4) 肾小管(renal tubules),是接连肾球囊的细长管道,全管迂迴曲折,管壁由单层扁平或立方上皮组成。由于部位和功能的不同,上皮的形态也有分化,可以分为近曲小管(proximal convoluted tubule)、髓袢或亨氏袢(Henle's loop)和远曲小管(distal convoluted tubule)三部分。

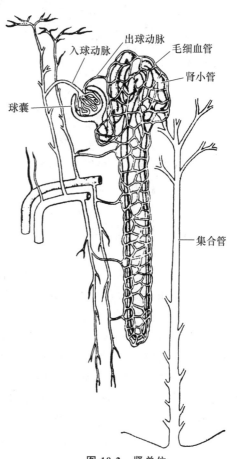

图 10-2 肾单位

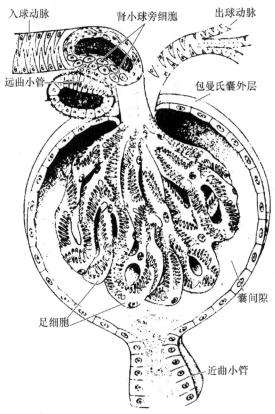

图 10-3 哺乳动物肾小体(仿 Welsch, 1976)

近曲小管位于皮质部,它直接与肾球囊的囊腔相通,并在囊的附近形成多次弯曲。近曲小管的上皮能将原尿中全部葡萄糖、大部分的水分和氯化钠等盐类吸收回血液中。髓袢在髓质中形成"U"形弯曲,分为细部和粗部两段。细部接连近曲小管,从皮质向髓质延伸,管径较细;粗部从髓质又折回皮质,管腔较大。远曲小管在皮质部,和近曲小管盘旋在一起,管腔也较大,末端与集合管相通。

(三) 尿的生成

肾小体好像一个血液的过滤器,当血液流经血管球时,由于入球小动脉的管径比出球小动脉大,这样就使血管里产生了较高的血压。此外,肾球囊的内壁像是一个细筛子,使血液中除血细胞和分子较大的蛋白质外,其余物质(如水、葡萄糖、氯化钠、尿素、尿酸等)都能过滤到囊腔内,形成原尿。

当原尿经过肾小管时,由于肾小管周围的毛细血管来自出球小动脉,其中的水分和某些物质已被滤出一部分,血浆较为浓缩,胶体渗透压相对增高,因此,肾小管能够将水分和原尿中的有用物质,如氨基酸、葡萄糖、无机盐等重吸收回到血液中,并向其中分泌 H^+、K^+ 和氨,以及药物、毒物等(分泌的机制有重要意义,它们可以从血液中清除潜在的危险物质),而把多余的盐类和尿素等代谢废物从肾小管排出,形成终尿。

综上所述,可见尿的生成包括肾小体的滤过和肾小管的重吸收和分泌两个阶段。即血液经过肾小体时,由于滤过作用而生成原尿;原尿通过肾小管时,经过肾小管的重吸收和分泌作用而形成终尿。肾单位的解剖生理特点具备着实现滤过和重吸收的各种必要条件:广大的滤过表面面积、血管球内较高的血压、充足的血液供应,都保证着滤过和重吸收作用的顺利进行。

肾单位的血液供应有某些重要特点,这些特点对肾脏执行泌尿的功能有重大意义。第一个特点是流入肾单位的血液先后形成两套毛细血管网,才汇入肾静脉中去。第一套毛细血管网在肾球囊内,第二套毛细血管网在肾小管周围。第二个特点是入球小动脉短而口径较大,出球小动脉长而口径较小。肾脏血管的上述特点使肾脏的血液循环产生两种效果:

(1) 由于血液流入血管球的阻力较小而流出血管球的阻力较大,因而使血管球内毛细血管的血压维持较高的水平,便于血浆成分渗出;

(2) 由于两次形成毛细血管网而使肾小管周围的毛细血管内的血压降得很低,便于使肾小管中的有用物质重新返回血液。

应指出,哺乳动物肾内的血液供应来自肾动脉,而鱼类、两栖类、爬行类、鸟类进入肾的血管有肾动脉和肾门静脉,其中肾动脉供应血管球,肾门静脉形成围绕在肾小管外面的毛细血管网。

好多个肾单位的远曲小管汇集于一条集合管(collecting tubule),许多集合管又汇合成乳头管,乳头管经肾乳头上的小孔开口于肾小盏。尿液经过肾小盏、肾大盏输送到肾盂,最后流入输尿管。

二、肾脏的类型

肾脏在发生上是由中胚层的中节(mesomere)的生肾节(nephrotome)形成的。在无羊膜类动物,肾脏的发生要连续经过前肾(胚胎期)和后位肾(成体)两个阶段;在羊膜类动物,则需经历3个阶段,即前肾、中肾(胚胎期)和后肾(成体)(图10-4)。它们在发生的顺序、在体腔中的位置和结构特点等方面均不相同。

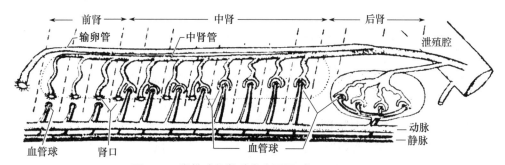

图 10-4　脊椎动物肾脏发生图解(仿 Neal, 1936)

脊椎动物的肾脏总共分为全肾(holonephros)、前肾(pronephros)、中肾(mesonephros)、后位肾(opithonephros)和后肾(metanephros)5 种类型(图 10-5)。

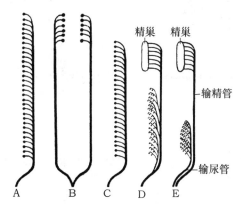

图 10-5　脊椎动物肾的几种类型(仿 Romer, 1977)
A. 全肾;B. 前肾;C. 后位肾;D. 后位肾(前部失去泌尿功能);E. 后肾

(一)全肾或称原肾

从比较解剖学上和胚胎学上的研究资料推断,最早期的脊椎动物肾脏是由沿体腔全长并按体节排列的肾单位组成的。每一肾小管的一端以带有纤毛的漏斗形开口,即肾口(nephrostome),开口于体腔,另一端汇入原肾管,原肾管的后端通向体外。体腔液中的代谢废物即由肾口汇入原肾管,最后排出体外。这种理论上的最原始肾脏称为全肾或原肾(archinephros)。在现代生存的动物中,仅在盲鳗幼体和蚓螈幼体中具有全肾。

(二) 前肾

脊椎动物在胚胎期都要经历前肾的阶段,但只有在盲鳗和少数硬骨鱼,前肾终生保留作为泌尿器官。

前肾(图 10-6A)位于体腔前端背中线两侧,呈小管状,分节排列,这些小管称前肾小管(pronephric tubules)。各类脊椎动物中,前肾小管的数目并不多,由 1 对到 12 对,因种而异。例如,蛙为 3 对,位于Ⅱ、Ⅲ、Ⅳ体节处;鸡为 12 对,由第Ⅴ体节至第ⅩⅥ体节;人的胚胎是 7 对,为由Ⅶ到ⅩⅢ体节的生肾节构成。

每一前肾小管的一端开口于体腔,开口处呈漏斗状,其上有纤毛,称肾口;小管的另一端汇入一总的导管,称前肾管(pronephric duct),末端通入泄殖腔或泄殖窦。在肾口的附近有由血管丛形成的血管球,它们以过滤的方式将血液中所含的代谢废物排入体腔中,借助于肾口处纤毛的摆动,将体腔中的废物收集入肾小管中,再经前肾管由泄殖孔排出体外。这种一端开口于体腔,一端通体外的前肾小管和无脊椎动物中环节动物的肾管是相近似的。

(三) 中肾和后位肾

中肾(图 10-6B、C)是指羊膜类胚胎时期在前肾之后依次出现的肾,位于体腔中部;后位肾(图 10-5C、D)是无羊膜类成体的肾,位于体腔中部和后部,相当于前肾后面的全肾其余部分,也就是说相当于羊膜类形成中肾和后肾的部位。在一些无羊膜类,后位肾的前面部分基本上失去了泌尿的功能,在雄体则被迂迴盘旋的输精管所占据(如雄性鲨鱼)。从结构上来说,后位肾和中肾还是基本相同的,下面所谈的中肾结构特点也可以代表后位肾的情况。

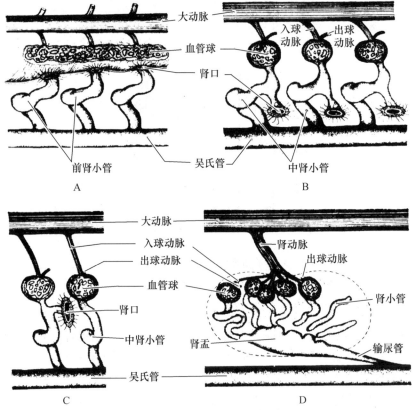

图 10-6 前肾(A)、中肾(B、C)和后肾(D)(仿 Neal,1936)

当前肾执行功能的阶段结束时,血管球失去和背大动脉的联系并开始退化。前肾小管的退化较慢,有些鱼一直到成体阶段还保留着遗迹。在前肾的后方的一系列生肾节形成新的肾小管,即中肾小管(mesonephric tubules)。中肾小管向侧面延伸,与纵行的前肾管相通。这时前肾管就改称为中肾管(mesonephric duct)。在无羊膜类,则改称为后位肾管(opithonephric duct)。

中肾小管的一端开口于中肾管,另一端的肾口显出退化,一部分肾口完全消失,不能再与体腔直接相通。在靠近肾口的中肾小管壁膨大内陷,成为一个双层的囊,即肾球囊,把血管球包在其中,共同形成一个肾小体。这种包在囊中的血管球可称为内血管球(internal glomeruli),以区别于前肾悬浮在体腔中的外血管球(external glomeruli)。内血管球由血液排出的废物不是排到体腔,借肾口收集入肾小管,而是直接进入肾球囊,经肾小管而至中肾管。这种联系可以称之为血管联系,区别于前肾的体腔联系。由体腔联系到血管联系是动物排泄器官的一大进步。

中肾小管的发生过程最初也是分节的构造,和前肾小管之间有一个过渡,这些靠近前肾的中肾小管还保留有肾口。随着胚胎的发育,中肾小管不断以出芽方式增加,每一个体节的初级中肾小管分生出次级、三级中肾小管,它们各自形成自己的肾小体和迂迴盘旋的小管,失去了肾口,也不再呈现分节现象。

中肾又称吴氏体(Wolffian body)。当形成中肾时,原来的前肾管纵分为两管:一为中肾管,或称吴氏管(Wolffian duct),另一为牟勒氏管(Müllerian duct)。在雌体,牟勒氏管成为输卵管。这种情况见于软骨鱼和有尾两栖类;其他大多数脊椎动物的前肾管并不纵裂为二,待前肾退化时,前肾管即转为中肾管。牟勒氏管是由靠近中肾腹外侧部的腹膜内陷包卷形成。

人的胚胎在第四周龄时开始出现中肾小管,到二月龄时中肾最为发达,肾小体的数目达到80个,但仅30个左右经常存在且具有泌尿功能。当后端的中肾小管形成时,前面最早出现的中肾小管已开始退化,当胚胎达到 40 mm 长度时,中肾小管即已退化。

(四) 后肾

后肾(图10-6D)是羊膜动物成体的肾脏,其发生时期是在中肾之后,其生长部位是在体腔的后部。后肾在发生上具有双重来源:一部分来源于后肾芽基(metanephric blastema);另一部分来源于后肾管芽(ureter bud or metanephric bud,图10-7)。

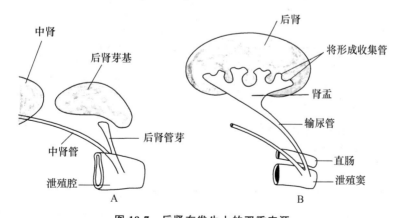

图 10-7 后肾在发生上的双重来源

A. 早期阶段;B. 晚期阶段(仿 Hildebrand, 1982)

后肾芽基接在中肾小管的后面，也是由肾小管构成。后肾小管数量多，比中肾小管长，迂迴也较多，其数量可达450万条之多。后肾小管一端为肾小体，完全不具肾口，另一端和集合管连通。

后肾管芽是由中肾管基部靠近泄殖腔处伸出的一对突起，其末端向前延伸连接正在分化的后肾芽基，在肾内末端一再分支，形成大量的集合管。

后肾发生以后，中肾管（吴氏管）失去了导尿功能，在雄性完全成为输精管，在雌性则退化；牟勒氏管在雌性成为输卵管，在雄性则退化。

综上所述，脊椎动物肾脏的进化趋势是：肾单位的数目由少到多，肾孔由有到无，由体腔联系到血管联系，发生的部位由体腔前部移向体腔中、后部。

上述的几类肾脏，以表10-1作为小结：

表10-1 脊椎动物几种类型肾脏的比较表

	前 肾	中肾和后位肾	后 肾
系统发生	无羊膜类胚胎期有泌尿功能，羊膜类胚胎期也经历此阶段	无羊膜类成体肾脏（后位肾） 羊膜类胚胎期肾脏（中肾）	羊膜类成体肾脏
个体发生	胚胎期最早出现	较后出现	羊膜类最后出现
位 置	位于体腔前部	位于体腔中、后部（后位肾） 位于体腔中部（中肾）	位于体腔后部
结构特点	前肾小管数目少（1～13个） 肾孔开口于体腔 体腔联系	中肾小管数目较多，出现肾小体 肾孔由有到无 体腔联系由有到无，建立了血管联系	后肾小管数目极多，可达450万 无肾孔 无体腔联系，仅血管联系
管 道	前肾管：胚胎期的输尿管	中肾管 　无羊膜类 　　吴氏管 ♂：输尿兼输精　♀：输尿 　　牟勒氏管 ♂：退化　♀：输卵管 　羊膜类 　　吴氏管 ♂：输精　♀：退化 　　牟勒氏管 ♂：退化　♀：输卵管	后肾管：羊膜类成体的输尿管

第三节 输尿管、膀胱与排泄产物

排泄系统除肾脏外，还包括输尿管、膀胱与尿道。尿在肾脏生成后，经输尿管入泄殖腔或入膀胱储存，经尿道排出体外。

（一）输尿管

七鳃鳗的中肾管即输尿管，只有输尿作用，和生殖无关。雄性鲨类另外形成多条副肾管输尿，而中肾管仅作为输精管。硬骨鱼的情况较特殊，中肾管仅作输尿之用。两栖类的中肾管在雄性兼作输尿和输精之用。羊膜动物发展出后肾，后肾管成为输尿管。部分爬行类和鸟类因缺少膀胱，输尿管直接通入泄殖腔，而在哺乳类则输尿管先开口于膀胱，再以尿道通体外。

(二) 膀胱

圆口类、软骨鱼、部分爬行类（蛇、鳄和一部分蜥蜴）及鸟类（鸵鸟例外）全无膀胱，其他脊椎动物皆有膀胱。膀胱可以分为3种类型：

(1) 导管膀胱（tubal bladder，图 10-8），为中肾管后端膨大形成，见于硬鳞鱼、硬骨鱼。少数硬骨鱼（如比目鱼科）没有膀胱。

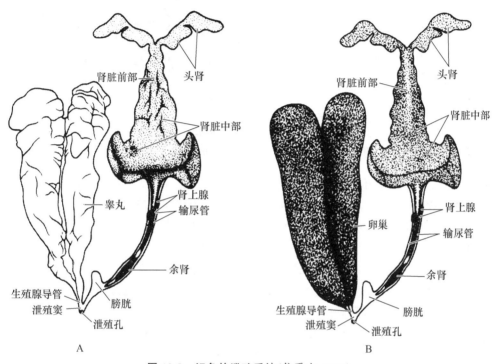

图 10-8　鲤鱼的泄殖系统（仿秉志，1960）
A. 雄性；B. 雌性

(2) 泄殖腔膀胱（cloacal bladder，图 10-9），发生上由泄殖腔腹壁突出而成，故中肾管和膀胱不直接发生联系，尿液经输尿管先送入泄殖腔，泄殖腔孔靠括约肌的收缩平时关闭着，尿液由泄殖腔倒流入膀胱内储存。这种类型的膀胱见于肺鱼（膀胱开口于泄殖腔背壁）、两栖类及哺乳类的单孔类。

(3) 尿囊膀胱（allantoic bladder，图 10-10），为胚胎时期尿囊柄的基部膨大而成。在羊膜类胚胎时期，尿囊一方面充当胚胎的呼吸器官，另一方面胚胎代谢所产生的尿酸即排到此囊内。出生以后，哺乳类尿囊的远端部仍留存在体内，成为连接膀胱尖端和脐带的脐尿管（urachus）。尿囊膀胱见于少数爬行类（如龟鳖类、楔齿蜥和部分蜥蜴）和哺乳类。鸟类中除鸵鸟外，皆无膀胱。有一些淡水龟鳖类还有两个副膀胱，其开口与膀胱的开口相对。雌性在副膀胱内储水供营巢产卵时湿土之用，也可以作为呼吸的辅助器官。在哺乳类，输尿管开口于膀胱。膀胱壁及括约肌接受交感和副交感神经的双重支配，当膀胱内尿量达到一定程度时，引起排尿反射。

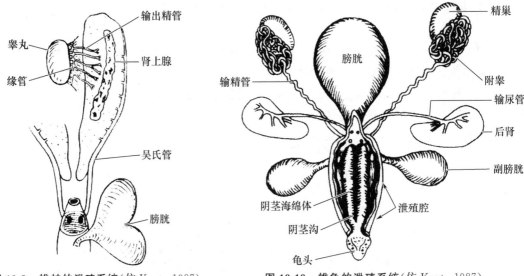

图 10-9　雄蛙的泄殖系统(仿 Kent, 1987)　　图 10-10　雄龟的泄殖系统(仿 Kent, 1987)

生活在干旱地区的陆生四足类,其膀胱具有回吸收水分的能力,这对于体内水分的保持具有十分重要的意义。一些陆生四足类,由脑下垂体释放的抗利尿激素(ADH)引起膀胱中水分的回吸收,从而使动物停止或减少排尿,而 ADH 的释放是由脱水这一因素所引起的。

(三) 排泄产物

排泄产物在各类动物是不同的:硬骨鱼以排铵盐为主;软骨鱼、两栖类和哺乳类以排尿素为主;爬行类和鸟类以排出溶解度最小的尿酸为主。尿酸的溶解度比尿素小得多,常呈白色结晶状颗粒。卵生的羊膜类,其胚胎是在密闭的羊膜腔中发育,必须把代谢废物全部转变成尿酸,成为结晶颗粒而储存在尿囊中,这就等于和动物体隔离而不致产生尿中毒。这样,在胚胎期所获得的排尿酸为主的代谢一直到成体仍保留下来。

第四节　各类脊椎动物排泄系统的比较

(一) 文昌鱼

文昌鱼的排泄系统仍具有无脊椎动物的特点,而与脊椎动物所具有的集中肾脏迥然不同。

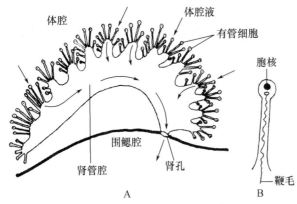

图 10-11　文昌鱼的肾管(A)和有管细胞(B)(仿 Wolff, 1991)

文昌鱼是由约 90 余对肾管(nephridium) (图 10-11)来执行排泄功能。每一肾管的一端以肾口开口于围鳃腔(相当于体外),另一端是一组特殊的有管细胞(solenocyte)。每一个有管细胞的盲端膨大,其中有长的鞭毛。体腔中的代谢废物借有管细胞的收集进入肾管,经肾孔排入围鳃腔,再靠水流排出体外。从发生上来看,文昌鱼的肾管由外胚层发生,与脊椎动物的肾脏来源于中胚层显然有别。

（二）圆口类

圆口类已经有了集中的肾脏（胚胎期为前肾，成体时为后位肾），输尿管（即后位肾管）只有输尿作用而无输送精液或卵的作用。前肾在圆口类很发达，有些种类甚至到成体阶段，前肾依然保留在体腔前段，称为头肾。七鳃鳗的幼体，即沙隐虫（Ammocoete），前肾和后位肾同时存在，两者同时行使泌尿功能。盲鳗的幼体肾属于全肾，是现代生存的脊椎动物中最原始的肾脏，由纵贯全身分节排列的肾小管构成（图 10-5A），成体时前肾一直保留，形成头肾。成体的背肾一直保留分节排列状态。

（三）鱼类

排泄系统在不同鱼类中结构有所变化。软骨鱼成体的肾脏属于后位肾，成对，形长，占据了体腔的中部和后部，紧贴背壁。在雄性个体，肾脏前端细窄，其中完全被迂回盘旋的输精管所占据，已完全失去泌尿功能，称为莱氏腺（Leydig's gland）。肾脏后部较宽厚，称为尾肾。由尾肾部发出数条细的副肾管（accessory mesonephric ducts），与中肾管并行，通至泄殖腔。一般无羊膜类的中肾管（吴氏管）在雄性输尿兼输精，鲨鱼的情况较特殊，中肾管在雄性仅作输精之用，而由另外形成的副肾管输尿。

硬骨鱼的前肾在少数种类，如绵鳚属（Zoarces），终生存在，并有泌尿功能。而在更多的种类，前肾只是在幼鱼阶段执行泌尿功能。成体的肾脏（后位肾）可分为前、后两部分。前部位置很靠前，伸展到心脏的背侧，是一种淋巴组织，已无泌尿作用，称为头肾。硬骨鱼的精巢与卵巢各由生殖腺壁延续成管，这种生殖导管与后位肾管无关，后位肾管只有输尿作用，这在脊椎动物中是独特的情况。

鱼类的排泄系统除去承担排除代谢产生的含氮废物外，还有一个重要的任务，就是对体内的渗透压起调节作用。

淡水硬骨鱼类血液和体液的浓度显然高于外界水环境，由于渗透作用，环境中的水就会不断地渗透入体内（通过鳃和口），又不断地通过肾脏排出浓度甚低的尿液，调节体内水分使其取得平衡。这类鱼的肾小体数目极多，泌尿量大。尿液中含氮废物是以氨的形式排出。

海产硬骨鱼生活在海水中，其血液和体液的浓度比海水要低，机体就会不断地失水（主要是通过鳃）。为了取得平衡，鱼大量吞饮海水，体内过多的盐分通过鳃上的泌氯腺（chloride secreting gland）排出。海产硬骨鱼泌尿量很小，与此相应肾小体数目少，某些种类（如鮟鱇）甚至完全消失，代谢产生的尿素可以通过鳃来排除。

海产软骨鱼，如鲨，其直肠腺（rectal gland）是一种肾外排盐结构，具有和海产硬骨鱼泌氯腺同样的作用。直肠腺位于直肠的背侧，是一个圆柱形的小腺体，分泌高浓度的氯化钠液体，它开口于直肠末端，将多余的盐分排出体外。鲨鱼等软骨鱼在血液中积累大量尿素，其含量达到血液的 $2\%\sim2.5\%$（其他脊椎动物一般为 $0.01\%\sim0.03\%$），致使其血液和体液的渗透压比海水还高。这样，体内的水分不会渗透出去；相反的，体外的水反而渗透进体内，多余的水分再通过肾脏排出。

（四）两栖类

两栖类的前肾保留着泌尿的功能，一直到变态以后，前肾小管消失为止。有尾两栖类的中肾（后位肾）前端失掉泌尿功能，在雄性称为附睾肾（epididymal kidney），盘旋在其中的中肾管称附睾（epididymis）。肾脏的后部，有很多的集合小管（collecting tubules），跨过系膜通入中肾管。雄性的集合小管较雌性的更为明显粗长。中肾管位于肾脏的外侧，和肾脏离开一小段距离。

无尾两栖类的肾脏位于体腔后部,背中线的两侧,长形分叶,在其外缘靠近后端处各连有一条输尿管,直通入泄殖腔。中肾管(吴氏管)在雄性兼有输尿和输精之用,在雌性仅作输尿之用。膀胱属于泄殖腔膀胱类型。

(五)羊膜类

羊膜类胚胎期也经历了前肾和中肾阶段。中肾在胚胎期一度有泌尿的作用,而且在少数爬行动物,中肾的泌尿功能一直持续到胚胎自卵壳中孵出。单孔类和有袋类则能在从母体中产出以后还持续一个时期的泌尿功能。在中肾执行泌尿功能的时期,吴氏管一直担任排尿的任务,但是一旦后肾形成,雌体的吴氏管即行退化,成为卵巢冠纵管(Gartner's duct);在雄体,吴氏管则专作输精管之用。这时,中肾退化成为一些生殖系统的附属结构。

在雄性羊膜类,中肾退化成为旁睾(paradidymis)和附睾附件(appendix of the epididymis)(图10-12),两者皆位于靠近附睾处。在雌性羊膜类,中肾退化成为卵巢冠(epoophoron)和卵巢旁体(paroophoron),两者皆位于靠近卵巢处(图10-13)。

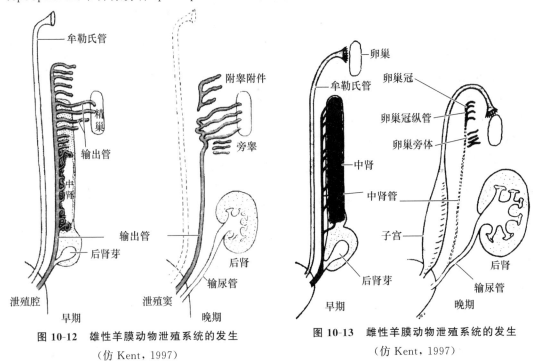

图10-12 雄性羊膜动物泄殖系统的发生
(仿Kent,1997)

图10-13 雌性羊膜动物泄殖系统的发生
(仿Kent,1997)

羊膜类成体的肾脏为后肾,主管排尿。爬行类的后肾位于腹腔的后半部,一般局限在腰区,它们的体积通常不大,表面多为分叶的。肾的形状和排列因动物的体形而异,如蛇的肾很长,呈明显的分叶,一对肾脏不是左右两侧对列,而是一前一后。这些爬行动物的输尿管也很长;龟鳖类的输尿管则很短。

鸟类的肾脏特别大,在比例上甚至超过哺乳动物。鸟肾紧贴在综荐骨背侧的深窝内。从表面看,每一肾分为前、中、后3叶,为暗紫色的长形扁平体,质软而脆,易破碎。肾小体的血管较哺乳动物简单,多数肾小管也较哺乳动物简单,一般只有近曲小管、远曲小管,只有极少数的肾小管有和哺乳动物一样的髓袢。鸟类肾脏的皮质厚度大大超过髓质。输尿管由每侧肾的腹面近内侧缘发出,向后延伸,开口于泄殖腔的中部。

除鸵鸟外,鸟类皆无膀胱。尿以尿酸为主。由于肾小管和泄殖腔都有重吸收水分的能力,所以尿中水分很少,呈白色浓糊状,随粪便排出,而不另外排尿。

卵生的羊膜类(爬行类、鸟类)尿以尿酸为主,而两栖类、哺乳类的尿则以尿素为主。

哺乳动物的肾脏由于外部形态和内部结构的不同,可分为几种类型:有沟多乳头肾,表面不光滑,有深沟,多个乳头,如牛肾;平滑多乳头肾,表面光滑,多个乳头,如猪肾;平滑单乳头肾,表面光滑,乳头只有一个,兔肾属于这一类型。

第五节　脊椎动物的肾外排盐结构

居住在海水、其他多盐环境或干旱条件下的很多脊椎动物,发展了肾外排盐的结构。前面已经提到,海产硬骨鱼用生长在鳃上的泌氯腺来排盐。软骨鱼板鳃亚纲(如鲨鱼)的直肠腺具有同样的排盐功能,这个过去被认为功用不明的小腺体,现已察明能排出氯化钠液体,开口于直肠末端,通过泄殖腔孔排出体外。

许多海鸟(例如䴉科和鸥科)和海洋爬行动物均具有排盐的腺体(或称鼻腺,nasal gland)。海鸟的盐腺(图 10-14)是一对大的腺体,位于眼眶上部,有一长管在靠近鼻孔处开口,由此开口处有一沟通到喙端。当这些鸟饮用含氯化钠、氯化钾的水后,在 15 min 内,可见一滴一滴的含盐液体顺沟流到喙端滴下或被甩掉。

生活在干旱地区的蜥蜴和蛇类同样具有盐腺以保持水分。蜥蜴的盐腺位于嗅囊外面,分泌的含盐液体通过小管流入鼻道,在鼻孔处或鼻道内形成氯化钠和氯化钾的结晶。

在哺乳类,通过汗腺可以排出一些盐分,但这不是排盐的主要渠道。事实上,通过出汗排出的盐通常还要再补偿上。哺乳类排出多余的盐分是通过肾小管。

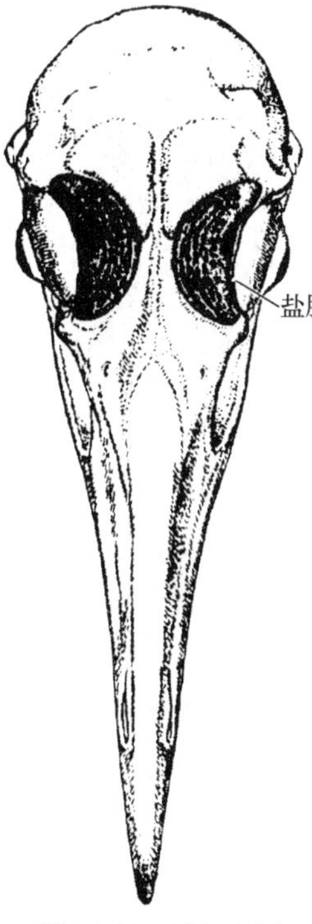

小　结

1. 肾脏的功能结构单位为肾单位,肾单位是由肾小体和肾小管组成。肾小体包括血管球与肾球囊两部;肾小管由于部位和功能的不同,可以分为近曲小管、髓袢和远曲小管。

2. 在发生上,肾脏是由中胚层中节形成的生肾节而来。

图 10-14　鸥的盐腺

3. 在无羊膜类动物,肾脏的发生要经过前肾(胚胎)和后位肾(成体)两个阶段;在羊膜类动物则需经历前肾、中肾(胚胎)和后肾(成体)3 个阶段。它们在发生的顺序、在体腔中的位置、结构特点和管道等方面均不相同。

4. 由体腔联系(肾口开口于体腔)到血管联系(出现了肾小体)是脊椎动物排泄器官的一大进步。

5. 综观脊椎动物肾脏的进化趋势是:肾单位的数目由少到多,肾孔由有到无,由体腔联系到血管联系,发生的部位由体腔前部移向体腔中、后部。

6. 膀胱可以分为 3 种类型:导管膀胱、泄殖腔膀胱和尿囊膀胱。

7. 脊椎动物的尿液有以铵盐为主、以尿素为主和以尿酸为主3种形式。硬骨鱼以排铵盐为主，软骨鱼、两栖类和哺乳类以排尿素为主，爬行类和鸟类都是属于密闭羊膜卵类型，以排出溶解度最小的尿酸为主。

8. 脊椎动物发展了各式各样的肾外排盐结构：海产硬骨鱼鳃上的泌氯腺、海产软骨鱼板鳃类的直肠腺、海产爬行类和海鸟的鼻腺（盐腺）都是这类排盐的结构。

思 考 题

1. 脊椎动物的前肾、中肾、后位肾和后肾有何区别？试从个体发生、系统发生、位置、结构特点、管道等几方面列表比较。

2. 从纵剖面上看，哺乳类肾脏分为哪些部分？

3. 综观脊椎动物肾脏的进化趋势表现在哪些方面？

4. 脊椎动物各纲的吴氏管在雌性和雄性各具什么功能？

5. 脊椎动物的膀胱分为几种类型，各见于何类动物？每种类型的膀胱各是怎样形成的？

6. 结合哺乳动物肾单位的微细结构和血液供应说明尿是怎样形成的？

7. 结合生态环境解释各纲脊椎动物排泄物的不同。

8. 人不能饮海水，而海洋软骨鱼、海洋硬骨鱼、海洋爬行类和海鸟为什么能吞饮海水，它们各自怎样解决体内盐分过多的问题？

第十一章 生殖系统

第一节 概 述

　　繁殖后代保证物种的延续是动物最基本的生理功能之一，生殖系统是动物体内完成上述功能的一个系统。

　　生殖系统和排泄系统，从功能上来看，两者截然不同。但是在发生上，它们是由中胚层中节的生殖嵴(genital ridge)和生肾节(nephrotome)分化而来，两者在位置上很接近；在结构上，它们彼此有很密切的联系，特别在低级种类的雄体，排尿和输送生殖细胞使用共同的管道。所以生殖系统和排泄系统又可以合在一起，称泄殖系统(urogenital system)。

　　胚胎期的生殖腺是由一对细长隆起的生殖嵴发生而来的。生殖嵴发生在中肾前部和背肠系膜之间，是由中肾内侧的体腔上皮增厚形成的，此外，还有一部分是来自生肾组织的未分化间叶细胞。最初，生殖嵴沿整个胸腹腔的长度延伸(圆口类仍保留着这种长形的生殖腺)，其后，生殖嵴的前后端逐渐退化，只留中段膨大形成生殖腺。生殖腺以后突进体腔，以生殖系膜和体壁相连。血管和神经都是通过生殖系膜连接生殖腺。

　　生殖导管和输尿管的密切关系，在排泄系统中曾经涉及，本章在谈到生殖管时还将提及。

　　生殖系统的基本结构包括生殖腺、生殖管，一部分脊椎动物还有副性腺和外交接器。

第二节 生 殖 腺

　　生殖腺，又称性腺(gonad)。在雄体包括一对精巢(又称睾丸,testis)，在雌体包括一对卵巢(ovary)。在发生上，生殖腺虽然都是由一对生殖嵴形成的，但是在少数脊椎动物，成体只有一个精巢或卵巢，这是由于两个生殖嵴愈合在一起的缘故(如七鳃鳗、少数硬骨鱼)，或是由于一侧的生殖腺未能分化(盲鳗、一些卵胎生的软骨鱼、一些蜥蜴、雌鳄和大多数雌鸟、鸭嘴兽和一些蝙蝠也是只有一侧具卵巢)。

一、雌雄同体和性逆转

　　两性的分化较晚，在胚胎发育中常有一个较长的未分化期。作为雄性生殖导管的中肾管在两性都存在，这是毫不足怪的，因为中肾管同时又是输尿管；但输卵管也是两性皆有，在发育过程中一方退化，另一方发达。

　　在脊椎动物中能见到雌雄同体现象(hermaphroditism)，或者在动物体内见到另一性器官的结构。真正的雌雄同体(同一个体既能产生精子又能产生卵子)在圆口类较为普遍，在硬骨鱼和有尾两栖类中也有一些例子,其他高等脊椎动物不具雌雄同体现象。根据 Schreimer(1904)的报告,在幼年盲鳗中,其生殖腺前部是卵巢、后部为睾丸,以后如前端发达,后端退化,则发展为雌性;反之,则发展为雄性。七鳃鳗的幼体亦有雌雄两性性腺同时存在的现象。在成体中雌雄同体的百分比也大。这些事实说明了这类动物性的分化很晚,表现原始的状态。

在硬骨鱼中,少数种类,如鮨(*Serranus*)及海鲷(*Chrysophrys*)两属的许多种为永久性的雌雄同体,而且能自体受精。黄鳝(*Monopterus*)的生殖腺,从幼体到成体皆为卵巢,可是产过一次卵以后,卵巢即逐渐转化为精巢,并能产生精子,个体也就由雌鳝变成雄鳝了。这种雌雄性的转变称为性逆转(sex reversal)。

有尾两栖类中,唯一发现有雌雄同体的是蝾螈(*Triton taeniatus*)。无尾两栖类胚胎期的精巢分为前后两部,前部称毕氏器(Bidder's organ),一般在性成熟之前消失;后部形成精巢,产生精子。雄性蟾蜍的毕氏器一直保留到成体,位于精巢的前端(图11-1)。有时在毕氏器中可见含有未分化的大细胞,类似不成熟的卵子。如果人工摘除精巢,则约在两年后毕氏器发展成为具有产卵功能的卵巢,而原来存在的退化输卵管,这时在雌性激素的影响下,发展成新的子宫。

性逆转的例子,在高等脊椎动物中也偶有发现。有个别母鸡在产卵期突然中止了产卵,而发出公鸡的啼叫声,并逐渐生长出公鸡的一些特征。这是由于某些因素使左侧卵巢萎缩,而由右侧退化的卵巢产生出雄性激素,因此出现了公鸡的副性征,但是,这种性逆转的鸡并不能产生精子。

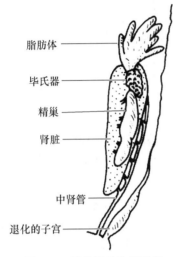

图 11-1 雄性蟾蜍的毕氏器
(仿 Kent,1997)

二、哺乳类精巢的结构

精巢(睾丸)是产生精子和分泌雄性激素的器官。大多数脊椎动物具精巢一对,位于腹腔背部。哺乳动物在胚胎时期,精巢位于腹腔中,随着生长发育,精巢或在生殖期临时下降到阴囊(scrotum)中,或终生留在阴囊中,也有些种类的精巢终生留在腹腔内。

哺乳动物精巢的外面有两层被膜,即固有鞘膜(tunica vaginalis propria)和白膜(tunica albuginea)。固有鞘膜是由致密结缔组织构成,是腹膜脏层的一部分;紧贴精巢的白膜为很厚的结缔组织被膜,当切开白膜时,则软的精巢实质外翻。

精巢内部实质(图11-2)被结缔组织的中隔分为许多睾丸小叶。每个睾丸小叶内含有迂迴盘旋的曲精细管(seminiferous tubules),管内的上皮细胞产生两种细胞:一为生殖细胞,由此产生精子;一为支持细胞(Sertoli cells),介于精原细胞中间,起支持和供给生殖细胞营养的作用。每一曲精细管内有许多不同发育阶段的精细胞。幼稚阶段的靠近管壁基膜,发育愈成熟的愈近管腔,依次称为精原细胞(spermatogonium)、初级精母细胞(primary spermatocyte)、次级精母细胞(secondary spermatocyte)、精子细胞(spermatid)和精子(spermatozoa)。管腔内可见成熟的精子。曲精细管在靠近纵隔的地方汇合成直精细管(tubuli seminiferi recti),进入纵隔交织成睾丸网(rete testis),由此发出10余条输出管(vas efferens),穿出白膜后形成附睾头。

附睾（epididymis）可分为附睾头（caput epididymidis）、附睾体和附睾尾（cauda epididymidis）。头部在睾丸上部，与输出管相通；尾部与输精管相接。精子在通过附睾期间实现生理上的成熟。

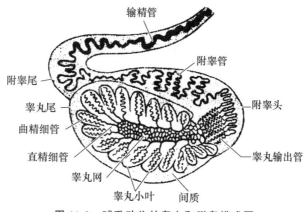

图 11-2　哺乳动物的睾丸和附睾模式图

曲精细管之间的结缔组织称为间质细胞（interstitial cell or Leydig's cell），间质细胞能产生雄性激素——睾丸酮（testosterone），其生理作用是：促进生殖器官的正常发育，并促进副性征的出现。

三、精巢的系统发生

（1）七鳃鳗：其成体具单个的精巢，不具特别的生殖管道。盲鳗生殖腺的雌雄同体现象前已述及。

（2）软骨鱼：具一对精巢，位于体腔前部。右侧精巢经常稍大于左侧的。

（3）硬骨鱼：其精巢成对，其发育根据外形和组织学一般分为6期：

第Ⅰ期：性腺未发育，用肉眼不能分辨雌雄性别，切片中可见许多分散的精原细胞。

第Ⅱ期：精巢呈细带状，血管不显著，呈浅灰色。

第Ⅲ期：已膨大为圆柱状，血管发达，精巢已和成熟状态时一样，呈白色。精细胞中已出现初级精母细胞。

第Ⅳ期：呈乳白色。精细管中已有初级和次级精母细胞、精子细胞和精子。

第Ⅴ期：充分成熟。轻压鱼腹，即有大量乳白色精液流出体外，各精细管中都充满着成熟的精子。

第Ⅵ期：生殖期已过，精巢萎缩成细带状。

（4）两栖类：精巢的形状和动物的体形相关，如在体形似蛇的蚓螈，其生殖腺也呈条带形；在无尾类，则生殖腺呈卵圆形（青蛙）或短柱状（蟾蜍）。精巢内分小叶，每一小叶中的生殖细胞处于同一发育阶段，例如，一个小叶中包含的全部是初级精母细胞，而另一小叶中包含的全部是精子细胞。具分叶的脂肪体（fat body），发生上也来自生殖嵴，其大小随季节而异，临近生殖季节时，脂肪体缩小，生殖期过后，脂肪体渐增大。摘除脂肪体会引起生殖腺的萎缩，由此可看出脂肪体与生殖腺的正常发育密切相关。

（5）爬行类：和哺乳类一样，都具一对精巢，呈卵圆形。每一曲精细管内有许多不同发育阶段的精细胞,接近成熟的移近管腔。

(6) 鸟类:精巢的大小随生殖的周期性而有很大差别。春季随着光照时间的日益延长,鸟类进入繁殖期,精巢的体积增大很多,例如,欧椋鸟的精巢在繁殖期比平时增大1500倍。

四、哺乳类卵巢的结构

卵巢是产生卵子和雌性激素的器官。卵巢终生留在腹腔内,由卵巢系膜(mesovarium)包裹悬于腹腔背壁。

哺乳类的卵巢(图11-3)一对,呈卵圆形。卵巢最外面包有一层生殖上皮,剖开卵巢,可见它的外周是皮质,中央是髓质。皮质中有大量来自生殖上皮的不同发育阶段的卵泡。髓质中含有许多血管、淋巴管、神经、结缔组织和少量平滑肌。卵巢的血管和神经都是从卵巢系膜进入髓质,再分支到皮质。

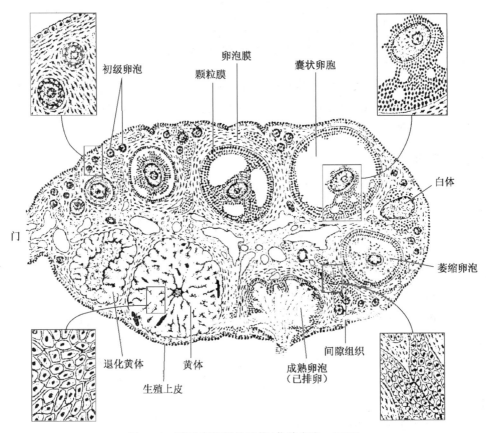

图11-3 哺乳类卵巢的结构(仿陈守良,2001)

根据卵巢里卵泡的形态和不同发育阶段,可以把卵泡分为卵原细胞(oogonium)、初级卵母细胞(primary oocyte)、次级卵母细胞(secondary oocyte)和成熟卵细胞(ovum)等类型。卵细胞成熟时移到表面,卵泡破裂,破开卵巢壁,卵进入腹腔,这个过程叫做排卵(ovulation)。排出的卵随即被吸入输卵管的喇叭口。卵子排出后,卵泡塌陷,残留的卵泡细胞,在脑下垂体前叶分泌的促黄体生成素的作用下,迅速增殖形成黄体(corpus luteum)。如卵未受精,则在排卵后不久黄体开始萎缩,成为白体(corpus albicans);如卵受精,黄体存在时间长,成为妊娠黄体(corpus luteum verum)。

卵巢既是产生卵子也是产生雌性激素的地方。卵泡细胞能分泌动情激素(estrogen),其主要作用是刺激子宫、阴道和乳腺的生长发育以及副性征的出现。黄体细胞能分泌黄体酮(lutein),可以抑制其他滤泡的成熟和排卵,并促进子宫内膜的增生和乳腺的发育,为受精卵的植入和妊娠准备好条件。

五、卵巢的系统发生

圆口类具单个的卵巢(由一对愈合成一个,盲鳗的左侧占优势),占据着体腔的全长。盲鳗的生殖腺在结构上为雌雄同体,但在生理功能上两性仍是分开的。

软骨鱼,一般来说,卵生种类具一对卵巢;胎生种类(如星鲨)仅右侧卵巢正常发育,左侧卵巢萎缩。胎生鳐类仅左侧卵巢具有功能。软骨鱼一次产卵量很少,卵大,卵黄也多,仔鱼的成活率很高。

硬骨鱼类的卵巢大多是成对的,但也有些仅一侧具有功能。多数种类的卵巢是空心囊状的,在发生上由生殖嵴卷曲相愈合形成,或由生殖嵴向一侧卷曲,和体壁相愈合形成。排卵时,卵即排入卵巢腔,而不是排入体腔,由卵巢壁本身延续成输卵管。硬骨鱼的卵巢发育分期,和精巢相似,一般也分为6期。至第Ⅳ期时,卵巢充满腹腔,卵粒大,能分离;至第Ⅴ期时,卵细胞已成熟并排卵。

两栖类的卵巢呈空心囊状,卵巢中心有很大的淋巴腔隙。

爬行类具一对中实的卵巢。

大多数鸟类仅左侧卵巢和输卵管发育并具功能,右侧卵巢在早期胚胎发育过程中也曾经形成,但后来退化了,这可能是和鸟类产生大型硬壳卵相关。隼形目鸟类例外,两侧卵巢皆存在且均具功能。成熟的卵巢,卵细胞突出于卵巢表面,因而使卵巢呈一串葡萄状。

哺乳类具一对中实的卵巢,有分界清楚的皮质部和髓质部。相对而言,哺乳类的卵巢较小,这是和卵小相关的。单孔类左侧卵巢比右侧的发达,一般认为仅左侧卵巢具有功能。

六、精巢下降和卵巢移位

胚胎期的卵巢和精巢均有一韧带连到体腔的一个浅凹陷,该凹陷在雄性以后形成阴囊,在雌性以后形成大阴唇。在雄性该韧带即睾丸韧带(gubernaculum);在雌性该韧带的前部称卵巢韧带(ovarian ligament),后部称子宫圆韧带(ligamenta teres uteri)。哺乳类的生殖腺,在早期的位置本来是在肾脏的前面,后来常发生向后移位的情形。精巢向后的移位,即精巢(睾丸)下降(descensus testis);卵巢同样也有后移的现象,但不会移到骨盆之外(图11-4)。单孔类的卵巢未曾后移,代表原始状态。这种后移一部分是由于韧带的缩短,一部分是由于躯体的增长不一致,也可能还有其他的因素所造成。

哺乳类以外的各纲脊椎动物,精巢的位置是在腹腔之内。哺乳类中的一部分,精巢也是位于腹腔之内,另有一部分具有精巢下降现象。哺乳类的精巢位置可以分为3类情况:

(1) 精巢终生留在腹腔中,不具阴囊。包括单孔类、一些食虫类、多数贫齿类、一些鳍脚类(海豹、海象)、象、海牛、蹄兔、犀牛、鲸类。

(2) 在生殖期精巢临时下降到阴囊,生殖期过后,精巢仍缩回到腹腔内。阴囊一对,由皮肤、皮下结缔组织、睾外提肌和鞘膜组成。睾外提肌为构成阴囊外壁的一薄层肌肉,是腹内斜

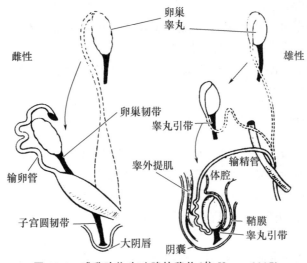

图 11-4　哺乳动物生殖腺的移位(仿 Kent，1997)

肌的延续部分,该肌的收缩可以上提睾丸到腹股沟管或腹腔中。鞘膜分为总鞘膜和固有鞘膜两部分,两者之间的空腔称鞘膜腔。此类动物的鞘膜腔终生和腹腔相通,腹股沟管宽短,精巢可以自由地通过该管下降到阴囊或缩回体腔。包括刺猬、鼹鼠等一些食虫类、翼手类、兔、多数啮齿类、一些食肉类(如水獭)、管齿类、一些低级灵长类、骆驼等偶蹄类。

(3) 动物由母体产出后,睾丸即下降到阴囊中,鞘膜腔和体腔的联系缩小为细的腹股沟管(canalis inguinalis),仅容输精管和由血管、神经构成的精索(spermatic cord)的通过,精巢终生不再缩回体腔。包括多数有袋类、一些食虫类、一些贫齿类、多数食肉类、一些鳍脚类(海狗)、奇蹄类、多数偶蹄类及灵长类。

精巢下降的原因,一般认为是腹腔内的体温有损精子的正常发育。通常当腹腔内温度超过 36.5℃时,精子生成即停止,而阴囊由于在体外,通过出汗等温度调节,温度较腹腔内低 1～2℃。实验证明:人为地阻止精巢下降到阴囊,则不能产生成熟的精子。有隐睾病(cryptorchid)的人,即是在出生后精巢仍留在腹腔内,由于腹腔内温度高,使精巢失去生精作用,精巢内的曲精细管往往退化。鸟的体温一般高于哺乳类,而精巢并无下降现象。许多鸟类在生殖季节来临之前,精巢移位紧贴腹气囊,气囊中的凉空气川流不息,起到降温的作用。哺乳动物的蔓状静脉丛(pampiniform plexus)也起到降低温度的作用。蔓状静脉丛(图 11-8)是位于腹股沟管内的精索动脉和静脉并列盘绕成的血管丛。精索动脉内血液温度和体温相同,而精索静脉内血液温度低于体温,这是由于已在阴囊内降温了。在蔓状静脉丛处,紧贴在一起的动、静脉温度相互影响,使动脉血在通入精巢前降温;而静脉血得到升温。这无疑对精子生成是一种保护性适应。

第三节　雄性生殖管

在脊索动物中,精子排出体外的途径不外 3 类(图 11-5):(1) 没有生殖管道,成熟的精子先排到围鳃腔或体腔,再由腹孔或生殖孔排出体外,这一类代表最原始的情况;(2) 由生殖腺壁本身延续成生殖管;(3) 借用中肾管。

第一类情况,可以文昌鱼为例。精巢按体节分节排列,成熟的精子穿过破口的生殖腺壁进入围鳃腔,随水流通过腹孔排出体外。生殖器官和排泄器官不发生任何联系。圆口类也有类似的情况,如七鳃鳗虽然已有集中的生殖腺,但不具生殖管道,成熟的精子落到体腔,经生殖孔入泄殖窦,再由泄殖孔排出体外。

第二类在脊椎动物中是少有的,可以硬骨鱼为代表。无特殊的生殖管道,而是由生殖腺壁本身延续成管道。

第三类是借用中肾管排出精子,这是脊椎动物中最普遍的情况。除硬骨鱼外,一般雄性无羊膜动物的中肾管输尿也兼输精。中肾和精巢之间的联系早在胚胎期即已建立,中肾前部的一些中肾小管(mesonephric tubules)由数条到 24 条,因种而异,它们跨过睾丸系膜和睾丸网相连。这些变化了的中肾小管改称为输出管(vas efferens)。这样,精子由精巢通过输出管进入中肾管。无尾两栖类可作为此类的代表。

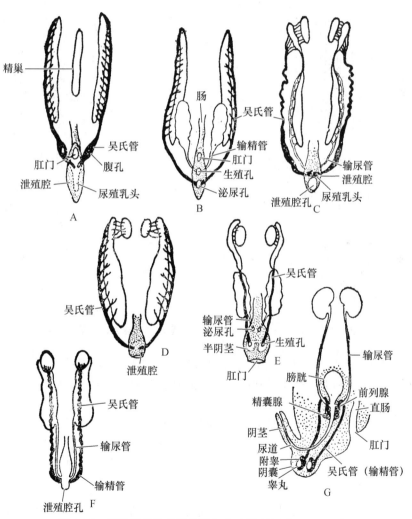

图 11-5 雄性脊椎动物的泌尿和生殖道(仿 Kluge, 1977)

A. 圆口类;B. 硬骨鱼类;C. 软骨鱼类;D. 两栖类;

E. 爬行类;F. 鸟类;G. 哺乳类

鲨鱼的情况较特殊(图11-5)。由精巢前端发出许多输出管,通到肾脏的前端与中肾管相连。中肾管专作输精之用,改称输精管(vas deferens)。输精管盘旋于肾脏前部,输精管的后部膨大成储精囊(seminal vesicle),开口于泄殖腔,以泄殖乳突开口于泄殖腔内。在肾脏中部另外生有数条副肾管(accessory urinary ducts)作输尿之用,副肾管汇合后开口于泄殖窦。

有尾两栖类的情况并不尽同。泥螈(*Necturus*,图11-6),在精巢旁具有纵行的缘管(marginal canal),由精巢发出的4条输出管连接缘管,后者发出小管进入中肾的前部。中肾前部具有26条中肾小管,输送精子到中肾管;中肾后部汇集尿液的小管也通入中肾。中肾管输精兼输尿。钝口螈(*Ambystoma*,图11-7)的中肾管仅汇集中肾前部的小管输送精液而不输尿液。另外,由中肾后部的12~14条小管汇集尿液注入泄殖乳突。蝾螈(*Salamander*)的情况和钝口螈近似。

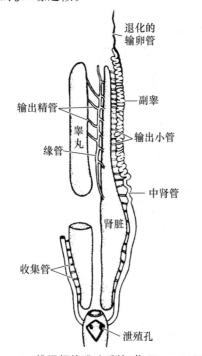

图11-6 雄泥螈的泄殖系统(仿Kent,1997)

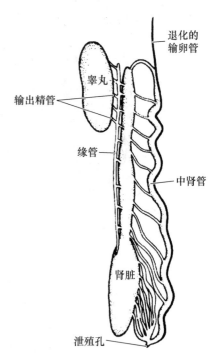

图11-7 雄钝口螈的泄殖系统(仿Kent,1997)

羊膜动物成体因有后肾发生,后肾管专作输尿管。中肾退化,残余部成为旁睾和附睾附件,雄性的中肾管已完全失去输尿的功能,专作输精之用,改称输精管(图11-5)。

第四节 副性腺及交接器

一、副性腺

鸟类缺少副性腺,哺乳类的副性腺发达。哺乳动物的精液中,除精子和少量液体由精巢和附睾产生外,其余部分是由副性腺(accessory sex glands)分泌的。副性腺的分泌液形成精子活动的适宜环境,增加射出的精液量,促进精子在雌性生殖道内的活动能力,并供给精子营养、呼吸等活动的需要。哺乳动物雄性体内重要的副性腺有精囊腺、前列腺和尿道球腺3种(图

11-8)。在单孔类,仅有尿道球腺。

(1) 精囊腺(seminal vesicle),位于膀胱基部和输精管膨大部的背面。精囊腺的分泌物是精液的重要组成部分。单孔类、有袋类、食肉类和鲸类缺少精囊腺。

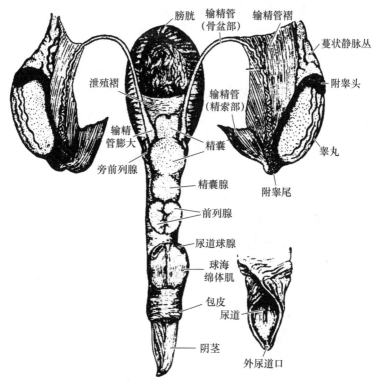

图 11-8　雄兔的生殖系统(背侧面)

某些啮齿类(如大鼠、鼹鼠),在精囊腺内侧附着有凝固腺(coagulating gland),其分泌液对精囊腺的分泌液具有凝固作用。当射精时,凝固腺的分泌物是最后排出的,可以在雌性阴道中凝固精液,使之形成阴道栓堵塞住阴道口,起着防止射入的精液外流的作用,同时使已受精的雌体不可能第二次受精。

(2) 前列腺(prostate gland),位于精囊腺的后方。其分泌物呈碱性,能中和阴道内酸性物质,也可吸收精子在代谢过程中所产生的二氧化碳,有助于精子的活动。单孔类、有袋类、贫齿类和鲸类缺少前列腺。

(3) 尿道球腺(bulbourethral gland),也称库伯氏腺(Cowper's gland)。位于尿道背壁前列腺的后方,腺表面被球海绵体肌所覆盖。在交配时,尿道球腺首先分泌,其分泌物呈碱性,起着冲洗阴道、中和阴道内的酸性液的作用,有利于精子的存活。

二、交接器

体内受精的脊椎动物,雄体有交接器(copulatory organ),借以把成熟的精子直接注入雌体的生殖道内。在系统发生上,交接器出现于软骨鱼纲、爬行纲和哺乳纲。鸟类一般无交接器,哺乳类的交接器最为发达。作为例外的,某些硬骨鱼类、两栖类的无足目(蚓螈)、无尾目的尾蟾属(*Ascaphus*)以及少数鸟类也具有交接器。

(一) 软骨鱼类

软骨鱼类行体内受精。鲨鱼的交接器(图 11-9A)是由腹鳍的基鳍软骨延伸而来,称为鳍脚(clasper)。交配时,雄鲨以身体卷缠雌体,鳍脚插入雌鲨泄殖腔内。全头类(Holocephali),如银鲛,雄性除有类似鲨鱼的一对鳍脚外,尚有一对腹前鳍脚(位于腹鳍前方)和一额鳍脚(位于头顶部)。

(二) 硬骨鱼类

硬骨鱼类大多数是体外受精的,不具交接器,但少数种类,如花鳉(*Poecilia*),行体内受精,雄鱼臀鳍的前缘向后延伸形成一交接器(图 11-9B),称为生殖足(gonopodium)。

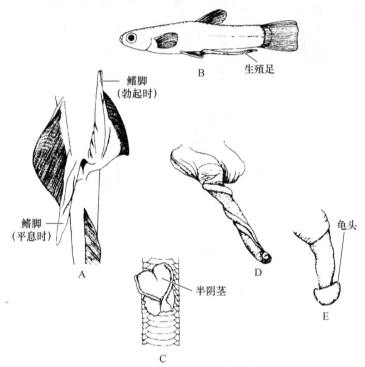

图 11-9　脊椎动物的交接器(仿 Wolff,1991)
A. 鲨的鳍脚;B. 花鳉的臀鳍延长成生殖足;C. 蛇的半阴茎;
D. 鸟(鸭)的阴茎;E. 有胎盘哺乳类的阴茎

(三) 两栖类

两栖类中无足目(Apoda)全是体内受精的。如蚓螈(*Caecilia*)雄性的泄殖腔甚长,可以向外突出作为交接器,将精液输入雌体内。无尾目的尾蟾,雄体具有一个由泄殖腔伸出的管状交接器,形似一尾巴。大多数无尾两栖类是体外受精的,虽然在生殖时期雌雄性有抱对现象(amplexus),但雄体并无交接器。

(四) 爬行类

爬行类中除楔齿蜥(*Sphenodon*)缺少交接器外,其余全有。爬行类的交接器分为两种不同的形式:一类是成对的半阴茎(hemipenes),仅见于有鳞目;另一类是单一的阴茎(penis),与哺乳动物的阴茎是同源结构。有鳞目的蛇与蜥蜴有成对的半阴茎,为突出于泄殖腔后壁的囊状物(图 11-9C)。平时由收肌把半阴茎缩入体内,交配时,半阴茎竖立,囊的内面向外翻出,顶上有缺口或呈分叉的圆柱形,内侧表面有螺旋沟,精液沿此沟射出。蛇的半阴茎内壁上有许多小棘,棘的大小和数量因种类而有不同,整个半阴茎的形状亦因种而异。龟鳖和鳄类的交接器只有一个,名为阴茎,与单孔类针鼹的阴茎相似,内有海绵组织,也能勃起,但不如有胎盘哺乳类的发达。

(五) 鸟类

鸟类大都不具交接器,其中仅有少数种类有交接器,如鸵鸟、鸭、鹅、天鹅(图 11-9D)。这类动物的交接器为泄殖腔腹侧壁突出的螺旋状突起,其表面有精沟,当阴茎勃起时,精沟因边缘闭合而成管,输送精液入雌性生殖道。公鸡还有残存的交接器痕迹,称阴茎乳头,是泄殖腔肛道底壁正中的卵圆形突起,中央呈沟状,两旁有一对稍弯曲的纵行黏膜褶。这种残存的阴茎乳头,可以作为鉴别雌雄性的标志。鸟类无论有无交接器,都是体内受精的。交配时,雌雄性的泄殖腔孔相互紧贴,精液被吸入雌体输卵管内。

(六) 哺乳类

其中单孔类的雄体具有一个小阴茎,位于泄殖腔里,在平静状态时,阴茎的基部缩在泄殖腔腹壁的囊状突起内,很像龟鳖类的阴茎,只是背面的沟已成为一管。单孔类体外无阴囊。有袋类的阴茎已伸出体外,具有伸出和缩入的能力。龟头常分两叉,和雌体的双阴道相配合。体外具有阴囊,位于阴茎前方。有胎盘哺乳类具有永久伸在体外的阴茎(图 11-9E),称外生殖器。有阴茎海绵体(corpus cavernosa penis)和尿道海绵体(corpus cavernosum urethrae),前者是两条平行排列的海绵组织,位于阴茎背侧;后者是一条位于腹侧的海绵组织,包围着尿道。海绵体是由一种特殊的血窦所组成。在交配时,海绵体充血变硬。阴茎前端形成膨大的龟头(glans),龟头外面被覆有包皮(prepuce)。

有些哺乳动物,在海绵体之间的阴茎中隔处生有阴茎骨(os penis or baculum),有助于增加阴茎的坚硬度。阴茎骨存在于食虫目、啮齿目、食肉目、翼手目和一些低等灵长类。在各类动物中,阴茎骨的形态结构具有属和种的特异性和稳定性,可以为分类学的研究提供重要依据,特别是作为研究相近种之间的系统亲缘关系或在分类上有争议的动物鉴定上可以提供证据。此外,阴茎骨的形状特点和动物的交配习性以及种间的生殖隔离相关。

哺乳动物雌雄两性的外生殖器同是一种胚基发育而来,包括生殖突(genital tubercle)、生殖褶(genital fold)和生殖冠(genital swelling,图 11-10)。在雄性,生殖突形成龟头,生殖褶参与阴茎的组成,生殖冠形成阴囊;在雌性,生殖突形成阴蒂(clitoris),生殖褶形成小阴唇(labium minus),生殖冠形成大阴唇(labium majus,见表 11-1)。

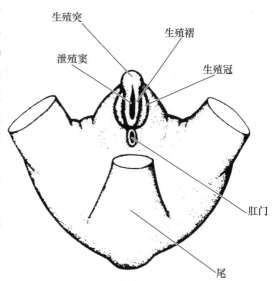

图 11-10　人胚胎未分化期的外生殖器(约 12 周龄)

第五节 雌性生殖管

雌性生殖管(图11-11)包括一对肌肉质的管道,借输卵管系膜(mesosalpinx)悬挂于腰部体壁上。生殖管的前端并不直接与卵巢连接,而是以喇叭口(ostia)开口于体腔,生殖管的后端通泄殖腔,或以阴门开口体外。在胚胎发生上,雌性生殖管来源于牟勒氏管(Müllerian duct)。

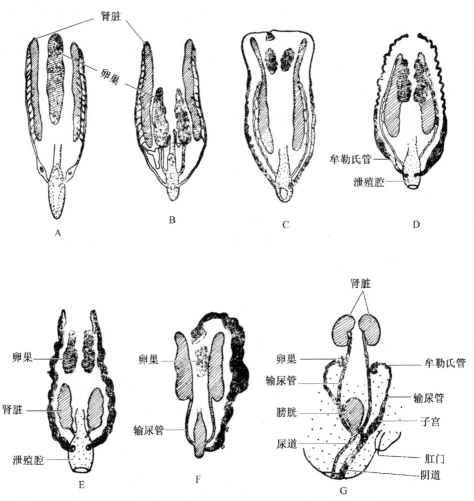

图11-11 雌性脊椎动物的泌尿和生殖道(仿 Kluge,1977)
A. 圆口类;B. 硬骨鱼类;C. 软骨鱼类;D. 两栖类;
E. 爬行类;F. 鸟类;G. 哺乳类

牟勒氏管的形成方式有两种:一种方式见于板鳃鱼类和有尾两栖类。在中肾开始出现时,前肾管纵裂为二,其中一条为吴氏管,另一条即为牟勒氏管。开始时牟勒氏管仍与残余的前肾相通,以后即失去联系,由1~3个前肾小管的肾口连合形成喇叭口。另一种形成方式见于其他大多数脊椎动物,是由靠近中肾腹外侧的腹膜先内陷形成一凹槽,再包卷成一条管子,即牟勒氏管。管的前端不封口,成为喇叭口,管的末端通泄殖腔或单独开口。

在雌体,牟勒氏管演化成为输卵管运送卵子。在各类脊椎动物,输卵管又分化成具有不同功能的部位,例如在哺乳类,牟勒氏管分化成靠前部的弗氏管(Fallopian tube)、输卵管和靠后部的子宫(uterus)、阴道(vagina)。大多数脊椎动物,输卵管保持成对的状态,前后端分别开口。例外的情况是有些种,如鲨鱼,两边的喇叭口愈合成一共同开口。此外,成年鸟的生殖器官仅包括左侧的卵巢和输卵管;右侧的卵巢和输卵管在早期胚胎发育过程中虽然也曾经形成,但后来退化了。

在雄体,牟勒氏管消失或呈退化状态残存。一些雄性两栖类(如蟾蜍)保留着呈退化状态的输卵管。经过人工切除双侧精巢后,这种退化状态的牟勒氏管发育成为具有功能的雌性生殖管。在雄鲨,每一条中肾管(输精管)基部的精子囊(sperm sac),实际上是牟勒氏管后端的残余部。在雄性哺乳类,睾丸附件(appendix testis)是牟勒氏管前部的残余;雄性子宫(uterus masculinus)代表着牟勒氏管愈合了的后端的残余。

文昌鱼(头索动物)和圆口类的雌雄性均没有生殖管。成熟的卵子穿过生殖腺壁进入围鳃腔(文昌鱼)或生殖孔(圆口类),通过腹孔(文昌鱼)或生殖孔(圆口类)排出体外,在水中和精子相遇。进行体外受精。

硬骨鱼的输卵管并不是牟勒氏管,而是卵巢壁本身延续成管,这和上面所谈的情况完全不同,在脊椎动物中属于例外情况。成熟的卵子排出体外,体外受精,体外发育。

软骨鱼有一对输卵管(大多数鲨鱼有一对卵巢,少数种类只有一个卵巢),左右侧输卵管前端相合,以一共同的喇叭口在肝脏的镰状韧带处开口于体腔。输卵管靠前部的膨大部称为壳腺(shell gland or nidimental gland)。壳腺的前端分泌蛋白,后端分泌形成卵壳的角质物。输卵管后段变粗成为子宫,末端开口于泄殖腔。体内受精,体外发育(卵生种类)或体内发育(卵胎生和胎生种类)。

肺鱼的情况和一般硬骨鱼不同,而近似于软骨鱼,具一对输卵管,在发生上属于牟勒氏管。喇叭口开口很靠前,靠近心脏。两管末端合并,开口在生殖乳突顶端,再通入泄殖腔。

两栖类的输卵管是一对长而弯曲的导管,最前端呈漏斗形,开口于靠近肺基部的体腔中,后端膨大成子宫,开口于泄殖腔内。输卵管壁富有腺体,分泌胶质,包裹卵子形成胶质的卵膜,当卵排到水中后,这层胶质卵膜遇水即膨胀,彼此黏结形成大团的卵块。体外受精,体外发育。

爬行类的输卵管各以一大的裂缝状喇叭口开口于体腔。输卵管分化为具有不同功能的部位:在楔齿蜥、龟鳖类和鳄类,输卵管的中部有分泌蛋白的腺体,但在蛇和蜥蜴则无此腺体,而具有能分泌形成革质(蜥蜴)或石灰质(龟鳖)卵壳的腺体,该腺体位于输卵管的下部,称为壳腺。体内受精。大多数为卵生,体外发育;少数种类为卵胎生,即受精卵不在体外发育,而是在母体输卵管内发育,至发育成为幼体时始产出。

鸟类的输卵管仅左侧保留。输卵管是一条长而弯曲的管道,其粗细因年龄和是否在产卵期而有很大变化。根据构造和功能的不同,输卵管可以分成5部分:输卵管、蛋白分泌部、峡部、子宫和阴道(图11-12)。输卵管伞(fimbriae tubae)呈漏斗状,伞的边缘薄而不整齐,形成皱褶,精子通过输卵管上行受精。蛋白分泌部(magnum)是输卵管最长的部分,在此处形成蛋白。峡部(isthmus)是蛋白分泌部和子宫交界处较狭的部分,构造似蛋白分泌部,但纵褶不显著,在峡部形成内、外卵壳膜。接下去是子宫,这是输卵管最膨大的部分,黏膜形成深褶,肌肉层比较发达,另有壳腺(shell gland),在这里形成硬的卵壳。输卵管的终段是短的阴道,阴道壁的肌肉比较发达,强有力的收缩可以把蛋排出体外。鸟类全是体内受精,体外发育。

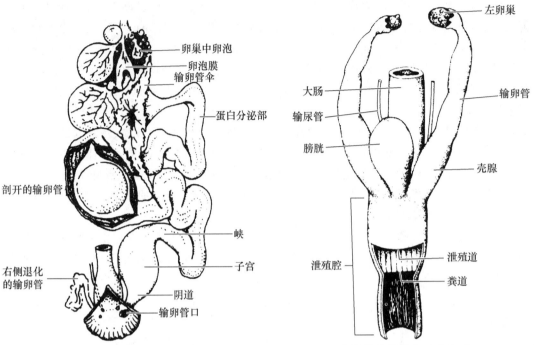

图 11-12 母鸡的生殖系统　　　　图 11-13 雌性单孔类的生殖系统(仿 Kent, 1997)

卵生的单孔类哺乳动物,牟勒氏管只分化为输卵管本部和子宫(图 11-13),子宫的后端并没有形成阴道(雄性缺少交接器)。输卵管壁有分泌蛋白的功能,输卵管后段为子宫,具有分泌卵壳的功能,所以子宫确切的名称应是壳腺。单孔类仍保留着泄殖腔。子宫的末端开口在泄殖窦,再由单一的泄殖腔孔通体外。

从有袋类开始,牟勒氏管分化为 3 部分:输卵管本部、子宫和阴道。有袋类的阴道是成对的(即双子宫、双阴道,图 11-14)。相应的,雄性阴茎的末端分两个叉,交配时,每一个叉进入一个阴道。有些种类,左右两阴道在前端靠近子宫的地方相愈合,因而形成一盲管;另有一些种类,其生成的盲管,也和泄殖窦相连,因而又造成了第三个阴道。

有胎盘哺乳动物的左右牟勒氏管后端愈合在一起。在原始的情况,愈合仅限于阴道,即双子宫类型,其后,愈合的范围由后向前逐渐扩展,因而子宫也由双子宫逐渐过渡为单子宫。按照愈合程度的不同,子宫可以分为以下几种类型(图 11-15):

(1) 双子宫(uterus duplex):这种类型是最原始的。左右子宫尚未愈合,二子宫分别开口于单一的阴道内。例如:兔类、许多啮齿类、某些翼手类、象、土豚。

(2) 双分子宫(uterus bipartite):二子宫在底部靠近阴道处已合并,以一共同的孔开口于阴道。例如:多数食肉类、某些啮齿类、猪、牛和少数翼手类。

(3) 双角子宫(uterus bicornis):子宫合并的程度更大,子宫的近心端仅有两个分离的角。例如:多数有蹄类、部分食肉类、食虫类、多数翼手类、鲸类。

(4) 单子宫(uterus simplex):二子宫完全愈合为单一的整体,仅从其两侧对称的弗氏管可以看出其双套的来源。例如:猿、猴、人、某些翼手类和犰狳。

在生殖方式上,单孔类仍保留着原始的卵生特征,体外发育。有袋类为胎生,发育不完全的幼仔在母兽腹部的育儿袋内继续完成发育。有胎盘类为胎生,胚胎在母体子宫内发育完全才产出。

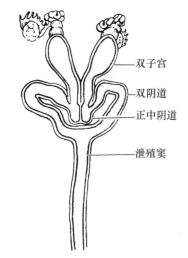

图 11-14 有袋类的双子宫和双阴道
（仿 Kent，1997）

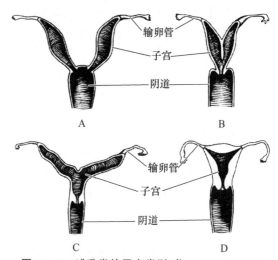

图 11-15 哺乳类的子宫类型（仿 Torrey，1979）
A. 双子宫；B. 双分子宫；C. 双角子宫；D. 单子宫

第六节 泄 殖 腔

泄殖腔(cloaca)（图 11-16）是肠的末端略为膨大处，输尿管及生殖管都开口于此腔，以单一的泄殖腔孔开口于体外。因此，泄殖腔是粪便、尿液与生殖细胞共同排出的地方。软骨鱼、两栖类、爬行类、鸟类及最低等的单孔类哺乳动物都具有泄殖腔；而圆口类、全头类（银鲛）、硬骨鱼和有胎盘哺乳类则是肠管单独以肛门开口于外，排泄与生殖管道汇入泄殖窦（urogenital sinus），以泄殖孔开口体外。

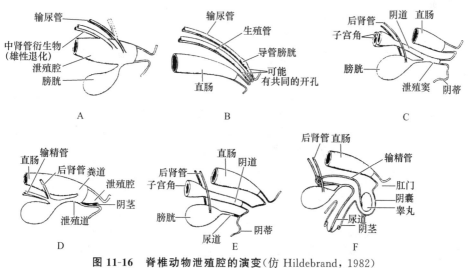

图 11-16 脊椎动物泄殖腔的演变（仿 Hildebrand，1982）
A. 两栖类、爬行类、鸟类；B. 硬骨鱼；C. 多数雌性哺乳类；
D. 雄性单孔类；E. 雌性灵长类和一些啮齿类；F. 多数雄性哺乳类

软骨鱼和两栖类的泄殖腔接受大肠、中肾管开口,雌体另外还接受输卵管的开口。两栖类的膀胱直接开口在泄殖腔的腹壁(膀胱并不与输尿管直接相连,此种类型的膀胱称泄殖腔膀胱)。

爬行类、鸟类和单孔类的泄殖腔同样接受大肠、中肾管(仅雄性,即输精管)和雌体的输卵管。鸟类不具膀胱。爬行类中蜥蜴和龟鳖类具膀胱,和两栖类一样,直接开口于泄殖腔。此外,输尿管(后肾管)也开口于泄殖腔,仅少数雄性爬行类,其输尿管保持胚胎期和中肾管后端的联系。

在许多脊椎动物,特别是爬行类和鸟类,泄殖腔由不同发育程度的横褶分成3个界限分明的部分:

(1) 粪道(coprodeum):是直肠的继续,但一般比直肠粗些;

(2) 泄殖道(urodeum):位于粪道之后,输卵管或输精管和尿道都开口于此;

(3) 肛道(proctodeum):是泄殖腔的最后部分。在胚胎发生上,是由外胚层内陷和原肠后端相连接形成,所以前部是内胚层,后部源于外胚层。

幼鸟在泄殖腔背面有一个盲囊开口于泄殖腔,称腔上囊或法氏囊(bursa of Fabricius)。这是鸟类特有的一个中心淋巴器官。鸡的腔上囊呈球形,鸭的呈指状。随着性成熟,腔上囊逐渐退化。

单孔类之所以得名,就是因为它们的泄殖窦和直肠末端共同以单一的泄殖腔孔通到外界。由一个泌尿直肠褶(uro-rectal fold)将泄殖腔的前端分为泄殖道和粪道。

在有胎盘哺乳类,该泌尿直肠褶在胚胎发育过程中愈益向后延伸,直到把泄殖腔分成背侧的直肠和腹侧的泄殖窦两部分。这两部分各以肛门和泄殖孔开口体外。

在雌性有胎盘类,进一步的发展是中肾管消失,两条牟勒氏管在后端愈合形成子宫体和阴道。大多数成年雌性哺乳动物具有2个孔通体外:泄殖孔和肛门。

雌性灵长类(包括人)和某些啮齿类(如仓鼠),阴道又与尿道分开。这样,胚胎期存在的泄殖腔分为3个通道:尿道、阴道和直肠,它们各自单独开口于体外。这些动物(或人)的阴道具有双重来源:前部来源于愈合的牟勒氏管,后部来源于泄殖腔。

下面将哺乳动物雌雄两性泄殖系统的同源结构列表比较(表11-1):

表11-1 哺乳动物雌雄性泄殖系统的同源结构

未分化的结构	雄性成体	雌性成体
生殖嵴	精巢(睾丸) 睾丸网	卵巢 卵巢网(退化)
引带	睾丸引带	卵巢韧带 子宫圆韧带
生殖冠	阴囊	大阴唇
生殖突	阴茎	阴蒂
生殖褶	参与阴茎的构成	小阴唇
泄殖窦	尿道(前列腺部和膜部)	泄殖窦 灵长类和啮齿类的阴道后端
中肾管	输精管 附睾	卵巢冠纵管(退化)
中肾小管	输出管 附睾附件(退化) 旁睾(退化)	卵巢输出管(退化) 卵巢冠(退化) 卵巢旁体(退化)
牟勒氏管	睾丸附件(退化) 雄性子宫(退化)	输卵管 子宫 阴道(泄殖窦以前)

小　结

1. 生殖系统与排泄系统密切相关,往往合在一起,称泄殖系统。在发生上它们是由中胚层的生殖嵴和生肾节分化而来,两者在位置上很接近;在结构上它们有密切联系,在很大程度上使用着共同的管道。但是,在功能上两个系统完全不同,前者完成生殖后代,后者排出代谢废物,调节水、盐代谢和酸碱平衡。

2. 生殖系统的基本结构是生殖腺和生殖管,有些脊椎动物具副性腺和交接器。

3. 各类脊椎动物的生殖腺只有位置上的变化。哺乳类的生殖腺在发生过程中有向后移位的情况,精巢的向后移位即睾丸下降现象。

4. 精巢和输精管直接相连,而卵巢与输卵管一般并不直接相连。硬骨鱼的情况特殊,生殖管道是由生殖腺壁本身延续成管。

5. 生殖管的变化较大。低等脊索动物(如文昌鱼)和圆口类无生殖管道。无羊膜动物(圆口类和硬骨鱼除外)的中肾管输尿,在雄性兼作输精管用;羊膜动物以后肾管输尿,中肾管在雄性专作输精管之用。

6. 牟勒氏管因生殖方式的不同而有不同的分化。哺乳类雌体的牟勒氏管分化为输卵管、子宫和阴道3部分;按照牟勒氏管后端愈合程度的不同,哺乳类的子宫分为双子宫、双分子宫、双角子宫和单子宫4种类型。进化的趋势是由双子宫逐渐合并为单子宫。

7. 真正的交接器(阴茎)首先出现在爬行纲,此外,存在于少数鸟类和绝大多数哺乳类。

8. 泄殖腔是肠的末端膨大处,是粪便、尿液和生殖细胞共同排出的地方,以单一的泄殖腔孔通体外。软骨鱼、两栖类、爬行类、鸟类及单孔哺乳类皆具泄殖腔。圆口类、全头类、硬骨鱼和有胎盘哺乳类则是肠管单独以肛门开口于外,而排泄与生殖管道汇入泄殖窦,以泄殖孔开口于外。雌性灵长类(和某些啮齿类)的排泄管道又与生殖管道分开,因此有3个孔通体外:即肛门、尿道口和阴道口。

9. 脊椎动物由低级到高级,排泄和生殖两系统是朝分离的方向发展的,尤以灵长类的雌体两系统分开得最为彻底。

思　考　题

1. 生殖系统与排泄系统关系密切,试从两者的位置、胚胎发生和管道上加以论证。
2. 请区别以下名词:(1)卵胎生、假胎生与真胎生;　(2)泄殖腔与泄殖窦;
(3)泄殖腔孔与泄殖孔。
3. 生殖管道在各类雄性脊椎动物中变化较大,软骨鱼、硬骨鱼、两栖类、爬行类、哺乳类都有哪些异同?
4. 结扎雄性哺乳动物双侧输精管的后果和去除双侧精巢的后果是否相同?加以解释。
5. 试以雄鲨、雄蛇、雄龟、雄鸭、雄兔为例,说明雄性脊椎动物交配器的多种样式。
6. 哺乳类的子宫分为哪几种类型?

第十二章 循环系统

脊椎动物的循环系统(circulatory system)是一个封闭的管道系统,分为心血管系统和淋巴系统。心血管系统包括心脏、动脉、毛细血管、静脉和血液;淋巴系统包括毛细淋巴管、淋巴管、淋巴导管、淋巴结和淋巴液。循环系统是体内物质运输和维持体内环境即细胞外液稳定的重要系统。血液和淋巴液在管道内按一定方向不断地流动,把呼吸系统获得的氧气、消化系统摄取的营养物质运送到身体各处的组织和细胞内,供其生理活动的需要;同时将各部分在代谢过程中产生的废物如二氧化碳、乳酸、尿酸、尿素及水分,运送到一定器官或排出体外,体液的酸碱度得以平衡,使内环境维持在相对稳定状态,保证机体生命活动的正常运行。血液的流动、体表毛细血管的收缩和舒张在一定程度上能调节体温。

循环系统还参与体液调节。内分泌腺分泌的激素和某些细胞产生的调节物质随血液和淋巴带到全身,对机体各部分的生理功能的正常发挥起着重要调节作用。血液中有各种白细胞和免疫物质,具有防御保护和免疫功能。

循环系统是动物机体生存的重要条件之一,一旦发生障碍,生命功能则不能正常运行。最低等的脊索动物即尾索动物(Urochordates)海鞘的血液循环属于开管式,而且血液不沿固定的方向流动,而是定期改变方向,同一条血管轮流充当动脉和静脉。这在脊索动物中是唯一的。

循环系统以及其中流动的血液是由中胚层下节的脏壁中胚层发生而来的。

第一节 心 脏

心脏(heart)是血液循环的动力器官,具有较厚的肌肉质壁(心肌),内有空腔,产生有节律的收缩,使血液在血管中循环地流动。

一、心脏的位置和组织学结构

圆口类、鱼类和有尾两栖类的围心腔位于体腔前部,即胸腹腔的前方。在体腔前部、消化管的腹侧,有一个围心腔或心包腔(pericardial cavity),由围心膜或心包(pericardium)所包被,心脏即位于此腔内。心包由纤维层和浆膜层构成,浆膜层很薄,表面光滑湿润,可分为壁层和脏层,脏层覆在心脏表面(即心外膜),与壁层延续,这两层之间构成心包腔,内有少量液体(浆液),使此二层润滑以减少心脏收缩时的摩擦。纤维层由致密结缔组织构成,较坚韧,伸缩性小。心脏壁由三层膜组成,内层为心内膜(endocardium),中层为心肌膜(myocardium),外层为心外膜(epicardium)。心内膜和心外膜均为单层扁平上皮。心肌具有自律性,受植物性神经支配。

无尾两栖类以上的动物的围心腔随心脏向后、向腹方移动至胸腹腔的前腹位。在有胸腔的动物中，心脏位于胸腔的腹面。

二、心脏的发生、结构和血液循环路线

（一）心脏的发生和分化

心脏和血管都是由中胚层间充质发生而来。心脏起源于胚胎早期发生的成对的卵黄静脉（vitelline vein），它们位于消化道腹面，在发育过程中逐渐愈合为一条，然后经过膨大、扭曲、增厚，逐渐形成原始心脏（图 12-1），再分化为静脉窦（sinus venosus）、心房（atrium）、心室（ventricle）和动脉圆锥（conus arteriosus）等 4 个部分（图 12-2）。静脉窦是一个薄壁的囊，接受来自全身的缺氧血。心房和心室的壁具有较厚的心肌，其中心室壁较心房壁厚，是推动血液流动的主要部位。动脉圆锥是一段厚壁的管，是心室向前延伸的一部分；管径较小，常具有瓣膜；其肌肉质的壁能和心室一样主动收缩。窦房孔和房室孔周围都有瓣膜，防止血液倒流。

低等原索动物文昌鱼尚无心脏的分化，腹大动脉具有节律性搏动能力，相当于原始的心脏。文昌鱼具有进步的脊椎动物血液循环特点，即闭管式循环，相当于心脏的血管位于腹部，血液流动方向是：在腹面由后向前，在背面由前向后。

图 12-1　脊椎动物心脏的发生和扭转（仿夏康农、郝天和，1955）

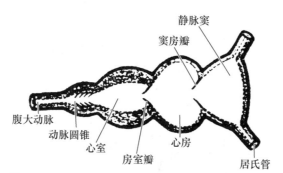

图 12-2　原始脊椎动物的心脏各腔（仿 Romer，1978）

（二）鳃呼吸的脊椎动物心脏和单循环

以鳃呼吸的原始脊椎动物的心脏模式是由四个连续的腔构成的一个直管。这四个腔由后向前依次为静脉窦、心房、心室和动脉圆锥（图 12-2）。在发育过程中这一直管发生扭曲，形成"S"形，结果静脉窦和心房被带到心室的背部（图 12-1）。

（1）圆口类开始有了心脏的分化，其心脏已具备脊椎动物心脏的基本结构，即静脉窦、一心房、一心室，但静脉窦很不发达。这时作为唧筒的心脏的出现，加强了血液循环。

（2）软骨鱼类的心脏由静脉窦、一心房、一心室、动脉圆锥四腔组成。从腹面观察，心房覆盖在心室背面（图 12-3A）。动脉圆锥与腹大动脉连续，内壁上生有一系列口袋状瓣膜，排成两

圈,防止血液倒流。

(3) 硬骨鱼类心脏结构与软骨鱼类相似,但不同在于硬骨鱼类以动脉球(bulbus arteriosus)代替了动脉圆锥。动脉球是腹大动脉基部的膨大,壁由平滑肌构成,富有弹性但不能主动收缩,内壁上不具瓣膜(图 12-3B)。肺鱼心脏具有动脉圆锥(图 12-4)。

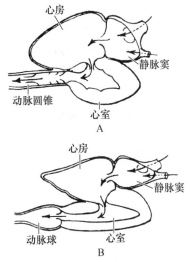
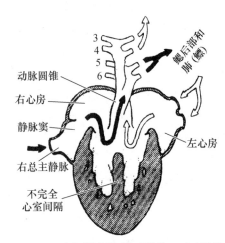

图 12-3　鲨鱼和硬骨鱼心脏模式图(仿 Wake,1979)
A. 鲨鱼；B. 硬骨鱼

图 12-4　肺鱼的心脏(仿 Hildbrand,1982)

血液循环路线以及心脏的结构和变化与脊椎动物由水生过渡到陆生而导致呼吸器官的演变有密切关系。以鳃呼吸的脊椎动物(圆口类和鱼类)的心脏内全部是缺氧血,心脏承担的任务是将缺氧血压至鳃部,经过气体交换后,转变成多氧血,多氧血不再回到心脏,而是从鳃部直接流经身体各部分,交出氧气,重新变成缺氧血返回心脏。血液每循环全身一周只经过心脏一次,体内整个血液循环途径为一个大圈,称为单循环(图 12-5A、12-6)。

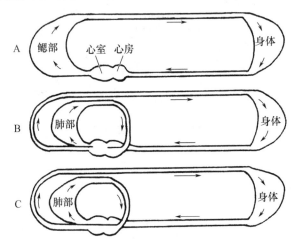

图 12-5　脊椎动物的血液循环路线(仿马克勤等,1984)
A. 典型鱼类；B. 陆生两栖类或爬行类,鳃循环已消失,肺循环出现；
C. 哺乳类,体循环和肺循环已完全分开。

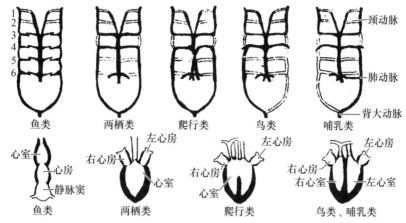

图 12-6　各类脊椎动物动脉弓（仿 Hyman，1942）和心脏的演变（仿丁汉波，1983）

（三）肺呼吸的脊椎动物心脏和双循环

1. 不完全双循环

（1）两栖类：鱼类向两栖类过渡过程中鳃消失，鳔逐渐演变为肺，伴随内鼻孔的出现，开始有了肺呼吸。与之相适应，循环系统由单循环演变为不完全双循环（图 12-5B）。心脏由一心房一心室过渡到二心房一心室，即在心房出现了不完全（无足目和部分有尾目）或完全（部分有尾目和无尾目）的分隔，使心房分为左右两部分。左心房接受由肺静脉（pulmonary vein）返回的多氧血，右心房接受由体静脉（systemic vein）返回的缺氧血以及由皮静脉（cutaneous vein）返回的多氧血，左右心房以一个共同的房室孔通入单一的心室。不完全房间隔的结构可从中国大鲵（$Andrias\ davidianus$）一例来说明，其房间隔是一片布满大量孔洞的薄膜，在面积约 6 mm×7 mm 的薄膜上，长径约 50 μm 以上的孔约有 17 个，其中最大的孔为 160 μm，约为大鲵红细胞长径的三倍多。血液在心房的混合是可能的。蝌蚪和无肺的有尾类的心房无间隔，无尾类的房间隔完全，无孔洞存在。

心室仍为单室，无间隔出现，但心室内壁出现众多的肌肉网柱或小梁，多为前后延伸，突向腔中，能够在一定程度上减少左右心房来的多氧血和缺氧血的混合。动脉圆锥发达，其基部围生三个半月瓣，防止血液倒流。动脉圆锥内壁有一纵向的螺旋瓣，与心室内壁的肌肉小梁作用相似，配合心室的收缩，起到把多氧血和缺氧血分别引入体循环和肺循环中的作用（图 12-6、12-7）。

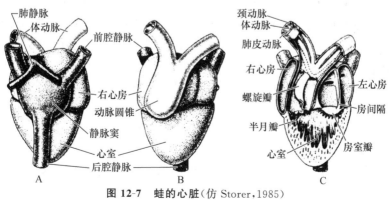

图 12-7　蛙的心脏（仿 Storer，1985）

A. 背面观；B. 腹面观；C. 剖面观

心室的收缩首先从右侧开始。从右心房流入的缺氧血首先被压入动脉圆锥，由于肺皮动脉（pulmo-cutaneuos artery）开口较低，阻力较小，缺氧血主要进入肺皮动脉，然后进入肺和皮肤。心室收缩再移向左侧，动脉圆锥也收缩，螺旋瓣向左偏，关住肺皮动脉开口，心室中部的混合血进入体动脉，最后心室左侧的多氧血则被引入颈动脉（carotid artery）供应头部和脑。虽然肌肉小梁和螺旋瓣能在一定程度上减少血液混合，但血液在心房中已有混合，从占有重要地位的皮肤呼吸得到的多氧血经皮静脉返回了右心房，与从体静脉返回的缺氧血混合，而且由于具有单一心室，血液混合的程度是较大的。两栖类静脉窦仍很发达。

肺鱼的血液循环与两栖类基本一致。由于出现鳔呼吸（相当于肺呼吸），心脏相应地发生变化，心房和心室均出现了不完全分隔。由鳔返回的多氧血进入左心房，由体静脉返回的缺氧血进入右心房。不完全的室间隔在一定程度上可减少血液的混合（图12-4）。由此可看出原始的双循环首次出现在肺鱼。

由于肺的出现，此时的心脏承担了把缺氧血和多氧血分别压送到肺和身体各部的任务。血液循环全身一周需经过心脏两次，血液循环途径为一个大圈（即体循环）和一个小圈（即肺循环），故称为双循环（图12-5B、C）。在单循环和双循环中起压力泵作用的心脏结构是不同的（图12-6）。在开始出现双循环的时期，由于心脏结构的不完善，多氧血和缺氧血不能完全分开，这种双循环称为不完全双循环。

（2）爬行类：爬行类仍然是不完全双循环，但比两栖类进步，多氧血和缺氧血的混合程度更趋减小，接近于完全分开。除鳄以外的爬行动物，即龟鳖类、蜥蜴和蛇类的心房已经完全分隔，而心室由一个肌肉质水平隔（horizontal septum）分隔为背腹腔（dorsal and ventral cavum），另有一个小垂直隔（vertical septum）把背腔分成左右部分，因而心室被分成三个亚腔，即腹部的肺腔（pulmonary cavum）和背部的动脉腔（cavum arteriosum）、静脉腔（cavum venosum），动脉腔和静脉腔之间有室间沟相连接（图12-6,12-8）。三个腔在解剖上是相连的。肺腔与肺动脉相通，静脉腔接受右心房血液，动脉腔接受左心房血液。左右体动脉弓开口在静脉腔。经过荧光显影、血液氧含量分析及电磁流量计等技术研究证明，返回心室的血液呈现选择性分布，从右心房回心的缺氧血经静脉腔、肺腔进入肺动脉（pulmonary artery），从左心房回心的多氧血经动脉腔、静脉腔再分别进入左右体动脉弓，存在有限的血液混合。鳄类具有完全的室间隔，但在左右体动脉弓基部存在一个潘氏孔（foramen of Panizza），左右体动脉弓内基本为多氧血，血液混合程度进一步减少。爬行类动脉圆锥消失，静脉窦退化，成为心房的一部分。

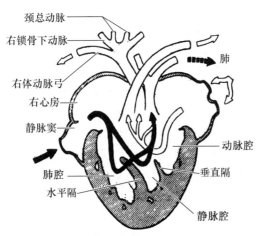

图 12-8 爬行类的心脏（仿 Hildbrand, 1985）

2. 完全双循环

鸟类和哺乳类的心脏完全分隔为左、右心房和左、右心室，心脏左侧含多氧血，右侧含缺氧血，缺氧血和多氧血完全分开，形成完全双循环（图12-5B、12-9）。肺循环和体循环完全分开。从体静脉回心的缺氧血经右心房进入右心室，被压入肺动脉，经过气体交换，多氧血从肺静脉回到左心房,这个路线为小循环或肺循环;多氧血从左心房进入左心室,被压入体动脉,流到身体各处;从全身各处返回的缺氧血经过体静脉回到右心房,这个路线为大循环或体循环。

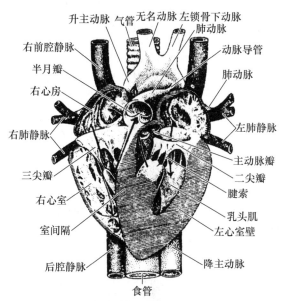

图 12-9　兔心脏纵切面(腹面观)(仿 Young,1981)

脊椎动物心脏的分化总结于表 12-1。

表 12-1　脊椎动物心脏的分化比较表

	圆口类	软骨鱼	硬骨鱼	两栖类*	爬行类*	鸟类和哺乳类
静脉窦	有	有	有	有	退化	并入右心房
心　房	1个	1个	1个	2个	2个	2个
心　室	1个	1个	1个	1个	1个	2个
动脉圆锥	无	有	无	有	无	无
动脉球	无	无	有	无	无	无

* 有尾两栖类的心房间隔不完全;爬行类的 1 个心室中有不完全室间隔。

第二节　动 脉 系 统

动脉(artery)是将由心脏搏出的血液输送到全身各部分的血管(即离心的血管),管壁厚而富有弹性,反复分支成小动脉,直至毛细血管。

一、动脉系统的基本模式

(1) 腹大动脉(ventral aorta) 一支,由心脏发出,在消化道腹面向前延伸。

(2) 背大动脉(dorsal aorta) 位于消化道背面的一对纵行血管(背大动脉根),向后延伸后不久汇合为一条背大动脉,并发出分支到全身各部分。

(3) 动脉弓(aortic arches) 连接腹大动脉和背大动脉的弓形血管。脊椎动物胚胎期一般为 6 对。

上述基本模式在所有脊椎动物中大致相同(图12-10),发生演变的部位主要在动脉弓。这种演变主要是由鳃呼吸进化为肺呼吸而引起的。

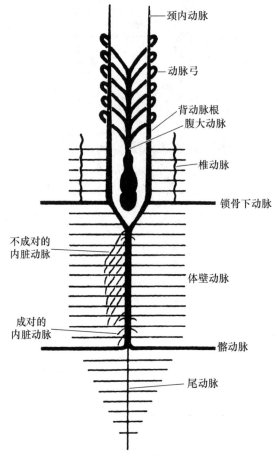

图 12-10 脊椎动物动脉弓的基本模式(仿 Kent,1987)

二、各纲脊椎动物动脉弓的演变(图 12-6、12-11 及表 12-2)

(一) 鱼类

由于以鳃呼吸,鱼类的动脉弓在鳃部断开为两部分,一是入鳃动脉(afferent branchial artery),一是出鳃动脉(efferent branchial artery),中间以毛细血管联系,以进行气体交换。腹大动脉将血液经过入鳃动脉送入鳃,在鳃部毛细血管进行气体交换,再经由出鳃动脉将多氧血送入背大动脉根,继而是背大动脉。软骨鱼类有 5 对入鳃动脉、4 对出鳃动脉,分别代表胚胎期第二至第六动脉弓的入鳃部分和第三至第六对动脉弓的出鳃部分。硬骨鱼类有 4 对入鳃和出鳃动脉,代表胚胎期第三至第六对动脉弓,胚胎期第一、二对动脉弓退化(图 12-11A)。在具有鳔的鱼类,鳔动脉从背大动脉分支,但在以鳔进行呼吸(相当于肺)的肺鱼中,鳔(肺)动脉是由第六对动脉弓的出鳃动脉发出的,与陆生脊椎动物的肺动脉同源(图 12-11B)。

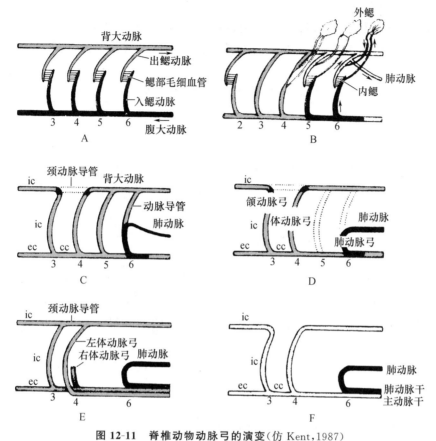

图 12-11 脊椎动物动脉弓的演变(仿 Kent,1987)
A. 真骨鱼；B. 非洲肺鱼；C. 陆生有尾类；D. 无尾类；E. 蜥蜴；F. 成体哺乳类
2～6：胚胎期第二至六对动脉弓；ic：颈内动脉；ec：颈外动脉；cc：颈总动脉

(二) 两栖类

两栖类幼体的蝌蚪在水中以鳃呼吸，具有鱼类动脉弓的类型，即保留胚胎期第三至第六对动脉弓，形成入鳃动脉和出鳃动脉。成体鳃退化，营肺呼吸，动脉弓不再断开，形成完整的血管弓。无尾两栖类的第五对动脉弓进一步消失。第三对动脉弓形成颈动脉(carotid artery)，供应头部和脑的血液；第四对动脉弓形成体动脉(systemic artery)，左右体动脉向后背部弯曲成弓并汇合成背大动脉，为全身大部分提供血液；第六对动脉弓形成肺皮动脉，分支达于肺脏和皮肤。无尾类的动脉系统构成了四足类动脉系统的基本模式(图 12-6、12-11D)。

有尾两栖类的第五对动脉弓仍保留，汇入体动脉弓，最终流入背大动脉，同时肺动脉与体动脉之间的血管联系也保留下来，称为动脉导管(ductus arteriosus)或波氏导管(ductus of Botallus)。部分有尾类保留第三、四对动脉弓之间的血管联系即颈动脉导管(carotid duct)(图 12-11C)。

(三) 爬行类

爬行类动脉系统与无尾两栖类是相似的，保留第三、四、六对动脉弓。动脉圆锥和腹大动脉纵裂为 3 条主干，即左右体动脉弓和肺动脉弓，其中右体动脉弓发出进入头部的颈动脉到达头部，一些低等爬行类仍保留颈动脉导管和动脉导管(图 12-6、12-11E)。

(四) 鸟类和哺乳类

鸟类和哺乳类成体仍保留第三、四、六对动脉弓，形成颈动脉、体动脉和肺动脉。但鸟类成体的左体动脉弓退化，仅留右体动脉弓；哺乳类成体的右体动脉弓退化，保留左体动脉弓（图12-6，12-11F）。

表 12-2　脊椎动物动脉弓的比较

胚胎期	软骨鱼	硬骨鱼	两栖类*	爬行类	鸟类	哺乳类
第一对动脉弓	—	—	—	—	—	—
第二对动脉弓	第一对鳃动脉	—	—	—	—	—
第三对动脉弓	第二对鳃动脉	第一对鳃动脉	颈动脉	颈动脉	颈动脉	颈动脉
第四对动脉弓	第三对鳃动脉	第二对鳃动脉	体动脉	体动脉	体动脉	体动脉
第五对动脉弓	第四对鳃动脉	第三对鳃动脉	—	—	—	—
第六对动脉弓	第五对鳃动脉	第四对鳃动脉	肺皮动脉	肺动脉	肺动脉	肺动脉

* 有尾两栖类中第五对动脉弓仍存在。

圆口类与其他脊椎动物不同，呼吸器官是鳃囊，其心室前方发出一条腹大动脉，由它发出 8 对入鳃动脉，分布于鳃囊壁上，形成毛细血管。血液经过气体交换后由 8 对出鳃动脉流出，汇集成一对背动脉根，它们向后汇合成一条背大动脉。背动脉根向前各发出一条颈动脉到头部。

第三节　静脉系统

静脉（vein）是收集全身血液运回心脏的血管，即回心的血管。由毛细血管开始，汇合成小静脉、中静脉，直到大静脉返回心脏，常与相应的动脉伴行。管壁较薄且柔软，弹性较小。较大的静脉管腔内有瓣膜，以防止血液倒流。

毛细血管（capillary vessel）是管腔最细并分布最广的血管，连接在动脉和静脉之间，互相连通吻合成网。其构造简单，管壁仅由一层内皮细胞（endothelium）和基膜组成，通透性较强。

门静脉（portal vein）与一般静脉不同，其两端均为毛细血管，管腔内无瓣膜。脊椎动物体内存在 3 种门静脉系统，即肝门静脉、肾门静脉和垂体门静脉系统。

一、静脉系统的基本模式

鱼类具有脊椎动物原始而基本的静脉系统，现以鲨鱼的静脉系统为例（图 12-12A）说明。

(一) H 型主静脉系统

一对前主静脉（anterior cardinal veins），位于鳃的背面，收集来自头部的血液；一对后主静脉（posterior cardinal veins），靠近肾脏背部，收集身体后部体壁、性腺和肾脏的血液；前、后主静脉在心脏两侧相遇，共同汇合成一对短的总主静脉（common cardinal veins）（或称居维叶氏管),最后汇入静脉窦。

(二) 侧腹静脉系统

收集腹壁和成对后肢的血液,形成髂静脉(iliac vein)并延伸为侧腹静脉(lateral abdominal veins),在身体前部与锁骨下静脉(subclavian vein)汇合,最后汇入总主静脉。

(三) 肝门静脉系统

胚胎期,沿消化道腹侧前行的肠下静脉(subintestinal vein)在成体形成由消化道至肝脏的肝门静脉(hepatic portal vein)和出肝脏流入静脉窦的肝静脉(hepatic vein)。肝门静脉是由消化道、胰脏、脾脏的毛细血管汇集而成,流入肝后再分支成毛细血管网和血窦。这些毛细血管在肝中再汇成小静脉,最后形成肝静脉出肝脏。

(四) 肾门静脉系统

在鲨鱼早期发育阶段,后主静脉远端彼此联合并与尾静脉(caudal vein)相连。后来后主静脉与尾静脉失去联系,于是从尾部各组织来的血液进入肾脏,分支成毛细血管,形成肾门静脉(renal portal vein)。

硬骨鱼类的静脉系统基本上与鲨鱼相似,但多数种类不具侧腹静脉,锁骨下静脉直接汇入总主静脉,髂静脉汇入后主静脉。右后主静脉与肾门静脉直接相通。

圆口类的静脉系统包括一对前主静脉、一对后主静脉,共同汇入总主静脉,然后注入静脉窦。有肝门静脉,但还没有形成肾门静脉。

上述静脉模式是水生低等脊椎动物所特有的。

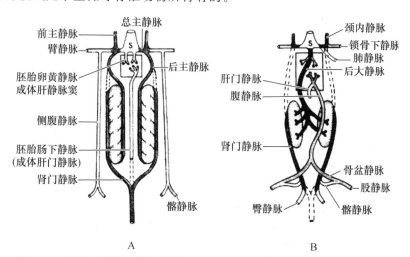

图 12-12 鲨鱼(A)和无尾两栖类成体(B)的静脉系统模式图(仿 Kent,1987)

二、静脉系统在四足类的演变

(一) 两栖类

两栖类成体的静脉系统已具有四足类的基本模式,即出现 Y 型大静脉(或腔静脉)系统和肺静脉(图 12-12B)。

(1) Y 型大静脉系统代替 H 型主静脉系统。总主静脉和前主静脉合并为前大静脉(precava),并接受锁骨下静脉。一对后主静脉消失,被一条后大静脉(postcava)代替。后大静脉在形成上有后主静脉的一部分，汇集肝、肾、生殖系统以及后肢血液回静脉窦。

（2）肺静脉(pulmonary vein)出现。肺的出现相应地出现了肺静脉，并且直接进入左心房，这对于心房的分隔和血液双循环路线的出现具有决定性的作用。

肺静脉和肺鱼的鳔静脉是同源结构（肺鱼的鳔静脉直接返回心房左侧）。

（3）腹静脉(ventral abdominal vein)代替了侧腹静脉。胚胎早期的侧腹静脉前方与来自前肢的锁骨下静脉的联系中断，左右侧的侧腹静脉在腹中线合并为一条腹静脉汇入肝门静脉，侧腹静脉远端与肾门静脉建立了联系。后肢来的髂静脉分为两支，一支经股静脉形成肾门静脉；另一支经骨盆静脉汇入腹静脉。

有尾两栖类出现了大静脉系统，但仍保留退化的后主静脉，尾部的血液一部分进入后主静脉回心脏，一部分进入腹静脉。

无尾两栖类的幼体蝌蚪阶段仍保留鱼类的 H 型主静脉系统，单循环。

（二）爬行类

静脉系统基本上与无尾两栖类相似，但有以下特点（图 12-13A）：

（1）仍保留一对侧腹静脉，但与无尾两栖类相似，前端与前肢失去联系，仍进入肝脏。

（2）肾门静脉趋于退化。肾门静脉的部分分支在肾脏中散成毛细血管，而其主干穿过肾脏直接进入后大静脉。

（三）鸟类

静脉系统具有四足类的基本模式，与爬行类基本相似（图 12-13B）。有以下特点：

（1）肾门静脉更趋退化。尾静脉主干穿过肾脏直接汇入髂总静脉(common iliac vein)，只有少数分支成毛细血管进入肾脏，这对提高后肢血液回心脏的血流速度和血压是有积极意义的。

（2）在尾静脉和肝门静脉之间出现一支由尾静脉分出的尾肠系膜静脉(coccygeomesemteric vein)，为鸟类所特有，向前与肝门静脉汇合。有人认为它与侧腹静脉同源。

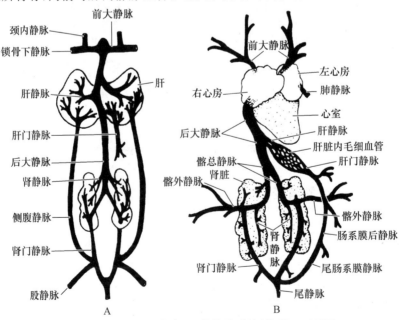

图 12-13 鳄(A)和鸟类(B)的静脉系统(仿 Kent, 1987)

(四) 哺乳类

哺乳类的静脉系统在爬行类的基础上进一步简化(图 12-14)，有以下特点：

(1) 肾门静脉完全退化消失。

(2) 一对前大静脉，但多数哺乳类仅保留右前大静脉，左前大静脉并入右前大静脉，其基部形成心脏的冠状静脉窦(coronary sinus)，收集心脏壁的血液回心脏。

(3) 后大静脉组成较复杂，主要成分包括后主静脉和肝静脉等。后大静脉形成后，身体后部和后肢来的血液完全汇入这条血管，肾门静脉的作用完全消失。

(4) 胚胎期的右后主静脉退化为奇静脉(azygous vein)，左后主静脉退化为半奇静脉(hemiazygous vein)，收集胸腔壁和肋骨间的血液。半奇静脉越过脊柱汇入奇静脉，奇静脉汇入右前大静脉。

(5) 成体无腹静脉或侧腹静脉。胚胎期的脐静脉或尿囊静脉(umbilical vein or allantoic vein)代表低等脊椎动物胚胎期的腹静脉，在发育后期进入肝，成为肝门静脉的一部分，类似两栖类和爬行类成体的腹静脉。在胎儿出生后脐静脉退化为肝圆韧带(round ligament of the liver)，后肢和尾部的血液经过髂静脉直接进入后大静脉。

各类脊椎动物静脉血管的比较见表 12-3。

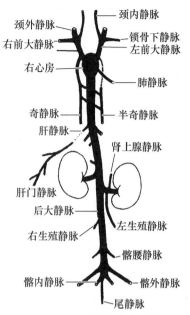

图 12-14 哺乳类的静脉系统
(仿 Kent,1987)

表 12-3 脊椎动物静脉血管的比较(＋表示发达程度，－表示无)

	后主静脉	侧腹静脉	肾门静脉	肝门静脉	后大静脉	前大静脉	肺静脉
圆口类	＋＋＋＋	－	－	＋＋＋＋	－	＋＋＋＋	－
鱼类	＋＋＋＋	＋＋＋＋	＋＋＋＋	＋＋＋＋	－	＋＋＋＋	－
两栖类	－	＋＋＋(腹静脉)	＋＋＋＋	＋＋＋＋	＋＋＋＋	＋＋＋＋	＋＋＋＋
爬行类	－	＋	＋＋	＋＋＋＋	＋＋＋＋	＋＋＋＋	＋＋＋＋
鸟类	－	－	＋	＋＋＋＋	＋＋＋＋	＋＋＋＋	＋＋＋＋
哺乳类	右-奇静脉 左-半奇静脉	－	－	＋＋＋＋	＋＋＋＋	＋＋＋＋	＋＋＋＋

三、哺乳类胚胎期血液循环的特点

哺乳类胎儿通过胎盘与母体相连，其循环途径与成体比较有差别和特点。血液经过胎儿的背大动脉进入脐动脉，并到达胎盘。多氧血从脐静脉返回，从肝脏的下缘进入肝脏，少数在此形成毛细血管，主干经过静脉导管入后大静脉，到右心房。胎儿的心房间隔上存在卵圆孔。进入右心房的大部分血液经过卵圆孔进入左心房，入左心室，再被压入主动脉弓，这些多氧血大部分经主动脉弓上的分支供应头颈部和前肢，少量流入降主动脉。右心房的少部分血液汇合前大静脉的缺氧血进入右心室再被压入肺动脉。由于胎儿的肺还处于不张状态，肺动脉与背大动脉之间的动脉导管存在且发达，进入肺动脉的血液少量进入肺，大部分最终经动脉导管注入降主动脉。这部分血液为混合血，一部分供应躯干、盆腔器官，大部分流入胎盘与母体进行气体和物质的交换。胎儿出生后,动脉导管闭锁并退化为动脉韧带;心房之间的卵圆孔封闭成为卵圆窝;脐动脉和脐静脉随胎盘和脐带一起失去;静脉导管形成静脉韧带。

胎儿的心脏结构和循环有以下特点:① 脐静脉为多氧血,脐动脉为缺氧血;② 心房间隔上存在卵圆孔;③ 肺不张,动脉导管开放;④ 血液因卵圆孔和动脉导管得到分流。

哺乳类胚胎的心脏血管系统在许多方面体现了脊椎动物心脏和血液循环的系统发育历史。

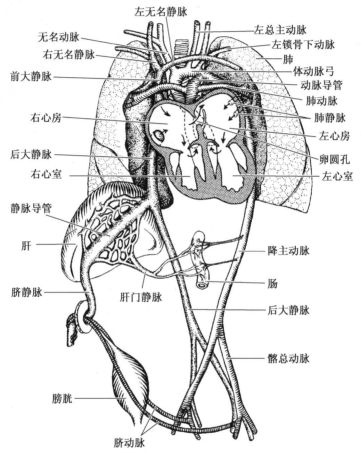

图 12-15　人胚胎的血液循环(仿 Torrey,1979)

综观各纲脊椎动物静脉系统的特点,可看出其演变趋势:

(1) 陆生脊椎动物的 Y 型大静脉系统代替了水生脊椎动物的 H 型主静脉系统,前者代表一对前大静脉,一条后大静脉;后者代表一对前主静脉,一对后主静脉,共同汇入一对总主静脉。

(2) 肝门静脉在各纲动物中均很稳定。

(3) 肾门静脉由发达到逐渐退化,最后消失。

(4) 由水生到陆生的转变中肺静脉从无到有。

(5) 静脉主干逐渐简化和集中,以前大静脉和后大静脉为主干,后大静脉集中取代了后主静脉、侧腹静脉或腹静脉以及肾门静脉,这对提高血液运输效率很有意义。

第五节 淋巴系统

淋巴系统(lymphatic system)是循环系统的一个组成部分,辅助静脉收集和输送淋巴液(lymph)以及一些营养物质返回心脏,同时可制造淋巴细胞和产生免疫的功能。淋巴系统包括淋巴管(lymphatic vessel)、淋巴结(lymphatic nodes)和其他淋巴器官。淋巴管输送淋巴液。血浆通过毛细血管渗入组织间隙形成组织液,其中的大部分重新被毛细血管微静脉端吸收回毛细血管内,少部分则进入毛细淋巴管。所以淋巴液基本上是回收到淋巴管内的组织液,为浅黄色液体,内有水、电解质、少量蛋白质和淋巴细胞。淋巴管以盲端开始于组织间隙的毛细淋巴管(lymphatic capillary),管径小,管壁由一层内皮细胞和极薄的结缔组织构成,其通透性比毛细血管高。毛细淋巴管汇合成较大的淋巴管,再汇成大的淋巴导管(lymphatic duct),最后汇入静脉。淋巴管内有许多瓣膜,防止淋巴液倒流。淋巴结位于淋巴管的通路上,起过滤淋巴液、消灭病原体和补充产生新生淋巴细胞的作用。淋巴液流动缓慢,其流动主要受器官和肌肉组织的影响。

一、各纲淋巴系统的比较

(一) 鱼类

鱼类开始具有较完全的淋巴系统,具有无瓣膜的淋巴管和肌肉质、能搏动的淋巴心(lymphatic heart),驱使淋巴液向心脏方向流动。淋巴管包括皮下导管和脊椎下导管。淋巴心靠近咽部和位于尾部(图 12-16)。

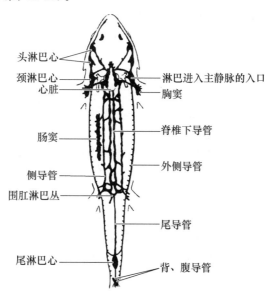

图 12-16　硬骨鱼的淋巴系统(腹面观)(仿 Hildbrand,1982)

(二) 两栖类和爬行类

这两类动物的淋巴系统发达,无淋巴结,淋巴管内无瓣膜,淋巴心发达。蛙在胸部和尾部具有两对大的淋巴心,前淋巴心位于肩胛骨下面,后淋巴心位于尾杆骨尖端两侧。皮下有发达的淋巴窦(是淋巴管道的窦状膨大)(图 12-17)。有尾两栖类的淋巴心多达 16 对。有报道,蚓螈的淋巴心可达 100 多对,沿皮下体节间静脉分布。蛙还有很多皮下淋巴窦(或淋巴间隙)。它的舌下淋巴窦当突然充满淋巴液时能使舌翻出。

爬行类在身体后部有一对汇入肾门静脉的淋巴心。

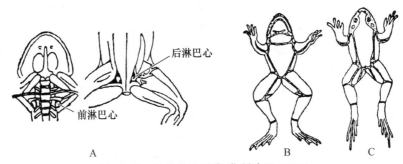

图 12-17　蛙的淋巴系统(仿刘凌云,1997)
A. 淋巴心;B. 皮下淋巴窦腹面观;C. 皮下淋巴窦背面观

(三) 鸟类

鸟类胚胎期有淋巴心,成体消失(成体鸵鸟具淋巴心)。淋巴管内开始出现少量瓣膜。全身淋巴管汇成一对大的胸导管(thoracic duct),向前通入前大静脉。鸟类中少数种类发现淋巴结,如雁形目的鸭、鹅、天鹅、鹤形目的骨顶鸡(*Fulica atra*)和鸥形目的鸥(*Larus*)。鸡没有淋巴结,只有淋巴小结,位于消化管壁。

鸟类具有一种特有的中心淋巴器官,即腔上囊(bursa of Fabricius),是位于泄殖腔背面的一个盲囊,幼体时发达,随性成熟逐渐退化,对全身免疫系统的建立起着重要作用。

胸腺(thymus gland)也是鸟类重要的淋巴器官。幼鸟胸腺明显,位于气管两侧,是一对长索状器官,延伸达颈部全长,以后分为若干叶。性成熟后由前向后退化。

(四) 哺乳类

哺乳类的淋巴系统在四足类中是最发达的。淋巴管内有大量瓣膜出现,淋巴结和其他淋巴器官发达。全身淋巴管最后汇入胸导管(thoracic duct)和右淋巴导管(right lymphatic duct)(图 12-18)。

胸导管几乎汇集全身 3/4 的淋巴液,起始部在胸、腰椎之间的膨大的乳糜池(cisterna chyli),汇集后肢、骨盆腔、腹壁和腹腔内脏器官的淋巴液,沿主动脉右侧前行,再汇集左侧头、颈、胸壁和左前肢的淋巴液,最后通入左前大静脉。右淋巴导管汇集右侧头、颈、胸腔器官、胸壁及右前肢的淋巴液,最后通入右前大静脉起始部。右淋巴导管比胸导管短小。

哺乳类的淋巴结遍布淋巴管通路上,制造淋巴细胞和过滤淋巴液,起免疫的作用。

二、淋巴器官

(一) 淋巴结

淋巴结遍布淋巴管通路上,通常几个聚集在一起,

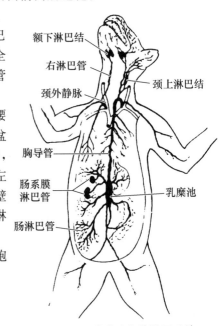

图 12-18　哺乳动物的淋巴系统
(仿 Kent,1987)

形成淋巴结群。有制造淋巴细胞、吞噬侵入体内的病原微生物和过滤免疫作用。

(二) 胸腺

各纲脊椎动物均有胸腺(thymus)，是中心淋巴器官，控制其他淋巴器官的发育，在个体发育中，胸腺是首先发育并起作用的淋巴器官。一般在幼体时发达，性成熟后退化。圆口类七鳃鳗的幼体期具有，成体时消失。

(三) 脾脏

脾脏(spleen)产生淋巴细胞、浆细胞，参与免疫反应，而且是一个血库，平时可储存大量血液。除圆口类和肺鱼外，各纲脊椎动物均有脾脏。其位置常在胃等消化道附近。

小 结

1. 循环系统在发生上是由中胚层形成，包括心血管系统和淋巴系统。

2. 心血管系统包括心脏、动脉、静脉、毛细血管和血液。淋巴系统包括淋巴管、淋巴结、淋巴器官、淋巴组织和淋巴液。

3. 血液循环由单循环向双循环的进化与脊椎动物的呼吸方式有关。鳃呼吸的动物(圆口类和鱼类)为单循环；肺呼吸的动物为不完全(肺鱼类、两栖类、爬行类)或完全双循环(鸟类和哺乳类)，即体循环和肺循环。

4. 软骨鱼类的心脏由静脉窦、一心房、一心室、动脉圆锥组成，是水生脊椎动物心脏的基本模式。硬骨鱼类的心脏结构基本相似，但以动脉球代替动脉圆锥。

5. 肺鱼的心房和心室中均出现了不完全的间隔；两栖类心房分隔为左右两个(有尾类房间隔不完全，无尾类房间隔完全)，心室仍为一个；爬行类心室开始出现不完全分隔，它们的多氧血和缺氧血在心脏都有不同程度的混合；鸟类和哺乳类心脏完全分隔为四腔，即左右心房和左右心室，多氧血和缺氧血完全分开。

6. 静脉窦在鱼类和两栖类中发达，在爬行类中开始退化，鸟类和哺乳类的心脏不具静脉窦。

7. 脊椎动物胚胎期具有 6 对动脉弓，软骨鱼类保留第二至第六对，硬骨鱼类保留第三至第六对，分别由入鳃动脉和出鳃动脉组成。四足类保留第三、四、六对动脉弓，不再断开，分别形成颈动脉、体动脉和肺动脉。鸟类的左侧体动脉弓退化，哺乳类的右侧体动脉弓退化。

8. 两栖类皮肤呼吸占有重要地位，相应的，第六对动脉弓达肺和皮肤，从皮肤返回的血液经皮静脉注入前大静脉最终进入右心房。

9. 水生脊椎动物的静脉系统为 H 型主静脉系统，即一对前主静脉，一对后主静脉，共同汇入一对总主静脉。

10. 四足类的静脉系统为 Y 型大静脉系统，即一对前大静脉，一条后大静脉，多数哺乳类保留右前大静脉，左前大静脉并入右前大静脉。

11. 肝门静脉在各纲脊椎动物中均很稳定地存在。

12. 肾门静脉在水生脊椎动物中发达，与后肢和尾部的静脉联系密切。爬行类中开始退化，最后在哺乳类中完全消失，后肢和尾部的血液直接进入后大静脉。

13. 水生脊椎动物有一对侧腹静脉，两栖类由一条腹静脉代替了侧腹静脉，前端汇入肝门静脉。在爬行类和鸟类存在类似的情形，至哺乳类成体消失。

14. 在由水生向陆生进化过程中,由于肺的出现,相应地出现肺静脉,它与肺动脉一起构成了肺循环。

15. 淋巴系统是循环系统的一个辅助部分。鱼类、两栖类和爬行类淋巴心发达,至鸟类开始出现淋巴结,淋巴管内出现瓣膜。

思 考 题

1. 请区别以下概念:(1)单循环;(2)双循环;(3)不完全双循环;(4)门静脉。
2. 何谓 H 型主静脉系统和 Y 型大静脉系统?
3. 为什么说心脏和循环路线的演变与呼吸方式的演变密切相关?
4. 简述动脉弓的演变。
5. 简述哺乳类胎儿的血液循环特点。
6. 解释肾门静脉退化和肝门静脉稳定的原因。

第十三章 神经系统

第一节 概 述

一、神经系统的形态和功能特征

脊椎动物的神经系统一般分为两大部分,即中枢神经系统(central nervous system)和周围神经系统(peripheral nervous system)。中枢神经系统包括脊髓和脑,周围神经系统包括脊神经、脑神经和植物性神经。

神经系统的形态和功能单位是神经元(neuron,图 13-1),包括神经细胞本体及其发出的突起——树突(dendrites)和轴突(axon)。树突呈树枝状,分支数目多,接受兴奋传到细胞体;轴突只有一条,长而中途不分支,其中缺尼氏体(Nissl's body),通过轴突将细胞体的兴奋传给另一神经元或末梢效应器官。在两个神经元之间没有细胞质的连接,一个神经元的轴突和另一神经元的树突或神经细胞体之间的空隙构成突触(synapse)。

一般所说的神经纤维(nerve fiber)是从中枢分布到外周的轴突,它由无数的神经原纤维组成,它的外面有膜包被,名神经膜(neurolemma),或称施旺氏膜(Schwann's sheath)。脑神经和脊神经另有髓鞘包在轴突之外,这种神经称有髓神经(myelinated nerve);另有一些神经(如大部分植物性神经)没有髓鞘,称无髓神经(nonmyelinated nerve)。神经纤维终止的末梢失去髓鞘及神经膜成为裸露的神经末梢装置。根据功能的不同,神经末梢可分为两大类,即感

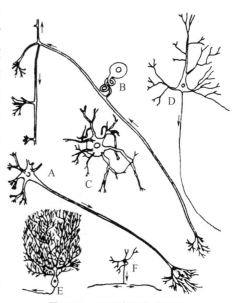

图 13-1 不同类型的神经元
A. 运动神经元;B. 背根感觉神经元;
C. 交感神经节神经元;D. 大脑皮层的锥体细胞;
E. 浦金野氏细胞;F. 小脑颗粒细胞

觉神经末梢和运动神经末梢。感觉神经末梢装置能感受刺激,叫感受器(receptor);运动神经末梢装置能引起肌肉的收缩或腺体的分泌,叫效应器(effector)。

解剖中肉眼所见的白色发亮的神经(nerve)是许多神经纤维由结缔组织包裹、网络形成的神经束。每条大的神经干都是由几个神经束,被结缔组织包围所形成。

连接于两个神经干之间的神经纤维束称吻合支(ramus anastomoticus)。连接于脊神经与

交感神经节之间的神经纤维束称交通支(ramus communicans),其内包括内脏运动和内脏感觉神经纤维。互相邻近的神经之间,分出大量密切相交连的神经,组成网状者,称神经丛(plexus nervorum)。

在脑和脊髓的横切面上,肉眼观察可看出不同色泽,呈白色的部位,称白质(substantia alba),大部分为有髓神经纤维所组成;呈灰色的部位,称灰质(substantia grisea),由神经细胞体及无髓神经纤维所组成。

在周围神经的一定部位(如脊神经背根上),有卵圆形或不规则形膨大的结节,是神经元胞体聚集的地方,外有结缔组织膜包裹,称神经节(ganglion)。在中枢神经内,神经元胞体聚集成的核团,称为神经核(nucleus)。

从神经系统的形态特征可以了解它们的功能特征,即传导。传导活动有两个特点:

(1) 极性,即在完整机体的正常情况下,总是单向传导,只传入或只传出;

(2) 绝缘性,即是兴奋不扩散到邻近的神经纤维。

传导是把外界刺激变为神经兴奋过程,迅速地传到中枢,经过中枢的分析与综合再发出冲动到效应器官(肌肉、腺体等),这种传导的过程称为反射活动。参加反射活动的全部结构功能单位称反射弧(reflex arc)。任何反射弧都必须包括5个环节:感受器→传入神经→中枢神经→传出神经→效应器。

神经系统既联系动物机体所有部分,它的活动就决定动物在周围环境中的行为以及与环境条件的相互关系。环境条件是复杂的,瞬息万变的,与此相应的神经系统的活动是迅速、灵活、协调而且准确,生物学的意义极其重大。正是因为如此,神经系统比任何器官系统更为发达,在进化发展方面,起着最重要的作用,成为动物发展的重要指标,因此神经系统在比较解剖学中也是重要的部分。

二、神经系统的发生

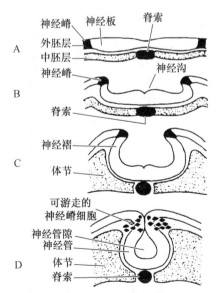

图 13-2　神经管和神经嵴的发生(仿 Wolff,1991)
A. 神经板;B. 神经沟;C. 神经褶渐合拢;
D. 神经管及可游走的神经嵴细胞

脊椎动物早期胚胎背中部的外胚层加厚成为神经板,神经板陷入成神经沟,神经沟的左右两侧的神经褶最后合拢,并和表面外胚层脱离成为神经管。神经管是脑与脊髓的原基。在神经管的背面两侧各附有一条细胞,后来断开形成神经嵴细胞(图13-2)。

随着胚胎的发育,神经管前部膨大形成3个脑泡,即:前脑(prosencephalon)、中脑(mesencephalon)和菱脑(rhombencephalon)。以后,前脑进一步分化成端脑(大脑)(telencephalon)和间脑(diencephalon);中脑不分化;菱脑分化为小脑(metencephalon)与延脑(myelencephalon)(图13-3)。脑以后的神经管发育成为脊髓。神经管中空的管腔在成体中仍保存下来,在脑中成为脑室,在脊髓中成为中央管。

胚胎期神经管的横断面(图 13-4),以界沟(sulcus limitans)作为分界,把脊髓分为背侧的翼

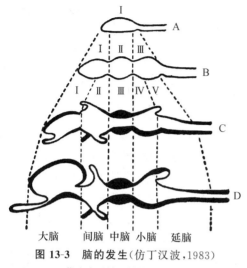

图 13-3 脑的发生(仿丁汉波,1983)

A、B、C、D 依次表示神经管前段分化的几个阶段

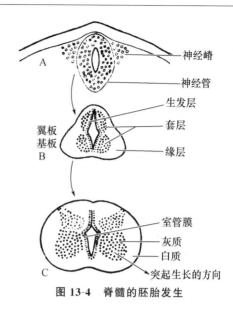

图 13-4 脊髓的胚胎发生

板(alar plate)和腹侧的基板(basal plate)。由翼板发育出感觉神经元;由基板发育出运动神经元。胚胎期神经管的细胞可分为 3 层:

(1) 最里面为室管膜(ependyma),仍能进行细胞分裂,产生的新细胞向外迁移,故这一层又名生发层(germinal layer);

(2) 中间为细胞体集中的套层(mantle layer);

(3) 最外面为神经纤维集中的缘层(marginal layer)。

缘层中大量的轴突外围有髓鞘,因染色浅故称为白质;套层中大量的神经细胞体和树突,染色较深故称为灰质。

第二节 中枢神经系统

一、脊髓

脊髓(medulla spinalis)位于椎管内,大致成圆柱形,前端接延脑,后端变细,形成脊髓圆锥(conus medullaris)。从圆锥后端伸出一根细丝,称终丝(film terminale),延续到前几个尾椎的椎管内。在脊椎动物胚胎期,由于脊柱和脊髓的生长速度不一致,致使靠后面的脊神经在椎管内向后延伸一段距离才出椎间孔,因而腰段以后的神经根斜向后方围绕着终丝,集聚成束,称马尾(cauda equina)。人的脊髓圆锥终止于第三腰椎处;兔终止于第二荐椎处;蛙的脊髓末端终止于尾杆骨前方;某些硬骨鱼,脊髓的长度甚至比脑还短。

在圆口类和鱼类,脊髓全长的直径基本一致,但在多数陆生四足类,脊髓在颈部和胸、腰交界处有两个膨大,分别称颈膨大和腰膨大。颈膨大和腰膨大分别是前后肢脊髓反射的中枢,在这里集聚着大量神经细胞体。膨大处也是臂神经丛和腰神经丛分出的部位。因此,膨大的产生和发展是与四肢的发达程度相关的,例如,蛇不具四肢,这两个脊髓膨大就不存在。善于飞翔的突胸鸟类,由于翼发达,颈膨大就很明显;而善于用后肢行走的鸵鸟类则腰膨大更为发达。恐龙类的后肢远比前肢发达,腰膨大极为发达,例如,剑龙(*Stegosaurus*)的腰膨大是脑的

12倍,因此产生了"恐龙有两个脑子"的传说。许多鱼的脊髓后端具有一膨大,称尾垂体(urophysis),内含神经分泌细胞,有人认为其分泌的激素能提高血压,也有人认为它和温度调节以及渗透压调节有关。

在脊髓的横断面上,可见背正中沟和腹正中裂,它们将脊髓分为对称的左右两半。灰质和白质的区分在圆口类即已开始;但界限不清楚,鱼类的灰质近三角形,其尖端朝向背侧;两栖类以上的灰质近似蝶形,白质在其外围,色较浅。灰质主要由神经细胞体、树突及神经胶质等组成;白质是由大量轴突所组成的传导径路所构成,它们把神经冲动由脊髓传到脑(上行传导束)、由脑传到脊髓(下行传导束)或由脊髓的这一部位传到脊髓的另一部位(固有束)。在灰质的中心有中央管(canalis centralis),管内充满脑脊液,和前面的脑室相通。灰质的两侧各向背、腹侧伸展形成背柱(断面上称背角)和腹柱(断面上称腹角)。背柱为中间神经元的细胞体所在处,腹柱为传出神经元细胞体所在处。在脊髓胸、腰段的背柱和腹柱之间还有侧柱(断面上称侧角),是交感神经元所在处。

哺乳类脊髓的表面包有3层膜:外层为脊硬膜(dura mater spinalis),中间为脊蛛网膜(arachnoidea spinalis),内层为脊软膜(pia mater spinalis)。在脊硬膜与椎管之间有硬膜外腔(cavum epidurale),脊硬膜与脊蛛网膜之间有硬膜下腔(cavum subdurale),脊蛛网膜与脊软膜之间有蛛网膜下腔(cavum subarachnoidale)。蛛网膜下腔内有脑脊液。

脊髓的主要功能可以归纳为两类:一类是传导兴奋,另一类是实现反射活动。在脊髓的不同节段,有着不同的脊髓反射中枢。在正常机体内,所有的脊髓反射中枢都是在中枢神经系统高级部位的控制下进行活动的。

二、脑

以哺乳动物为例,脑(图13-5、13-12)各部位的区分如下:

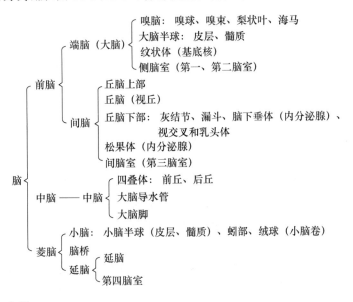

(一)端脑(大脑)

包括嗅脑和大脑两部分。嗅脑是嗅觉中枢。大脑由左右两大脑半球组成。大脑的外层为灰质,即大脑皮层,或称脑皮。皮层下为白质(又称髓质),包埋于白质内的较大的灰质团块,即纹状体。

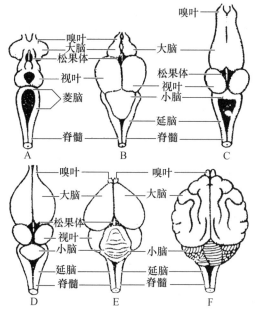

图 13-5　脊椎动物各纲脑的比较(背面观)(仿丁汉波,1983)
A. 七鳃鳗；B. 鲈鱼；C. 蛙；D. 鳄；E. 鸽；F. 猫

1. 嗅脑

在低等脊椎动物嗅脑很发达,包括嗅球、嗅束和嗅叶,嗅脑部分和大脑半球占有同样比例。在高等脊椎动物,随着大脑半球体积的增大,嗅脑的比例相对地减小,退到大脑前方腹侧,居于次要地位。哺乳类的梨状叶、海马以及嗅球、嗅束等结构皆与嗅觉有关,总称之为嗅脑。它的大小随嗅觉功能的强弱而有变化,嗅觉敏锐的种类嗅脑发达,嗅觉迟钝的嗅脑不发达,鲸类的嗅脑很退化。近代研究表明,嗅脑除与嗅觉有联系外,还和广泛的植物性功能相关,故又称为内脏脑。嗅脑的外侧缘以嗅沟(sulcus rhinalis)与大脑为界。梨状叶(lobus pyriformis)为一三角形隆起,构成大脑的后腹部,来源于原始的古脑皮。海马(hippocampus)位于侧脑室内,来源于原始的原脑皮。

2. 纹状体

纹状体(corpus striatum)(图13-6、13-7)是大脑基底比较大的神经核,位于侧脑室的前腹侧,其长轴斜向后外侧,色灰,为包埋于白质内的灰质团块。纹状体的功能是协调机体的运动。哺乳类以外的各类脊椎动物,大脑皮层不发达,纹状体成为最高级的运动中枢,切除一部分,正常的运动功能即受破坏。到哺乳类,随着大脑皮层的发达,纹状体即退居次要地位,成为调节运动的皮层下中枢(图13-8、13-9、13-10)。

鱼类的大脑主要是由纹状体组成,占据大脑腹面的绝大部分,在系统发生上这种纹状体称为古纹

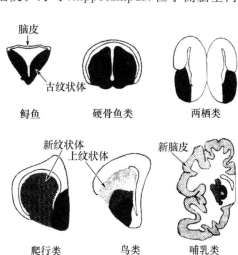

图 13-6　纹状体在各类动物的演变

状体(paleostriatum)。古纹状体主要接受来自嗅脑的神经纤维，这样，嗅觉的刺激引起身体许多部分的运动活动。两栖类的纹状体不仅在腹面，也延伸到外侧面，虽然两栖类的纹状体也接受来自丘脑的感觉神经纤维，但和高等脊椎动物相比，两栖类的大脑半球主要还是受嗅觉刺激的支配，其纹状体仍属于古纹状体。爬行类的纹状体加厚并向前延伸，加入了大量新的神经核，这些神经核接受更多的来自丘脑的感觉神经纤维，这部分新发展的纹状体称新纹状体(neostriatum)。鸟类由于纹状体的高度发达，大脑半球很膨大，在新纹状体上又附加了新的神经核，称为上纹状体(hyperstriatum)，为鸟类所特有。上纹状体接受更多的感觉神经纤维，成为鸟类复杂的本能活动（例如营巢、孵卵和育雏等）和"学习"的中枢。鸟类的嗅叶很小，嗅觉不发达，嗅觉刺激对大脑半球已很少影响。

以上几种纹状体在哺乳类中都被高度发展的新脑皮所排挤，成为大脑的基底节(basal ganglia or basal nuclei)。原始的古纹状体成为苍白球(globus pallidus)，苍白球是豆状核内侧较小的一部分；新纹状体被内囊(capsula interna)隔成为两部分，即尾状核(nucleus caudatus)与豆状核外侧的壳核(putamen)。内囊是一大束纤维，连接新脑皮与丘脑。

3. 脑皮(pallium) 脑皮或称大脑皮层（图13-7），其进化可以分为3个阶段：古脑皮、原脑皮和新脑皮。

（1）古脑皮(paleopallium)：是指原始类型的脑皮，灰质在内部靠近脑室处，白质包在灰质之外。

（2）原脑皮(archipallium)：出现于肺鱼和两栖类。它的神经细胞已开始由内向表面移动，原有的古脑皮位于脑顶部外侧，新出现的原脑皮位于脑顶部内侧。原脑皮和古脑皮主要是和嗅觉相联系。

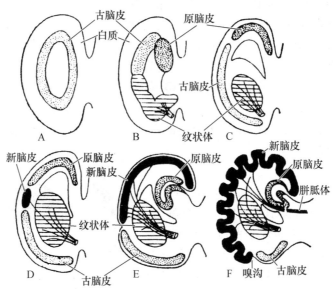

图13-7 左侧大脑半球横切面示脑皮的演变（仿Romer, 1977）
A. 原始阶段；B. 两栖类；C. 原始爬行类；
D. 高等爬行类；E. 原始哺乳类；F. 高等哺乳类

（3）新脑皮(neopallium)：自爬行类开始出现，到哺乳类得到高度发展，神经元数量大增，向各方面延展，排列在表层且层次分明，它们在半球内以联络纤维错综复杂地相互联系，又通过胼胝体(corpus callosum)在两半球之间联系，并有上行及下行的纤维与脑干各部分相通，形成一个强大的高级神经活动的中枢。较高等的种类,大脑表面形成沟、回,使表面积大为扩大。原有的纹状体、古脑皮、原脑皮退居于次要的地位,成为大脑的低级中枢,它们的功能被新脑皮所代替。原始的古脑皮退居于腹侧成为梨状叶,以嗅沟为侧面的界限,前端是嗅叶与嗅球。原始的原脑皮突向侧脑室中,成为海马。在低等哺乳类中,如鸭嘴兽、犰狳,大脑颞叶未分化出来时,梨状叶非常强大。

基底节、新脑皮及海马的共同作用,使侧脑室变窄而且形状复杂化。

对比图 13-8、13-9、13-10 可以看出大脑皮层化的进程,新脑皮从爬行类开始出现,到哺乳类得到高度发达。

4. 前联合及上联合

前联合(anterior commissure)是左右大脑半球嗅脑部分的联合纤维;上联合(pallial commissure)是连接两侧脑皮的纤维,所以也称脑皮前联合。它随着新脑皮的发生而愈加重要。

5. 胼胝体及穹窿

在高等哺乳类中海马发达,使上联合中的神经纤维也增加(海马的纤维在此处交叉),此外,新脑皮发出的纤维也加入此联合中,结果,上联合增大,分为背腹两部向后扩张,背部成为强大的胼胝体,腹部成为穹窿。胼胝体为哺乳动物所特有,是联系两大脑半球新脑皮的带状横行的神经纤维联合。由胼胝体后端折而向下有一个弓状纤维束,即穹窿(fornix)。穹窿的前部为柱,是连接乳头体的纤维,中间为体,后部为伞,体与伞皆与海马有关。在低等哺乳类中,鸭嘴兽无胼胝体,针鼹、树袋熊(考拉)等胼胝体不发达,上联合很大,与爬行类相似,在胼胝体与穹窿的形成过程中上联合消失,前联合也渐次减小。高等哺乳类中,由于胼胝体的强大,海马前端退化,仅留后端。

(二)间脑

间脑包括丘脑、丘脑上部、丘脑下部和第三脑室。

1. 丘脑

丘脑(thalamus)也称视丘,是间脑最大的部分,构成第三脑室的侧壁。丘脑如特别发达,则在两侧丘脑之间愈合成为中联合(middle commissure),在一些爬行类和哺乳类中即是如此。低级脊椎动物丘脑较小,作用也较小(图 13-8、13-9)。哺乳类的丘脑成为重要的皮层下感觉中枢。除嗅觉外,各种感受器来的兴奋在传到大脑皮层以前,先终止于丘脑,然后再转换神经元到大脑皮层(图 13-10)。

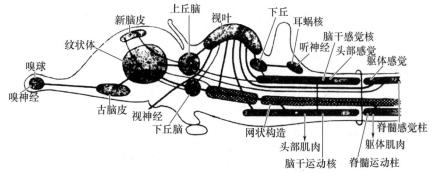

图 13-8　爬行类神经中枢主要传导路径(仿 Kent,1987)

2. 丘脑上部

丘脑上部(epithalamus)也名上丘脑,为间脑的顶壁,壁薄。背侧前方脑顶的神经上皮组织与软脑膜相结合形成前脉络丛(anterior choroid plexus),伸入间脑室,其中一部分脉络丛穿过室间孔进入大脑的侧脑室。丘脑上部有伸出的突起,全部共有3个,从前向后依次为:脑副体、顶器(松果旁体)和松果体(图13-11)。

(1) 脑副体(paraphysis):在各纲脊椎动物的早期发育阶段皆可以看到,但至成体阶段一般皆不存在了。脑副体的功能至今还不很清楚。有人报道,钝口螈的脑副体产生糖原,进入脑脊液中。脑副体的血管有丰富的植物性神经支配,并有一条神经分泌束由丘脑下部室旁核通到脑副体基部。

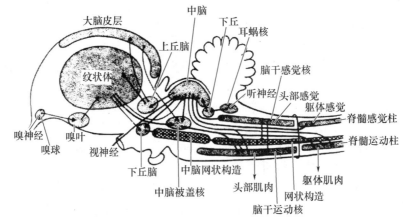

图13-9 鸟类神经中枢主要传导路径(仿Kent,1987)

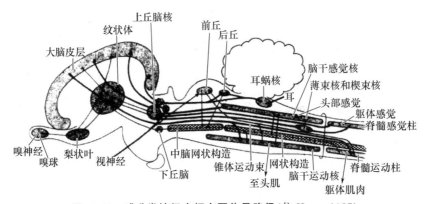

图13-10 哺乳类神经中枢主要传导路径(仿Kent,1987)

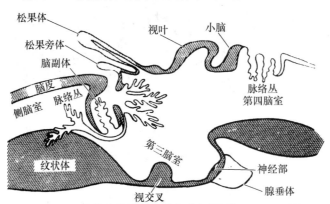

图13-11 脊椎动物间脑部的矢状切面(仿Kent,1987)

(2) 顶器(parietal body)：或名松果旁体(parapineal body)，在古代脊椎动物中曾经广泛存在。化石材料证明：古生代的总鳍鱼、坚头类以及早期爬行类头骨上都有颅顶孔，该孔的存在证明动物生活时具有顶眼。现存动物中，顶眼只作为痕迹器官而残存于某些蜥蜴和楔齿蜥。楔齿蜥的顶眼最为明显，仍具有简单的晶体和视网膜，并有一定的感光能力。

(3) 松果体(pineal body)：或名脑上体(epiphysis)，在哺乳动物被认为是内分泌腺，位于两大脑半球和间脑的交界处，以一长柄连于第三脑室顶部。在脊椎动物进化过程中，松果体的功能有明显的变化。一般认为松果体和顶器过去曾经是一对光感受器，这可以从现存的七鳃鳗得到证明。七鳃鳗的松果体和顶器同时存在，除大小略有差别外，形态相同，松果体和间脑右侧相连，顶器和间脑左侧相连，两者皆具感光细胞，都有感光的功能。

3. 丘脑下部

丘脑下部(hypothalamus)也名下丘脑，为间脑的底壁，包括：视交叉、灰结节、漏斗体、脑下垂体和乳头体。视交叉(optic chiasma)为视神经发出时所成的交叉。灰结节(tuber cinereum)为视交叉后方的扁平隆起，其中含有几个神经核。灰结节的后方接乳头体(corpus mammillare)。漏斗体(infundibulum)通第三脑室，形成连接脑下垂体的一个柄。脑下垂体为一重要的内分泌腺。丘脑下部是调节植物性神经活动的中枢。实验证明，刺激丘脑下部后区的神经核，引起交感神经兴奋所特有的反应；刺激丘脑下部前区的神经核，可出现明显的副交感神经兴奋所产生的反应。丘脑下部控制着糖和脂肪的代谢、体温调节、性活动和睡眠等。此外，丘脑下部也是重要的神经分泌的部位。

鱼类和一些有尾两栖类在漏斗体基部的两侧有一对下叶(inferior lobes)，另外在漏斗体的远端，脑下垂体的后面有单个的血管囊(saccus vasculosus)。血管囊为间脑底突出的一个富有血管的薄壁囊。该囊在深海鱼类最为发达，但在浅层生活的淡水鱼则不发达。圆口类、肺鱼类和无尾两栖类以上的脊椎动物不具血管囊。血管囊的内腔和第三脑室相通，其上皮含有毛细胞和支持细胞。毛细胞的纤毛伸入脑脊液中，由毛细胞发出的神经纤维通入丘脑下部。关于血管囊的功能了解还较少，但有足够的迹象证明血管囊可能是一个测水深的感受器。血管囊能感受脑脊液的压力变化（随着水深度的不同而有变化），通过交感神经和迷走神经的传导，影响鳔内气体的调节。

（三）中脑

中脑位于延脑和间脑之间，分为背部和底部。哺乳类以下各纲，中脑背部为一对圆形隆起，称视叶(optic lobes)，为视觉反射中枢，而且也是综合各部感觉的高级部位。鸟类的视觉发达，其视叶也特别发达。从爬行类起丘脑加大，大脑新脑皮开始形成，眼的传入纤维移向丘脑而转入大脑，视叶的作用开始下降，但是其重要性仍在纹状体之上(图13-9)。蛇类中脑背面已分化为四叠体，在响尾蛇及蟒蛇很明显，不过后面一对较前面一对为小。哺乳类四叠体(corpora quadrigemina)发达，由4个圆形隆起组成，前两叶称前丘(colliculus superior)，为视觉反射中枢；后两叶称为后丘(colliculus inferior)，为听觉反射中枢(图13-12)。

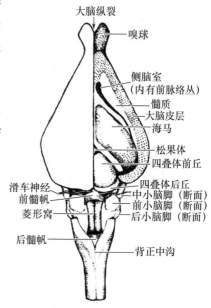

图 13-12 兔脑背侧面
（右侧作水平切面并剥除小脑）

视叶的腹侧面为中脑被盖（tectum），这里有动眼神经运动核、滑车神经运动核及红核。红核是重要的联络核，在爬行类中初次出现，它连接小脑的纤维，称结合臂，发出纤维到脊髓（红核脊髓束）、丘脑（红核丘脑束）、纹状体并到大脑皮层。中脑底部主要为纤维组成，这是连接大脑与脑桥及锥体的纤维。在高等哺乳类中，脑桥椎体束发达，此部分中脑加厚成为大脑脚（crura cerebri），是脑与脊髓之间传导的路径。

中脑的内腔在哺乳动物仅为一狭管，称大脑导水管（cerebral aqueduct），是连接第三脑室和第四脑室的通路。在鱼类和两栖类，中脑的腔很宽大，延伸到背部的视叶中，称中脑腔（mesocoele）。在圆口类，中脑腔中有脉络丛，这在脊椎动物中是仅有的情况。

（四）小脑

由延脑听侧叶发展而来。小脑的进化是和动物的运动方式有关。圆口类的小脑与延脑还未分离，实际上仅是延脑听侧区向上延伸的部分。鲨鱼、硬骨鱼（游泳型）小脑发达。两栖类与爬行类的小脑不发达。鸟类的小脑特别发达，构成运动协调和平衡的中枢。哺乳类的小脑发达，突出于菱脑之上，除系统发生所固有的部分（蚓部和小脑卷）之外，有小脑半球（新小脑）发生。这部分是哺乳类特有的，但在单孔类小脑半球不明显。小脑半球是与大脑新脑皮平行发展起来的。小脑的灰质在表面，白质在内部，灰质面积增大，折叠成为小叶。在纵剖面上，由于白质深入到灰质中去，呈树枝状，故称髓树（arbor vitae）。

小脑的传导径通过前、中、后三对小脑脚（pedunculi cerebelli，或称小脑臂）分别联系中脑、脑桥和延脑。前脚又称结合臂（brachium conjunctivum），由小脑底部发出向前行，深入中脑深部的红核；中脚又称脑桥臂（brachium pontis），伸向脑桥；后脚又称绳状体（restiform body）连接延脑。

小脑是脊椎动物运动调节的重要中枢，保持身体的正常姿势。在低等脊椎动物中，集中由听侧区、本体感受器及视叶而来的兴奋传入中脑，然后再入丘脑。鸟类的小脑特发达，不仅体积大，而且分化为3部：中间为蚓状体，两侧为小脑鬈。哺乳类大脑发达，脑桥形成，因此小脑越过中脑，通过丘脑与大脑联系，而大脑则通过脑桥与小脑联系。

（五）脑桥

脑桥（pons）位于小脑的腹面，延脑与大脑脚之间。脑桥在哺乳类才开始出现，它是大脑新皮层与小脑之间联系的桥梁，故名脑桥。该部的发达程度取决于大脑皮层的发达程度，例如，兔的脑桥不很明显，而人的脑桥则特别膨大。由大脑皮层下行的神经束，经脑桥核中继，发出的纤维进入对侧小脑半球，形成了横行纤维束盖覆的隆起。

（六）延脑

菱脑的背部前端发展成为小脑，后部即为延脑。延脑的背部仍为上皮组织，与软脑膜共同组成后脉络丛。延脑是脊髓前端的延续，它的结构与脊髓基本上是一致的，中央管在这里扩大成为第四脑室，以致背部的灰质柱彼此分离移向侧面。运动柱与感觉柱以菱形腔的界沟（sulcus limitans）为界，沟以上是感觉柱，沟以下是运动柱（图13-13）。

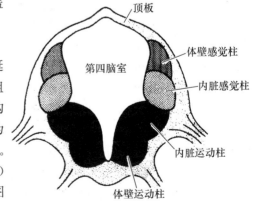

图 13-13 延脑的横断面（仿 Torrey，1979）

延脑具有反射活动和传导兴奋两种功能。延脑的反射活动基本上和脊髓相似，但远比脊髓反射重要。在菱形窝内(第四脑室底和侧壁构成的浅窝称菱形窝)有一些重要的神经核，如损伤此区常使动物迅速死亡，所以称为"活命中枢"。延脑也执行着传导兴奋的功能，中枢神经系统高级部位和脊髓之间的传导径路都通过延脑。

(七) 脑室、脑膜、脉络丛和脑脊液

1. 脑室

脑与脊髓里面都有腔，这是继承胚胎中神经管的腔(图 13-14)。在脊髓中称中央管，在脑中则称脑室(ventricle)。大脑有两半球，所以大脑室也成对，名之为侧脑室，也称第一、第二脑室，它们共同以室间孔(interventricular foramen)(或称孟氏孔，foramen of Monro)通到间脑室，或称第三脑室。左右侧脑室之间的薄壁隔障称透明隔(septum pellucidum)。鱼类的大脑两半球未完全分开，有共同的脑室。鱼类以上各纲动物的侧脑室完全分开，原来共同的脑室，即成为室间孔。中脑室极窄，称大脑导水管(cerebral aqueduct or aqueduct of Sylvius)，前通第三脑室，向后通到第四脑室(延脑室)，此室又与脊髓的中央管相通，所以脑与脊髓的腔完全相通。腔的周围，也就是脑与脊髓的最内面为室管膜细胞(ependyma)层。这种细胞是保存在成体之内的神经管的上皮性质细胞。

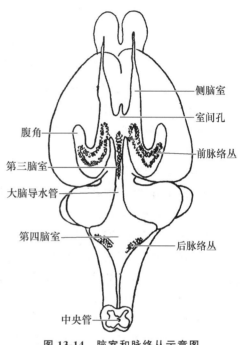

图 13-14 脑室和脉络丛示意图

2. 脑膜

脑的表面有膜包围，在鱼类比较简单，在脑颅之内有颅内膜，其内有围脑膜隙，再内则为原脑膜(mininx primitiva)。两栖类、爬行类与鸟类则比较复杂，有颅内膜、硬脑膜上隙、硬脑膜(dura mater)、硬脑膜下隙及软—蛛网膜(leptomeninx)。哺乳类与人类相同(图13-15)，即颅内膜、围脑膜隙、硬脑膜、硬脑膜下隙、蛛网膜(arachnoid)、蛛网膜下隙及软脑膜(pia mater)。

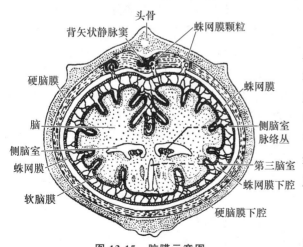

图 13-15 脑膜示意图

3. 脉络丛

在间脑与第四脑室的顶上皆有脉络丛，分别名之为前脉络丛和后脉络丛。脉络丛是脑顶的上皮组织与软脑膜结合而成，中间有极其丰富的血管。前脉络丛(choroid plexus anterior)伸入间脑室，其中一部分穿过室间孔进入侧脑室。后脉络丛(choroid plexus posterior)盖在第四脑室顶上(图13-14)。

4. 脑脊液

脑脊液(cerebrospinal fluid)充满于脑室、脊髓中央管以及蛛网膜下腔。它不

仅供给脑与脊髓细胞的营养,而且也能带走新陈代谢所产生的废物,并有调整颅内压力的作用。在鱼类,血管囊内的脑脊液是和第三脑室相通的。脑脊液不断地由脉络丛滤过血液而产生,最后回流入颈内静脉,其循环途径如下:

侧脑室脉络丛分泌的脑脊液 —室间孔→ 第三脑室+第三脑室脉络丛分泌的脑脊液 →
第四脑室+后脉络丛分泌的脑脊液 —外侧孔、正中孔→ 蛛网膜下腔 —蛛网膜绒毛→
背矢状静脉窦 → 颈内静脉。

三、各纲中枢神经的比较

(一) 文昌鱼

文昌鱼的中枢神经系统是一条纵行的神经管,位于脊索的背面,几乎无脑与脊髓的分化。神经管的最前端只是管腔略膨大,腔壁的神经元比较大,在背部靠后方有一系列大的感觉神经元(Joseph's cell)。在幼体中神经管的前端比成体为大,这些形态说明文昌鱼虽然没有脑的结构,但究竟与后面部分多少有些不同,代表脑的萌芽,也相当于脊椎动物胚胎时期神经管前端刚膨大的阶段。

神经管的横切面略呈三角形,中央管细长而窄,周围有室管膜细胞及神经元,相当于灰质,但神经纤维无髓鞘,因此灰质的界限不分明。

(二) 七鳃鳗

七鳃鳗已有集中的感受器,脑已具有大脑、间脑、中脑、小脑和延脑的分化,但形态很原始,脑的5个部分在一个平面上,没有脑弯曲。小脑极不发达。中脑只有一对略为膨大的视叶,顶上有脉络丛;在脊椎动物中,中脑脉络丛仅见于七鳃鳗。间脑顶上有松果体、顶器及脑副体。大脑有纹状体及嗅叶。

七鳃鳗营寄生生活,感受器不发达,因此脑也不发达。小脑只在延脑背面前方呈一唇形片,根本不是独立部分。严格地说,脑只有4个部分,即大脑、间脑、中脑及延脑。

脊髓横切面形状扁而阔,中央管呈圆形,外有室管膜细胞层及神经元层,再外则有神经纤维,纤维和文昌鱼一样也无髓鞘,所以灰质与白质的界限也不分明。

(三) 鱼类

软骨鱼的脑不仅比七鳃鳗进步,甚至比硬骨鱼还要发达。脑的5部分分化很明显。延脑前侧面与小脑相接的地方有耳状突(auricle),是身体平衡的中枢(听侧区)。耳状突的出现显示平衡功能加强。一般情况是,迅速游泳的种类(如鲨鱼)的延脑比底栖生活(如鳐鱼)的发达,与此相连系的小脑也发达。中脑有一对发达的视叶。

软骨鱼的大脑半球比较大,不仅在底部和两侧有神经物质(神经细胞、神经胶质、无鞘神经纤维),而且在顶部也出现了神经物质。两半球尚未完全分开,侧脑室在靠后面的部分还连在一起,尚留有一个共同的脑室。大脑的主要组成是纹状体。在系统发生上,属于古纹状体(paleostriatum)。古纹状体主要接受来自嗅脑的神经纤维。因此,大脑的功能以嗅觉为主。大脑前面为发达的嗅叶,以嗅柄与嗅球相连。间脑分化程度大,中脑视叶发达。小脑发达。

间脑顶上有松果体,常延伸达到软头颅。顶器仅见于胚胎中,以后即行退化。在间脑底部有视神经交叉、漏斗及脑下垂体。在垂体背面有血管囊。海产善于游泳的鱼类血管囊大,而内河或湖泊中的鱼类血管囊小。硬骨鱼的血管囊发育早(胚胎体外发育),而鲨鱼则发育较晚(胚胎在母体内发育)。血管囊为鱼类所特有,是一个富有血管的薄壁囊,其内腔和第三脑室相通,其功能可能是一个水深度的感受器。

硬骨鱼脑的变异大,一般而论脑的体积小,在许多方面比鲨鱼还简单。大脑很小,脑皮是上皮组织,共同脑室比鲨鱼的范围大,也就是大脑两半球的分化较少。间脑小,与大脑的分界不明显,松果体不如鲨鱼的发达。中脑视叶发达,比脑的其他部分大得多。小脑大,常向后延伸到第四脑室之上。

肺鱼和总鳍鱼的结构特点是大脑发达而小脑不发达。肺鱼的大脑两半球已具有独立的侧脑室,脑皮有神经组织。陆生脊椎动物脑的进化是循着这个方向继续发展的。

总的说来,鱼类脑的形态是原始的,它们的脑小,一般不充满于头骨之内,脑弯曲度很小,在背面5部分都可以看到。大脑主要是纹状体,脑皮基本上是由上皮组织构成,其功能仅限于嗅觉。鱼类的学习能力很差,切除鱼的大脑,除失去嗅觉外,对外界刺激的反应不表现显著的破坏。鱼脑各部的功能还没有高度集中,大脑主要和嗅觉联系、中脑主要和视觉联系、延脑主要和听觉及平衡觉联系。

鱼类脊髓的结构属于典型的脊椎动物型。中央管周围有室管膜细胞,灰质在内,白质在外。神经纤维有髓鞘,所以灰白质界限分明。灰质背部是传入功能(内侧部分管体壁,外侧部分管内脏),腹部是传出功能(内侧部分管体壁,外侧部分管内脏)。鱼以上的各纲脊椎动物脊髓的基本结构大致是如此。

(四) 两栖类

和鱼类相比,两栖类的脑有了进步性的变化,但在陆生四足类中还处于较低级的水平,脑的弯曲不大。在背面脑的5个部分仍能看到,大脑半球的嗅叶大,左右相连,侧脑室已完全分开。大脑半球不仅在底部、侧部,而且在顶部也有了神经细胞,称为原脑皮,大脑的主要功能仍是嗅觉。纹状体不像鱼类仅位于大脑的底部,略向外侧面延展。间脑顶部有松果体,延伸到头骨,在成体中失去与间脑的联系。间脑底部有漏斗体和脑下垂体,但没有鱼类所具有的下叶和血管囊。中脑2个视叶分开,不像软骨鱼类的并列。小脑和肺鱼相似,极不发达,仅是一横褶,位于第四脑室的前缘。两栖类通常不太活动,蛙的迅速动作仅限于跳跃和游泳,运动方式简单,缺乏多样的积极活动。

(五) 爬行类

爬行类脑的各部都有很大的发展。脑的弯曲较两栖类显著,背面看不见间脑。大脑两半球增大,纹状体大,并向内移,因此侧脑室变窄,大脑新皮层开始形成,在皮层中第一次出现了锥体细胞。在爬行类,纹状体的重要性增加,其地位仅次于中脑。间脑的丘脑部分大,间脑顶上有松果体及顶器。中脑仅为一对视叶,蛇类中脑背面已分化为四叠体,在响尾蛇及蟒蛇很明显。在爬行类,视叶仍为高级中枢。爬行类小脑比两栖类发达,水生的爬行类小脑更为发达;鳄的小脑已有分化为中央的蚓部和两侧的小脑鬈的趋势。延脑发达,具有作为高级脊椎动物特征的颈弯曲。

(六) 鸟类

鸟类脑的体积较大,在脊椎动物中仅次于哺乳类。脑的弯曲度大,特别是颈弯曲甚为明显。大脑很膨大,向后掩盖了间脑及中脑前部。大脑的增大主要是由于纹状体的增大。在鸟类,除新纹状体外,新增加了上纹状体。实验证明,上纹状体是鸟类复杂的本能和学习的中枢。切除鸽的大脑皮层,对鸽没有什么严重影响,而切除上纹状体,则鸽的正常的兴奋抑制被破坏,视觉受影响，求偶、营巢等本能丧失，许多学习性的动作不能实现。也有人用实验证明：一些被认为学习能力强的鸟，例如鹦鹉、金丝雀，其上纹状体较鸡、鸽、鹌鹑的更为发达。鸟的大脑皮层，仍是以原脑皮为主，新皮层虽已出现，但还是停留在爬行类的发展水平。鸟的嗅叶不发达，这是和鸟的嗅觉不发达相联系的。鸟中脑的背侧形成一对很发达的视叶。鸟的眼大，视觉敏锐，飞翔时必须有精确的协调运动，由此导致视叶与小脑的发达。

（七）哺乳类

哺乳类脑的弯曲极大。大脑与小脑高度膨大，在背部只能见大脑和小脑，间脑与中脑为大脑所掩盖，延脑为小脑所掩盖。

大脑的膨大是由于它的结构复杂化，皮层中神经元增加并移向表面。神经元分层排列，皮层面积增大，折叠成沟（sulcus）与回（gyrus）。沟回是哺乳类大脑的特点。一般而论，低等哺乳类没有沟回（如鸭嘴兽），或者只有很少的沟回，如针鼹、树袋熊（考拉）、刺猬等；高等哺乳类沟回多。

在系统发生的序列中，哺乳类的大脑皮层为新脑皮，它是大脑发展的新阶段。在单孔类与有袋类中原脑皮仍很明显，与爬行类近似。在哺乳类以外各纲，大脑皮层不发达，纹状体为最高的运动中枢。到了哺乳类，随着新皮层的发达，纹状体即退居次要地位，成为调节运动的皮层下中枢。

大脑向后延伸，位于丘脑之上，大脑两半球之间的联合极为发达，成为哺乳动物所特有的胼胝体，单孔类没有胼胝体，有袋类的胼胝体尚不明显。

间脑的侧壁，即丘脑发达，它是重要的皮层下感觉中枢，成为大脑与其他各部及脊髓之间的重要中继站。

中脑不再是二叠体（一对视叶），而是四叠体（前丘与后丘各一对）。桥脑由小脑腹面分化出来。

哺乳类的小脑相当发达，不仅表现在小脑的增大，同时也表现在小脑内部的分化。小脑中央为蚓部（vermis），两侧很发达，形成了两个小脑半球（cerebellar hemisphere），半球两侧再分出小脑绒球（小脑髯）（flocculus）。小脑半球是哺乳类新出现的。

第三节　周围神经系统

联系中枢神经与身体各部之间的神经总称周围神经系统。周围神经系统包括由脊髓发出的脊神经，由脑发出的脑神经和支配内脏器官活动的植物性神经。脊神经和脑神经又合称为躯体神经。

周围神经有的仅包含感觉神经（神经纤维自外周向中枢传导感觉冲动的，称感觉神经，又称传入神经），或仅包含运动神经（神经纤维将冲动自中枢传导至效应器，引起肌肉的收缩或腺体的分泌，称运动神经，又称传出神经），但大多数为混合神经，既含有感觉神经纤维又含有运动神经纤维。

一、脊神经

脊神经是由脊髓两侧的背根与腹根相结合而成的混合神经。背根是感觉根，在背根上的脊神经节是感觉神经元的细胞体所在部位。腹根是运动根，腹根上无脊神经节（图13-16）。

每一条脊神经都包含以下四种功能成分的神经纤维：
（1）躯体感觉纤维：由皮肤、骨骼肌传入的纤维。
（2）内脏感觉纤维：由内脏、血管传入的纤维。
（3）躯体运动纤维：到骨骼肌的传出纤维。
（4）内脏运动纤维：到内脏的平滑肌、心肌和腺体的传出纤维。

（一）背根和腹根

除去文昌鱼、七鳃鳗以外，脊椎动物的脊神经是由脊髓两侧的背根与腹根（图 13-16）相结合而成的混合神经，通过椎间孔而分布到身体各部。背根是感觉根，包括体壁感觉神经纤维和内脏感觉神经纤维。在背根上的脊神经节（ganglion spinale）是感觉神经元的细胞体所在部位。腹根是运动根，包括体壁运动神经纤维和内脏运动神经纤维。腹根上无脊神经节。

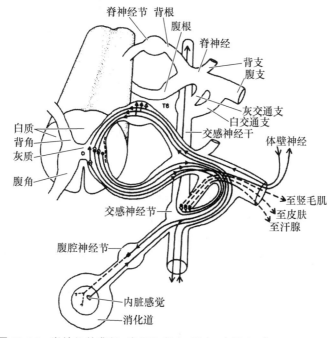

图 13-16　脊神经的背根、腹根和背支、腹支、交通支（仿 Wolff，1991）

有充分的理由可以认为在文昌鱼和早期脊椎动物中脊神经有以下特点：（1）背根与腹根并不相合，分别分布到外周各部；（2）背根是混合的，除感觉神经外，亦有运动神经纤维；（3）背根上无神经节；（4）原始的背根脊神经节内是两极细胞。

以上这些推论可从低等脊索动物脊神经的研究中得到证明。

文昌鱼的脊神经背根和腹根发出处不在一个平面之上，相互交错，而且彼此不相遇。背根有感觉神经分布到皮肤，也有内脏运动神经分布到内脏（类似脊椎动物的植物神经纤维）。内脏运动神经的细胞体在脊髓内，感觉神经的细胞体或在脊髓内、或分散在神经内，因此，背根上无脊神经节。感觉细胞体终生保持为两极细胞。文昌鱼的腹根极为特殊，在腹根内实际上并不包含神经纤维，而是包含一束极细的肌丝，这些肌丝是由体壁横纹肌肌纤维延伸而来，它们通过腹根进入脊髓；在脊髓内和神经纤维接触，直接感受刺激。

七鳃鳗的背根上与文昌鱼相同，除感觉神经外亦有运动纤维到肠的肌肉，背腹两根不相遇,发出的位置交错,但背根上已有脊神经节,神经节内仍是两极细胞。盲鳗在背根上也有脊神经节,背腹两根在发出处仍是交错排列,但是其后即互相合并,此点趋向于有颌类的情况。

鲨鱼背根有脊神经节,背腹两根在发出处也是交错的,背根由间插弓穿出,腹根由椎弓穿出,穿出椎骨以后再合并成一混合的脊神经。在尾部背腹两根有时不相连接。鲨鱼与盲鳗在胚胎时期背腹两根分离,胚胎较晚时期才相接。

某些硬鳞鱼及硬骨鱼的脊神经发出情形与鲨鱼类似,两栖类以上的脊椎动物都是背腹两根在一个平面上发出,在神经管内混合,然后穿出椎骨再分背腹两支分布全身。

软骨鱼背根脊神经节内是两极细胞;硬骨鱼有两极细胞也有假单极细胞;两栖类基本上是假单极细胞;羊膜类背根脊神经节内几乎完全是假单极细胞。

(二) 背支、腹支和交通支

脊神经通过相应的椎间孔穿出椎管,又分作 3 支,分别称背支、腹支和交通支(图 13-16)。每支都是混合性的,即都含有感觉和运动两种神经纤维。背支(ramus dorsalis)较细,分布到躯体背部的肌肉和皮肤。腹支(ramus ventralis)较粗长,分布到躯体侧面、腹部和四肢的肌肉和皮肤。在胸部和腰部的脊神经发出交通支(ramus communicans)和交感神经干上的神经节相连。交通支分为白交通支(r. c. albus)和灰交通支(r. c. grisea)两种。节前神经纤维经过腹根,再通过白交通支(由有髓节前纤维组成),到达交感神经干上的神经节;由节后神经元发出节后神经纤维,经灰交通支(由无髓节后纤维组成)混入脊神经。

在四肢着生的部位,脊神经的腹支有一部分相互吻合形成神经丛(plexus nervorum)。主要的神经丛是颈臂神经丛和腰荐神经丛,分别发出较粗大的神经到前肢和后肢。文昌鱼、七鳃鳗无脊神经丛,鱼与有尾两栖类有极简单的丛,蛙的四肢发达,臂丛与腰荐丛明显。蛙以上的动物四肢强大,神经丛也相应发达;蛇的四肢退化,丛也消失,但在蛇的胚胎中尚可见到丛的痕迹。到了哺乳类,这些神经丛达到非常复杂的程度。

脊神经在分布上有明显的分节性(metamerism),每对脊神经都支配身体一定部位的皮肤和肌肉。脊神经的数目大致与脊椎骨总数相当,但尾部脊神经数目大为减少。例如,兔的椎式是 C7T12L7S4Cy16,其脊神经数目相应为:颈神经 8 对,胸神经 12 对,腰神经 7 对,荐神经 4 对,尾神经 6 对。

二、脑神经

脑神经在无羊膜类是 10 对,羊膜类 12 对。此外,有端神经一对,较晚才发现,所以它的号数为"0"。

12 对脑神经中,第Ⅰ、Ⅱ、Ⅷ对是感觉神经,分别和嗅觉、视觉和听觉发生联系;第Ⅲ、Ⅳ、Ⅵ对是运动神经,和动眼肌肉相联系;第Ⅴ、Ⅶ、Ⅸ、Ⅹ对是混合神经,皆与鳃节有关,故又称鳃节神经(branchiomeric nerves)。在水栖脊椎动物,这 4 对脑神经分别和颌弓(Ⅴ)、舌弓(Ⅶ)和鳃弓(第一鳃弓Ⅸ,其余鳃弓Ⅹ)发生联系;在陆栖脊椎动物,随着鳃的消失和咽弓的改造,这四对脑神经也相应地起了变化,前 3 对(Ⅴ、Ⅶ、Ⅸ)主要分布于头部器官,第Ⅹ对主要分布于咽喉以下胸、腹部内脏。羊膜类新增加的第Ⅺ对是到咽喉及颈部的运动神经,第Ⅻ对是和舌肌相关的运动神经。头部副交感神经循第Ⅲ、Ⅶ、Ⅸ、Ⅹ对脑神经走行并分布到相应器官,详细情况参见图 13-21 和本章第四节"副交感神经"部分,各对脑神经的名称、起点、分布及功能总结于表 13-1。

各对脑神经(图 13-17、13-18、13-19)分述如下:

1. 0 端神经或称第零对脑神经

0 端神经(terminal nerve)1878 年 Fritsch 首次报道,以后在各类脊椎动物中分别找到。端神经在鲨鱼很明显,有神经节,从大脑的终板附近发出,分布到鼻隔的黏膜,功能成分是传入(感觉),但没有嗅觉功能。在其他鱼类、两栖类、爬行类和哺乳类都曾发现端神经(圆口类和鸟类无端神经)。在爬行类和哺乳类中端神经分布到犁鼻器中。有人(Sarnat,1974)认为,端神经是过去存在于三叉神经前面的一对鳃节神经的残余。

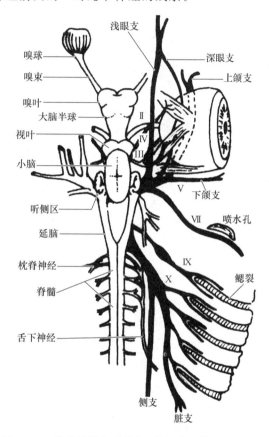

图 13-17　鲨鱼的脑和脑神经(背面观)(仿 Kent,1987)

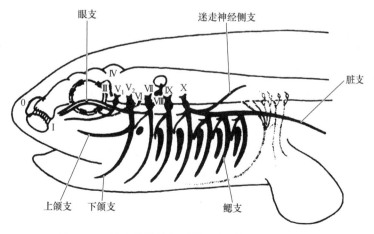

图 13-18　鲨鱼的脑神经(侧面观)(仿 Torrey,1979)

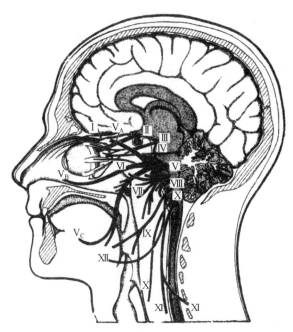

图 13-19　人的 12 对脑神经（仿 Neal，1936）

2. Ⅰ 嗅神经

嗅神经（olfactory nerve）为感觉神经（嗅觉）。所有脊椎动物的嗅神经细胞体皆位于嗅黏膜上皮，嗅细胞的轴突集合成为大量嗅丝（filia olfactoria）（神经纤维没有集合成干），嗅丝终止于嗅球。在鲨鱼（如棘鲨），嗅囊内的嗅上皮和嗅球紧相靠近，在大体解剖上很难看出嗅神经。但在斜齿鲨（Scoliodon），嗅囊和嗅球离得较远，可以明显地看出嗅神经。在哺乳类，嗅黏膜上皮位于鼻腔上部，和嗅球之间隔以筛骨的筛板。嗅丝经筛板上极多

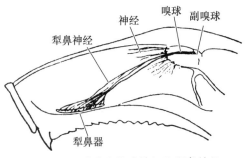

图 13-20　哺乳类的嗅神经和犁鼻神经

的筛孔入颅腔连接嗅球。通常嗅神经另有一部分神经纤维来自犁鼻器，称为犁鼻神经（vomeronasal nerve，图 13-20）。

3. Ⅱ 视神经

视神经（optic netve）为感觉神经（视觉）。视神经的细胞体位于眼球视网膜，轴突合成视神经，由眼球后面穿出，经视神经孔入颅腔，在脑底形成交叉，称视神经交叉（optic chiasma），交叉后称视束（optic tract）。交叉的情况并不相同，哺乳类为部分交叉，其他脊椎动物为全部交叉。

4. Ⅲ 动眼神经

动眼神经（oculomotor nerve）为支配眼肌的运动神经。从中脑腹面发出，前行经眶裂出颅腔，后分为背侧支和腹侧支：背侧支分布到眼球的上直肌，腹侧支分布到眼球的下直肌、下斜肌和内直肌。此 4 条眼肌在发生上是由耳前第一对肌节而来。动眼神经除包括体壁运动纤维外，还包括体壁感觉纤维和内脏运动纤维。体壁感觉纤维终止于眼外肌内的本体感受器。内脏运动纤维即副交感神经，发自中脑的艾韦氏核，终止于睫状神经节（图 13-21），由睫状神

节发出的节后纤维分布于瞳孔括约肌和睫状肌,其功能为缩小瞳孔。

5. Ⅳ 滑车神经

滑车神经(trochlear nerve)为支配眼肌的运动神经。起点滑车神经核位于中脑动眼神经核的后方,从中脑后缘背面发出(是脑神经中唯一从脑背面发出者),出颅腔分布至眼球的上斜肌,该肌在发生上来自耳前第二对肌节。

6. Ⅴ 三叉神经

三叉神经(trigeminal nerve)为混合神经。由后脑腹面脑桥两侧发出,分感觉根(大根)及运动根(小根)两部。感觉根基部有膨大的半月神经节(semilunar ganglion or Gasserian ganglion),两根随即包在同一神经干中。

三叉神经分为3支:眼神经、上颌神经和下颌神经。前两支属于感觉神经;后一支除具感觉纤维外,亦包含运动纤维,属混合神经。

(1) 眼神经:鱼类三叉神经的眼支常分为浅眼和深眼两分支。四足类动物眼支只有单支,不再分开,相当于鱼的深眼支。圆口类相当于鱼的深眼支的神经有独立的根与神经节,特称深神经,并不与三叉神经相连。独立的深神经在许多鱼类、有尾两栖类、楔齿蜥中皆能看到,并有自己的神经节,可是也常常与半月神经节愈合,功能也是体壁感觉。根据谢维尔佐夫对圆口类的研究结果,认为深神经是属于口前的头节,这个节退化以后,残存的深神经与三叉神经合并。

(2) 上颌神经:上颌神经沿上颌分布于颧部、上唇及上颌牙齿。

(3) 下颌神经:下颌神经为三支中最大的一支,是混合神经,分多支分布于颞部、颊部、下唇和下颌牙齿,其运动神经纤维支配开关上下颌的咀嚼肌。哺乳动物的鼓膜张肌附着在锤骨上(发生上来源于麦氏软骨),因此也受三叉神经的支配。

7. Ⅵ 外展神经

外展神经(abducens nerve)为支配眼肌的运动神经。由延脑腹面靠近中线处发出,分布于外直肌(由胚胎耳前第Ⅲ对肌节发生),另有一细支分布于眼球缩肌(蛙类和爬行类有此肌肉)。在七鳃鳗,外展神经也支配下直肌。

8. Ⅶ 面神经

面神经(facial nerve)为混合神经。与三叉神经的关系密切,它们自脑的出发点相同,分支也多混在一起。面神经主要分布于第二对咽弓,即舌弓。在低等水栖脊椎动物,面神经有体壁感觉成分分布到侧线系统。面神经共分3支:

(1) 浅眼神经,与三叉神经的浅眼支相混合,分布于吻背侧;

(2) 口腔支(buccal branch),与三叉神经的上颌神经相混,至吻腹侧和眼窝下部,此混合神经称眼窝下神经(infraorbital nerve)。以上两支纯系感觉神经,与侧线相关。

(3) 舌颌神经(hyomandibular nerve),在喷水孔之后,向腹面分支至舌颌部及舌弓部分的侧线、口腔底部和舌的表面。

所有感觉神经的细胞体皆位于膝状神经节(geniculate ganglion)。舌颌神经的运动神经纤维分布于舌弓的肌肉上。

陆生四足类,随着侧线系统的消失,面神经的体壁感觉纤维也随之退化。在哺乳类,面神经的内脏感觉纤维分布于舌前 2/3 的味蕾上。另有一分支穿经中耳,即鼓索(chorda tympani)。面神经的运动纤维分布于颈部和管理开口的肌肉(二腹肌的后肌腹)。在哺乳类,由于面部肌肉的发达,面神经分布扩展到脸的全部,面神经因此而得名。哺乳动物的茎突舌骨肌(stylohyoid muscle)以及中耳里的镫骨肌(stapedial muscle)都是属于舌弓肌(镫骨在发生上是由舌颌骨演变而来),因此,皆受面神经的支配。哺乳类的面神经还包括内脏运动纤维,其节前纤维通到颌下神经节(submandibular ganglion)和蝶腭神经节(sphenopalatine ganglion)。自颌下神经节起的节后纤维止于颌下腺和舌下腺,自蝶腭神经节起的节后纤维止于泪腺和鼻腔黏膜。

9. Ⅷ听神经

听神经或称前庭耳蜗神经(vestibulocochlear nerve)完全由感觉神经纤维组成,分布于内耳。在低等脊椎动物,听神经分为前、后两支。前支分布于前半规管和水平半规管的壶腹、球囊和瓶状体。高等脊椎动物的瓶状体渐增长,到了哺乳类成为盘旋的耳蜗管。这时,听神经的后支随即改称耳蜗神经(cochlear nerve),司听觉;前支改称前庭神经(vestibular nerve),司平衡觉。两条神经一起在面神经的后面进入延脑,在通路上它们分别和螺旋神经节和前庭神经节相连。

10. Ⅸ舌咽神经

舌咽神经(glossopharyngeal nerve)为混合神经。由延脑侧面发出,分布于第三对咽弓,即鱼类的第一对鳃弓。

在鲨鱼,舌咽神经分为3支:鳃裂前支(pretrematic branch)、咽支(pharyngeal branch)和鳃裂后支(posttrematic branch)。前两支为感觉纤维,后一支为混合神经。鳃裂前支分布于咽囊之前壁上,咽支分布于味蕾和第三对咽弓的咽黏膜上,鳃裂后支分布于咽囊的后壁,其运动神经纤维分布于第三对咽弓的肌肉上。

陆生四足类的鳃裂消失,随着鳃肌的改变,舌咽神经的运动纤维改变成为支配咽壁肌肉的咽支;在哺乳类,第三对咽弓肌仅保留茎咽肌(stylopharyngeus)。感觉纤维分布于舌后1/3的味蕾上、咽黏膜和腭扁桃体。哺乳类的舌咽神经中还包括内脏运动纤维(副交感神经),其节前纤维中止于耳神经节(otic ganglion),由耳神经节起的节后纤维通入腮腺,可控制腮腺的唾液分泌。

在低等脊椎动物,舌咽神经的感觉纤维细胞体集中于膨大的岩神经节(petrosal ganglion),该神经节位于舌咽神经基部,靠近第Ⅹ对脑神经的神经节。在哺乳类,舌咽神经具两个神经节,即较小的舌咽上神经节(superior glossopharyngeal ganglion)和较大的岩神经节。

11. Ⅹ迷走神经

迷走神经(vagus nerve)为混合神经,是脑神经中最长的、分布最广的神经。作为头部的脑神经而下行分布到颈、胸、腹部内脏各器官是迷走神经的一明显特点,在功能上控制心脏、呼吸器官和消化器官等内脏活动,居于非常重要的地位。

在水栖脊椎动物,迷走神经发出后不久即分为两大支:位于内侧者,称侧支(ramus lateralis);位于外侧者称鳃脏支(ramus branchio-visceralis)。侧支位于侧线管下面,向后行沿身体全长直至尾端,沿途发出许多小神经通到侧线管。无尾两栖类的幼体经过变态后,侧支即行消失。鳃脏支中的鳃支,在鲨鱼大多分为4对,围绕着第二至第五对鳃裂。每一鳃神经各带一鳃上神经节(epibranchial ganglion),在神经节后面又各分为鳃裂前支、咽支和鳃裂后支,前两支为感觉纤维,后一支为混合纤维。鳃裂前支分布于咽囊之前壁上,鳃裂后支分布于咽囊之后壁和鳃弓肌上,咽支分布于咽壁的味蕾上。鳃脏支主干在发出鳃支的最末分支后,向后走行,成为脏支(ramus visceralis),分布于心脏及内脏各器官。

陆生四足类以肺作为呼吸器官,随着鳃的消失,它们的鳃神经大部分消失,仅存留分布于咽壁及味蕾的咽支;鳃裂后支的运动纤维也保留下来,改变成为支配咽与喉的横纹肌,这主要是指环甲状肌、环杓状肌和甲杓状肌。当然,陆生动物随着侧线的消失,迷走神经的侧支完全退化,脏支成为最主要的成分,支配内脏各器官。

内脏感觉神经的细胞体集中在结状神经节(nodosal ganglion)。在哺乳类,该神经节位于迷走神经基部,和交感神经的颈前神经节距离很近。

12．Ⅺ副神经

副神经(accessory nerve)为运动神经,仅存于羊膜动物。在哺乳类,由延脑根和脊髓根两部分合成：延脑根在延脑侧面迷走神经的后方分出,脊髓根来自1～5或6颈段脊髓,此数根彼此连接形成一总干,向前经枕骨大孔入颅腔,与延脑根合并成副神经。在靠近颈静脉孔处,副神经的延脑根有吻合支与迷走神经相连,通入咽与喉的横纹肌。副神经向前分支至胸乳突肌及锁乳突肌,向后分支至斜方肌,为支配这些肌肉的运动神经,有旋转头部和耸肩的作用。

13．Ⅻ舌下神经

舌下神经(hypoglossal nerve)为运动神经,支配舌的内生肌,仅存于羊膜类,在哺乳类最为发达。由延脑腹面靠近腹中线处分为数根发出,通过舌下神经孔出颅腔。在哺乳类,舌下神经常连合颈部前一或两条脊神经形成舌下神经降支,分布于胸骨舌骨肌、胸骨甲状肌和甲状舌骨肌。主干向前方弯转,称升支,分布到舌肌(颏舌肌、茎舌肌和舌固有肌)。

关于舌下神经的来源,一般认为是由鱼类和两栖类的脊枕神经(occipitospinal nerve)演变而来,随头颅的发展而进入脑内。脊枕神经出自脊髓过渡到延脑的区域,是原来最前端的脊神经,但失去背根(胚胎中有时可以见到背根,有些成体有时也有残余的背根),成为体壁运动神经,支配鳃上肌及鳃下肌。它们已经进入头骨内,发出神经的核也进入延脑。圆口类头骨缺乏枕部,脊枕神经出发处在头骨之外。认为舌下神经是由脊枕神经演变而来的理由如下：

(1) 脊枕神经在鱼类(硬骨鱼中不常见)及两栖类都能见到,羊膜类无脊枕神经,但多两对脑神经；

(2) 舌下神经和脊枕神经一样是体壁运动成分；

(3) 在胚胎时期舌下神经也具有背根和神经节(Froriep氏神经节),到成体时两者全失去；

(4) 支配的肌肉和脊枕神经支配的鳃下肌同源；

(5) 在头骨的发育过程中,软头颅后部有相当数目的椎骨生骨节加入,由此可见脊髓与脊神经也经历相应的变化加入到延脑之中。这样,最前端的脊神经进入头颅成为最后面的脑神经。

表13-1　12对脑神经的起点分布及功能

符号	名称	表面起点	分布	功能
Ⅰ	嗅神经	嗅球	嗅黏膜	感觉
Ⅱ	视神经	视交叉	视网膜	感觉
Ⅲ	动眼神经	大脑脚	眼肌(上直肌、下直肌、下斜肌、内直肌)	运动
Ⅳ	滑车神经	大脑脚侧方	眼肌(上斜肌)	运动
Ⅴ	三叉神经	脑桥侧方	咀嚼肌、舌、腭、上唇、上下眼睑、鼻孔皮肤、鼓膜张肌	混合
Ⅵ	外展神经	延脑	眼肌(外直肌)	运动
Ⅶ	面神经	延脑	舌前端三分之二部的味蕾,颌下腺、舌下腺、颜面皮肤肌、颈阔肌、二腹肌、茎(突)舌骨肌、镫骨肌	混合
Ⅷ	听神经	延脑(第Ⅶ脑神经之后方)	内耳柯蒂氏器,半规管,椭圆囊,球状囊	感觉
Ⅸ	舌咽神经	延脑(第Ⅷ脑神经之后方)	咽,舌后端三分之一部,腮腺、咽部肌肉	混合
Ⅹ	迷走神经	延脑(第Ⅸ脑神经后方)	外耳、咽、喉、气管、食管、胸腹部各脏器	混合
Ⅺ	副神经	延脑(第Ⅹ脑神经后方)	咽及喉的横纹肌、胸乳突肌、锁乳突肌、斜方肌	运动
Ⅻ	舌下神经	延脑(第Ⅺ脑神经内后方)	舌肌	运动

三、脑神经和脊神经在系统发生上的关系

脑神经与脊神经在系统发生上的关系,解剖学家认为在原始时期脊神经的背根与腹根是分离的,如现在的文昌鱼和七鳃鳗的情形,当脑在头部发展时,这些神经只保留其中的一个根成为脑神经。上面提到的舌下神经是脑神经中较晚加入的,它的脊神经特性现在犹能看到。

迷走神经的结构也能说明它与脊神经的相似处。在鱼类有一排神经节位于鳃裂的上部,从这些神经节发出鳃支分到第一对鳃弓以后的鳃肌。在鳃弓较多的种类,神经节的数目相应地也多;鳃弓较少的种类,神经节的数目相应也少。这些解剖的事实说明迷走神经是复合体,它的鳃支是保留原始脊神经的腹根。

至于迷走神经的脏支,大致是原始种类类似文昌鱼的情形,具有很多的鳃弓,以后靠后面的鳃弓退化,鳃支也随之退化,残余的部分合并到迷走神经中成为脏支。这里具有内脏运动与感觉的两种成分。在鱼类的侧支(支配侧线)也可以看作是属于原始脊神经的背根,以后与脊神经分离,合并到迷走神经之中。

迷走神经的特点是作为头部的神经分布到内脏各器官。这可以从两方面来解释,一方面是迷走神经内有脊神经的成分;另一方面是原始动物内脏器官的位置与头很近,在系统发生过程中渐次移到身体的后部。

3对眼肌的脑神经(第Ⅲ、Ⅳ、Ⅵ对)可以看作是腹根成分,在个体发育中它们从脑发出,与脊神经无关,它们支配的肌肉与头部3对肌节一致,此点可以说明这种看法的正确性。

其他脑神经除第Ⅰ、Ⅱ对之外多少都能找出它们与脊神经的类似之点,但是这些系统发生上的关系是不明确的,因为头部有发达的感受器,肌节消失,并且有鳃的存在,这些因素使脑神经发生很大的变化,以致它们的本来面目难以识别。

第四节　植物性神经系统

植物性神经系统(autonomic nervous system,图13-21)或称自主神经系统,一般指分布于内脏、血管平滑肌、心肌及腺体的运动神经,即内脏运动神经或内脏传出神经,其作用是支配动物机体内脏器官的活动,保证机体的正常生理功能。植物性神经包括交感神经和副交感神经两部分。

与躯体神经(脊神经、脑神经)相比较,植物性神经具备以下特点:

(1) 从分布范围和功能上:植物性神经仅分布于内脏平滑肌、心肌及腺体,在中枢神经的控制下,调节内脏的活动;而躯体神经仅支配骨骼肌的运动。

(2) 从发出部位上:植物性神经只从中脑、延脑、脊髓的胸段、腰段和荐段发出;而躯体神经自脊髓全长和脑发出。

(3) 从中枢到效应器的径路上:由脑或脊髓所发出的植物性神经不直接到达所支配的器官,而是先进入交感或副交感神经节,转换神经元后再发出节后纤维到达所支配的器官,因此,从中枢到外周效应器的植物性神经径路总是由两个神经元组成:第一个在脊髓或脑中,称节前神经元(preganglionic neuron),其纤维称节前纤维;第二个在植物性神经节内,称节后神经元(postganglionic neuron),其发出的纤维称节后纤维,因此,一根节前纤维的兴奋可以传给很多节后纤维,引起较多效应器发生反应。只有肾上腺直接受节前纤维的支配,肾上腺髓质在发

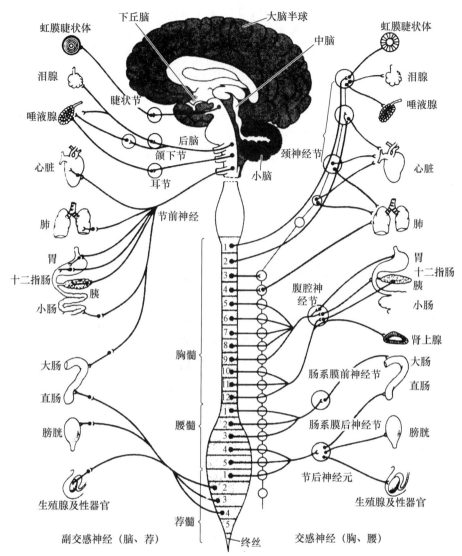

图 13-21 哺乳动物的植物性神经系统(仿 Kluge,1977)
左侧为副交感神经;右侧为交感神经

生上与交感神经节同一来源。与此对比,支配骨骼肌的躯体神经,从中枢到外周效应器只是由一个神经元组成,它的细胞体位于中枢神经系统内。

(4) 从纤维结构上:植物性神经纤维比一般躯体神经细,节后纤维无髓鞘。

(5) 从其双重支配上:内脏器官一般多由交感神经和副交感神经双重支配,两者对同一器官的作用是相反相成的。例如,交感神经兴奋心脏活动,而副交感神经抑制心脏活动,只有两者的相反而又协同的作用才能保证正常的生理活动。

一、交感神经系统

交感神经系统(sympathetic nervous system,图 13-16、13-21)包括排在脊柱两侧的两条交感神经干(sympathetic trunk)和交感神经节(sympathetic ganglion)。交感神经节前神经元的

胞体位于脊髓胸、腰段的灰质侧柱内,节前纤维和脊神经的运动神经纤维共同经过腹根外出,出椎管后,与脊神经分开,通过白交通支(white ramus communicans),到达交感神经干上的椎旁神经节(paravertebral ganglia),由节后神经元发出节后纤维,经灰交通支(gray ramus communicans)混入脊神经,分布到躯体各部的平滑肌及腺体内。另一部分白交通支穿过交感神经干到腹腔中的椎前神经节(prevertebral ganglia)。椎前神经节包括腹腔神经节(coeliac ganglion)、肠系膜前神经节(superior mesenteric ganglion)和肠系膜后神经节(inferior mesenteric ganglion)。在椎前神经节更换神经元后,节后纤维通过内脏支分布到内脏器官、血管和腺体。交感神经的节后纤维往往很长。在大体解剖中肉眼即能看到。

二、副交感神经

副交感神经系统(parasympathetic nervous system)包括发自中脑、延脑和脊髓荐部的副交感神经和副交感神经节。这些神经节,称终端神经节(terminal ganglia),分散在器官附近或埋在所支配器官的组织内。副交感神经的节前纤维由中脑、延脑和脊髓的荐段发出,走向副交感神经节并在其中转换神经元。从节后神经元发出的无髓鞘的节后纤维很短,肉眼解剖难于找到。头部副交感神经包括:自中脑发出,循Ⅲ对脑神经而达眼球,分布于睫状肌和瞳孔括约肌。自延脑发出的有3支:循Ⅶ对脑神经达泪腺及唾液腺;循Ⅸ对脑神经达耳下腺;循Ⅹ对脑神经以极多的分支分布于气管、心脏、消化管各部等内脏器官。

自脊髓荐段Ⅱ、Ⅲ、Ⅳ节,随荐神经腹根发出,分布到大肠下段、膀胱、生殖器等处。

交感神经和副交感神经比较见表13-2。

表13-2 交感神经和副交感神经比较

	交感神经	副交感神经
节前神经发出部位	脊髓的胸、腰段	中脑、延脑、脊髓的荐段
节后神经节	椎旁神经节在交感神经干上,椎前神经节在腹腔内	副交感神经埋在所支配器官的组织内或在器官附近
节后纤维	长,肉眼可见	很短,肉眼难以见到
功能	交感和副交感神经对同一器官的作用是相反相成的	

三、各类脊椎动物的植物性神经

(一) 文昌鱼

在低等脊索动物文昌鱼身上,已有内脏运动神经纤维沿脊神经背根到达肠管,类似植物性神经,但无神经节。

(二) 圆口类

圆口类已有一些分散而互不联络的交感神经节,还没有交感神经干,七鳃鳗的脊神经的背根和腹根并未连合,交感神经的节前纤维通过背、腹根传出。盲鳗的背根与腹根连合,交感神经的节前纤维通过腹根传出,此点趋向于有颌类。七鳃鳗已出现副交感神经,但仅限于迷走神经,有内脏运动纤维自迷走神经分出,通入心脏和肠管,但盲鳗还没有出现副交感神经。

(三) 软骨鱼

所有鱼类都有交感神经,但软骨鱼还没有完整的交感神经干,有一些交感神经节,位于躯干部,只和有限的脊神经相连,神经节之间无纵长纤维连接,所以不成交感神经干,仅在腹腔内脏有交感神经,头部和皮肤还没有交感神经,这一点在脊椎动物中还是独特的。头部副交感神经循Ⅲ、Ⅶ、Ⅸ、Ⅹ对脑神经走行,但还没有荐部的副交感神经。

(四) 硬骨鱼

硬骨鱼开始有两条完整的交感神经干,但较细弱,不易分辨清楚,干上有很多交感神经节,但分布不规则,大小也不一致。不仅在内脏,而且在头部和皮肤也有了交感神经,通入皮肤的交感神经具有调节色素细胞的作用。硬骨鱼的副交感神经仅限于循Ⅲ和第Ⅹ对脑神经。

(五) 两栖类

有尾两栖类的情况和硬骨鱼相似。无尾两栖类的一对交感神经干非常明显,首次出现了发自脊髓荐部的副交感神经,头部的副交感神经不仅循Ⅲ、Ⅹ对脑神经,而且加上了Ⅶ、Ⅸ对脑神经。

(六) 羊膜类

爬行类以上的脊椎动物,交感神经干延伸到颈部和荐部。鸟类的交感神经与副交感神经已经分开,交感神经在颈、腹部很发达,近似哺乳类,但在胸部不甚发达。哺乳类的交感神经与副交感神经分为两个清楚的系统。

小　　结

1. 神经系统的形态和功能单位是神经元,其特点是神经细胞本体有多而复杂的突起,相互接触成为一个完善的"情报网"。这个网分布得既广阔又深入,同时神经纤维外面有神经膜及髓鞘,保证传导功能的顺利进行。

2. 神经管是脊椎动物中枢神经系统的原基,由早期胚胎背中部的外胚层形成,以后前端膨大成为3个脑泡,再分化成为5部:延脑、小脑、中脑、间脑及大脑,其余部分的神经管成为脊髓。脑与脊髓组成中枢神经系统,由它们发出的神经(脑神经与脊神经)分布到全身,组成周围神经系统,此外还有植物性神经系统。

3. 文昌鱼神经管腔前端略膨大,腔壁神经元较大,代表脑的萌芽。七鳃鳗脑已分化,但不发达。鱼类脑5部分明显,大脑主要是纹状体,功能只是感嗅,脑皮基皮上停留于上皮组织的古脑皮阶段。少数鱼类,如多鳍鱼、肺鱼及总鳍鱼,大脑发达,脑皮有神经元,是陆生脊椎动物大脑的前驱。两栖类大脑有原脑皮出现,代表脑的进一步发展,为由水登陆的过渡类型。爬行类除原脑皮之外,出现了锥体细胞,是新脑皮的始端。哺乳类大脑的新脑皮高度发达,成为高级神经活动的中枢。

4. 延脑是脊髓前端的延续部分,包括很多重要的内脏活动中枢,此外,中枢神经高级部位和脊髓之间的传导径路都通过延脑。延脑在脊椎动物各纲中变化较小。

5. 小脑在圆口类与两栖类很小,迅速游泳的鱼类小脑大,底栖的鱼类小脑不发达。爬行类的鳄和鸟类小脑发达,且分化为中央的蚓部和两侧的小脑卷。哺乳类新发展出小脑半球(灰质在表面,白质在内)与脑桥(巨大的纤维束组成)。

6. 中脑背面为视叶,大多数脊椎动物有一对视叶,哺乳动物中脑背面为四叠体(一对前丘、一对后丘),中脑底部加厚成为大脑脚。

7. 间脑分为丘脑、丘脑上部和丘脑下部3部分。丘脑下部包括视交叉、漏斗、垂体、灰白结节及乳头体,鱼类还有血管囊及下叶。在原始脊椎动物中丘脑上部常有3个突起,即脑副体、顶器及松果体;在一般脊椎动物中只有松果体,有内分泌作用。但松果体和顶器在七鳃鳗中同时存在,皆具感光作用;楔齿蜥和一些蜥蜴的顶器,也有感光作用,称为顶眼。

8. 大脑的原始功能只感嗅,所以嗅部(包括嗅球、嗅束及嗅叶)在低等脊椎动物中极其重要,以后发展了新皮层,大脑皮层成为一切高级神经活动的中枢,嗅觉功能退居于从属地位。哺乳类的大脑高度发达,表现在几个方面:① 新脑皮高度发展,神经元数量大增;② 两大脑半球之间出现胼胝体;③ 大脑表面形成沟回,使表面积大为扩大。

中脑视叶在哺乳类以下各纲极重要,处于中枢地位,接受视、听刺激而发出兴奋到运动柱;而哺乳类感觉集中于丘脑而达大脑,中脑前丘退居为视觉反射中枢。

爬行类的纹状体发达,其重要性可与中脑抗衡,哺乳类大脑皮层发达,于是纹状体与中脑的重要地位皆被其所代替。这就是进化达到最高阶段,新脑皮出现,一切联系高度集中,原有的重要中枢全让位于新脑皮而自身退居于从属地位(功能皮层化)。

9. 文昌鱼与七鳃鳗脊髓中的神经纤维无髓鞘,灰白质界限不清。鱼类以上各纲脊椎动物的脊髓中央是灰质,外周是白质。灰质是神经细胞体聚集的地方,在背侧的执行感觉功能,接受体壁与内脏的传入冲动;腹侧的执行运动功能,发出冲动使体壁(横纹肌)及内脏(平滑肌)运动。感觉神经元的胞体位于脊髓以外的神经节中,运动神经元的胞体位于脊髓内部的腹角中。

10. 脑与脊髓中央的管腔成为脑室与脊髓中央管。脑与脊髓之外有膜包被,膜间有空隙。脑室、脊髓中央管及膜间的空隙都为脑脊液所充满,起保护与代谢的作用。

11. 原始的脊神经背根与腹根发出处相互交错,不相合并,无神经节。圆口类背根与腹根尚未合并,但背根上已有神经节。鱼类的背根与腹根合并而成混合的脊神经,但背、腹根并不在一个平面上发出。所有陆生脊椎动物都有神经节,背腹根在同一个平面上发出,混合后发出背支与腹支分布到身体各部。脊神经丛在鱼类及两栖类开始见到,羊膜类由于四肢强大,神经丛更为发达。

12. 无羊膜类有 10 对脑神经,羊膜类有 12 对。第 Ⅰ、Ⅱ、Ⅷ 对脑神经为感觉神经,分别和嗅、视、听觉发生联系;第 Ⅲ、Ⅳ、Ⅵ 对脑神经为运动神经,和动眼肌肉相联系;第 Ⅴ、Ⅶ、Ⅸ、Ⅹ 对为混合神经,和咽弓相关。副神经(Ⅺ)的起源大致是由迷走神经分出,舌下神经(Ⅻ)由脊枕神经起源。

13. 植物性神经系统(自主神经)指分布于内脏平滑肌、心肌及腺体上的内脏运动神经,包括交感神经和副交感神经两部分,两者对同一器官的相反而又协同的作用,保证了器官的正常生理活动。

14. 文昌鱼脊神经背根有神经纤维支配肠管,可看作是交感神经的开始;圆口类已出现了副交感神经;自无尾两栖类有清楚的交感神经干并开始出现发自脊髓荐部的副交感神经;哺乳类的交感与副交感神经分为两个清楚的系统。

思 考 题

1. 脊椎动物的一个运动神经元是由哪几部分组成?神经元按其功能可分为哪几类?
2. 试述脊椎动物神经管的发生和发展。
3. 请区别以下名词:(1)中枢神经系统和周围神经系统; (2)灰质与白质;
   (3)躯体神经和植物性神经。

4. 试述各纲脊椎动物大脑脑皮的演变。
5. 试述各纲脊椎动物纹状体的演变。
6. 试述各纲脊椎动物小脑各部的演变。
7. 试述哺乳类脑室分为几部分以及各自的位置。
8. 综述各纲脊椎动物脑中枢的演变。
9. 试绘简单示意图表示出脊神经的背根、腹根、背支、腹支和交通支。
10. 试述 12 对脑神经的名称、各自的发出部位、分布和功能。
11. 从发出部位、神经节、节后纤维、功能等方面区别交感神经和副交感神经。
12. 什么是交通支？区别白交通支和灰交通支。

第十四章 感觉器官

　　脊椎动物在生存竞争中必须随时监测身体外部环境和自身内在环境的变化,以便及时做出相应的反应。这一监测的功能是由感觉器官(sense organs)来完成的。感觉器官是由感受器(receptors)及其辅助装置构成,与神经系统有密切的联系。感受器是特殊形式的换能器,能将机械能、电能、热能、光能、化学能或辐射能等转换成生物能量,即神经系统中的电信号—感觉神经元的动作电位,然后通过感觉神经向中枢神经传导。一种感受器只对某一种形式的能量敏感。感受器还是放大器,在将刺激能量转换成神经信号时表现出不同程度的功率放大作用,如眼可将光感放大 10 万倍,耳可将声波放大数十倍。

　　感受器内的感觉细胞一般是由外胚层起源的,其复杂程度各有不同。感受器的结构形成和功能进化与外界环境密切相关,与神经系统的进化密切相关,同时与动物的运动功能的进化与改善密切相关。

第一节　皮肤感觉器官

　　皮肤感受器(cutaneous receptors),即分布于皮肤的各种感受触觉、压力、冷、热、痛觉等刺激的感受器,对机体适应外界生存环境有一定重要作用。脊椎动物的皮肤感受器在结构上一般分为游离的感觉神经末梢和有被囊的神经末梢,后一类感受器的感觉神经末梢外均有结缔组织被囊包裹,种类繁多,大小不一,感受除痛觉外的触觉、温度觉等感觉。

　　皮肤感受器在功能上分以下几种:

一、痛觉感受器

　　所有脊椎动物的表皮下都分布着游离的感觉神经末梢(图 14-1),它们在表皮细胞之间反复分支,对致痛的刺激非常敏感,具有保护性的功能。这是脊椎动物的最原始的感受器。

二、温度感受器

(一) 颊窝和唇窝

　　颊窝(loreal pit)和唇窝(labial pit)是脊椎动物很特殊的温度感受器,是一种红外线感受装置。颊窝为爬行纲中的蝰科(Viperidae)蝮亚科(Crotalinae)蛇类所具有,是鼻孔与眼之间的一个陷窝,窝内有一层薄的上皮细胞膜,上面密布神经末梢,其末端膨大为球形,里面充满线粒体(图 14-2)。当温度改变时刺激了线粒体,其形态发生变化,继而改变神经末梢的冲动频率。此器官对周围环境温度的变化极为敏感,能在数尺内感知 0.001℃的温度变化,准确判断附近小型恒温动物的位置。

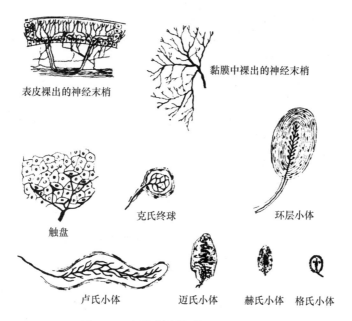

图 14-1 皮肤感受器（仿 Kent,1987）

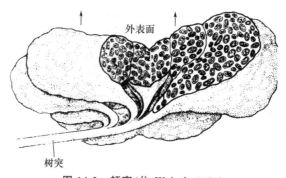

图 14-2 颊窝（仿 Welsch,1976）

唇窝为蟒科（Boidae）蛇类所具有，位于此类蛇的唇部鳞片处，为裂缝状，其结构和功能与颊窝类似。

（二）克氏终球和卢氏小体

克氏终球（Krause end bulb）和卢氏小体（Ruffinis' corpuscle）（图 14-1）均为温度感受器，为哺乳类所具有。形状为球形、卵圆形或叶片状。前者位于真皮乳头内，一般是 2～3 个在一起，受一个独立的神经元支配，感受冷觉；后者位于皮肤深层，由无髓神经纤维末梢的长形线团和包在外围的坚韧的结缔组织被囊构成，感受热刺激。

三、压力和触觉感受器（图 14-1）

（一）触盘

触盘（tactile disc）又称麦氏小体（Merkel's corpuscle），是感觉神经纤维进入表皮的基底层，发出许多小支，每一支的末端形成凹形的盘状，托附着特化的上皮细胞，形成触盘，感觉触觉刺激。

(二) 触觉小体或迈氏小体

触觉小体或迈氏小体(Meisner's corpuscle)仅出现于哺乳类中的灵长类。小体呈圆柱形,长轴与皮肤表面垂直,位于真皮乳头处,感受触觉(图14-1)。

(三) 环层小体或帕氏小体

环层小体或帕氏小体(Pacinian corpuscle)广泛分布于手指、趾、掌侧的真皮深层,以及腹膜、肠系膜、外生殖器、乳头、骨膜、韧带、关节囊、血管周围等处,神经末梢周围包有一条棍状圆柱体,外围是扁平细胞与少量纤维组成多层板层样被囊,有感觉压力和振动刺激的功能。

(四) 赫氏小体和格氏小体

赫氏小体(Herbst corpuscle)和格氏小体(Grandry's corpuscle)主要分布在鸟类中。赫氏小体发现于水禽的喙、舌和腭部,小体中心为上皮状细胞,外围以厚的板层状结缔组织被囊,神经末梢位于中央。格氏小体发现于许多滨岸鸟,如几鹬,及淡水禽,如鸭、鹅的喙缘,小体中央为神经末梢,周围有两个上皮细胞环绕,最外层为结缔组织被囊,可感觉触觉。鸟翅的表面还有压觉、触觉和振动感受器。

第二节 侧 线 系 统

侧线系统(lateral line system)为水生脊椎动物所特有,包括圆口类、鱼类、两栖类中的部分水生种类和幼体蝌蚪。侧线系统包括两类:机械接受器官(mechanoreceptor)(即神经丘器官和陷器官)感受水流的速度和方向;电接受器官(即壶腹器官)感觉水环境中微弱电场的变化。它们的结构、分布和功能不同,但发生上均产生于头部表面外胚层增厚形成的基板(placode)。

一、机械接受器官

(一) 神经丘器官

鱼类神经丘(neuromast)位于陷在皮肤内的侧线管(lateral line canal)中。侧线管按一定路线分布,并有许多管孔与体表相通,管内充满黏液。这些侧线管可沉入头骨内、骨质鳞内或鳞片下,形成侧线(lateral line)(图14-3)。头部的侧线有许多分支分布到背腹侧,受面神经的前侧线神经支配;躯干两侧的侧线直达尾部,位于水平生骨隔外缘,受迷走神经的后侧线神经支配。

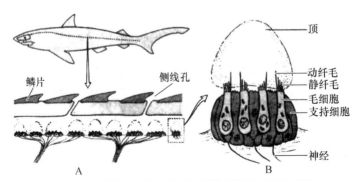

图14-3 侧线(A)和神经丘(B)(仿 Hildbrabd,1985)

神经丘实际上是侧线的感受器,在侧线管内有规律地按一定距离分布。每一个神经丘由一定数量的感觉细胞、支持细胞和套细胞组成。感觉细胞表面有突起,又称毛细胞(hair cell),

突起包括一根长的动纤毛(kinocilium)和数根静纤毛(stereocilia),器官顶部有胶性冠或顶,水的波动通过顶的摆动引起纤毛的弯曲而产生神经冲动。

(二)陷器官

陷器官(pit organ)的细胞结构与神经丘相似,是神经丘的一种,但仅分布于头的背部、两侧及吻部的皮肤中,单个或成束或以短列出现,伴随在侧线的左右,功能与神经丘相似。

圆口类的盲鳗无侧线,七鳃鳗的神经丘位于皮肤的凹陷内,呈点状,侧线管尚未形成。

鱼类的神经丘器官显著。软骨鱼的侧线除少数种类如银鲛为露在体表的浅沟,多数的侧线管陷在皮肤内成管状,有许多小孔与外界相通。硬骨鱼的侧线管埋在皮肤内,小孔穿过鳞片通向体表。陷器官见于所有鱼类。

两栖类由于皮肤裸露,神经丘位于皮肤表面,称表面神经丘,无侧线管存在。幼体时位于表皮,成体时陷入真皮内。器官顶部为椭圆形,器官长轴与身体纵轴平行或成一定角度,当水流刺激方向与器官长轴平行时获得最大感觉。陷器官陷在皮肤内,有一短管与外界相通。陆生两栖类侧线消失。而阶段性陆生的种类在陆生阶段神经丘器官隐退,在返回水中繁殖期间重新发展起来。

二、电接受器官

电接受器官(electroreceptor)又称壶腹器官(ampullary organ)能感受微弱电刺激。大多数动物当肌肉收缩时能产生一定量的电能,能被处在一定距离内的动物的电接受器官接收,使此动物产生捕食或逃避的行为。壶腹器官位于头部的背、腹侧,在吻部和颌部密度最大。软骨鱼类的壶腹器官又称罗伦氏壶腹(ampullae of Lorenzini)(图14-4)。壶腹器官由第Ⅶ脑神经支配。器官呈壶腹状,中央有一管腔,腔的下部稍膨大,感觉细胞围腔排列,并向腔内突出成绒毛或纤毛。管腔通皮肤表面,表皮细胞分泌的黏液进入腔内。当用手轻按鲨鱼头部,可见有黏液从很多管孔排出。

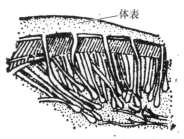

图 14-4 鲨鱼头部的罗伦氏壶腹

经研究,壶腹器官存在于所有板鳃类和部分硬骨鱼类(包括肺鱼类)。壶腹器官数量很多,如在鳐鱼头部约有3700个。20世纪80年代发现七鳃鳗的脑对微弱电刺激能产生反应,认为七鳃鳗可能具有类似鱼类的电接受系统,并提出电接受功能可能出现在早期脊椎动物中,是一种原始特征。1979年首次报道了两栖类无足目的鱼螈(*Ichthyophys*)幼体的电接受器官,以后在有尾类的一些动物中陆续发现。1995年报道了终生水生的中国大鲵其幼体头部具有电接受器官,在成体此器官消失。

三、顶凹器官

爬行类有鳞目动物(主要是蜥蜴类)在角质鳞之间或角质鳞顶端具有顶凹器官(apical pit)。每一凹内伸出一根感觉毛感觉触觉或其他外界刺激。近年来的研究认为其功能和发生与鱼类侧线系统相似,也将这种器官称为神经丘器官。

第三节 位觉听觉器官(耳)

低等脊椎动物的耳仅有平衡觉(即位觉),在由水上陆的过程中发展出了听觉。鱼类只有内耳,主要为平衡器官;两栖类开始出现中耳;爬行类出现外耳;哺乳类的耳的三部分结构完善。耳的感受声音的功能结构由于与声波介质有关,其改造最为深刻,日趋完善。

一、哺乳类的位听器官(statico-acoustic organ)

脊椎动物感受平衡觉和听觉的器官是耳。哺乳类的耳是脊椎动物中结构最精细、功能最完善的位听器官。耳分为三部分,即外耳、中耳、内耳(图14-5)。外耳是集音装置,中耳是传音装置,内耳是感音和平衡装置。

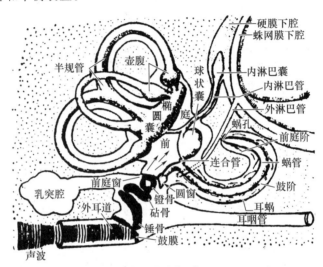

图14-5　哺乳类耳的结构(仿Young,1957)

(一) 结构

(1) 外耳(external ear)包括耳廓(pinna)和外耳道(external auditory meatus)。耳廓为哺乳类所特有,内有弹性软骨支持,并有耳肌运动耳廓,用于收集声波。很多种类动物的耳肌发达,可使耳廓自由转动,能更有效地收集不同方向的声音。外耳道为耳廓基部至鼓膜之间的管道。外耳道皮肤内有毛囊、皮脂腺和盯聍腺。

(2) 中耳(middle ear)包括鼓膜、鼓室、听小骨和耳咽管。鼓膜(tympanic membrane)是一椭圆形半透明的纤维质薄膜(人的鼓膜厚度仅0.1 mm),极易因空气波动而迅速引起振动。鼓膜位于外耳道底部,是外耳道与中耳鼓室的分界。鼓室(tympanic cavity)即中耳腔,由第Ⅰ咽囊发育而来,与鲨鱼喷水孔同源。鼓室通过耳咽管(auditory pharyngotympanic tube)与咽部相通,这样鼓室内的空气就与咽部相通,以保证鼓室内的气压与外环境的大气压保持平衡,使鼓膜两侧压力相等,防止鼓膜因单方向受到剧烈的声波冲击而破裂。耳咽管孔开口在鼻咽管后部的侧壁上,在吞咽时打开。鼓室外侧壁是鼓膜,内侧壁即为内耳的外侧壁。此处有两个小窗,一为前庭窗或卵圆窗(fenestra vestibuli or fenestra ovalis),被镫骨底板所封闭。其下方是蜗窗或正圆窗或圆窗(fenestra cochleae or fenestra rotunda),有膜封闭,此膜又称为第二鼓膜。鼓室内有三块听小骨,由外向内分别为锤骨(malleus)、砧骨(incus)和镫骨(stapes),它们相互衔接,形成关节,构成一个曲折的弹性杠杆系统,连于鼓膜与前庭窗之间。当声波振动鼓膜时,可通过这三块听小骨的连锁运动,将振动传至内耳。镫骨与耳柱骨同源,是两栖类、爬行类、鸟类的唯一的听小骨。砧骨和锤骨为哺乳类所特有,分别与低等脊椎动物颌骨中的方骨和关节骨同源。这些同源结构的形态和功能完全不同,是动物体器官功能的转变引起相应的形态变化的极好例证。

(3) 内耳(internal ear)(图 14-6)分为骨迷路(osseous labyrinth)和膜迷路(membranous labyrinth)两部分。膜迷路是一套回旋、弯曲、成迷路状的膜质管道和囊,内含位听器官和内淋巴;骨迷路是头部岩骨内用来容纳膜迷路的一系列相应弯曲的骨腔。骨迷路与膜迷路之间的空隙充满外淋巴,膜迷路内充满内淋巴。内耳包括三个半规管、椭圆囊、球囊和耳蜗管。前三部分为平衡器官,合称为内耳前庭;耳蜗管为听觉器官,是哺乳类所特有。

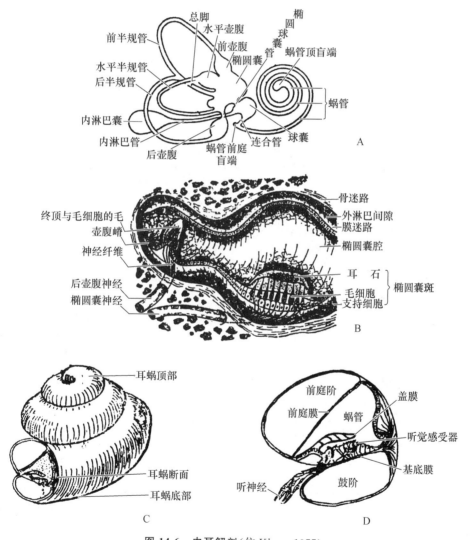

图 14-6　内耳解剖(仿 Kluge,1977)
A. 膜迷路;B. 壶腹嵴和椭圆囊斑;C. 耳蜗外形;D. 耳蜗断面示螺旋器

三个半规管(semicircular canals)分别呈前、后、水平位,彼此互相垂直,开口于椭圆囊。开口处膨大成壶腹,内有壶腹嵴。前半规管和水平半规管的壶腹靠近。椭圆囊(utricle)和球囊(saccule)内有椭圆囊斑和球囊斑。壶腹嵴和囊斑上覆以感觉上皮,由毛细胞和支持细胞构成。感觉上皮上方分别覆以胶质终帽和耳石膜(内有钙盐结晶体),毛细胞插入其中,均为重要的平衡感受器。半规管为动态(旋转)平衡感受器,其适宜刺激是旋转加速度,当旋转开始或停止时,头部的运动至少会使一个半规管的内淋巴产生流动,从而使终帽偏转刺激毛细胞产生兴奋;椭圆囊和球囊感受身体静止时和直线加速度的状况。当身体运动时,内淋巴流动,使耳石改变位置,牵动毛细胞而引起兴奋和发放神经冲动,经前庭神经传至神经中枢。

耳蜗管(cochlea),其始端与球囊相通,终于盲端。耳蜗横断面分为三个腔:充满外淋巴的前庭阶和鼓阶、中部呈三角形的充满内淋巴的膜质蜗管,前二阶在蜗顶相通。蜗管基底膜上有螺旋器或柯蒂氏器(organ of Corti),由支持细胞、毛细胞和胶质盖膜构成。耳蜗神经末梢分布于毛细胞,构成听觉感受器。

内耳在胚胎期起源于位于头部后脑两侧的一对耳基板,由外胚层上皮的增厚形成,以后下陷入头部形成膜迷路。

(二) 声波传导路线(图 14-7)

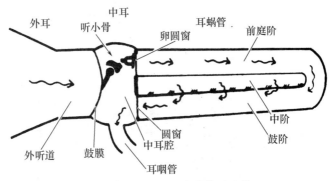

图 14-7 声波在耳内的传导路线

声波由耳廓收集后传入外耳道,引起鼓膜振动,通过 3 块听小骨形成的杠杆系统最后由镫骨底板把这个振动传至卵圆窗。振动会使前庭阶的外淋巴产生波动,经蜗顶传至鼓阶,最后到达第二鼓膜蜗窗,使其向鼓室微微突出,使淋巴液产生明显流动,同时能缓冲外淋巴的波动压力。外淋巴的波动使蜗管内的内淋巴产生波动,使柯蒂氏器的毛细胞和盖膜之间产生位移,从而刺激毛细胞产生神经冲动,经耳蜗神经传至神经中枢,引起听觉。

二、脊椎动物耳的进化和比较(图 14-8、14-9)

早期脊椎动物耳的功能不是听觉,而是平衡觉,这是耳的主要和原始的功能,随时感知身体在静态和动态中的位置而使骨骼肌张力改变以保持身体的平衡,有利于生存。平衡觉的功能由内耳来完成。听觉是在脊椎动物由低等向高等进化过程中,尤其是在由水上陆的过程中逐渐发展起来。圆口类和鱼类仅有内耳,主要作为平衡器官;两栖类开始出现中耳,爬行类出现了外耳,至哺乳类,在内耳、中耳、外耳三部分均得到全面发展,结构和功能都极为完善。

(一) 圆口类

圆口类仅有内耳的半规管。盲鳗仅具后半规管,管的两端各有一个壶腹。七鳃鳗有前、后半规管,其下端各有一个壶腹。

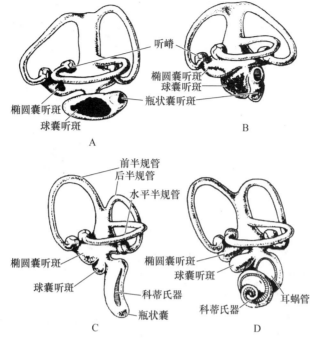

图 14-8 内耳的比较(仿 Kluge,1977)

A. 鱼类；B. 两栖类；C. 鸟类；D. 哺乳类

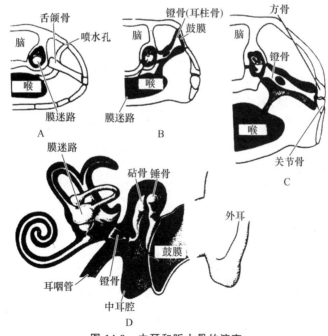

图 14-9 中耳和听小骨的演变

A. 鱼类；B. 两栖类；C. 爬行类；D. 哺乳类

(二) 鱼类

鱼类仅具内耳。在软骨鱼类就已具备脊椎动物内耳的基本结构，这些结构均与平衡觉有关,即三个半规管和椭圆囊、球囊。鱼类球囊底壁有一个小的凸起称瓶状囊(lagena),内有一个较小的听斑。瓶状囊在哺乳类将发展成为耳蜗管。在鱼类由于这个结构很不发达,即使能产生一些听觉,也远不如高等脊椎动物。

硬骨鱼类的鲤形目(Cypriniformes)的种类具有韦氏小骨(Weberian organ)(图14-10),是躯椎的一部分演变而成,包括三角骨(tripus)、间插骨(intercalarium)和舟骨(scaphium)。它们一端连接鳔壁,一端通内耳的围淋巴腔,能把鳔内气体的振动传到内耳,从而产生听觉。一些硬骨鱼类还能感觉到声波的低频振动,这种振动经头骨传入内耳引起某种程度的听觉。

(三) 两栖类

两栖类首次出现中耳。两栖类为由水上陆的过渡类群,传导声波的介质由水而变为空气,听觉器官发生了深刻的变化。两栖类的中耳包括鼓膜、鼓室、听小骨和耳咽管,具传导声波的功能。鼓膜位于体表的眼后方。鼓室有耳咽管与口腔相通。听小骨仅有一块,即耳柱骨(columella),与哺乳类镫骨同源,是一根细棒状骨,

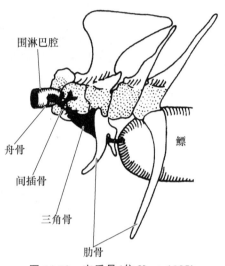

图 14-10　韦氏骨(仿 Kent,1987)

由鱼类的舌颌骨演变而来。耳柱骨一端顶住鼓膜内壁,另一端顶住内耳的卵圆窗,声波引起鼓膜的振动,经耳柱骨传入内耳产生听觉。两栖类的中耳腔内侧壁仅有卵圆窗而无蜗窗。两栖类的内耳产生了真正的听觉。鱼类的瓶状囊在两栖类得到发展,是两栖类的真正的感音部位。

(四) 爬行类

爬行类首次出现外耳,由鼓膜下陷形成外耳道,这有利于对鼓膜的保护。外耳道有一对耳孔位于体表,与外界相通。有的种类其耳孔或耳凹被皮肤覆盖。

中耳结构与两栖类相似,但鼓膜的位置向腹后侧移动至颌关节附近。听小骨仍为一块即耳柱骨,但耳柱骨远端除连于鼓膜外常有几个分叉,连于头骨和颌关节的方骨。自爬行类首次出现了蜗窗(正圆窗),位于中耳腔后壁上,使内耳淋巴液的流动有了回旋的余地。蛇类外耳道和中耳缺失,鼓膜、中耳腔和耳咽管均退化,但耳柱骨仍存在,附着在方骨外端,能敏锐地接受地面振动传来的声波。当蛇的身体紧贴地面,这种振动通过头骨的方骨经耳柱骨→卵圆窗传进内耳产生听觉,这是与蛇的生活方式相适应的。

内耳的瓶状囊在爬行类中与在两栖类中一样是真正的感音部位,但瓶状囊进一步突出,其中的听斑的感觉上皮上方覆以盖膜。

(五) 鸟类

鸟类耳的结构基本上与爬行类相似。鼓膜下陷出现外耳道,无明显耳壳,但在耳孔周围常有耳羽丛生,有保护和收集声波的作用。中耳结构与爬行类大致相似,听小骨仍为一块即耳柱骨。内耳的瓶状囊在鸟类中进一步延长成管状,其中已发展出柯蒂氏器。

(六) 哺乳类

哺乳类的耳分为外耳、中耳和内耳。外耳除有外耳道外,还向外扩展伸出有弹性软骨支持的能动的耳廓,作为集音装置。夜行性的或在开阔地带生活的兽类的耳廓特别发达,如蝙蝠、兔、犬及有蹄类,其中有的种类的耳廓常产生特殊的凹褶,以接受声波。许多种类的耳廓可向

声源方向转动。水生和地下穴居的种类如鲸、鼹鼠、鼢鼠等动物的耳廓退化。某些鲸类的下颌骨是空的,其中充满油性液体,是声波的优良导体,可将声波迅速传到下颌骨后方的中耳和内耳。中耳内出现3块听小骨,结构完善。哺乳类的瓶状囊延长并卷曲成螺旋状耳蜗管,柯蒂氏器位于其内,成为高度精巧而灵敏的感音装置。

第四节 视觉器官

低等原索动物没有形成真正的视觉器官。其中的海鞘成体由于营固着生活方式,感觉器官退化;文昌鱼还未形成集中的视觉器官,但有感光器官,即脑眼(ocelli)。脑眼是沿神经管两侧分布的一系列黑色小点,每一个脑眼由一个感受细胞和一个色素细胞组成(图14-11),有感光作用。光线透过文昌鱼半透明的身体,射到脑眼上,可协助文昌鱼游泳和掘沙时的定位。

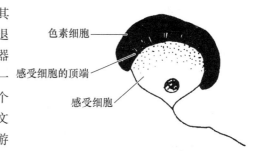

图 14-11 文昌鱼的脑眼

脊椎动物位于头部两侧的眼是具有感觉光刺激并形成视觉的器官,能将进入的光线形成适当影像投射到感光上皮即视网膜上,产生冲动并经视神经传至神经中枢,看到周围环境中的物体形状及方位,为视觉器官(visual organ)。各纲脊椎动物眼的基本结构较为稳定,但在由水生到陆生以至到空中飞翔的过程中,由于生活环境的改变,遇到传导光波的介质的不同,以及如何防止眼球干燥的问题等,在不同类群动物眼的折光系统、视觉调节以及辅助结构方面均有差异。

低等脊椎动物在头前部背中线还有正中眼,仅有感光作用,不能形成影像,但可影响动物的生物节律。

一、哺乳类眼的结构

眼的构造在脊椎动物各纲中基本一致。哺乳类的眼包括眼球和它的附属器官,其中眼球的壁有三层膜(巩膜、脉络膜和视网膜),内有一套折光系统(角膜、房水、晶状体和玻璃体);附属器官有眼肌和辅助装置如眼睑、泪腺等。

(一)眼球(eye ball)壁的结构

眼球壁包括以下结构(图14-12):

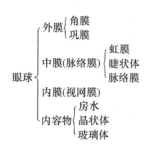

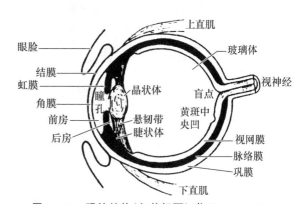

图 14-12 眼的结构(矢状切面)(仿 Torrey,1979)

1. 巩膜

巩膜(sclera)围在眼球最外层，由致密结缔组织构成，厚实而坚韧，具有保持眼球外形和保护内部结构的作用。巩膜前部大约 1/6 为角膜(cornea)，无色透明，外来光线由此透入。其他部分为不透明的巩膜。

角膜是重要的屈光装置。它位于眼球前方，稍向眼球前方突出，无血管无色素分布，含有一定水分，营养由房水渗入。角膜内神经末梢丰富，感觉敏锐。

2. 脉络膜

脉络膜(choroid)位于巩膜内面，含有大量血管、神经和色素细胞，主要由疏松结缔组织构成，有输送营养物质、滋养眼内组织和吸收分散的光线、保证视物清晰的作用。脉络膜又称血管膜(tunica vascularis)。

脉络膜接近前面的部分逐渐变厚，成为睫状体(ciliary body)，由睫状突和睫状肌两部分组成。前者可产生房水；后者的收缩和舒张与晶状体的曲度调节有关。哺乳类的睫状肌为平滑肌，受副交感神经支配。睫状体向前内方延伸形成环形膜，这个膜称虹膜(iris)，位于角膜和晶状体之间。虹膜中央有一圆形瞳孔(pupil)。虹膜内有呈环状排列的瞳孔括约肌和瞳孔开肌，前者受副交感神经支配，收缩时使瞳孔缩小；后者受交感神经支配，收缩时使瞳孔散大。它们的共同作用可调节进入眼内光线的多少，类似照相机的光圈。虹膜内的色素细胞决定虹膜的颜色。

3. 视网膜

视网膜(retina)位于眼球壁的最内层。它的后部紧贴于脉络膜后部，是高度分化的神经组织——眼的感光部位。视网膜分为内、外两层。外层为色素上皮层，内层为神经细胞层。

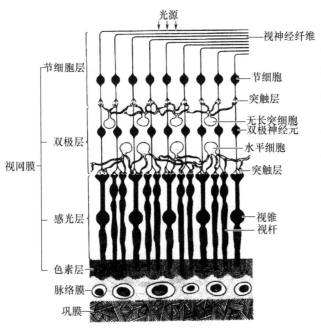

图 14-13 人眼视网膜（仿 Torrey，1979）

神经细胞层含有三层依次连接的神经细胞层（图 14-13），由外向内依次为视细胞层(visual cell)，分视锥细胞(cone)和视杆细胞(rod)，是视网膜第一级神经元（Ⅰ）；双极细胞层(bipolar cell)，为一种联络神经元，是视网膜第二级神经元（Ⅱ）；神经节细胞层(ganglion cell)，是多极神经元，是视网膜第三级神经元（Ⅲ）。神经节细胞发出轴突在视网膜最内层向视神经乳头处汇集成为视神经，此处又为生理盲点。

视锥和视杆细胞尖端向外与色素上皮接触，均为感光细胞。光线在到达这一部位之前已经穿透视网膜层的全部深度。视锥主要分布在视网膜中央部，感受强光，分辨颜色，清楚地感觉影像。在白天和明亮处视物时起主要作用。视杆主要分布于视网膜周边，只能感受弱光，分辨黑白，所得影像模糊。在夜间或暗处视物时起主要作用。夜行性或穴居动物视杆细胞占绝对优势。在夜行性兽类和深海鱼类中脉络膜有一层反光层称照膜(tapetum lucidum)，可把光线反射回视网膜上，以加强光量。如猫眼在夜间被光亮照射时会发出银光,即是照膜的作用。在黄斑的中央部视锥细胞特别密集,视觉最敏锐。

(二) 折光系统

折光系统包括角膜、房水、晶体、玻璃体。

角膜是无色透明的致密结缔组织,可投射和折射光线,有密集的感觉神经末梢分布;房水(aqueous humor)为水样液,由睫状突上皮分泌和血液渗出形成,充满角膜、虹膜、晶体之间的腔隙,有屈光和营养角膜、晶体的作用。房水进入静脉循环。晶体(lens)无色透明,无血管和神经,呈双凸透镜状,由晶体纤维排列成复杂的同心层状,光学性质好,形状稳定,具有弹性,受睫状肌的控制可改变曲度。视近物时睫状肌收缩,曲度增大,折光率增大;视远物时睫状肌舒张,晶体变薄,折光率变小。这些变化能调节焦距,使入眼光线集中于视网膜上形成清晰的影像。玻璃体(vitreous body)为无色透明胶状体,填充晶体与视网膜之间的眼球后内腔。光线经过角膜、房水、晶体、玻璃体而到达视网膜,由视细胞的视锥和视杆感受光刺激,形成神经冲动,再经过双极细胞和节细胞,从视神经传入脑的视觉中枢。

(三) 眼的辅助装置

包括眼睑、瞬膜、泪腺及眼肌(眼肌见肌肉系统部分)。

(1) 眼睑(eye lid)分上、下眼睑,为覆盖于眼球前面并能上下运动的皱褶,有保护眼球、清洁和湿润角膜的作用。眼睑内有致密结缔组织的睑板(tarsus of eye lid),以支持眼睑。睑板内有睑板腺(tarsal gland)分泌脂状物润滑睑缘。

(2) 瞬膜(nictitating membrane)为上、下眼睑内侧的一个透明皮褶,由内向外覆盖角膜,又称第三眼睑,有湿润角膜的作用。哺乳类瞬膜退化。

(3) 泪腺(lacrimal gland)位于眼眶后侧,形状不规则,肉色,分泌泪液保持角膜和结膜的湿润,并有一定抗菌作用。多余泪液经眼内侧的鼻泪管流入鼻腔。此外,哺乳类还有哈氏腺(Harderian gland),是一种皮脂腺,分泌油性物质以润滑眼球。哺乳类的哈氏腺一般较退化,但在兔中发达。兔的哈氏腺位于眼眶前角,并延伸到眼窝底部。

二、眼的发生

眼是由外胚层和中胚层间充质共同产生的。胚胎早期,由前脑向两侧突出产生一对眼泡,并以一眼柄连于间脑。眼泡外端内陷形成双层的视杯。外胚层上皮贴进眼泡并增厚形成晶状体板,并凸入视杯,后与外胚层上皮分离,落入视杯中成为晶体(图 14-14)。视杯的外层分化为色素层,内层分化为视网膜,两层彼此贴近。视杯周围的中胚层间充质形成眼球的其他结构,即脉络膜、巩膜和其他辅助装置。

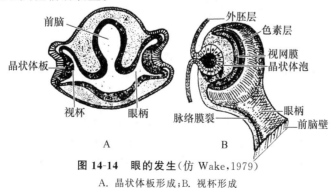

图 14-14 眼的发生(仿 Wake,1979)

A. 晶状体板形成;B. 视杯形成

三、各纲脊椎动物眼的比较(图 14-15)

(一)眼的防备干燥的辅助装置

1. 圆口类和鱼类

由于圆口类和鱼类生活在水中,无需任何防干燥设备。其眼睑只是眼眶周缘的皮褶,无上、下眼睑和瞬膜。眼从不关闭。但少数鲨鱼具有能动的瞬膜,可由下向上延伸,遮盖眼球。它们均无泪腺和其他眼腺。

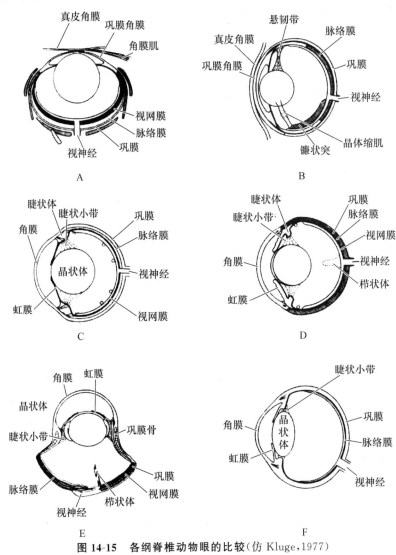

图 14-15 各纲脊椎动物眼的比较(仿 Kluge,1977)
A. 圆口类;B. 硬骨鱼;C. 蛙;D. 蛇;E. 鹗;F. 哺乳类

2. 两栖类

两栖类的眼开始出现一些与陆栖生活方式相适应的防干燥的辅助装置。具有可活动的下眼睑和瞬膜防止角膜干燥后不透光。上眼睑不能活动。蛙眼的闭合靠眼球下陷而使下眼睑和瞬膜向上推,以盖住眼球。同时出现了哈氏腺,其分泌物润泽眼球和瞬膜。与眼腺相关的鼻泪管也首次在两栖类出现。

3. 爬行类

爬行类完全陆生,首次出现了泪腺(在系统发生上泪腺的出现晚于哈氏腺)。眼睑也更为灵活。巩膜中出现了骨质环片以保护眼球,同时提高了眼球的坚实性。蛇类和少数蜥蜴如守宫、蚓蜥的上下眼睑愈合为一个透明薄膜,不能活动,因而它们的眼睛永远张开。蜕皮时这层膜不复透明,以后随皮肤蜕去。这段时间为暂时性眼盲。

4. 鸟类

鸟类的眼睑和瞬膜很发达,飞翔时瞬膜覆盖整个眼球以保护角膜。巩膜后面有薄骨片以覆瓦状排列成环,形成巩膜骨环,可使鸟类飞翔时不因强大的气流压力而使眼球变形。

5. 哺乳类

哺乳类眼的辅助装置完善,见前述。瞬膜退化,向外展开时仅达眼球的 1/3 处。泪腺发达,而哈氏腺比较少见。无巩膜骨环出现。

(二) 眼的折光系统和视觉调节

1. 圆口类

圆口类的眼已基本具有脊椎动物眼的结构,但由于适应半寄生或寄生生活,眼多退化。盲鳗眼更趋退化,完全隐于皮下,失去视觉功能。七鳃鳗幼体时期眼陷在带有色素的皮肤下,成体时才得以发育。角膜不发达,扁平状;瞳孔大小不能改变;无睫状体;晶体圆形,位置靠前,适于视近物;视网膜组织简单。视觉调节依靠角膜肌(cornealis muscle)的收缩使角膜变平,把晶体压向后,从而可视远处物体。

2. 鱼类

鱼类由于其角膜的折射系数(1.37)与水(1.33)的相近,因而水生鱼类的角膜无聚光作用,聚光完全由晶体完成。因此鱼类眼的共同特点是角膜平坦,晶体大而圆,聚光能力最大。在视觉调节时可移动晶体的前后位置而晶体凸度不能改变,为单重调节。

软骨鱼类的晶状体位置适于看远物。当需看近物时,晶体腹缘有一条晶体牵引肌(protractor muscle),其收缩使晶体前移。有睫状体的分化,但它不含有肌肉。多数鲨鱼视网膜上仅有视杆细胞。为了增加光量,鲨鱼脉络膜中有反光层,即照膜,使光线再次反射到视网膜上,有利于光线暗时视物。硬骨鱼类的晶体的正常位置却适于近视,晶体紧挨在角膜之后,视远物时晶体需后移。硬骨鱼的脉络膜形成一个突起,富含血管和肌肉,称镰状突(falciform process),在盲点附近穿出视网膜,有供应眼球内部营养的作用。镰状突前缘伸出一条晶体牵缩肌(retractor lentis)连到晶体下缘。正是这条肌肉在硬骨鱼远视时收缩将晶体拉向后。在巩膜和脉络膜之间还有一层银膜(argentea),作用似反光层。视网膜上有视锥和视杆细胞,仅少数深水真骨鱼类无视锥细胞,或数量较少。

3. 两栖类

两栖类的眼有一系列与陆栖生活相适应的特征,与鱼类眼有许多不同之处。其角膜凸出,有折射能力;晶体稍扁平,而且距角膜较远,适于远视。视觉调节类似鲨鱼,晶体腹面具有晶体牵引肌,能使晶体向前移动以视近物。此外,在脉络膜与晶体之间有呈辐射状排列的肌肉,称脉络膜张肌(musculus tensor chorioidae),协助晶体牵引肌进行调节。脉络膜张肌可能产生于睫状体,可视为羊膜类的睫状肌。

4. 羊膜类

羊膜类的晶体较软,弹性较大,易于变形,且自然形状较扁,加上角膜凸出,适于远视。其视觉调节依赖发达的睫状肌的收缩和舒张来改变晶体的凸度。爬行类和鸟类的睫状肌为横纹肌,而两栖类和哺乳类的为平滑肌,因而爬行类和鸟类比起其他四足类能从远视更迅速地变为近视或从近视变为远视。

爬行类视觉调节中有一个例外，即蛇类。它们需视近物时，虹膜附近的肌肉运动使玻璃体内部压力逐渐增加而迫使晶体前移。当这一压力消失，晶体再回到原来位置。

鸟类的视力极为发达。其视觉调节不仅改变晶状体凸度，还改变角膜凸度，称为双重调节。后一种能力为鸟类所特有。睫状肌分为前后两部分，前部为角膜调节肌（crampton muscle），后部为睫状肌（bruke muscle），视近物时睫状肌收缩，晶体凸度增大，同时角膜调节肌收缩使角膜凸度增大。这两种调节的结果改变了晶体与角膜的距离。由于这种完善的机制，可使鸟类从高空俯冲到地面，在瞬间由远视变为近视，准确地抓捕食物。白昼活动的鸟类视网膜上有大量视锥细胞，有很强的分辨影像和颜色的能力；夜行性鸟类如猫头鹰，视杆细胞数量占绝对优势。许多猛禽（如鹰和雕）的视网膜上有两个中央区黄斑，一个在中心部，一个在后部。鹰的每一个中央区中每平方毫米有 100 万个视锥细胞，其视觉敏锐程度是人的 8 倍以上。鸟类飞行时鸟眼可看清视野中的每个角落。

爬行类和鸟类在后眼房内有从脉络膜突出形成的一种结构，伸到玻璃体中。它富含毛细血管，与硬骨鱼的镰状突类似。在爬行类中称为锥状突（conus papillaris），在鸟类中更为发达，称栉膜（pecten），它们具有营养眼球内部、参与眼内物质交换的功能，同时有人认为它有助于使动物识别迅速移动的物体，尤其是鸟类，因为眼前移动的物体可通过栉膜在视网膜上投下阴影。还有人认为可将栉膜的形状作为分类的依据之一。

哺乳类的视觉调节依靠发达的睫状肌改变晶体的凸度。睫状肌为平滑肌，收缩较为平缓。人类晶体的弹性随年龄增长而减弱。有些兽类，如鼠类和牛类的睫状肌不发达，没有调节能力，总是远视。大多数兽类视网膜上有视锥和视杆细胞，但夜行性或地下穴居种类，视杆细胞占绝对优势。而一些低等类型如贫齿类、翼手类等没有视杆细胞。有的种类眼小而退化，如穴居的鼹鼠。大多数哺乳类色觉能力差。灵长类（包括人类）有灵敏的色觉，是哺乳类的一种特殊情况。

四、正中眼

少数较低等的脊椎动物在头顶部具有功能的第三只眼，即正中眼（medium eye）。现代动物中见于七鳃鳗、楔齿蜥和一些蜥蜴。正中眼是间脑顶部的突起。在较原始状态中，间脑向上有两个突起，前后排列，前突起为松果旁体（parapineal body），又称顶器、顶眼；后突起为松果体（pineal body），又称松果眼。两者常合称脑上体复合体（epiphyseal complex）（图 14-16A）。松果旁体有感光能力。

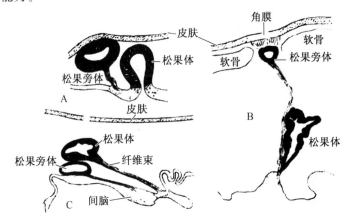

图 14-16　松果旁体和松果体（仿 Kent，1987）

A. 蜥蜴胚胎期；B. 蜥蜴成体；C. 七鳃鳗

七鳃鳗中的松果体和松果旁体两者均能感光。其头顶部中央的皮肤色素消失而透明,其下方有松果体存在。松果体中空,上壁结构似晶体,下壁似视网膜,含有感光细胞及节细胞。节细胞发出神经纤维束,通过松果体柄连到间脑右侧。松果旁体的结构、功能均与松果体相似,其神经纤维束连到间脑左侧(图 14-16C)。

在一些蜥蜴成体头部正中线有一片半透明的角质鳞片,覆盖头顶的一个顶孔(parietal formen),其中有松果旁体,由角膜、晶体及含有感光细胞的视网膜组成(图 14-16B),视网膜与眼的视网膜相似,其中的节细胞发出的神经纤维束进入间脑顶部。蜥蜴在胚胎期松果旁体和松果体同时存在,成体时松果体退化而松果旁体发达。古代的爬行类普遍具有顶眼。

正中眼不能成像,只有感光功能,监测光照长短和强度,调节体内生物节律,控制日光下的运动及性腺的季节性变化,其作用相当于一个生物钟。正中眼是一个原始结构,在早期脊椎动物中普遍存在,如甲胄鱼类、盾皮鱼类、总鳍鱼类及早期两栖类和爬行类。但在绝大部分现代脊椎动物中退化消失,其松果体仍存在,但已成为内分泌腺,其分泌物与原来的感光功能有关。

第五节 血管囊

绝大部分有颌鱼类在间脑底部紧接垂体后部有一个薄壁的充满血管的囊状物,称血管囊(saccus vasculosus),囊腔与第三脑室相通(图 14-17)。内壁上有毛细胞和支持细胞。毛细胞的纤毛伸入脑脊液中,支配毛细胞的感觉神经纤维通入丘脑下部。其功能可能是监测脑脊液的压力变化,而这一压力又随鱼所在的水深度的变化而变化,因而它可能是一个水深度的感受器。研究证实,与生活在较浅的淡水鱼类比较,深海鱼类的血管囊更发达。血管囊在圆口类中退化,肺鱼类中缺少。

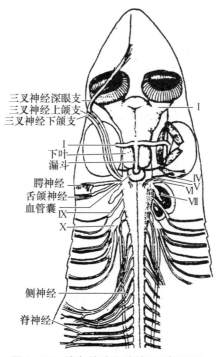

图 14-17 鲨鱼的脑和脑神经(腹面观)

第六节 化学感受器——嗅觉和味觉感受器

化学感受器指味觉感受器和嗅觉感受器,它们虽然有多种形态,但都对化学刺激敏感,是化学刺激的感受器,其基本结构比较一致。

一、味觉感受器

脊椎动物味觉感受器(organ of taste)为味蕾(taste bud),其构造在各纲脊椎动物中大体相似,但分布不同,其功能是感受溶解了的化学小颗粒或化学小分子的刺激。

(一) 味蕾的结构

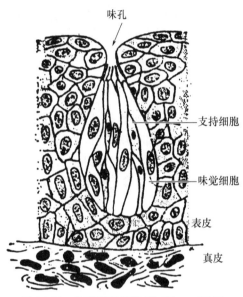

图 14-18　味蕾微细结构(仿 Kluge,1977)

味蕾是卵圆形小体,位于外胚层上皮内,由20~30个上皮细胞分化形成。基部位于基膜上,顶端有味孔与外界相通。味蕾中有两种细胞:味觉细胞和支持细胞。味觉细胞是特化的上皮细胞,形态为柱状,顶部有感觉敏锐的味毛突起,基部有神经末梢以突触方式与味觉细胞相联系,将味觉刺激传向中枢;支持细胞呈梭形。味蕾有感觉酸、甜、苦、咸的功能(图 14-18)。

(二) 味蕾分布的比较

圆口类的味蕾在幼体分布在咽部,而到成体主要分布在头部。

在水生鱼类中味蕾广泛分布,如唇、口腔、舌、食道以及咽的顶部、侧壁和底部的上皮中,甚至在鳃和鳍上。在底栖或食腐类如鲇鱼、鲤鱼和亚口鱼类味蕾则从头至尾地广泛分布于体表,甚至在鲇鱼的触须上也分布大量味蕾。

多数四足类中味蕾集中分布在舌、腭的后部。但在各纲中也有不同。两栖类的味蕾分布在口腔顶部、舌和腭的前部。爬行类和鸟类只存在于咽部,舌上很少。尤其在鸟舌,其前部已角质化,完全没有味蕾出现。哺乳类的味蕾集中在舌。舌表面产生一些乳头状突起,味蕾就分布在乳头上。此外,在软腭、会厌与咽部黏膜的上皮内也有味蕾分布。

味蕾的神经支配从鱼至人均是由第Ⅶ、Ⅸ、Ⅹ对脑神经支配。

二、嗅觉感受器

(一) 嗅觉感受器的结构与功能

脊椎动物的嗅觉感受器(olfactory organ)位于鼻腔(鼻囊)的嗅黏膜上。这是一层湿润的黏膜,气体分子首先溶解于这层黏膜上的黏液中,然后再刺激嗅觉感受器细胞。

哺乳类鼻腔内的嗅黏膜分布于鼻中隔上部两侧和上鼻甲全部,淡黄色,上皮为假复层柱状细胞。感受器内的细胞有三种,即嗅细胞、支持细胞和基细胞。嗅细胞(olfactory cell)是特化的具有嗅觉功能的双极感觉神经元,起着感觉和传导的双重作用。细胞游离端呈细棒状,末端具6～12条纤毛,称嗅毛(olfactory cilia)。细胞基部伸出细长轴突,即嗅神经,为无髓神经纤维,它们集合为若干小束,称为嗅丝(olfactory filament),沿鼻腔黏膜,通过筛孔,进入颅腔,与大脑嗅球的僧帽细胞(mitral cell)的树突形成突触。基细胞位于上皮基部,有支持和增生补充其他上皮细胞的作用(图14-19、14-20)。

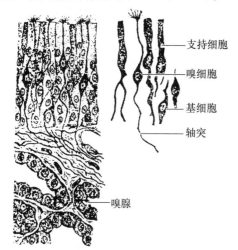
图14-19 鼻黏膜嗅部上皮细胞(仿 Kluge,1977)

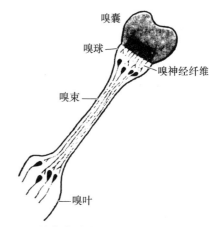
图14-20 鲨鱼的嗅囊及神经联系(仿 Kent,1987)

(二) 嗅器官的发生

脊椎动物的嗅器官起源于胚胎期头前部两侧外胚层增厚形成的一对嗅基板(olfactory placode),随后嗅基板陷入头部形成嗅窝(olfactory pit)。嗅窝底部扩大,外口缩小,形成鼻囊和外鼻孔。嗅窝内的上皮分化为嗅细胞及其他上皮细胞、黏液细胞。四足类的鼻囊还与口腔相通,形成内鼻孔。

(三) 嗅器官的比较

1. 圆口类

圆口类的嗅觉器官与其他脊椎动物不同,只有一个鼻囊,外鼻孔开在头背面中央。鼻囊圆形,其后壁上分布有嗅细胞,鼻囊下方向后与一个大的鼻垂体囊(naso-hypophysial sac)或脑下腺囊相通,后者经脑颅基底版上的脑垂体孔穿出(图14-21)。在胚胎期圆口类的鼻囊是成对的,在成体合成一个,而且仍与两条嗅神经联系。

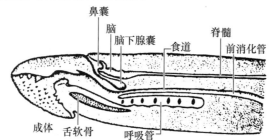
图14-21 七鳃鳗头部的正中矢状切面,示鼻囊和鼻垂体囊(脑下腺囊)

2. 鱼类

鱼类嗅觉发达,具有成对的嗅囊,各以一个外鼻孔与外界相通。软骨鱼类外鼻孔开口于吻的腹面,硬骨鱼类开口于吻的背面。水流在鼻囊中的流动依靠嗅上皮表面纤毛的运动和鱼类自身的运动。软骨鱼和大部分硬骨鱼的鼻孔中央有一个皮褶将鼻孔分为前入水孔和后出水孔,均不与口腔相通。嗅囊内有很多褶皱,在软骨鱼类中尤其多,扩大了嗅上皮与水接触的面积。嗅上皮上分布大量嗅细胞。嗅觉帮助动物寻找食物、配偶和种间识别及躲避敌人。鲨鱼为肉食性,嗅觉尤为发达,可嗅出海水中稀释到100万分之一浓度的血液。

现生肺鱼类除前方的外鼻孔外,鼻囊后端以后鼻孔与口腔相通,后鼻孔位于口腔腭部,又称内鼻孔。经研究证实,肺鱼不用此内鼻孔作为呼吸器官,可能与增加通入鼻囊的水流、改善嗅功能有关。

3. 两栖类

两栖类具有一对鼻囊,每一个鼻囊有一个外鼻孔,还有一个内鼻孔(internal nare or choana)与口腔相通,位于口腔顶部,紧靠锄骨外侧,位置较靠前。鼻腔不仅是嗅觉器官而且是呼吸空气的必经之道,是陆生脊椎动物的重要特征之一。空气中的化学物质在湿润的嗅上皮上溶解后刺激嗅细胞。因而从两栖类开始出现了嗅腺以保持嗅上皮的湿润。

从两栖类开始出现了犁鼻器(vomeronasal organ),又称贾氏器(Jacobson's organ),是1811年Jacobson首次在反刍类和啮齿类中发现的。犁鼻器是四足类的特征之一,是嗅觉的辅助结构(图14-22)。

犁鼻器首次出现在两栖类。有尾两栖类的犁鼻器是鼻囊腹外侧的一个深沟,在无足类和无尾类中则成为一个几乎完全与鼻囊分离的盲囊,但仍通入鼻腔。爬行类中犁鼻器和鼻腔分离,形成两个独立的囊,直接开口在口腔(图14-22)。由于它通常位于犁骨上方,因而称为犁鼻器。犁鼻器由薄软骨围成,内壁有嗅黏膜分布,功能是感知进入口腔内物体的化学性质。

犁鼻器由犁鼻神经支配,它是嗅神经的一个单独分支,进入脑的一个单独的副嗅球(图14-23)。

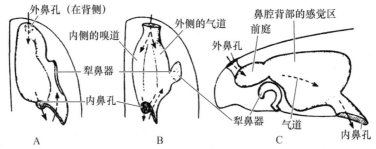

图14-22 犁鼻器的发生及与鼻腔的关系(箭头示气流方向)(仿Romer,1978)
A. 有尾两栖类;B. 无尾两栖类;C. 爬行类。

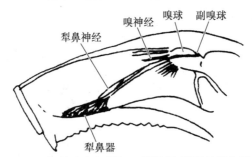

图14-23 蜥蜴的嗅囊部纵切示犁鼻器、犁鼻神经与嗅神经

4. 爬行类

爬行类口腔顶部开始形成硬腭,鳄类则具有完整的硬腭,使鼻腔和口腔完全分开,内鼻孔位置后移,鼻道延长并复杂化。多数蜥蜴的鼻腔分为上下两部,上部的鼻腔黏膜有嗅细胞,是真正感嗅部位,下部为呼吸通路,称鼻咽道。

爬行类鼻腔中首次出现鼻甲骨(turbinal bone),是由鼻腔外侧壁鼻软骨骨化突入腔内卷曲而成的骨性突起,每侧三个,以增加嗅上皮的面积。龟鳖类的鼻甲骨尚不发达,鳄类的鼻甲则大而复杂。

爬行类的蜥蜴和蛇类的犁鼻器尤为发达(图14-23),它与外界的联系通过舌来完成。蛇的舌有分叉的舌尖,当舌缩回口腔时,进入犁鼻器的两个囊内,产生嗅觉,以感知外界环境。鳄和龟鳖类的犁鼻器退化。

5. 鸟类

鸟类的嗅觉器官不发达,由于飞翔中视觉起到重要作用,嗅觉的作用降低。其嗅觉器官基本结构与爬行类相似,但体积小。也具有三个鼻甲,但只在鼻腔后背侧的鼻甲上才具有嗅上皮。少数鸟类有发达的嗅觉,如夜行性的几维(*Apteryx owenii*)和鹫类依靠嗅觉寻找食物。鸟类成体无犁鼻器,但曾出现在胚胎发育早期。

6. 哺乳类

哺乳类的嗅觉器官非常发达,表现在鼻腔扩大,且鼻甲骨达到非常复杂的程度。哺乳类出现了软腭,位于硬腭后方,使内鼻孔进一步后移至咽部,使鼻腔与口腔完全分隔。鼻腔分为前庭部、呼吸部和嗅部。嗅部位于鼻中隔上部两侧和上鼻甲。三个鼻甲复杂卷曲,将鼻腔分隔为三个鼻道(图14-24)。在鼻腔周围的头骨中形成腔隙与鼻腔相通,称为鼻窦(nasal sinus),使吸入的空气有足够回旋的空间进行加温和湿润(图14-25)。哺乳类中的鲸类、灵长类的嗅觉退化,而食肉类、啮齿类、反刍类的嗅觉敏锐。

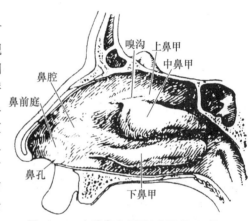

图14-24 人的鼻外侧壁(内面观)示鼻甲

绝大部分哺乳类具有犁鼻器,位于硬腭上方、鼻腔底部的中线附近。犁鼻器或开口于鼻腔,如啮齿类;或通过鼻腭管通入口腔,如猫、兔(图14-26)。在前一种情况下仍能保持感觉进入口腔内的气体和食物的功能。在哺乳类中的许多种类犁鼻器特别用于感知异性气味。单孔类、有袋类、食虫类、食肉类的犁鼻器尤为发达,而在鲸类、一些蝙蝠中退化消失。在人类成体中是否存在有争论。近年的研究认为犁鼻器官同样存在于大部分的人类,它相当于一部"分体电话",具备其所有的感应能力。

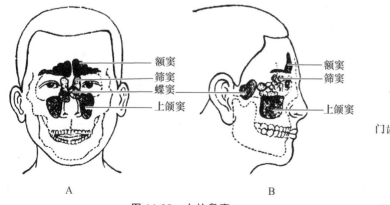

图14-25 人的鼻窦
A. 正面观;B. 侧面观

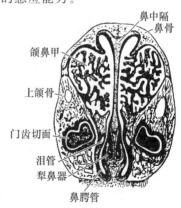

图14-26 兔鼻腔前部的横断面

小　结

1. 感受器通常是特殊形式的换能器。感受器中的感觉细胞通常由外胚层起源。
2. 一般感受器分布较广泛,而特殊感受器的分布区域较局限,为对称或成对分布。体壁感受器提供外环境和机体骨骼肌的改变信息,内脏感受器感觉味、嗅觉和监测体内环境的变化。
3. 蝮亚科和蟒科蛇类的颊窝和唇窝内有特殊热敏器官,是红外线感受器。
4. 侧线系统为水生脊椎动物所特有,其中的神经丘器官是机械接受器,壶腹器官是电接受器,由水上陆后消失。
5. 内耳或膜迷路由半规管、椭圆囊、球囊、瓶状囊或耳蜗管组成,其中充满内淋巴,外周有外淋巴环绕。前三个结构有平衡觉功能;耳蜗管有听觉功能,在进化上出现较晚。
6. 中耳首次出现在两栖类,是由鼓膜通过听小骨传导声波于内耳的装置。两栖类听小骨一块(耳柱骨),哺乳类发展到三块(镫骨即耳柱骨、砧骨和锤骨),分别与舌弓、颌弓中的舌颌骨、方骨和关节骨同源。鲤形目鱼类的鳔和韦氏骨可将声波传至内耳。
7. 外耳为羊膜类的特征,哺乳类还出现了耳廓。
8. 眼是由胚胎期前脑突出形成,有三层膜(巩膜、脉络膜和视网膜)和一套折光系统(角膜、房水、晶体和玻璃体)。脊椎动物各纲眼的结构基本相同。
9. 脊椎动物由水栖到陆栖,角膜的曲度增加,晶体由圆形渐趋扁圆,晶体距角膜距离由近到远。
10. 视觉调节机制在各纲中均有不同。四足类的睫状肌起着重要作用,可调节晶体的凸度和前后位置。鸟类还可调节角膜凸度。
11. 眼有一系列辅助装置,其发达程度与由水上陆进化中保护眼球免受干燥有关。包括眼睑、瞬膜、结膜、泪腺及眼肌。两栖类出现哈氏腺,爬行类首次出现泪腺。各纲动物中六条动眼肌结构稳定。
12. 正中眼具角膜、晶体和视网膜,但仅有感光能力,能调节体内生物节律。在圆口类和一些爬行类中存在。哺乳类仅有松果体。
13. 大部分有颌鱼类间脑底部有血管囊,可能是水深度感受器。
14. 嗅觉和味觉感受器均为化学感受器,基本结构类似,为特殊内脏感受器。
15. 水生脊椎动物的嗅器官包括外鼻孔、鼻囊、嗅上皮。肺鱼类和四足类出现了内鼻孔。羊膜类出现了硬腭和鼻甲骨,鼻腔与口腔分开,嗅上皮面积增大。哺乳类出现软腭。
16. 犁鼻器为四足类所有,是嗅觉辅助器官,由嗅神经分支犁鼻神经支配。
17. 味蕾是味觉感受器,低等脊椎动物的味蕾分布广泛,四足类集中于口腔和咽,哺乳类集中于舌,由第Ⅶ,Ⅸ,Ⅹ对脑神经支配。

思 考 题

1. 简述脊椎动物眼的基本结构,比较各纲视觉调节。
2. 联系生态环境,总结听觉器官在各纲中的变化。
3. 简述各纲听小骨的同源结构,哺乳类耳中声波传导路线。
4. 简述犁鼻器的发生以及它在陆生脊椎动物生活中的作用。

第十五章 内分泌系统

除了神经系统和感觉器官共同作用于动物体,进行快速信息交流、维持动物机体的稳态以外,动物机体还具有另一种略慢些的通信和协调器官活动的方式——通过内分泌系统及其产生的激素对机体各器官的生长发育、功能活动、新陈代谢进行复杂而又重要的调节作用。内分泌系统也像神经系统一样具有整合机能,与神经系统配合使机体各部分活动形成一个协调的整体。

脊椎动物的内分泌系统包括多种内分泌腺体和内分泌组织,其中有的内分泌细胞比较集中形成内分泌腺,如甲状腺、甲状旁腺、肾上腺和性腺(图15-1);有的比较分散,如胃、肠中的内分泌细胞;有的兼有内分泌的作用,如下丘脑的神经细胞、胎盘组织等。

各纲脊椎动物生活在不同的环境中,其形态结构和生理功能具有多样性,对机体的各种生理功能有重要调节作用的内分泌腺在形态上和组织学上的差异也十分显著,表现出明显的进化趋势,如内分泌组织由分散到集中就反映出动物由低等向高等过渡的一个侧面,这从胰岛和肾上腺的形成中可看出。但从它们的胚胎发生上却反映出脊椎动物之间的密切的亲源关系。因此,本章将从位置、胚胎发生、结构特点、功能以及进化等方面对各种内分泌腺进行阐述。

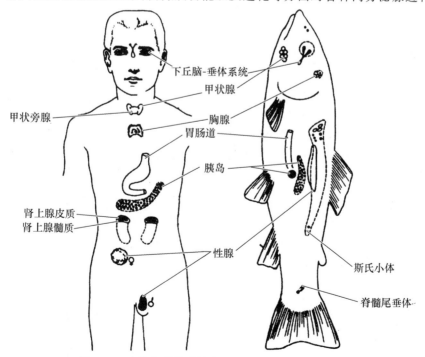

图 15-1 人体和脊椎动物内分泌器官(仿 Klug,1977)

第一节 概 述

内分泌腺(endocrine gland)是一些特殊的腺体(图 15-1)。与具有导管的外分泌腺(如唾液腺、汗腺、皮脂腺、肝脏等)相比,这些腺体的共同特点是没有导管,其分泌物由腺细胞直接渗入血液、组织液或淋巴液,因而又称无管腺(ductless glands)。组成内分泌腺的腺细胞多排列成索状、网状、泡状或团块状,其间分布着丰富的毛细血管和淋巴管。

激素(hormone)是内分泌腺合成和分泌的特异性化学物质,它被直接分泌到血液中,随血液循环运送到全身。激素的化学成分有类固醇、氨基酸衍生物、肽与蛋白质、脂肪酸衍生物等。每一种激素作用于特定的细胞或器官,称为靶细胞或靶器官(target cell or target organ)。这些靶细胞表面或细胞内存能与该激素发生特异性结合的受体。

内分泌腺体积很小,但在调节多种类型的生理过程中起着十分重要和特殊的作用。它们对机体的新陈代谢过程、机体内环境的稳定、机体的生长、发育和生殖功能起着调节作用,并增强机体对有害刺激和环境急剧变化的抵抗和适应能力。这种调节过程称为体液调节。

所有的内分泌腺的活动均直接或间接地受神经系统的控制和影响。脑内的高级中枢通过控制丘脑下部的活动,以及其他神经途径控制内分泌腺的生理活动的目的,达到直接或间接调节机体的生理活动。因而内分泌的体液调节又称神经—体液调节。内分泌腺还通过负反馈调节机制来维持稳定的激素分泌水平,即血液中激素浓度的变化反过来会抑制或促进丘脑下部——垂体系统的活动,进一步调节内分泌腺的分泌。

第二节 神经分泌腺

20 世纪 40 年代发现有些神经细胞能释放某些化学物质进入血液循环,这些分泌物沿轴突向末梢流动,储存在膨大的轴突末梢并由此释放到血液中,作用于靶组织产生特定的效应(图 15-2)。这些神经细胞分泌的激素称为神经激素(neurohormone),这种分泌活动称为神经分泌(neurocrine)。20 世纪 50 年代又发现某些细胞分泌的激素能够进入细胞外液对相邻细胞发生作用,这种分泌称为旁分泌(paracrine)。还有一些细胞分泌的激素能与自身表面的受体结合,反馈作用于释放激素的细胞本身,这种分泌称为自分泌(autocrine)。

脊椎动物的神经分泌腺见于脊髓尾垂体(鱼类)、神经垂体、松果体和肾上腺髓质。

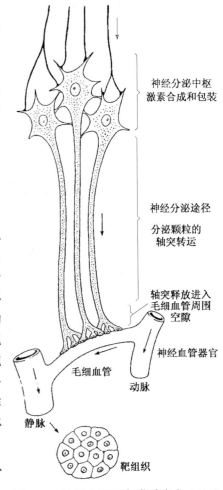

图 15-2 神经分泌系统(仿陈守良,2005)

一、脊髓尾垂体

鱼类靠近尾部的脊髓中具有神经分泌细胞，胞体位于脊髓背部，其轴突向腹后方延伸，末端膨大成球，周围有毛细血管包围，在脊髓腹面聚集形成一个隆起，称为尾垂体（urophysis）(图15-3)。尾垂体的大小随种类不同而异。尾垂体的组织结构与后述的神经垂体极为相似。尾垂体分泌的激素有提高血压，调节血内无机盐含量，从而调节鱼类渗透压的作用。

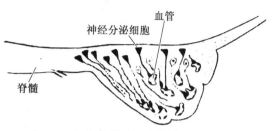

图15-3　鲤鱼的脊髓尾垂体（仿Kent，1997）

二、神经垂体

神经垂体（neurohypophysis）即垂体后叶，位于丘脑下部（hypothalamus），与腺垂体共同构成脑下垂体（图15-4）。

（一）脑下垂体

脑下垂体（pituitary gland or hypophysis）是动物体内最重要的内分泌腺，它不仅有重要的独立作用，而且还分泌几种激素分别支配性腺、肾上腺皮质和甲状腺的活动。垂体活动受到下丘脑的调节，下丘脑通过对垂体活动的调节来影响其他内分泌腺的活动，因此，下丘脑与垂体的功能联系是神经系统与内分泌系统联系的重要环节。

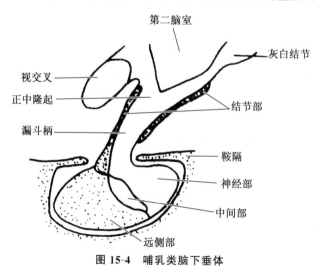

图15-4　哺乳类脑下垂体

垂体位于间脑底部，因此也叫脑下垂体，它紧接视神经交叉后部。绝大多数脊椎动物中，垂体寓于脑颅底壁背面的名为蝶鞍（sella turica）的凹陷内，由漏斗与丘脑下部相连（图15-4）。

脑下垂体来源于外胚层，但它的两大部分在起源和功能上完全不同。腺垂体来源于胚胎期口腔顶部的突起，在绝大多数脊椎动物中此突起是中空的，又称拉克氏囊（Rathke's pouch）；神经垂体来源于间脑底部向下的中空突出。这两个部分相互接触，拉克氏囊逐渐与口腔脱离联系，最后这两个部分共同形成成体的垂体（图15-5）。神经垂体的漏斗和腺垂体的结节部共同构成垂体茎。通常把脑下垂体各部分组成如下：

$$
脑下垂体
\begin{cases}
腺垂体
\begin{cases}
结节部（pars\ tuberalis）\\
远侧部（pars\ distalis）——前叶\\
中间部（pars\ intermedia）——中叶
\end{cases}\\
神经垂体
\begin{cases}
神经部（pars\ nervosa）——后叶\\
漏斗（infundibulum）
\end{cases}
\end{cases}
$$

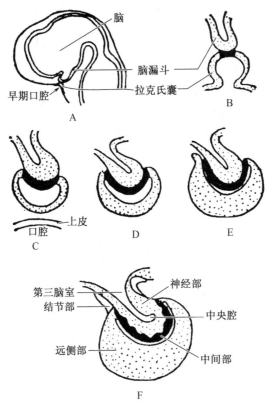

图 15-5 脑下垂体的发生(仿 Romer,1978)

(二) 神经垂体

神经垂体起源于神经外胚层,由大量无髓神经纤维及纤维之间的垂体细胞(pituicyte)组成。垂体细胞是特化的神经胶质细胞。

神经垂体分为神经部(pars nervosa)和漏斗(infundibulum),前者是储存和释放神经激素的地方,漏斗连接丘脑下部和脑下垂体(pituitary gland),漏斗腔与第三脑室相通。神经纤维的胞体位于丘脑下部的视上核(supraoptic nucleus)和室旁核(paraventricular nucleus)。

神经垂体释放两种激素:加压素(抗利尿素,vasopressin,ADH)与催产素(oxytocin,OT)。两者都是八肽,都可以人工合成。这两种激素虽然在神经垂体中被释放出来,但它们并不是在神经垂体中形成的。抗利尿激素主要是在下丘脑的视上核的神经细胞中合成的,而催产素主要是在下丘脑的室旁核中合成。这些活性物质在视上核和室旁核的神经细胞体中合成后,形成的分泌颗粒沿着轴突在轴浆中向神经末梢移动,这些神经细胞的纤维一直伸到神经垂体,叫做下丘脑垂体束。分泌颗粒储存于神经垂体内的神经末梢,在需要时将激素释放到周围的毛细血管中。

(1) 加压素。促进肾小管内水分的重吸收,减少水分从尿中排出,减少尿量,产生抗利尿作用,也称抗利尿素。同时它能使体内各部分(包括冠状循环和肺循环)的小动脉上的平滑肌收缩,产生升压作用,因此又称为加压素。

(2) 催产素。只在分娩和哺乳时才发挥其生理作用,它能强烈刺激妊娠后期的子宫平滑肌收缩,促使胎儿产出。它还作用于乳腺上皮的肌上皮细胞,使之收缩,将乳汁挤出。在哺乳动物中,吸吮乳头和子宫颈扩张引起催产素释放,血浆中孕酮增加则抑制其释放。

三、松果体

松果体(pineal body)在第十四章中已有部分描述,为间脑顶部突起,位于大脑半球和间脑的交界处,以一细茎连于第三脑室顶部(图15-6)。

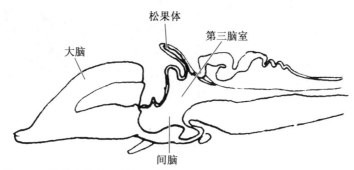

图 15-6　脊椎动物松果体与脑的关系(正中矢状切面)(仿 Torrey,1979)

松果体实质内含有大量松果体细胞,并含有高浓度的 5-羟色胺、去甲肾上腺素和褪黑激素(melatonin)。

褪黑激素(melatonin)　是松果体的特殊激素,由 5-羟色胺通过 N-已酰化和 O-甲基化而成。它能使两栖类和许多鱼类皮肤黑色素细胞中的黑色素颗粒聚集,皮肤变浅。这种作用与促黑色素细胞激素(MSH)(垂体中叶分泌)的作用相反。褪黑激素还有抑制性腺发育、改变动物生殖周期的作用。研究指出,褪黑激素的合成受到光照的影响。把田鼠置于黑暗中,松果体细胞分泌加强,而连续光照可抑制褪黑激素的分泌。

大多数脊椎动物具有松果体。鸟类和哺乳类的松果体受到颈上神经节发出的交感神经节后神经支配,其他脊椎动物也是由植物性神经支配。低等脊椎动物松果体有感光作用,如在七鳃鳗、蜥蜴幼体,光线通过脑顶透明的皮肤直接影响松果体,但多数情况下,光照的信息通过视觉和嗅觉,经中枢神经系统,由交感神经传到松果体,影响褪黑激素的合成与释放,继而影响性腺的发育与成熟。

四、肾上腺髓质

大多数脊椎动物的肾上腺(adrenal medulla)因位于肾脏腹面或稍前方而得名。从圆口类到所有脊椎动物都有肾上腺组织,但在结构上有很大差别。低等脊椎动物的这类组织未形成集中的肾上腺,直到某些爬行类和鸟类才出现靠近肾前端的肾上腺,只有哺乳类的肾上腺才出现清楚的表层的皮质和内部的髓质区分(图15-7)。

但肾上腺皮质和髓质在胚胎发生、组织结构和生理功能上完全不同。肾上腺皮质起源于中胚层,而肾上腺髓质与交感神经节同起源于外胚层的神经嵴细胞,髓质细胞是变形的交感神经节后神经元,它们的轴突消失,成为分泌细胞,仍接受交感神经的节前纤维支配。

肾上腺髓质分泌肾上腺素(adrenaline)和去甲肾上腺素(noradrenaline),其中以肾上腺素为主,二者均为儿茶酚胺类(catecholamine,CA)物质。肾上腺皮质分泌类固醇激素(steroid hormone)。

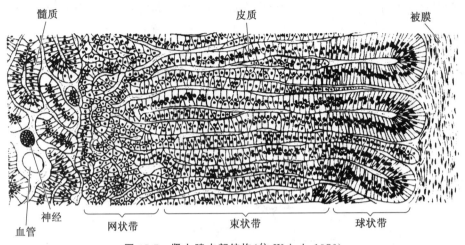

图 15-7　肾上腺内部结构（仿 Welsch，1976）

肾上腺髓质细胞的胞质内含有可被铬盐染成棕黄色的细小颗粒，被称为嗜铬细胞，这种组织被称为嗜铬组织（chromaffin tissue）。它们成团或成索，排列不规则。人和狗的髓质细胞主要分泌肾上腺素，猫和某些哺乳动物主要分泌去甲肾上腺素。髓质细胞以酪氨酸为原料合成肾上腺素和去甲肾上腺素。

肾上腺髓质激素的作用非常广泛，肾上腺素和去甲肾上腺素的作用基本相同（相当于交感神经节后神经元，能增强心脏活动，使血管收缩、血压上升，促进糖原酵解，使血糖升高），但在作用的强弱及某些细节方面不相同：（1）肾上腺素加强心肌收缩力和兴奋度，使心跳加快、加强，心输出量明显增加，提高收缩压；而去甲肾上腺素对心脏作用较弱，并在加强心肌收缩力的同时，使心跳频率减慢，所以单位时间的心输出量并不改变。（2）肾上腺素使骨骼肌的血管扩张，皮肤血管收缩，不改变或降低外周阻力；去甲肾上腺素则对除冠状动脉和脑以外的血管平滑肌起兴奋作用，使全身血管强烈收缩，使血管外周总阻力增加，导致舒张压、收缩压均明显增高。（3）肾上腺素具有使支气管、胃肠道等内脏平滑肌松弛，以及使瞳孔放大，竖毛肌收缩等作用；去甲肾上腺素也有这些作用，但不如肾上腺素作用强。（4）肾上腺素可促进糖原和脂肪分解，增加组织耗氧量及产热量；去甲肾上腺素作用较弱。

肾上腺髓质激素不是维持生命绝对必需的，当机体处于安静状态时，分泌很少。但当机体处于应急状态（如恐惧、暴怒、疼痛、失血、创伤、全身麻醉、窒息、运动、低血压、过冷、过热以及面临争斗等）时，髓质激素分泌量大增，提高机体的警觉性，使神经兴奋，反应灵敏，供氧、供血增加，血糖升高，糖和脂肪分解加速，以提供更多的能量，做好一切"应急"准备。因此，切除肾上腺髓质的动物能在较平静环境中生存，但失去应急能力。

肾上腺髓质激素的分泌主要受交感神经调节，在交感神经兴奋时，促使髓质激素分泌增多，构成交感—肾上腺髓质系统。肾上腺素常作为药物用于临床抢救过敏性休克和心脏停搏，并治疗支气管哮喘等；而去甲肾上腺素则主要用于抢救急性低血压和周围血管扩张引起的休克等。

具体各类脊椎动物肾上腺髓质的比较将在下节肾上腺皮质部分一起讨论。

第三节 非神经分泌腺

一、外胚层起源的内分泌腺——脑下垂体

除神经分泌腺外,起源于外胚层的内分泌腺是脑下垂体的腺垂体(adenohypophysis)部分,它起源于原始口腔的外胚层。

腺垂体的作用比较广泛,至少产生下列七种激素,这些激素本质上是多肽和蛋白质。

(一) 腺垂体的功能

1. 垂体前叶

垂体前叶分泌以下激素。

(1) 生长激素(growth hormone, GH),促进器官的生长和蛋白质的合成。

(2) 促甲状腺激素(thyroid-stimulating hormone, TSH),促进甲状腺的发育以及合成和释放甲状腺激素。

(3) 促肾上腺皮质激素(adrenocorticotropic hormone, ACTH),促进肾上腺皮质激素的合成和释放。

(4) 促性腺激素(gonadotropic hormone, GTH),促进性腺的发育与成熟,其中可区分出两种不同的激素。一是促卵泡激素(follicle stimulating hormone, FSH),促进雌性卵巢中卵泡的成熟和雄性性成熟及精子的生长;二是黄体生成素(luteinizing hormone, LH),促进雌性排卵和黄体的生成,在雄性能刺激精巢内间质细胞产生雄性激素。

(5) 催乳素(luteotropic hormone, LTH),促进哺乳类乳腺的生长和乳汁的分泌。这种激素存在于整个脊椎动物(可能圆口类除外),但表现出演化趋势,具有多种生物学作用,如促进鸽子嗉囊分泌鸽乳,使斑点蝾螈寻找合适水域准备繁殖等。

促甲状腺激素、促肾上腺皮质激素、促卵泡激素和黄体生成素等4种激素作用于其他的内分泌腺,产生广泛的影响,这四种激素又叫促激素(trophic hormone)。促卵泡激素和黄体生成素又统称为促性腺激素(gonadotropic hormone, GTH)。这些促激素是它们所作用的靶腺体的形态发育和维持正常功能所必需的,而且还刺激这些腺体的激素形成和分泌。促激素过多会引起靶腺体所影响的功能亢奋,进一步则引起靶腺体形态上的肥大。

2. 垂体中叶分泌促黑色素细胞激素

垂体中叶分泌促黑色素细胞激素(melanocyte-stimulating hormone, MSH),促使黑色素细胞中的黑色素颗粒散开使皮肤变黑。在变温动物(圆口类、鱼类、两栖类、爬行类)的生理变色中 MSH 的作用已完全确定,但在恒温动物(鸟类和哺乳类)中的作用仍不确定。哺乳类中它可能刺激黑色素细胞,促使黑色素生成。

(二) 下丘脑对脑下垂体的控制(图 15-8)

下丘脑通过神经分泌物质对脑下垂体的内分泌活动进行控制,但下丘脑与腺垂体的关系不同于与神经垂体的关系。神经垂体与下丘脑是一个整体,其神经部仅是储存和释放丘脑下部激素的地方。而腺垂体是一个独立腺体,下丘脑与腺垂体之间并没有发现直接的神经联系,但激素的分泌受下丘脑神经分泌的控制和影响。20 世纪 30 年代发现这种控制和影响是通过下丘脑—垂体门脉系统进行的。

颈内动脉的分支血管沿垂体茎向上终止于正中隆起的毛细血管网,它向下汇合形成数条

平行的门静脉终止于腺垂体，在细胞间形成丰富的血窦样毛细血管，最后汇成静脉回心脏。这一血管系统称为垂体门脉系统(pituitary portal system)(图15-9)。

下丘脑相应核团的神经细胞分泌多种神经激素，沿轴突(结节垂体束)运行到正中隆起的神经末梢并储存于此，再释放到垂体门脉系统，通过血液运送作用于腺垂体，控制激素的合成和释放。这些神经激素包括：生长激素释放激素(GHRH)、生长激素抑制激素(GHIH)、促甲状腺激素释放激素(TRH)、促肾上腺皮质激素释放激素(CRH)、促性腺激素释放激素(GRH)、催乳激素释放激素(LRH)、催乳激素抑制激素(LIH)、促黑色素细胞激素释放激素(MRH)、促黑色素细胞激素抑制激素(MIH)等。

下丘脑的神经分泌细胞分泌的多种激素经由下丘脑—垂体门脉到达腺垂体，调节控制腺垂体的激素分泌。腺垂体分泌的促激素又调节控制有关的靶腺体的激素分泌。下丘脑—腺垂体—靶腺体形成了一个神经内分泌系统。在这个系统中不仅有从下丘脑到腺垂体再到靶腺体的从上而下的垂直控制，还有从靶腺体到腺垂体、下丘脑的反馈控制。

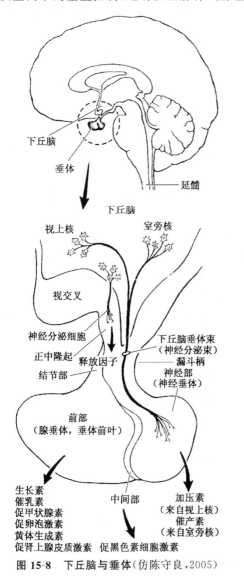

图15-8　下丘脑与垂体(仿陈守良,2005)

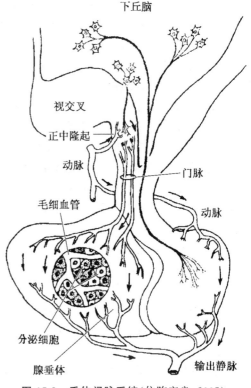

图15-9　垂体门脉系统(仿陈守良,2005)

(三) 各纲脊椎动物脑下垂体形态的比较(图 15-10)

各纲脊椎动物脑下垂体的各部组成和位置大致相似,但随着环境的复杂化,其结构向着各部分结合紧密并复杂化的趋势发展。圆口类具简单的垂体,但各部分结合松散。鱼类垂体各部分组织结合紧密,但神经垂体无明显的神经部,并与腺垂体中间部有相当大的混合,垂体门脉系统不明显。

在由水上陆的进化过程中,肺鱼脑下垂体比其他鱼类更类似于四足类。结构与两栖类十分相似,且与四足类一样开始出现神经部的分化,这对肺鱼和四足类之间特殊的亲源关系提供了一个形态上的证据。四足类的脑下垂体结构基本相似,但腺垂体中间叶的发达程度不一。鸟类缺少中间叶,哺乳类中的象和鲸也不存在,食虫目、贫齿目和食肉目的中间叶不成形。

低等脊索动物文昌鱼口笠背中央有一纵行的沟状结构,称哈氏窝(Hatschek's pit)。1898年 Logros 提出它与脊椎动物脑下垂体同源,但一直缺少证据。1982 年中国学者张致一等研究发现哈氏窝上皮细胞分泌类似于脊椎动物促性腺激素的物质,其分泌颗粒生成的数量与性腺发育呈正的相关性且同时在这些上皮细胞基部有促性腺激素释放素(LH-RH)免疫阳性颗粒。进一步研究发现文昌鱼具有两种不同的 LH-RH 来调控它本身的生殖活动。这一结果说明文昌鱼的哈氏窝可能是脊椎动物脑下垂体的同源结构,并具备原始激素调控功能。

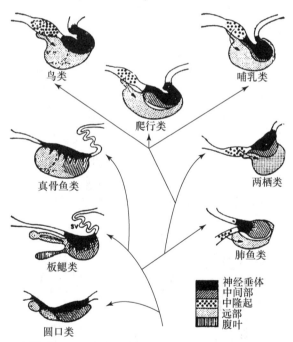

图 15-10　脊椎动物垂体的演化(箭头代表垂体的门脉系)(仿 Kent,1997)

二、中胚层起源的内分泌腺

中胚层起源的内分泌腺包括肾上腺皮质和性腺。

(一) 肾上腺皮质

1. 结构与功能

哺乳类肾上腺皮质(adrenal cortex)约占肾上腺的 80%。外有结缔组织被膜,由外向内分为三层：球状带、束状带和网状带。皮质细胞表面常有皱褶并有微绒毛伸向细胞间隙。这三个带具有不同功能(图 15-7)。

肾上腺皮质分泌着与机体生命活动有重要关系的两大类激素，即盐皮质激素和糖皮质激素，同时还分泌少量性激素。

(1) 盐皮质激素：如醛固酮，产生于球状带，主要作用于钠钾代谢，促进肾小管和收集管对钠的重吸收和泌钾作用，调节体内酸碱平衡。

(2) 糖皮质激素：如可的松和氢化可的松，产生于束状带，在调节糖代谢、保持血糖浓度相对稳定中起重要作用，还可提高机体对有害刺激(如感染、中毒、创伤、疼痛、饥饿、缺氧、精神紧张等)的耐受力，使机体应付那些需要长期应付的环境影响，称为应激反应。临床应用氢化可的松抗炎、抗过敏、抗毒、抗休克等。如切除肾上腺皮质，动物将血压降低，食欲消失，体温下降，最后导致死亡。

(3) 性激素：主要是雄性激素，也有少量雌激素，由网状带分泌，属类固醇激素类，可促进性腺发育和副性征的形成。肾上腺皮质的活动主要受腺垂体分泌的促肾上腺皮质激素(ACTH)的控制。

肾上腺皮质是维持生命所必需的内分泌器官。

2. 皮质的发生和肾上腺的比较

(1) 皮质的发生：肾上腺皮质由生殖嵴和生肾节侧面的体腔上皮增殖形成，来源于中胚层，其成分又称肾间组织(internephridial tissue)。

(2) 肾上腺的比较(图 15-11)：包括肾上腺皮质和肾上腺髓质。从圆口类开始有肾上腺的成分。在无羊膜类没有成形的独立的肾上腺形成，肾间组织与嗜铬组织彼此分离。圆口类的嗜铬组织沿一定的血管广泛分散，而皮质组织包埋在后主静脉内。在板鳃类肾间组织形成一个或多个实体位于两肾后部中间，嗜铬组织或成对或不成对地在背主动脉两侧分布。绝大部分真骨鱼类这两种组织彼此混合，多集中分布于肾脏前端。鲤鱼的肾上腺皮质组织集合成一对腺体，位于肾脏最后部分的背面，而嗜铬组织分布于前主静脉管壁内。在两栖类，这两种组织比较靠近但仍然分散混合在一起，无一定规律，一般位于肾脏腹面。

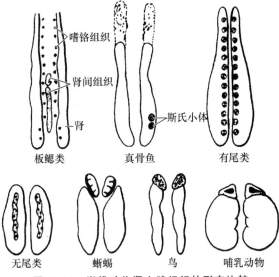

图 15-11 脊椎动物肾上腺组织的形态比较

羊膜类的肾间组织和嗜铬组织形成一对独立的腺体,位于肾脏前内侧。在爬行类嗜铬组织聚集起来围绕肾间组织(即皮质在内、髓质在外),形成类似囊状的结构。鸟类的肾间组织和嗜铬组织混杂在一起,没有形成界限分明的皮质和髓质。直至哺乳类,肾上腺分为明显的皮质(外部)和髓质(内部)。

(二) 性腺(gonads)

精巢和卵巢是产生精子和卵子的器官,同时具有分泌性激素的功能,对生长、发育、性别分化、副性征的出现及繁殖后代具有重要作用。性腺的发生是由体腔背系膜基部两侧的体腔上皮增厚形成生殖嵴,并逐渐突入体腔形成生殖腺。生殖腺来源于中胚层,在发生上与肾上腺皮质的起源相似,因而其内分泌产物具有相似性(类固醇激素)。

1. 精巢或睾丸

睾丸内曲精细管之间的结缔组织中分布着间质细胞,常三五成群,有时靠近血管,细胞核大而圆(图15-12)。间质细胞的功能是分泌雄激素(androgen)(主要是睾丸酮),刺激雄性生殖器官和副性征的发育,同时作用于曲精细管,促使生殖细胞的繁殖和分化。间质细胞还可分泌少量雌激素。

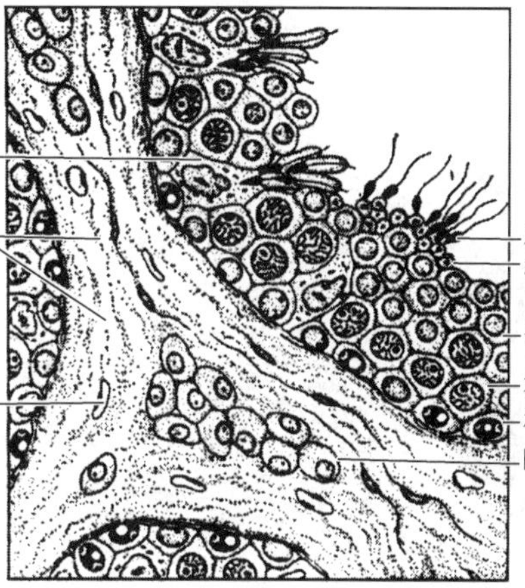

图15-12 精巢的曲精细管(示间质细胞)(仿Klug,1977)

2. 卵巢

卵巢(图15-13)主要分泌两大类雌激素,均为类固醇激素。一类是雌激素(estrogen),由卵巢的卵泡膜内层细胞产生。雌激素促使雌性生殖器官发育和副性征的出现,引起动物发情,增强输卵管和子宫平滑肌的收缩。大量雌激素可抑制腺垂体分泌卵泡激素,在哺乳类可促进乳腺的发育。另一类为孕激素,又称孕酮、黄体酮(progestogen),主要由黄体细胞分泌,能促使子宫内膜增厚,为受精卵着床提供良好准备,抑制卵泡的继续成熟,促进乳腺的发育和分泌,减弱子宫平滑肌的收缩,保证胚胎的生长发育。

卵巢还可分泌少量雄性激素。

脊椎动物性腺的基本结构和内分泌作用较为稳定。但哺乳类的黄体不是所有的种类都具有。鸟类也不具黄体,但卵巢和血液中有孕激素的存在。

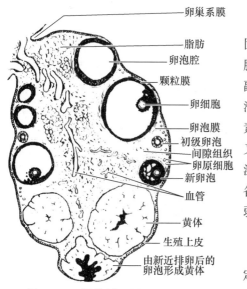

图15-13 卵巢(仿Hildebrand,1985)

三、内胚层起源的内分泌腺

在胚胎早期,内胚层形成原肠。作为原肠衍生物的咽囊(图8-13)在发育中形成甲状旁腺、胸腺、后鳃体;咽囊底部发生出甲状腺;原肠的另一衍生物胰脏中的内分泌部胰岛,这些器官均为内分泌腺。

(一) 甲状腺

1. 甲状腺的结构和功能

哺乳类甲状腺(thyroid gland)位于气管前端甲状软骨两侧,分为左右两叶,中间以峡部相连,呈蝴蝶状(图15-14)。甲状腺外包以薄的结缔组织被膜,腺内有许多滤泡和滤泡间细胞团(图15-15)。滤泡壁上皮为单层立方上皮,滤泡周围有丰富的毛细血管和毛细淋巴管。滤泡上皮有显著的富集无机碘的能力,它从周围血液中摄取碘,并储存和转化成甲状腺素,以胶样物储存在滤泡腔内。

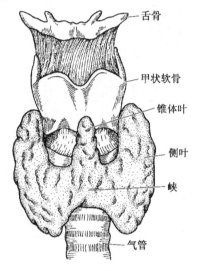

图 15-14 人的甲状腺(仿陈守良,2005)

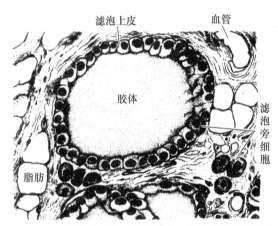

图 15-15 甲状腺的切片(示滤泡上皮和滤泡旁细胞)

甲状腺素促进机体生长和分化,增强氧化和能量代谢,促进蛋白质的合成,是维持正常生长发育所不可缺少的。甲状腺能适应食物中碘的含量变化以调节腺泡细胞摄取和浓缩碘的能力。甲状腺素的分泌受到腺垂体产生的促甲状腺素(TSH)的调节和影响。当食物中碘不足,甲状腺功能减退,幼年时会导致呆小症,发育停滞,智力低下。缺碘还会引起甲状腺素合成减少,对腺垂体负反馈减弱,TSH分泌增加,而导致甲状腺代偿性增生,即甲状腺肿(俗称大脖子病)。我国在距今2300年前就有此病的记载,称为"瘿"。蝌蚪在切除甲状腺后发育停滞而不发生变态,长成大蝌蚪;反之,给正常蝌蚪喂食甲状腺素可使其变态加速进行。

2. 甲状腺的发生

甲状腺在发生上来自咽囊底部,与文昌鱼的内柱同源。内柱(endostyle)是位于咽腹部的一条纵沟,分泌黏液将进入咽部的食物颗粒黏成团,同时它能选择性地累积和浓缩标记的碘,有类似甲状腺的功能,虽然它不含有类似甲状腺的滤泡。海鞘也具有这种组织。圆口类七鳃鳗幼体的内柱在变态后分化为成体的甲状腺(图15-16),更证实了甲状腺与内柱的同源关系。

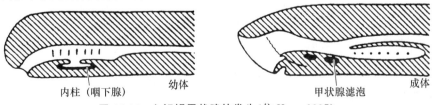

图 15-16 七鳃鳗甲状腺的发生(仿 Kent,1997)

3. 甲状腺的比较(图 15-17)

圆口类和颌口鱼类中的真骨鱼类的甲状腺滤泡常单个或集成小群沿咽底部的腹大动脉分布,并可能伴随入鳃动脉进入鳃弓,而板鳃类的甲状腺为一个实体,位于下颌骨合缝后方。

两栖类的甲状腺为一对,位于咽腹壁。蛙的甲状腺为一对椭圆形小腺体,位于舌骨后角和舌骨后侧突之间。

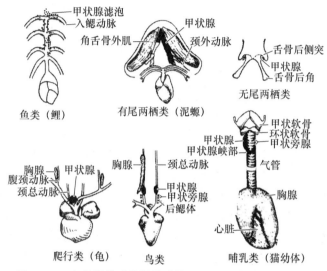

图 15-17　各类脊椎动物甲状腺的位置及羊膜类胸腺的位置

羊膜类的甲状腺逐渐向气管和颈总动脉靠近,以得到更多的血液供应。爬行类的龟和蛇具单个甲状腺,位于心脏前方;蜥蜴和鳄的甲状腺为一对,在气管两侧。鸟类的一对甲状腺多位于气管和支气管分界处、心脏稍前方;鸡的甲状腺为暗红色椭圆形腺体,位于胸腔入口处的气管两侧,紧靠颈动脉。哺乳类甲状腺见前述。

(二) 甲状旁腺

哺乳动物的甲状旁腺(parathyroid gland)一般为两对,体积很小,肉眼常不易看出。位于甲状腺背侧面,上下各一对,或埋在甲状腺组织内(图 15-18)。

甲状旁腺分泌甲状旁腺素(parathyroid hormone,PTH),是调节血钙水平的主要激素,能从骨中动员钙,促进肾小管对钙的重吸收及对磷的排出,导致血钙浓度升高,而血磷浓度下降。如果切除甲状旁腺,将引起动物血钙急剧下降,血磷上升,神经肌肉的兴奋性升高,出现痉挛,导致死亡。

甲状旁腺在胚胎发生上是由第Ⅲ、Ⅳ对咽囊的背侧上皮细胞形成,仅在成体两栖类和羊膜类中出现。两栖类一般有两对甲状旁腺,爬行类中的部分种类可多达三对,分别从第Ⅱ、Ⅲ、Ⅳ对咽囊产生。鸟类和哺乳类具一对或两对甲状旁腺。

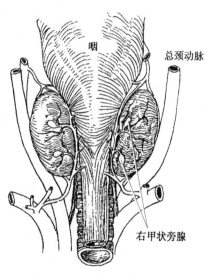

图 15-18　甲状旁腺(仿陈守良,2005)

(三) 后鳃体

后鳃体(ultimobranchial gland)存在于除圆口类以外的脊椎动物中,由最后一对咽囊的上皮细胞产生,位置靠近甲状腺和甲状旁腺,分泌降钙素(calcitonin),其作用是通过抑制骨质的吸收与促进骨中的钙盐的沉积而使血钙降低,与甲状旁腺的作用正相反。降钙素和甲状旁腺素相互依存,相互制约,共同调节血钙水平。

哺乳类成体不具后鳃体,但存在分泌降钙素的细胞,它们散在甲状腺滤泡间或单个嵌在滤泡壁上,称为滤泡旁细胞(图15-15)。胚胎发生上与后鳃体一样来自最后一对咽囊,发育过程中逐渐迁入甲状腺而成为滤泡旁细胞。

圆口类不具后鳃体,体内也未发现降钙素的存在。

(四) 胸腺

哺乳类胸腺(thymus)位于胸骨下的胸腔前纵隔、心脏腹前方(图15-17),形状和大小随年龄而异。在人体,青春期前生长到最大限度,以后随年龄增长而减小退化,脂肪组织增多。

胸腺是一个淋巴器官,并且是免疫系统的中枢器官,同时还是一个内分泌腺,在神经分泌免疫网络中占有特殊的重要地位。胸腺的上皮网状细胞制造和分泌胸腺素(thymosin),它的主要作用是促进胸腺中不成熟的T淋巴细胞分化成为成熟的具有细胞免疫功能的T淋巴细胞,增强机体免疫力。摘除幼年动物的胸腺会出现淋巴组织萎缩和生长发育障碍,机体失去细胞免疫反应能力。有关研究表明胸腺合成分泌神经分泌激素,同时对多种内分泌腺有调节作用,是内分泌的功能活动所必不可少的一种器官,同时胸腺的正常发育和功能的执行受到神经系统的支配和调节。

在无尾两栖类、爬行类和鸟类的胸腺中存在一类具有内分泌功能的细胞,称为APUD细胞,而鱼类、有尾两栖类和哺乳类中则没有。这些细胞在系统发育中呈现一定的进化趋势。APUD细胞的胞质中含有多肽类激素或胺类物质,大部分细胞具有摄取胺前体并进行脱羧反应的能力,并且与神经细胞关系密切。

所有脊椎动物均具有胸腺。在发生上,羊膜类的胸腺是从第Ⅲ、Ⅳ对咽囊腹侧突出形成(图8-13),但无羊膜类胸腺的发生有所差异。圆口类胸腺从所有七对咽囊产生;鱼类和有尾两栖类是从第Ⅰ对咽囊以外的所有咽囊产生;而无尾类第Ⅱ对咽囊常常是胸腺的唯一来源。各纲脊椎动物的胸腺在位置上也有差异。硬骨鱼类的胸腺组织聚集成一个腺体,位于鳃腔上方(图15-19)。四足类中的蛙,其一对卵圆形胸腺位于鼓膜后方、下颌降肌下方(图15-20)。而爬行类和鸟类胸腺为一对长索状,位于颈部两侧,并一直延伸至甲状腺,幼年十分明显,性成熟后则由前向后退化。哺乳类胸腺在幼体是大的双叶状实体,成年后退化变小(图15-17)。

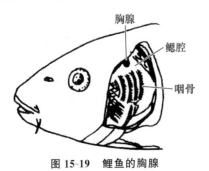

图15-19 鲤鱼的胸腺

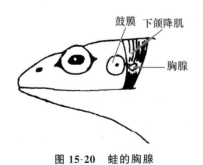

图15-20 蛙的胸腺

(五) 胰岛

哺乳类的胰岛(pancreas islets)是属于胰腺的内分泌部。胰腺是由内胚层上皮分化形成的外分泌部的腺泡组织和内分泌部的胰岛组织两部分结构组成。胰腺的外分泌部(exocrine portion)是动物重要的消化腺，分泌消化酶；而内分泌部(endicrine portion)即胰岛，产生激素。

胰岛组织为不规则细胞索或团，它们像小岛一样分散在外分泌部的腺泡组织之中，故称胰岛（图 15-21）。胰岛细胞间有丰富的有孔毛细血管，细胞与毛细血管壁紧密相贴，分泌的激素直接进入毛细血管内。人体胰腺中约有 25 万～200 万个胰岛细胞，但体积仅占胰腺总体积的 1%～3%。在 1869 年由德国医生保罗·朗格汉斯(Paul Langerhans)发现，又称兰氏小岛(Langerhans islets)。胰岛细胞至少可以分成 5 种：A(α)细胞约占细胞总数的 15%～25%，分泌胰高血糖素(glucagon)；B(β)细胞占细胞总数的 70%～80%，分泌胰岛素(insulin)；D(δ)细胞约占 5%，分泌生长抑素；PP 细胞数量很少，分泌胰多肽(pancreatic polyeptide)；还有 D1 细胞。

胰高血糖素有促进糖原分解、升高血糖的作用；胰岛素是体内糖代谢的重要激素，可促使血糖转变成糖原储存于肝脏和肌肉中，使血糖含量降低。如果胰岛素缺乏，糖的正常分解代谢和糖原的合成发生障碍，以致血糖浓度增高，不断从肾脏排出，临床上称为糖尿病。胰岛素和胰高血糖素协同作用，维持血糖的相对稳定。胰岛素还被发现存在于胚胎中，甚至在胰腺的胰岛细胞形成之前就存在，一般认为，此时它在胚胎中起生长因子的作用。

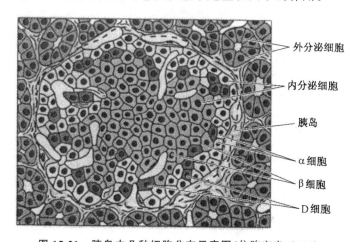

图 15-21　胰岛内几种细胞分布示意图（仿陈守良，2005）

胰腺的内分泌部和外分泌部的结合关系并不是存在于所有脊椎动物中。圆口类盲鳗的胰岛内分泌细胞分布在胆管周围，而七鳃鳗的胰岛存在于小肠壁的黏膜和黏膜下层，它们完全与胰腺的外分泌部分开。板鳃类的胰岛细胞散在胰管的上皮组织中，而在大多数真骨鱼类，它们聚集成 2～3 个瘤状腺体，位于胰腺外分泌部所在的肠系膜上，没有与胰脏完全结合。肺鱼的胰岛也是单独的器官。

四足类的胰岛与哺乳类一样，分散于胰腺外分泌部中。

第四节　其他具有内分泌功能的器官和激素

一、前列腺素

前列腺素(prostaglandin，PG)最初是从人、猴、羊等的精液中发现的,当时认为它可能是由前列腺分泌的,故定名为前列腺素。现已证明它主要来自精囊腺。前列腺素广泛存在于哺乳动物的各重要组织和体液中,主要存在于生殖系统内,如精液、雄性副性腺、子宫内膜、卵巢、胎盘、脐带等。在其他重要组织器官内也有分布,如脑、脊髓、肺脏、胸腺、肾脏、虹膜等。前列腺素对于各类平滑肌具有很高的生物活性,不同种类的前列腺素作用于不同部位的平滑肌,有的使平滑肌舒张,而有的使其收缩。前列腺素还能使血压降低,并有调节其他激素的作用。对许多系统,如生殖、心血管、消化、呼吸及神经系统均有作用。

二、胎盘

哺乳类的胎盘(placenta)不仅是母体和胎儿进行物质交换的重要场所,也是一个重要的内分泌器官。胎盘由绒毛膜、尿囊膜和子宫内膜构成。

胎盘主要分泌绒毛膜促性腺激素(chorionic gonadotrophin，CG),在妊娠初期分泌量较高,以后逐渐下降。此激素能激发黄体继续存在,以维持妊娠。临床上的妊娠试验是检查孕妇尿中有无此种激素存在以确定怀孕与否。胎盘的另一种激素是胎盘生乳素(lactogen),可促进乳腺生长,为泌乳作好准备。胎盘还能合成大量雌激素和孕激素,对妊娠的维持有着重要的作用。

三、消化管道的内分泌功能

近年来的研究证实,消化管道不仅是消化器官,也具有内分泌功能。多种内分泌细胞分散在消化道上皮和腺体中。分泌的激素主要有以下几种：十二指肠分泌的促胰液素(secretin)、肠抑胃激素(enterogastrone)、缩胆囊激素(cholecystokinin),胃部分泌的促胃泌素(gastrin),肠道分泌的促肠液素(enterocrinin)、促胰酶素(pancreozymin)以及肠胰高血糖素(enteroglucagon)等。这些激素不仅调节消化酶的分泌及消化管的活动和血液吸收营养物的浓度,还具有促生长的作用。消化道的各种内分泌细胞属于APUD细胞系统,它们的总数超过了任何一种内分泌腺。消化道被认为是动物体内最大的内分泌器官(图15-1)。

四、斯氏小体

斯氏小体(corpuscles of Stannius)(图15-11)为辐鳍鱼类所具有,它埋在中肾的后部或附着在中肾管壁,在发生上来自前肾管的突起。绝大多数的真骨鱼类具有一对,而鲟鱼具有40~50个。在大的鲑鱼中此结构的直径可达5 mm。其功能可能是产生降钙素以降低组织液中钙的浓度。另有研究证实,斯氏小体内含有肾素,它能促使血管紧张素(angiotensin)的生成,后者能调节机体保钠的作用,还可提高血压。

小　　结

1. 内分泌腺无导管，其分泌物激素直接进入血液作用于特定的靶细胞或靶器官，对生命活动起着重要作用。内分泌腺的活动受到神经系统的控制和影响。血液中激素的浓度通过负反馈机制对内分泌腺的分泌活动进行调节。

2. 激素的化学成分有类固醇、肽与蛋白质、氨基酸衍生物、脂肪酸衍生物等。

3. 神经激素由神经分泌腺产生，见于神经垂体、脊髓尾垂体、松果体和肾上腺髓质。

4. 内分泌腺分别由三个胚层衍化而来：外胚层起源的内分泌腺除神经分泌腺外，还有腺垂体；中胚层起源的有肾上腺皮质、性腺、斯氏小体、胎盘（主要为中胚层）、哺乳类的精囊腺；内胚层起源的有原肠的咽囊衍生物（甲状旁腺、胸腺、后鳃体）、咽囊底部的甲状腺、原肠衍生物（胰岛）以及胃肠道。

5. 脑下垂体是动物体重要的内分泌腺，由不同来源的神经垂体和腺垂体组成，前者来自间脑下部突起，后者来自口腔顶部突起，它们均是外胚层起源。

6. 脑下垂体可能与文昌鱼的哈氏窝同源。脊椎动物的脑下垂体的结构向着日趋复杂和关系密切发展。

7. 腺垂体分泌多种激素影响许多内分泌腺的活动，在内分泌系统中占有极为重要的地位。同时其活动受丘脑下部的控制。腺垂体前叶分泌 GH，TSH，ACTH，FSH，LH，LTH；中叶分泌 MSH。

8. 丘脑下部的神经核团是神经分泌的重要部位。视上核和室旁核分泌的激素（加压素和催产素）沿轴突储存在神经垂体；灰结节和乳头体分泌多种腺垂体分泌激素的释放激素和抑制激素（GHRH，GHIH，TRH，CRH，GRH，LRH，LIH，MRH，MIH），通过垂体门脉系统控制调节腺垂体的分泌。

9. 松果体是间脑上部突起，在黑暗中合成和分泌褪黑激素影响性腺的发育与成熟。

10. 哺乳类的肾上腺由外部的皮质（肾间组织）和内部的髓质（嗜铬组织）组成，前者由中胚层发生，后者来自外胚层神经嵴，相当于交感神经的节后神经元。进化过程中两者由分散到逐渐靠拢集中，至哺乳类成为一个实体，位于肾脏前内侧。

11. 肾上腺皮质分泌盐皮质激素、糖皮质激素和性激素，调节钠钾代谢、糖代谢以及促进性器官的发育和副性征的形成。

12. 肾上腺髓质分泌肾上腺素和去钾肾上腺素，使心跳加快、血压升高，使机体具有应急反应能力。

13. 精巢和卵巢分别产生雄激素、雌激素和孕激素，均为类固醇激素。

14. 甲状腺起源于咽囊底部，与文昌鱼的内柱同源。分泌甲状腺素，对机体新陈代谢、生长发育具有重要作用。哺乳类的甲状腺滤泡旁细胞分泌降钙素，与低等脊椎动物后鳃体同源。

15. 甲状旁腺发生于胚胎期第Ⅲ、Ⅳ对咽囊背侧上皮，仅四足类具有。分泌的甲状旁腺素有升高血钙、降低血磷的作用。

16. 后鳃体产生于第Ⅴ对咽囊，分泌的降钙素与甲状旁腺素的作用相反。后鳃体在哺乳类进入甲状腺成为滤泡旁细胞。圆口类不具后鳃体。

17. 胸腺来自第Ⅲ、Ⅳ对咽囊腹侧上皮，功能随年龄增长而退化。胸腺素能增强机体免疫力。

18. 胰岛有两种细胞，分别分泌胰高血糖素和胰岛素，以后者为主，是机体调节糖代谢的重要激素。在进化过程中，从独立的器官逐渐向胰腺靠拢，在四足类成为散在胰腺外分泌部中的胰岛。

19. 消化道能分泌多种激素，是体内最大的内分泌器官。

思 考 题

1. 内分泌腺有哪些特点？
2. 神经内分泌腺有哪些？各有何作用？
3. 三胚层各分化出哪些非神经分泌腺？
4. 简述脑下垂体的结构和发生。
5. 下丘脑如何调控腺垂体的激素分泌？
6. 比较各类脊椎动物脑下垂体的形态。
7. 比较各类脊椎动物肾上腺的形态。
8. 简述甲状腺的结构功能和发生。
9. 比较各类脊椎动物甲状腺和胸腺。

参考文献

Hickman, C.P. 等. 1988. 动物学大全(上、下册). 北京：科学出版社.
Muller W A 著. 1998. 发育生物学. 黄秀英, 劳为德等译. 北京：高等教育出版社.
吴相钰, 陈守良, 葛明德等. 2005. 陈阅增普通生物学. 2 版. 北京：高等教育出版社.
秉志. 1960. 鲤鱼解剖. 北京：科学出版社.
曹承刚, 刘克. 2007. 人体解剖学. 北京：中国协和医科大学出版社.
陈守良, 葛明德. 2007. 人类生物学十五讲. 北京：北京大学出版社.
陈守良等. 2001. 人类生物学. 北京：北京大学出版社.
陈守良. 2005. 动物生理学. 3 版. 北京：北京大学出版社.
陈阅增. 1997. 普通生物学. 1 版. 北京：高等教育出版社.
程红, 杨安峰. 1984. 中国大鲵心血管系统的解剖. 北京大学学报(自然科学版), 3.
程红. 1996. 脊椎动物比较解剖学实验指导. 北京：北京大学出版社.
程红等. 1995. 中国大鲵侧线器官的研究. 动物学报, 41(3).
崔之兰. 脊椎动物比较解剖学讲义(北大校内讲义).
丁汉波. 1983. 脊椎动物学. 北京：高等教育出版社.
方永强. 1999. 文昌鱼哈氏窝结构功能的神经内分泌调节研究进展 // 中国动物科学研究. 北京：中国林业出版社.
国家自然科学基金委员会. 1997. 动物科学. 北京：科学出版社.
黑恩兹. 1981. 人体解剖学词典. 焦守恕等编译. 北京：人民卫生出版社.
华中师院, 南京师大, 湖南师院. 1984. 动物学(下册). 北京：高等教育出版社.
黄祝坚. 1973. 谈蛇. 北京：人民出版社.
加腾嘉太郎. 1973. 家畜比较解剖图说(上、下卷). 东京：养贤堂.
李永材, 黄溢明. 1985. 比较生理学. 北京：高等教育出版社.
刘承钊等. 1961. 中国无尾两栖类. 北京：科学出版社.
刘凌云, 郑光美. 1997. 普通动物学. 3 版. 北京：高等教育出版社.
鲁子惠. 1979. 猫的解剖. 北京：科学出版社.
罗默, 帕尔森. 1985. 脊椎动物身体. 杨白仑译. 北京：科学出版社.
马克勤, 郑光美. 1984. 脊椎动物比较解剖学. 北京：高等教育出版社.
孟庆闻, 陈惠芬. 1956. 灰星鲨的解剖. 上海：华东师范大学出版社.
穆勒. 1998. 发育生物学. 施普林格出版社. 北京：人民卫生出版社.
邱幼祥, 杨安峰. 1986. 中国大鲵的骨学研究. 北京大学学报(自然科学版), 6.
全国普通高等学校生物学试题库研制组. 1999. 高等学校生物学试题库(动物学及动物生理学卷). 北京：高等教育出版社.
全国体育学院教材委员会. 2005. 运动生物力学. 北京：人民体育出版社.
上海第一医学院. 1979. 组织胚胎学. 北京：人民卫生出版社.
盛和林等. 1985. 哺乳动物学概论. 上海：华东师范大学出版社.
田心, 毕平. 2007. 生物力学基础. 北京：科学出版社.
汪松, 解焱, 王家骏. 2001. 世界哺乳动物名典. 长沙：湖南教育出版社.
王所安, 和振武. 1991. 动物学专题. 北京：北京师范大学出版社.

王所安.1960.脊椎动物学(修订本).北京：人民教育出版社.

武汉大学、南京大学、北京师范大学.1984.普通生物学.2版.北京：高等教育出版社.

夏康农,郝天和.1955.脊椎动物比较解剖学.北京：商务印书馆.

杨安峰,程红.1986.50年来我国脊椎动物解剖学的进展.动物学杂志,21(2).

杨安峰,房利祥.1988.中国13种鼠科啮齿动物的阴茎形态学及其分类学意义的探讨.兽类学报,8(4).

杨安峰,王平.1985.大鼠的解剖和组织.北京：科学出版社.

杨安峰.1992.脊椎动物学(修订本).北京：北京大学出版社.

杨安峰.1993.国外动物形态学研究的新动向.生物学通报,28(2).

杨安峰等.1979.兔的解剖.北京：科学出版社.

翟中和等.1996.细胞生物学.北京：高等教育出版社.

张孟闻.1986,1988.脊椎动物比较解剖学(上册、中册).北京：高等教育出版社.

张弥曼.1983.四足动物起源之争·化石,1.

张昀.1998.生物进化.北京：北京大学出版社.

郑光美,杨安峰.1992.动物形态学发展趋势及我国近期的发展战略.动物学杂志,27(4).

郑光美.1995.鸟类学.北京：北京师范大学出版社.

郑光美.2002.世界鸟类分类与分布名录.北京：科学出版社.

Bensley B A. 1969. Practical Anatomy of the Rabbit. 8th ed. Toronto：University of Toronto Press.

Chang Mimann, Yu Xiaobo. 1981. A New Crossopterygian Youngolepis Precursor. Gen, et sp. From Lower Devonian of E. Yunan. China Scientia Sinica. Vol XXIV, No. 1.

Cleveland P, Hickman Jr, et al. 1994. Biology of Animals. 6th ed. New York：WCB Publishers.

Cleveland P. Hickman Jr, et al. 1996. Integrated Principles of Zoology. 9th ed. New York：WCB Publishers.

Colbert E H. 1980. Evolution of the Vertebrates. 3rd ed. New York：Wiley.

Hildebrand M, et al. 1985. Functional Vertebrate Morphology. Mass：Harvard Univeristy Press.

Hildebrand M. 1982. Analysis of Vertebrate Structure. 2nd ed. New York：Wiley.

Hyman L H. 1942. Comparative Vertebrate Anatomy. Chicago：University of Chicago Press.

Jorden E L, P S Verma. 1977. Chordate Zoology. New Delhi：S. Chand & Company Ltd.

Kent G C. 1987. Comparative Anatomy of the Vertebrates. 6th ed. St Louis：Times Mirror/Mosby College Publishing.

Kent G C. 1997. Comparative Anatomy of the Vertebrates. 8th ed. New York：McGraw-Hill.

Kluge A G, et al. 1977. Chordate Structure and Function. 2nd ed. New York：Macmillan.

Leon Harris C. 1997. The Diversity of Animals. New York：Pearson.

Mc Farland W N, et al. 1985. Vertebrate Life. 2nd ed. New York：Macmillan.

Neal H V, Rand H W. 1936. Comparative Anatomy. Philadelphia：Blakiston's Son & Company.

Romer A S, Parsons T S. 1978. The Vertebrate Body. 5th ed. Philadelphia：W B Saunders Company.

Storer T I, et al. 1985. Vertebrate Life. 2nd ed. New York：Macmillan.

Storer T I, et al. 1979. General Zoology. 6th ed. New York：McGraw-Hill.

Sylvia S Mader. 1994. Enquiry into Life. 7th ed. New York：WCB Publishers.

Tamplin J W, Stickle W B, Woodring J P. 1997. Introductory Zoology(Laboratory Guide). 2nd ed. Colorado：Morton.

Torrey T W, Feduccia A. 1979. Morphogenesis of the Vertebrates. 4th ed. New York：Wiley.

Wake D B. 1982. Functional and Evolutional Morphology. Perspectives in Biology and Medicine, 25, 4.

Wake M H. 1979. Hyman's Comparative Vertebrate Anatomy. 3rd ed. Chicago：University of Chicago Press.

Webster D, Webster M. 1974. Comparative Vertebrate Morphology. London, New York: Academic Press.
Weichert C K, Presch W. 1975. Elements of Chordate Anatomy. 4th ed. New York: McGraw-Hill.
Weichert C K. 1970. Anatomy of the Chordates. 4th ed. New York: McGraw-Hill.
Wells T A G. 1959. Three Vertebrates. London: Heinemann.
Welsch U. 1976. Comparative Animal Cytology and Histology. Washington: University of Washington Press.
Wessels N K. 1974. Vertebrate Structures and Functions (Readings from Scientific American). San Francisco: W H Freeman and Company.
Whitehouse R H. 1956. The Dissection of the Rabbit., with an Appendix on the Rat. 5th ed. London: University of Tutorial Press.
Wischnitzer S. 1972. Atlas and Dissection Guide for Comparative Anatomy. 2nd ed. San Francisco: W H Freeman and Company.
Wolff R G. 1991. Functional Chordate Anatomy. D. C. Lexington: Health and Company.
Young J Z. 1957. The Life of Mammals. 2nd ed. Oxford: Clarendon Press.
Young J Z. 1981. The Life of Vertebrates. 3rd ed. Oxford: Clarendon Press.

中英名词索引

A

澳洲肺鱼(Neoceratodus) 28,131

B

靶细胞或靶器官(target cell or target organ) 282
白交通支(white ramus communicans) 256
白膜(tunica albuginea) 200
白体(corpus albicans) 202
白线(linea alba) 142
白鲟(Psephurus gladius) 29
白质(substantia alba) 234
板鳃类(Elasmobranchii) 172
板鳃亚纲(Elasmobranchii) 26
半规管(semicircular canals) 265
半腱肌(semitendinosus) 150
半膜肌(semimembranous) 150
半奇静脉(hemiazygous vein) 227
半索动物亚门(Hemichordata) 10
半阴茎(hemipenes) 208
半月神经节(semilunar ganglion or Gasserian ganglion) 251
瓣胃(omasum) 165
包曼氏囊(Bowman's capsule) 187
包皮(prepuce) 209
杯龙目(Cotylosauria) 35
杯状细胞(goblet cell) 68
背大动脉(dorsal aorta) 221
背脊肌(spinalis dorsi) 143
背甲(carapace) 78
背阔肌(latissimus dorsi) 148
背肋(dorsal rib) 99
背鳍(dorsal fin) 130
背髂肋肌(iliocostales dorsi) 143
背神经管(dorsal neural tube) 9
背缩肌(dorsal constrictor) 150
背支(ramus dorsalis) 248
背最长肌(longissimus dorsi) 143
被膜(capsule) 186
被囊动物(Tunicata) 14
鼻垂体囊(naso-hypophysial sac) 277
鼻窦(nasal sinus) 279
鼻甲骨(turbinal bones, conchae) 120,279
鼻软骨囊(olfactory capsules) 106
鼻腺(nasal gland) 197
毕氏器(Bidder's organ) 200
闭鳔类(physoclisti) 27,175
闭孔(obturator foramen) 129
闭孔肌(obturator muscles) 150
卞氏兽(Bienotherium) 40
变温动物(Ectothermal) 12
变移上皮(transitional epithelium) 57
杓状软骨(arytenoid cartilage) 183
表皮(epidermis) 66
表皮角(horn) 75
表情肌(mimetic muscles) 153
鳔(swim bladder) 27,174
髌骨(patella) 134
波氏导管(ductus of Botallus) 223
玻璃体(vitreous body) 271
哺乳纲(Mammalia) 12,39
不随意肌(involuntary muscles) 139
不完全卵裂(meroblastic cleavage) 47

C

苍白球(globus pallidus) 238
槽齿目(Thecodontia) 36
槽生齿(thecodont) 39,162,163
侧板(hypomere) 141,150
侧板(lateral plate) 51
侧腹静脉(lateral abdominal veins) 225
侧生齿(pleurodont) 161
侧线系统(lateral line system) 262
侧线管(lateral line canal) 262
侧支(ramus lateralis) 252
侧椎体(pleurocentrum) 93
叉骨(furcula) 127
叉角羚角(prong horn) 75
蟾蜍(Bufo bufo) 33
肠系膜后神经节(inferior mesenteric ganglion) 256
肠系膜前神经节(superior mesenteric ganglion) 256
肠下静脉(subintestinal vein) 225
肠抑胃激素(enterogastrone) 296

肠胰高血糖素(enteroglucagon) 296
成骨细胞(osteoblast) 60
成骨细胞(scleroblast) 185
成熟卵细胞(ovum) 202
匙骨(cleithrum) 124
齿颌总目(Odontognathae) 38
齿式(dentition formula) 162
齿突(odontoid process) 95
齿虚位(diastema) 162
齿质、齿质层(dentine) 76、79
齿鳞质或整列质(cosmine) 77
耻坐孔(foramen puboischiatic) 129
出球小动脉(efferent arteriole) 187
出鳃动脉(efferent branchial artery) 222
初级精母细胞(primary spermatocyte) 200
初级卵母细胞(primary oocyte) 202
初级支气管(bronchi) 183
初龙亚纲(Archosauria) 35
储精囊(seminal vesicle) 206
触觉小体或迈氏小体(Meisner's corpuscle) 262
触盘(tactile disc) 261
垂体窗(hypophyseal fenestra) 106
垂体门脉系统(pituitary portal system) 288
垂体细胞(pituicyte) 284
锤骨(malleus) 109,264
唇窝(labial pit) 260
雌激素(estrogen) 291
雌雄同体现象(hermaphroditism) 199
次级精母细胞(secondary spermatocyte) 200
次级卵母细胞(secondary oocyte) 202
次生腭(secondary palate) 110
促激素(trophic hormone) 287
促黑色素细胞激素(melanocyte-stimulating hormone, MSH) 287
促甲状腺激素(thyroid-stimulating hormone, TSH) 287
促卵泡激素(follicle stimulating hormone, FSH) 287
促肾上腺皮质激素(adrenocor ticotropic hormone, ACTH) 287
促性腺激素(gonadotropic hormone, GTH) 287
促肠液素(enterocrinin) 296
促胃泌素(gastrin) 296
促胰酶素(pancreozymin) 296
促胰液素(secretin) 296
催产素(oxytocin, OT) 284
催乳素(luteotropic hormone, LTH) 287

D

大袋鼠(*Macropus giganteus*) 42
大脑导水管(cerebral aqueduct or aqueduct of Sylvius) 242,243
大脑脚(crura cerebri) 242
大脑新皮层(neocortex) 39
大鲵(*Megalobatrachus*) 174
大鲵(*Megalobatrachus davidianus*) 32
大网膜(greater omentum) 157
大阴唇(labium majus) 209
大圆肌(teres major) 148
单鼻类(Monorhina) 22
单层扁平上皮(simple squamous epithelium) 57
单孔目(Monotremata) 42
单细胞黏液腺(unicellular mucousgland) 68
单子宫(uterus simplex) 212
胆囊管(cystic duct) 169
胆总管(common bile duct) 169
蛋白分泌部(magnum) 211
导管膀胱(tubal bladder) 193
镫骨(stapes) 109,264
电接受器官(electroreceptor) 262,263
电鳗(*Electrophorus*) 153
电鲶(*Malapterus*) 153
电鳐(*Torpedo*) 153
调孔亚纲(Euryapsida) 35
蝶鞍(sella turica) 283
蝶腭孔(foramen sphenopalatinum) 121
蝶腭神经节(sphenopalatine ganglion) 252
蝶前、中、后孔(foramen sphenoidale anteriora、medium、posteriora) 121
顶间骨(interparietal) 120
顶孔(parietal formen) 275
顶器(parietal body) 241
顶索软骨棒(acrochordal bar) 106
顶体(acrosome) 44
顶凹器官(apical pit) 263
动脉(artery) 221
动脉导管(ductus arteriosus) 223
动脉弓(aortic arches) 221
动脉腔(cavum arteriosum) 220
动脉球(bulbus arteriosus) 28,218
动脉圆锥(conus arteriosus) 217
动情激素(estrogen) 203

动物极(animal hemisphere) 45
动纤毛(kinocilium) 263
动眼神经(oculomotor nerve) 250
毒腺(poisonous gland) 69
洞角(boving horn) 75
洞螈(Proteus) 174
端脑(大脑)(telencephalon) 234
端神经(terminal nerve)或称第零对脑神经 249
端生齿(acrodont) 161
短腕幼虫(Auricularia) 11
对齿兽类(Symmetrodonta) 40
钝口螈(Ambystoma) 206
盾鳞(placoid scale) 25
盾皮鱼纲(Placodermi) 11
多黄卵(polylecithal egg) 45
多结节齿类(Multituberculata) 40
多鳍鱼(Polypterus) 29
多细胞腺(multicellular gland) 69
多叶型胎盘(cotyledonary placenta) 55
多指(趾)(hyperdactyly) 133
多指(趾)节(hyperphalangy) 133

E

腭扁桃体(palatine tonsil) 168
腭前孔(foramen palatinum anteriora) 121
鳄目(Crocodilia) 36
耳廓(pinna) 264
耳前肌节(preotic somites) 146
耳后腺(parotoid gland) 69
耳软骨囊(otic capsules) 106
耳神经节(otic ganglion) 252
耳蜗管(cochlea) 266
耳蜗神经(cochlear nerve) 252
耳咽管(auditory pharyngotympanic tube) 264
耳咽管,或称欧氏管(Eustachian tube) 168
耳柱骨(columella) 268
耳柱骨(columella auris) 108
耳状突(auricle) 244
儿茶酚胺(catecholamine) 285

F

法特氏壶腹(ampulla of Vater) 169
反刍类(ruminant) 165
反射弧(reflex arc) 234
方肌(quadratus) 147
房水(aqueous humor) 271

飞蜥(Draco volans) 100
飞羽(flight feather) 73
非洲肺鱼(Protopterus) 28,68
肺动脉(pulmonary artery) 220
肺呼吸(pulmonary respiration) 181
肺静脉(pulmonary vein) 219,226
肺泡(alveolus) 180
肺皮动脉(pulmo-cutaneous artery) 220
肺腔(pulmonary cavum) 220
分节性(metamerism) 248
分散型胎盘(diffuse placenta) 55
粪道(coprodeum) 214
跗蹠骨(tarsometatarsus) 133
跗间关节(intertarsal joint) 132
弗氏管(Fallopian tube) 211
浮肋(floating rib) 101
复层扁平上皮(stratified squamous epithelium) 57
辐鳍鱼亚纲(Actinopterygii) 29
辐射鳍(ray fin) 130
福克曼氏管(Volkmann) 60
附睾(epididymis) 195,201
附睾附件(appendix of the epididymis) 196
附睾头(caput epididymidis) 201
附睾尾(cauda epididymidis) 201
附睾肾(epididymal kidney) 195
附肢骨骼(appendicular skeleton) 124
附肢肌(appendicular muscles) 139,147
副交感神经系统(parasympathetic nervous system) 256
副神经(accessory nerve) 253
副肾管(accessory mesonephric ducts) 195
副肾管(accessory urinary ducts) 206
副突(anapophysis or accessory process) 97
副性腺(accessory sex glands) 206
副支气管(parabronchi) 178
腹壁肋(abdominal rib or gastralia) 101
腹大动脉(ventral aorta) 221
腹甲(plastron) 78
腹静脉(ventral abdominal vein) 226
腹肋(ventral rib) 99
腹膜(peritoneum) 52
腹膜下肋(subperitoneal rib) 99
腹鳍(pelvic fin) 130
腹腔(peritoneal cavity) 156
腹腔神经节(coeliac ganglion) 256
腹缩肌(ventral constrictor) 150

腹褶(metapleural fold) 16
腹支(ramus ventralis) 248

G

肝管(hepatic duct) 169
肝静脉(hepatic vein) 225
肝门静脉(hepatic portal vein) 225
肝芽(liver bud) 169
肝圆韧带(round ligament of the liver) 227
感觉器官(sense organs) 260
感受器(receptor) 233,260
冈上肌(supraspinatus) 149
冈下肌(infraspinatus) 149
肛道(proctodeum) 214
肛后尾(postanal tail) 10
高颅型(tropibasic) 115
睾提肌(cremaster muscles) 144
睾丸附件(appendix testis) 211
睾丸韧带(gubernaculum) 203
睾丸酮(testosterone) 201
睾丸网(rete testis) 200
睾丸系膜(mesorchium) 157
格氏小体(Grandry's corpuscle) 262
膈肌(diaphragmatic muscle) 144
个体发育(ontogeny) 6
弓片中心(arch center) 92
肱二头肌(biceps) 149
肱肌(brachialis) 149
巩膜(sclera) 270
沟(sulcus) 246
钩状突(uncinate process) 101
古代棘鲨(Acanthodii) 131
古颌总目(Palaeognathae) 38
古脑皮(paleopallium) 238
古兽类(Pantotheria) 40
古纹状体(paleostriatum) 237
股薄肌(gracilis) 150
股二头肌(biceps femoris) 150
股四头肌(quadratus femoris) 149
股腺(femoral gland) 70
骨板(bony plate) 78
骨骼的充气(pneumatization) 178
骨骼肌(skeletal muscles) 62
骨骼系统(skeletal system) 84
骨鳞鱼(Osteolepis) 29
骨迷路(osseous labyrinth) 265
骨盆(pelvis) 129
骨学(Osteology) 88
骨组织(osseous tissue) 60
骨质鳞(dermal bony scale) 76
骨质板(lamellar bone) 76
鼓膜(tympanic membrane) 264
鼓泡(tympanic bulla) 118
鼓室(tympanic cavity) 264
鼓索(chorda tympani) 251
固胸型(firmisternous) 126
固有鞘膜(tunica vaginalis propria) 200
关节突(zygapophyses) 89
冠状静脉窦(coronary sinus) 227
冠状韧带(coronary ligament) 157
龟鳖目(Chelonia) 35
龟头(glans) 209

H

哈佛氏系统(Harversian system) 60
哈氏窝(Hatschek's pit) 20,289
哈氏腺(Harderian gland) 271
海鲋(*Chrysophrys*) 200
海马(hippocampus) 237
海绵孔(foramen cavernosum) 121
海七鳃鳗(*Petromyzon marinus*) 24
海绵层(sponge bone) 76
海绵层(stratum spongiosum) 81
海鞘(*Ascidia*) 14
海鞘纲(*Ascidiacea*) 11
汗腺(sweat gland) 70
合颞窝类(或合弓类,Synapsida) 116
颌弓肌(muscles of the mandibular arch) 139
颌下神经节(submandibular ganglion) 252
赫氏小体(Herbst corpuscle) 262
恒温动物(Endothermal) 12
横膈(diaphragm) 157,182
横口类(Plagiostomi) 25
横突(transverse process) 89
横突间肌(intertransversarii) 143
横突孔(foramen transversarium) 97
横纹肌(striated muscles) 62
红腺(red gland) 175
虹膜(iris) 270
喉鳔类(或称开鳔类)(physostomous) 174

喉门(glottis) 183
喉头(larynx) 183
喉头气管室(laryngo-tracheal chamber) 183
后凹型椎体(opisthocelous) 90
后大静脉(postcava) 225
后口动物(deuterostomia) 13
后脉络丛(choroid plexus posterior) 243
后丘(colliculus inferior) 241
后鳃体(ultimobranchial body) 168
后鳃体(ultimobranchial gland) 294
后肾(metanephros) 189
后肾管芽(ureter bud or metanephric bud) 191
后肾芽基(metanephric blastema) 191
后位肾(opithonephros) 189
后位肾管(opithonephric duct) 191
后主静脉(posterior cardinal veins) 224
弧胸型(arciferous) 126
壶腹器官(ampullary organ) 263
花鳉(*Poecilia*) 208
滑车神经(trochlear nerve) 251
环层小体或帕氏小体(Pacinian corpuscle) 262
环状胎盘(zonary placenta) 56
换羽(molt) 74
黄昏鸟(*Hesperornis regalis*) 38
黄鳝(*Monopterus*) 200
黄体(corpus luteum) 202
黄体酮(lutein) 203
黄体酮(progestogen) 291
黄体生成素(luteinizing hormone) 287
灰交通支(gray ramus communicans) 256
灰交通支(r. c. grisea) 248
灰结节(tuber cinereum) 241
灰质(substantia grisea) 234
回(gyrus) 246
会厌软骨(epiglottis) 164
喙弓肌(coracoarcuales) 145
喙肱肌(coracobrachialis) 149
喙舌骨肌(coracohyoids) 145
喙头目(Rhynchocephalia) 35
喙突(coracoid process) 127
喙下颌肌(coracomandibular) 145

J

机械接受器官(mechanoreceptor) 262
肌层(muscular layer) 160

肌腹(belly) 139
肌隔(myocomma) 17
肌隔(myosepta) 91
肌红蛋白(myoglobin) 137
肌间肋(intermuscular rib) 99
肌腱(tendon) 137
肌节(myomere) 17
肌内膜(endomysium) 137
肌肉组织(muscle tissue) 61
肌束膜(perimysium) 137
肌纤维(muscle fiber) 137
肌原纤维(myofibril) 61,137
基板(basal plate) 79,106,112,235
基板(placode) 262
基底层(stratum basale) 66
基底节(basal ganglia or basal nuclei) 238
基膜(basement membrane) 88
激素(hormone) 282
棘横突肌(transversospinales) 143
棘间肌(interspinales) 143
棘鳍学说(body-spine theory) 132
棘鲨(*Squalus*) 112
棘突(spine) 79
棘细胞层(stratum spinosum) 66
棘鱼(*Acanthodes*) 107
集合管(collecting tubule) 189
集合小管(collecting tubules) 195
脊软膜(pia mater spinalis) 236
脊神经节(ganglion spinale) 247
脊髓(medulla spinalis) 235
脊髓圆椎(conus medullaris) 235
脊索(notochord) 9,88
脊索动物门(Phylum Chordata) 10
脊索鞘(notochordal sheath) 16,88
脊索上皮(notochordal epithelium) 88
脊索中心(chordal center) 92
脊硬膜(dura mater spinalis) 236
脊枕神经(occipitospinal nerve) 253
脊蛛网膜(arachnoidea spinalis) 236
脊柱(vertebral column) 88
脊椎动物比较解剖学(Comparative Vertebrate Anatomy)1
脊椎动物亚门(Vertebrata) 10
脊椎骨(vertebrae) 88
加压素(抗利尿素,vasopressin,ADH) 284
颊窝(loreal pit) 260

甲胄鱼(Ostracoderms) 24
甲胄鱼纲(Ostracodermi) 11,24
甲状旁腺(parathyroid gland) 293
甲状旁腺素(parathyroid hormone, PTH) 293
甲状舌骨肌(thyrohyoid) 146
甲状腺(thyroid gland) 292
贾氏器(Jacobson's organ) 278
假肋(false rib) 101
坚头类(Stegocephalia) 31
间插骨(intercalarium) 268
间充质(mesenchyme) 85
间脑(diencephalon) 234
间锁板(entoplastra) 78
间锁骨(interclavicle) 126
间质细胞(interstitial cell or Leydig's cell) 201
间椎体(hypocentrum) 93
肩带(pectoral girdle) 124
肩胛上肌(dorsalis scapulae) 148
肩胛下肌(subscapularis) 148
肩臼(glenoid fossa) 124
肩舌骨肌(omohyoid) 146
荐骨(sacrum) 97
荐椎(sacral vertebrae) 98
剑龙(Stegosaurus) 235
剑胸骨(xiphisternum) 103
腱划(inscription) 142
腱膜(fasciae or aponeuroses) 137
睑板(tarsus of eye lid) 271
睑板腺(tarsal gland) 271
浆膜(serosa) 52,160
降钙素(calcitonin) 168,294
降肌(depressors) 140
交感神经节(sympathetic ganglion) 255
交感神经系统(sympathetic nervous system) 255
交接器(copulatory organ) 207
交通支(ramus communicans) 234,248
角膜(cornea) 270
角膜调节肌(crampton muscle) 274
角膜肌(cornealis muscle) 273
角皮层(cuticle) 16
角质层(stratum corneum) 66
角质齿(corneous tooth) 71
角质鳞(corneous scale) 72
角质鳍条(ceratotrichia) 77
节后神经元(postganglionic neuron) 254

节前神经元(preganglionic neuron) 254
结肠系膜(mesocolon) 157
结缔组织(connective tissue) 58
结合臂(brachium conjunctivum) 242
结状神经节(nodosal ganglion) 253
颉颃肌(antagonistic muscles) 139
睫状肌(bruke muscle) 274
睫状体(ciliary body) 270
界沟(sulcus limitans) 234,242
今颌总目(Neognathae) 38
今鸟亚纲(Neornithes) 38
近曲小管(proximal convoluted tubule) 187
茎乳孔(foramen stylomastoideum) 121
茎舌肌(styloglossus) 146
晶体(lens) 271
晶体牵引肌(protractor muscle) 273
晶体牵缩肌(retractor lentis) 273
精巢(睾丸)下降(descensus testis) 203
精巢(又称睾丸)(testis) 199
精囊腺(seminal vesicle) 207
精原细胞(spermatogonium) 200
精子(sperm) 44
精子(spermatozoa) 200
精子囊(sperm sac) 211
精子细胞(spermatid) 200
颈动脉(carotid artery) 220,223
颈动脉导管(carotid duct) 223
颈静脉孔(foramen jugulare) 121
颈括约肌(sphinctor colli) 152
颈阔肌(platysma) 153
颈外动脉孔(foramen carotis externum) 121
颈直肌(rectus cervicis) 146
颈椎(cervical vertebrae) 98
胫跗骨(tibiotarsus) 133
静脉(vein) 224
静脉窦(sinus venosus) 217
静脉腔(cavum venosum) 220
静纤毛(stereocilia) 263
臼齿(molar) 162
居维叶氏管(ductus Cuvier) 19
锯肌(serratus muscles) 143

K

开鳔类(physostomi) 27
柯蒂氏器(organ of Corti) 266

颏孔(foramen mentale) 122
颏舌骨肌(geniohyoid) 146
颏舌肌(genioglossus) 146
颗粒层(stratum granulosum) 66
颗粒腺(granular gland) 69
壳核(putamen) 238
壳腺(shell gland) 211
壳椎亚纲(Lepospondyli) 32
克氏终球(Krause end bulb) 261
口笠(oral hood) 16
口腔支(buccal branch) 251
口咽腔呼吸(buccopharyngeal respiration) 181
库伯氏腺(Cowper's gland) 207
髋骨(coxal bone) 129
眶间隔(interorbital septum) 116
眶裂(fissura orbitalis) 121
眶上后孔(foramen supraorbitalia posteriora) 121
眶上前孔(foramen supraorbitalia anteriora) 121
眶下孔(foramen infraorbitale) 121

L

拉克氏囊(Rathke's pouch) 168,283
喇叭口(ostia) 210
莱氏腺(Leydig's gland) 195
郎格罕氏小岛(Langerhans islets) 295
肋板(costal plate) 78
肋骨结节(tuberculum) 89,100
肋骨头(capitulum) 89
肋骨小头(capitulum) 100
泪孔(foramen lacrimalis) 121
泪腺(lacrimal gland) 271
类釉质或类珐琅质(enameloid) 76
类固醇激素(steroid hormone) 285
梨状叶(lobus pyriformis) 237
犁鼻器(vomeronasal organ) 278
犁鼻神经(vomeronasal nerve) 250
连续鳍褶学说(fin fold theory) 131
镰状韧带(falciform ligamentum) 158
镰状突(falciform process) 273
两栖纲(Amphibia) 12
裂齿(carnassial teeth) 162
裂口鲨(*Cladoselache*) 26
裂状腭(schizognathous palate) 117
淋巴导管(lymphatic duct) 229
淋巴管(lymphatic vessel) 229
淋巴结(lymphatic nodes) 229
淋巴系统(lymphatic system) 229
淋巴心(lymphatic heart) 229
淋巴液(lymph) 229
鳞质鳍条(lepidotrichia) 77
鳞片层(cuticle) 75
菱脑(rhombencephalon) 234
瘤胃(rumen) 165
六鳃鲨(*Hexanchus*) 173
龙骨突(carina) 102
漏斗(infundibulum) 284
漏斗体(infundibulum) 241
卢氏小体(Ruffinis' corpuscle) 261
芦鳗鱼(*Calamoichthys*) 29
颅顶孔(parietal foramen) 116
颅基窗(basicranial fenestra) 106
颅接型(craniostyly) 39,109
颅梁(trabeculae cranii) 105
卵巢(ovary) 199,291
卵子(ovum) 44
卵巢冠(epoophoron) 196
卵巢冠纵管(Gartner's duct) 196
卵巢旁体(paroophoron) 196
卵巢韧带(ovarian ligament) 203
卵巢系膜(mesovarium) 157,202
卵齿(egg tooth) 161
卵黄动、静脉(vitelline vessels) 54
卵黄静脉(vitelline vein) 217
卵黄囊(yolk sac) 54
卵黄囊胎盘(yolk sac placenta) 54
卵黄栓(yolk plug) 49
卵裂(cleavage) 46
卵胎生(ovoviviparous) 34
卵原细胞(oogonium) 202
卵圆区(oval) 175
卵子(ovum or egg) 44
轮廓乳头(circumvallate papillae) 163
罗伦氏壶腹(ampullae of Lorenzini) 26,263

M

马鞍型或异凹型椎体(heterocelous) 90
马尾(cauda equina) 235
麦氏软骨(Meckel's cartilages) 108
麦氏小体(Meckel's corpuscle) 261
脉弓(hemal arch) 89

脉管(hemal canal) 89
脉棘(hemal spine) 89
脉络膜(choroid) 270
脉络膜张肌(musculus tensor chorioidae) 273
鳗螈(*Siren lacertina*) 32
鳗螈(*Siren*) 174
蔓状静脉丛(pampiniform plexus) 204
盲沟(typhlosole) 22,167
盲鳗(*Myxine glutinosa*) 24
盲鳗目(Myxiniformes) 24
毛(hair) 74
毛球(hair bulb) 75
毛角(hair horn) 75
毛细胞(hair cell) 262
毛细淋巴管(lymphatic capillary) 229
毛细血管(capillary vessel) 224
毛羽(hair feather) 73
矛尾鱼(*Latimeria chalumnae*) 28
帽状腱膜(galea aponeurotica) 153
美洲肺鱼(*Lepidosiren*) 28,68
门齿(切齿)(incisor) 162
门齿孔(foramen incisivum) 121
门静脉(portal vein) 224
孟氏孔(foramen of Monro) 243
迷齿亚纲(Labyrinthodontia) 32
迷走神经(vagus nerve) 252
泌氯腺(chloride secreting gland) 195
泌尿直肠褶(urorectal fold) 214
绵鳚属(*Zoarces*) 195
面神经(facial nerve) 251
鸣骨(pessulus) 184
鸣管(syrinx) 183
鸣肌(syringeal muscle) 183
鸣膜(tympanic membrane) 183
膜颅(dermatocranium) 105
膜迷路(membranous labyrinth) 265
膜原骨(membrane bone) 85
牟勒氏管(Müllerian duct) 191,210

N

囊胚(blastula) 46
囊胚腔(blastocoel) 46
脑副体(paraphysis) 240
脑脊液(cerebrospinal fluid) 243
脑皮(pallium) 238

脑桥(pons) 242
脑桥臂(brachium pontis) 242
脑上体(epiphysis) 241
脑上体复合体(epiphyseal complex) 274
脑室(ventricle) 243
脑下垂体(pituitary gland) 284,287
脑眼(ocelli) 269
内鼻孔(internal nare or choana) 278
内耳(internal ear) 265
内分泌部(endocrine portion) 295
内分泌腺(endocrine gland) 282
内囊(capsula interna) 238
内胚层(endoderm) 48
内-中胚层(endo-mesoderm) 48
内胚团(inner cell mass) 49
内生肌(intrinsic muscle) 139,147
内收肌(adductors) 140
内血管球(internal glomeruli) 191
内直肌(internal rectus) 147
内皮细胞(endothelium) 224
内柱(endostyle) 15,17,292
尼氏体(Nissl's body) 233
泥螈(*Necturus*) 102,174,206
泥螈(或称泥狗)(*Necturus maculatus*) 32
逆流系统(countercurrent system) 173
逆行变态(retrograde metamorphosis) 15
黏盲鳗(*Eptatretus burgeri*) 24
黏膜(mucous layer) 159
黏膜下层(submucosa) 160
鸟纲(Aves) 36
鸟龙目(Ornithischia) 36
尿道海绵体(corpus cavernosum urethrae) 209
尿道球腺(bulbourethral gland) 207
尿囊(allantois) 54
尿囊膀胱(allantoic bladder) 193
尿囊膜(allantois) 34
颞窝(temporal fossa) 116
凝固腺(coagulating gland) 207

O

偶鳍(paired fin) 130

P

爬行纲(Reptilia) 12
排卵(ovulation) 202
潘氏孔(foramen of Panizza) 220

盘龙目(Pelycosauria) 36
盘状胎盘(discoidal placenta) 56
旁分泌(paracrine) 282
旁睾(paradidymis) 196
胚盘(germinal disk) 45
胚盘膜(blastoderm) 47
胚下腔(subgerminal space) 47
皮肤(skin) 65
皮肤与它的衍生物(skin and its derivatives) 65
皮肤感受器(cutaneous receptors) 260
皮肤肌(integumentary muscles) 139,152
皮静脉(cutaneous vein) 219
皮下组织(hypodermis) 67
皮性硬骨(dermal bone) 85
皮脂腺(sebaceous gland) 70
皮质(cortex) 75
脾脏(spleen) 231
胼胝体(corpus callosum) 39,238
平滑肌(smooth muscles) 62
平颅型(platybasic) 114
平胸总目(Ratitae) 38,102
瓶状囊(lagena) 268
破骨细胞(osteoclast) 60
破裂孔(foramen lacerum) 121

Q

"奇异的网"(rete mirabile) 175
七目鲛(*Scyllium*) 131
七鳃鳗(*Petromyzon*) 21
七鳃鳗目(Petromyzoniformes) 24
七鳃鲨(*Heptranchias*) 173
奇静脉(azygous vein) 227
奇鳍(median fin) 130
脐动、静脉(umbilical vessels) 54
脐静脉或尿囊静脉(umbilical vein or allantoic vein) 227
脐尿管(urachus) 193
鳍脚(clasper) 25
鳍龙目(Sauropterygia) 35
鳍条(fin rays) 77
鳍褶鳍(fin fold fin) 130
气管(trachea) 183
气囊(air sac) 178
气味腺(scent gland) 71
企鹅总目(Impennes) 38
起点(origin) 139

髂股肌(iliofemoralis) 149
髂静脉(iliac vein) 225
腔上囊(bursa of Fabricius) 230
髂伸肌(ilioextensorius) 149
髂总静脉(common iliac vein) 226
牵缩肌(retractors) 140
牵引肌(protractors) 140
前凹型椎体(procelous) 90
前大静脉(precava) 225
前白齿(premolar) 162
前联合(anterior commissure) 239
前列腺(prostate gland) 207
前列腺素(prostaglandin, PG) 296
前脉络丛(anterior choroid plexus) 240,243
前脑(prosencephalon) 234
前丘(colliculus superior) 241
前肾(pronephros) 189
前肾管(pronephric duct) 189
前肾小管(pronephric tubules) 190
前庭(vestibule) 16
前庭窗或卵圆窗(fenestra vestibuli or fenestra ovalis) 264
前庭神经(vestibular nerve) 252
前囟(fontanelle) 112
前主静脉(anterior cardinal veins) 224
浅筋膜(superficial fascia) 82
腔上囊(bursa of Fabricius) 214,230
桥甲(inframarginals) 78
青蛙(*Rana nigromaculata*) 33
穹窿(fornix) 239
丘脑上部(epithalamus) 239
丘脑下部(hypothalamus) 241,283
丘型齿(bunodont) 162
球囊(saccule) 265
曲精细管(seminiferous tubules) 200
屈肌(flexors) 140
躯干肌和尾肌(trunk and tail muscles) 139
去甲肾上腺素(noradrenaline) 285
全骨总目(Holostei) 30
全肾(holonephros) 189,195
全肾或原肾(archinephros) 189
全头类(Holocephali) 109
全头亚纲(Holocephali) 26
全椎型(stereospondylous) 93
颧弓(zygomatic arch) 118
犬齿(canine) 162

犬颌兽(*Cynognathus*) 40,118
雀鳝(*Lepidosteus osseus*) 30

R

人字骨(chevron bone) 89
妊娠黄体(corpus luteum verum) 202
绒毛(villi) 55,167
绒毛膜(chorion) 54
绒毛膜促性腺激素(chorionic gonadotrophin，CG) 296
绒毛膜卵黄囊胎盘(choriovitelline placenta) 54
绒膜尿囊膜(chorioallantoic membrane) 55
绒羽(down feather) 73
蝾螈(*Triton taeniatus*) 200
蝾螈(*Salamander*) 206
肉鳍(lobed fin) 130
肉垫(ball of finger) 73
乳头(nipple) 70
乳头层(stratum papillare) 67
乳头体(corpus mammillare) 241
乳腺(mammary gland) 70
乳线(milk line) 70
乳状突(metapophysis or mammillary process) 97
乳糜池(cisterna chyli) 230
入球小动脉(afferent arteriole) 187
入鳃动脉(afferent branchial artery) 222
软-蛛网膜(leptomeninx) 243
软骨盖(synotic tectum) 106
软骨细胞(chondrocyte) 59
软骨鱼纲(Chondrichthyes) 11
软骨原骨(endochondral bone) 85
软骨组织(cartilage) 59
软颅(chondrocranium) 105
软脑膜(pia mater) 243
闰弓(intercalary arch) 92
闰盘(intercalated disc) 62,139

S

鳃盖骨(operculum) 28
鳃弓肌(muscles of the pharyngeal arches) 139
鳃弓学说(gill arch theory) 131
鳃间隔(interbranchial septum) 172
鳃节肌(branchiomeric muscles) 139
鳃节神经(branchiomeric nerves) 248
鳃篮(branchial basket) 111
鳃裂(gill slits) 10
鳃裂后支(posttrematic branch) 252
鳃裂前支(pretrematic branch) 252
鳃上神经节(epibranchial ganglion) 252
鳃下肌和舌肌(hypobranchial and tongue muscles) 139
鳃脏支(ramus branchio-visceralis) 252
三叉神经(trigeminal nerve) 251
三齿兽类(Triconodonta) 40
三角骨(tripus) 268
三头肌(triceps) 148
沙隐虫(Ammocoete) 22,195
筛板(ethmoid plate) 106
闪光质(ganoin) 77
上耻骨(epipubic bone) 129
上腹板(epiplastra) 78
上颌提肌(levator maxillae) 151
上睑提肌(levator palpebrae superioris) 147
上节(epimere) 52
上孔亚纲(Parapsida) 35
上联合(pallial commissure) 239
上颞窝类(或阔弓类，Euryapsida) 116
上胚层(epiblast) 47
上皮组织(epithelium) 57
上脐(superior umbilicus) 73
上纹状体(hyperstriatum) 238
上乌喙肌(supracoracoid) 149
上斜肌(superior oblique) 147
上直肌(superior rectus) 147
少黄卵(isolecithal egg) 45
舌弓肌(muscles of the hyoid arch) 139
舌骨舌肌(hyoglossus) 146
舌固有肌(lingualis) 146
舌颌神经(hyomandibular nerve) 251
舌接型(hyostyly) 109
舌节(hyoid somite) 146
舌下神经(hypoglossal nerve) 253
舌下神经孔(foramen hypoglossi) 122
舌咽上神经节(superior glossopharyngeal ganglion) 252
舌咽神经(glossopharyngeal nerve) 252
麝雉(*Opisthocomus*) 133
蛇蜕(snake slough) 72
伸肌(extensors) 140
神经(nerve) 233
神经板(neural plate) 50
神经部(pars nervosa) 284
神经垂体(neurohypophysis) 283
神经丛(plexus nervorum) 234,248

神经分泌(neurocrine) 282
神经管(neural tube) 50
神经核(nucleus) 234
神经激素(neurohormone) 282
神经嵴(neural crest) 51,107
神经胶质细胞(neuroglia cell) 62
神经节(ganglion) 234
神经膜(neurolemma) 233
神经胚(neurula) 50
神经丘器官(neuromast) 262
神经纤维(nerve fiber) 233
神经元(neuron) 62,233
神经褶(neural folds) 50
神经组织(nerve tissue) 62
肾大盏(major calyx) 187
肾窦(renal sinus) 186
肾管(nephridium) 194
肾间组织(internephridial tissue) 290
肾口(nephrostome) 189
肾门(hilus) 186
肾门静脉(renal portal vein) 225
肾球囊(renal capsule) 187
肾乳头(renal papilla) 187
肾上腺(adrenal medulla) 285
肾上腺素(adrenaline) 285
肾上腺皮质(adrenal cortex) 289
肾小管(renal tubules) 187
肾小体(renal corpuscle) 187
肾小盏(minor calyx) 187
肾盂(pelvis) 186
肾脏(ren, kidney) 186
肾锥体(pyramid) 187
生长激素(growth hormone,GH) 287
生发层(germinal layer) 235
生骨隔(skeletogenous septum) 92
生骨节(sclerotome) 51,90
生肌节(myotome) 51
生皮节(dermatome) 51
生肾节(nephrotome) 189,199
生物发生律(Biogenetic law) 6
生殖冠(genital swelling) 209
生殖嵴(genital ridge) 199
生殖突(genital tubercle) 209
生殖褶(genital fold) 209
生殖足(gonopodium) 208

声带(vocal cord) 183
声囊(vocal sac) 183
绳状体(restiform body) 242
施旺氏膜(Schwann's sheath) 233
实角(antler) 79
食草型(herbivorous) 162
食虫型(insectivorous) 162
食肉型(carnivorous) 162
始鳄目(Eosuchia) 35
始螈(Eogyrinus) 125
始椎型(embolomerous) 93
始祖鸟(Archaeopteryx lithographica) 36
视杆细胞(rod) 270
视上核(supraoptic nucleus) 284
视神经(optic netve) 250
视神经交叉(optic chiasma) 250
视神经孔(foramen opticum) 121
视束(optic tract) 250
视网膜(retina) 270
视叶(optic lobes) 241
视锥细胞(cone) 270
视觉器官(visual organ) 269
室管膜(ependyma) 235
室间孔(interventricular foramen) 243
室旁核(paraventricular nucleus) 284
嗜铬组织(chromaffin tissue) 286
兽齿类(Theriodont) 116
兽孔目(Therapsida) 36
兽亚纲(Theria) 40
受精(fertilization) 45
疏松结缔组织(loose connective tissue) 58
输出管(vas efferens) 200,205
输精管(vas deferens) 206
输卵管伞(fimbriae tubae) 211
输卵管系膜(mesosalpinx) 210
树突(dendrites) 62,233
双凹型椎体(amphicelous) 90
双带鱼螈(Ichthyophis glutinosa) 32
双分子宫(uterus bipartite) 212
双角子宫(uterus bicornis) 212
双颞窝类(或双弓类,Diapsida) 116
双平型椎体(amphiplatyan or acelous) 90
双重呼吸(double respiration) 181
双椎体型(diplospondyly) 93
双子宫(uterus duplex) 212

瞬膜(nictitating membrane) 271
丝状乳头(filiform papillae) 163
斯氏小体(corpuscles of Stannius) 296
四叠体(copora quadrigemina) 39,241
四足类(Tetrapoda) 12
松果旁体(parapineal body) 241,274
松果体(pineal body) 241,285
松果眼(pineal eye) 22
随意肌(voluntary muscles) 138
髓核(pulpy nucleus) 90
髓袢或亨氏袢(Henle's loop) 187
髓腔(pulp cavity) 79
髓树(arbor vitae) 242
髓质(medulla) 75
缩肌(constrictors) 140
缩胆囊激素(cholecystokinin) 296
索旁软骨(parachordal cartilages) 105
索前软骨(prechordal cartilages) 105
锁骨下静脉(subclavian vein) 225

T

胎膜(embryonic membrane) 54
胎盘(placenta) 40,54,296
胎盘生乳素(lactogen) 296
套层(mantle layer) 235
提肌(levators) 140
蹄行性(unguligrade) 134
蹄(hoofs) 73
体壁中胚层(somatic mesoderm) 52
体动脉(systemic artery) 223
体节(somites) 51
体节肌(somatic muscles) 139
体静脉(systemic vein) 219
体腔(coelom) 51,156
替代性骨(replacement bone) 85
听神经(或称前庭耳蜗神经,vestibulocochlear nerve) 252
同功(analogy) 1
同功器官(analogous organ) 1
同型齿(homodont) 161
同源(homology) 1
同源器官(homologous organ) 1
瞳孔(pupil) 270
头化(cephalization) 10
头甲鱼(Cephalaspis) 24
头索动物亚门(Cephalochordata) 11

头索纲(Cephalochordata) 11
透明层(stratum lucidum) 67
透明隔(septum pellucidum) 243
突触(synapse) 62,233
突胸总目(Carinatae) 38,102
褪黑激素(melatonin) 285
蜕皮(ecdysis) 72
臀腹板(xiphiplastra) 78
臀肌(gluteal muscles) 149
臀鳍(anal fin) 130
椭圆囊(utricle) 265

W

歪尾型(heterocercal) 25,130
外耳(external ear) 264
外耳道(external auditory meatus) 264
外分泌部(exocrine portion) 295
外胚层(ectoderm) 48
外生肌(extrinsic muscle) 139,147
外生眼球肌(extrinsic eyeball muscles) 139,146
外血管球(external glomeruli) 191
外展肌(abductors) 140
外展神经(abducens nerve) 251
外直肌(external rectus) 147
完全不等卵裂(holoblastic unequal cleavage) 47
完全均等卵裂(holoblastic equal cleavage) 46
王企鹅(*Aptenodytes forsteri*) 38
网膜孔(foramen epiploicum) 157
网膜囊(omental bursa) 157
网胃(蜂窝胃)(reticulum) 165
网状层(stratum reticulare) 67
微支气管(air capillary) 178
韦氏小骨(Weberian organ) 268
围淋巴腔(perilymphatic space) 176
围鳃腔孔(atriopore) 16
围索中心(autocenter or perichordal center) 92
围心膜或心包(pericardium) 216
围心腔或心包腔(pericardial cavity) 216
位听器官(statico-acoustic organ) 264
尾蟾属(*Ascaphus*) 207
尾肠系膜静脉(coccygeomesemteric vein) 226
尾垂体(urophysis) 236,283
尾股肌(caudofemoralis) 150
尾海鞘(*Appendicularia*) 14
尾海鞘纲(Appendiculariae) 11

尾静脉(caudal vein) 225
尾鳍(caudal fin) 130
尾索动物亚门(Urochordata) 10,11
尾状核(nucleus caudatus) 238
尾椎(coccyx) 98
尾综骨(pygostyle) 96
尾脂腺(uropygial gland) 70
味觉感受器(organ of taste) 276
味蕾(taste bud) 163,276
位听器官(statico-acoustic organ) 264
胃脾韧带(ligamentum gastrolienale) 157
胃系膜(mesogaster) 157
文昌鱼(*Branchiostoma belcheri*) 16
吻合支(ramus anastomoticus) 233
蜗窗或正圆窗(fenestra cochleae or fenestra rotunda) 264
无肺螈科(Plethodontidae) 177
无管腺(ductless glands) 282
无颌类(Agnatha) 12
无甲亚纲(Lissamphibia) 32
无孔亚纲(Anapsida) 35
无名骨(innominate bone) 129
无颞窝类(或无弓类,Anapsida) 116
无髓神经(nonmyelinated nerve) 233
无头类(Acrania) 16
无尾目(Anura or Salientia) 32
无羊膜类(Anamniotes) 12,54
无足目(Apoda) 32,208
吴氏体(Wolffian body) 191

X

西蒙龙(*Seymouria*) 34,115
蜥龙目(Saurischia) 36
蜥形纲(Sauropsida) 36
膝状神经节(geniculate ganglion) 251
系膜(mesentery) 157
系统发育(Phylogeny) 6
峡部(isthmus) 211
下腹板(hypoplastra) 78
下颌间肌(intermandibularis) 151
下颌孔(foramen mandibulare) 122
下节(hypomere) 52
下孔亚纲(Synapsida) 36
下胚层(hypoblast) 47
下脐(inferior umbillicus) 73
下斜肌(inferior oblique) 147
下叶(inferior lobes) 241
下直肌(inferior rectus) 147
腺垂体(adenohypophysis) 287
陷器官(pit organ) 73
小肠系膜(mesointestine) 157
小脑(metencephalon) 234
小脑半球(cerebellar hemisphere) 246
小脑脚(pedunculi cerebelli) 242
小网膜(lesser omentum) 158
小阴唇(labium minus) 209
小翼羽(alula) 73
效应器(effeotor) 233
楔齿蜥(*Sphenodon*) 208
协同肌(synergists) 139
协同主动肌(prime mover or agonists) 139
斜齿鲨(*Scoliodon*) 250
斜隔(obligue septum) 156
斜角肌(scalenus muscle) 143
泄殖道(urodeum) 214
泄殖窦(urogenital sinus) 168,213
泄殖腔(cloaca) 168,213
泄殖腔膀胱(cloacal bladder) 193
泄殖系统(urogenital system) 199
心包腔(或名围心腔)(pericardial cavity) 156
心房(atrium) 217
心肌(cardiac muscles) 62,139
心肌膜(myocardium) 216
心内膜(endocardium) 216
心室(ventricle) 217
心脏(heart) 216
心外膜(epicardium) 216
新脑皮(neopallium) 238
新纹状体(neostriatum) 238
星鲨(*Mustelus manazo*) 25,112
性逆转(sex reversal) 200
性腺(gonad) 199,291
胸导管(thoracic duct) 230
胸腹腔(pleuroperitoneal cavity) 156
胸骨(sternum) 102
胸骨柄(manubrium) 103
胸骨体(sternum proper) 103
胸肌(pectoralis) 149
胸甲状肌(sternothyroid) 146
胸廓(thorax) 103
胸肋(sternal rib) 101

胸鳍(pectoral fin) 130
胸腔(pleural cavity) 156
胸舌骨肌(sternohyoid) 146
胸腺(thymus gland) 230,294
胸腺素(thymosin) 294
胸椎(thoracic vertebrae) 98
雄激素(androgen) 291
雄性子宫(uterus masculinus) 211
续骨(symplectic) 108
嗅沟(sulcus rhinalis) 237
嗅基板(olfactory placode) 277
嗅觉感受器(olfactory organ) 276
嗅毛(olfactory cilia) 277
嗅神经(olfactory nerve) 250
嗅丝(filia olfactoria) 250
嗅窝(olfactory pit) 277
嗅细胞(olfactory cell) 276
悬器(suspensorium) 108
旋后肌(supinators) 140
旋后位(supine) 134
旋肌(rotators) 140
旋前肌(pronators) 140
旋前位(prone) 134
血管紧张素(angiotensin) 296
血管膜(tunica vascularis) 270
血管囊(saccus vasculosus) 241,275
血管球(glomerulus) 187
血浆(plasma) 61
血液(blood) 61
血细胞(blood cell) 61
循环系统(Circulatory system) 216
鲟鱼(*Acipenser*) 113
蕈状乳头(fungiform papillae) 163

Y

鸭嘴兽(*Ornithorhynchus anatinus*) 41
咽交叉(chiasma) 164,184
咽颅(splanchnocranium) 105
咽囊(pharyngeal pouches) 10
咽下腺(subpharyngeal gland) 10
咽支(pharyngeal branch) 252
延脑(myelencephalon) 234
岩神经节(petrosal ganglion) 252
衍生物(derivatives) 67
眼睑(eye lid) 271

眼球(eye ball) 269
眼球缩肌(retractor bulbi) 147
眼软骨囊(optic capsules) 106
眼窝下神经(infraorbital nerve) 251
羊膜(amnion) 54
羊膜类(Amniotes) 12
羊膜卵(amniotic egg) 34
腰肌(psoas muscles) 143
腰椎(lumbar vertebrae) 98
叶状乳头(foliate papillae) 163
胰岛(pancreas islets) 295
胰岛素(insulin) 295
胰高血糖素(glucagon) 295
胰多肽(pancreatic polypeptide) 295
胰芽(pancreatic bud) 169
异型齿(heterodont) 39,162
翼板(alar plate) 235
翼龙(*Pterosauria*) 133
翼龙目(Pterosauria) 36
阴道(vagina) 211
阴蒂(clitoris) 209
阴茎(penis) 208
阴茎骨(os penis or baculum) 209
阴茎海绵体(corpus cavernosa penis) 209
阴囊(scrotum) 200,203
鮨(*Serranus*) 200
银鲛(*Chimaera phantasma*) 26
银膜(argentea) 273
蚓部(vermis) 246
蚓螈(*Caecilia*) 32,208
蚓螈目(Gymnophiona) 32
隐鳃鲵(*Cryptobranchus*) 129
硬骨鱼纲(Osteichthyes) 11
硬鳞(ganoid scale) 27,77
硬鳞总目(Chondrostei) 29
硬膜外腔(cavum epidurale) 236
硬膜下腔(cavum subdurale) 236
硬脑膜(dura mater) 243
釉质(enamel) 79
幽门盲囊(pyloric caeca) 27,167
有袋目(Marsupialia) 42
有管细胞(solenocytes) 19,194
有颌类(Gnathostomata) 12
有鳞目(Squamata) 35
有鳞亚纲(鳞龙亚纲)(Lepidosauria) 35

有髓神经(myelinated nerve) 233
有胎盘亚纲(Placentalia) 42
有头类(Craniata) 20
有尾目(Urodela or Caudata) 32
幼态成熟(neoteny) 13
幼态纲(Larvacea) 11
右淋巴导管(right lymphatic duct) 230
鱼龙目(Ichthyosauria) 35
鱼龙亚纲(Ichthyopterygia) 35
鱼石螈(*Ichthyostega*) 29
鱼形类(Pisces) 12
羽(feather) 73
羽枝(barb) 73
羽小枝(barbule) 73
羽原基隆起(feather primordium) 74
羽囊(feather follicle) 73
羽片(vanes) 73
羽轴(shaft) 73
原肠(archenteron) 159
原肠胚(gastrula) 48
原肠前端外胚层(stomodeal ectoderm) 168
原肠腔(archenteron) 48
原口(blastopore) 48
原脑膜(mininx primitiva) 243
原脑皮(archipallium) 238
原鸟(*Archaeornis siemensi*) 37
原兽亚纲(Prototheria) 41
原尾型(protocercal) 130
圆口纲(Cyclostomata) 11
圆鳞(cycloid scale) 27,77
缘板(marginal plate) 78
缘层(marginal layer) 235
缘管(marginal canal) 206
远曲小管(distal convoluted tubule) 187
愿骨(wishbone) 127
月型齿(lophodont) 162

Z

杂食型(omnivorous) 162
再生齿(diphyodont) 39,162
脏壁中胚层(splanchnic mesoderm) 52
脏骨(visceral skeleton) 107
脏支(ramus visceralis) 252
张肌(dilators) 140
照膜(tapetum lucidum) 270

枕骨大孔(foramen occipitale magnum) 122
真骨总目(Teleostei) 30
真肋(true rib) 101
真皮(dermis) 67
真皮乳头(dermal papillae) 67
真兽亚纲(Eutheria) 42
砧骨(incus) 264
整列鳞(cosmoid scale) 77
正尾型(homocercal) 27,130
正羽(contour feather) 73
正中眼(medium eye) 274
支持细胞(Sertoli cells) 200
支气管(bronchi) 183
脂肪体(fat body) 201
脂肪组织(adipose tissue) 59
脂膜肌(panniculus carnosus) 152
直肠系膜(mesorectum) 157
直肠腺(rectal gland) 195
直精细管(tubuli seminiferi recti) 200
植物极(vegetal hemisphere) 45
植物性神经系统(autonomic nervous system) 254
止点(insertion) 139
趾行性(digitigrade) 134
栉鳞(ctenoid scale) 27,77
栉膜(pecten) 274
蹠行性(plantigrade) 134
鲄鱼(弓鳍鱼,*Amia calva*) 30,93,113
致密结缔组织(dense connective tissue) 59
致密层(stratum compactum) 81
中耳(middle ear) 264
中腹板(hyoplastra) 78
中国石龙子(*Eumeces chinensis*) 34
中华鲟(*Acipenser sinensis*) 29
中黄卵(mesolecithal egg) 45
中节(mesomere) 52,189,199
中联合(middle commissure) 239
中龙目(Mesosauria) 35
中脑(mesencephalon) 234
中脑腔(mesocoele) 242
中胚层囊或肠体腔囊(enterocoelic pouch or mesodermal pouch) 51
中肾(mesonephros) 189
中肾管(mesonephric duct) 191
中肾管,或称吴氏管(wolffian duct) 191
中肾小管(mesonephric tubules) 191,205

中枢神经系统(central nervous system) 233
中乌喙骨(mesocoracoid) 124
中央管(canalis centralis) 236
中支气管(mesobronchus) 178
终端神经节(terminal ganglia) 256
终丝(film terminale) 235
重演论(theory of recapitulation) 6
舟骨(scaphium) 268
周围神经系统(peripheral nervous system) 233
轴上肌(epaxial muscles) 139
轴突(axon) 62,233
轴突终末(terminals) 62
轴下肌(hypaxial muscles) 139
皱胃(abomasum) 165
蛛网膜(arachnoid) 243
蛛网膜下腔(cavum subarachnoidale) 236
柱头虫(*Balanoglossus*) 10
柱头幼虫(*Tornaria*) 11
爪(claws) 73
爪体(nail plate) 73
爪下体(sole plate) 73
指甲(nails) 73
椎板(neural plate) 78
椎弓(neural arch) 89
椎弓横突(diapophyses) 89
椎管(vertebral canal) 89

椎棘(neural spine) 89
椎间孔(intervertebral foramen) 89
椎肋(vertebral rib) 101
椎旁神经节(paravertebral ganglia) 256
椎前神经节(prevertebral ganglia) 256
椎式(vertebral formula) 98
椎体(centrum) 89
椎体横突(parapophyses) 89
锥肌(pyramidalis) 147
锥体肌(pyramidal muscles) 144
锥状突(conus papillaris) 274
子宫(uterus) 211
子宫圆韧带(ligamenta teres uteri) 203
籽骨(os sesamoideum) 84
自分泌(autocrine) 282
自接型(autostyly) 109
总鳍鱼亚纲(Crossopterygii) 28
总主静脉(common cardinal veins) 224
综荐骨(synsacrum) 96
足细胞(podocyte) 187
组织(tissue) 57
最大皮肌(cutaneus maximus) 153
樽海鞘纲(Thaliacea) 11
坐股肌(pubioischiofemoralis) 150
坐屈肌(ischioflexorius) 150